|||\ 见识城邦

更新知识地图　拓展认知边界

TECHNICS AND

技术

与

文明

CIVILIZATION

Lewis Mumford

[美]刘易斯·芒福德 著

林华 译

中信出版集团｜北京

图书在版编目（CIP）数据

技术与文明 /（美）刘易斯·芒福德著；林华译 .

北京：中信出版社，2025. 1. -- ISBN 978-7-5217
-6745-2

Ⅰ . N095

中国国家版本馆 CIP 数据核字第 202407SU69 号

技术与文明

著者： 　[美]刘易斯·芒福德

译者： 　林华

出版发行：中信出版集团股份有限公司

　　　　　（北京市朝阳区东三环北路 27 号嘉铭中心　邮编　100020）

承印者： 　三河市中晟雅豪印务有限公司

开本：787mm×1092mm　1/16　　　印张：32.5　　　字数：393 千字

版次：2025 年 1 月第 1 版　　　　　印次：2025 年 1 月第 1 次印刷

京权图字：01–2023–6196　　　　　　书号：ISBN 978-7-5217-6745-2

定价：88.00 元

芒福德的技术哲学 [1]

吴国盛

美国城市理论家、社会哲学家、技术思想家刘易斯·芒福德是一位全才作家，毕生出版了 30 多部著作，涉及城市建筑、城市规划、城市历史、生态学、社会学、文学评论、艺术批评、技术史与技术哲学等多个领域。他的视野宽阔、思想独到、文笔生动，有深刻的人文关切，被认为是当时最伟大的人文主义者、生态运动的重要思想家。他的技术史与技术哲学研究别具一格，是 20 世纪后期兴起的技术哲学的重要先驱之一。

早期的芒福德是一个技术乐观主义者、温和的技术决定论者，认为技术可以不断创造新文化，可以给人类带来光明的未来。他于 20 世纪 30 年代美国大萧条时期写作的《技术与文明》是一个转折点，对他从前的技术乐观主义有所反思，其所持的技术乐观主义更加谨慎，温和的技术决定论转变为价值决定论。第二次世界大战使

---

[1] 本文系"全国优秀博士学位论文作者专项资金资助项目"之成果，项目批准号 200102。——编者注

芒福德丧失了唯一的儿子，原子弹的使用、战后的核军备竞赛使他开始进一步反省技术的本质。他于 60 年代写作并陆续出版的两卷本《机器的神话》（*The Myth of the Machine*, vol.1, *Technics and Human Development*, 1967; vol.2, *The Pentagon of Power*, 1970）对自己 30 多年前写作的《技术与文明》进行再诠释，表达了对现代技术的失望和担忧、对科学技术的严厉批判态度。主要在这三本书中，芒福德展开了一个技术哲学思想体系。我认为，对人性的独到理解以及与之相关的对技术的广义理解、以"巨机器"概念为标志的对现代技术之本质的揭示以及对现代技术之起源的独特历史阐释，是芒福德对当代技术哲学最重要的两大贡献。

一、人性与技术

自始至终，芒福德把技术的问题与人的问题结合在一起进行思考，是人文主义的技术史与技术哲学的典范。不同的人文理念导致不同的技术哲学。"没有对人性的深刻洞察，我们就不能理解技术在人类发展中所扮演的角色。"（[1]，p.77）在芒福德对人性的理解之中，重视心灵胜过工具，重视有机体胜过机械。

芒福德所面临的是一个技术越来越占据支配地位的世界，而这个世界所包含着的对人性的理解就是：人是工具的制造者和使用者（homo faber, a tool maker and user）。这一人之本性的定义由富兰克林提出，受到 19 世纪学者的高度认同。托马斯·卡莱尔（Thomas Carlyle）也把人描述成"使用工具的动物"（tool-using animal）。一般历史学家都或多或少地认同这一规定，并以此编写人类的文明进化史，特别是史前文明史。我们非常熟悉的史前分期，遵循的就是工具标准：旧石器时代、新石器时代、青铜时代、铁器时代等。人类的历史被认为是一部金属工具的历史。

芒福德对这一人性标准进行了革新，提出了"心灵首位论"（The Primacy of Mind），认为 minding（思）比 making（做）更重要、更基本。因此，在他看来，人不能首先被规定为 Homo faber，而应该被规定为 Homo symblicus（man the signifying and self-creating symbol），即人是符号的创造者和使用者。把工具制造作为人的基本规定性，只是我们的机器时代和功利主义时代对工具普遍认同的产物，是对这个时代无批判性的、无意识的认同。而且，带着这种时代性的无意识，我们对史前时期的人类进化做了非常不恰当的叙述，漏掉了许多至关重要的东西，反而把不太重要的东西作为进化史的主角。"对工具、武器、物理器械和机器的高估已经模糊了人类发展的真正道路。"（[2]，p.5）

1. 心智技术、身体技术和社会技术先于自然技术，而不是相反

在我们时代的一般意识中，人作为生物学意义上的存在，被认为首先需要满足的是衣食居住等物质的方面。在马斯洛提出的分层次的人类动机理论中，低层次的是生理需求，再往上才是安全、爱与归属、尊重与自我实现的需求。芒福德认为，无论就人性的结构而言，还是就人类的史前进化历程而言，最基本的需求都不是物质上的、生理上的需求，而首先是精神上的、心理上的需求，即使最简单的认知过程，也渗透着心理上的预期；物质上的、生理上的需求背后是精神

上和心理上的需求做支撑。心灵不是进化后期的产物，而是最先出现的东西。

芒福德构造了一个人类史前进化的诠释方案，即人类进化的动力不是外在的生存竞争，而是内在的心理调适与意义创造。原始人类的心理能量和性能量都十分充沛，大脑活动过度，无时无刻不在受着梦魇和内在欲望的折磨。无意识的冲动是人类进化的主要动力，而控制这些无意识冲动的种种措施便是人类的文化。自由充沛的心理能量是人类进化之源，同时也规定了人的本性：好奇心、探险的欲望、无功利的制作、游戏的心态、符号和意义的创造，是人之为人的根本特征。

最基本的文化形式是"仪式"。仪式基于重复、秩序和可预见性，是秩序和意义的创造者，是开启我们人性的关键步骤。在孩提时代，我们都喜欢重复地讲同一个故事，不厌其烦。在艺术作品里，比如音乐作品里，重复是一个重要的表现手法；重复也是机械化的基本特征。因此，芒福德认为，艺术与技术具有共同的起源。即使是现代工业机械技术，它令人讨厌的单调重复的特征，根本上也是来自原始仪式的范导作用。使人类成为人类的早期文化，包括跳舞、表演、歌唱、模仿、仪式、典礼、巫术、图腾，显然先于工具的制造和劳动分工，并赋予之后出现的工具和劳动以意义。对于人类的起源而言，游戏比劳动更重要、更基本。人们很容易厌恶单调劳动，却对重复的礼仪活动不厌其烦，这就证明了这一点。通过仪式的规范作用，人类得以引导内在的心理能量和性能量，避免单纯冲动的毁灭性后果。人类既是非理性的，又是理性的。非理性是动力，理性是自我控制的文化机制。

除了仪式，语言的进化也比工具的进化更重要。仪式和交往共同构成了人类社会的基础，而工具是第二位的。芒福德解释说，考古发掘发现，在墓葬里置于人身边的是装饰品，而不是工具，这表明"装饰"这种文化活动对人来讲比工具这种物质活动更重要。矿石在早期的炉膛中被首先熔炼成指环，而不是武器，珠宝对早期的人类而言比机械和军事器具更重要。人类在驯化动物、栽培植物之前，需要将自己驯化和安置好。轮车最早是灵车，而不是马车或战车。大规模杀人最早不是因为战争，而是为了献祭。自原始人类以来，心灵技术、身体技术和社会技术总是先于自然技术，为后者准备条件。人类在制造第一个工具之前必定已经制造出了他自己，因此，对于理解史前人类文明而言，最重要的不是单纯地寻找物理遗迹，而是发掘心灵的历程。

芒福德承认，他所构建的这个史前进化的"心灵优先"方案只是一个新的"神话"，并没有充分的考古证据。但是，一切关于人类起源的理论都是神话，都不可能最终找到排他的、物质的硬证据，因此，让我们选择这套"神话"而不是别的"神话"的理由只能来自我们对人性的认同。基于这个新的人性认同，芒福德把技术置于文化的制约之下，而不是相反。对于历史来说，制造和使用工具这种狭义的技术并不是人类发展中占据首位的因素，通过语言发展精致的文化是更重要的。"如果将过去 5 000 年的技术发明一下子都消除，对生活而言当然是一个灾难性的损失，但人还是人，而如果将人的解释能力消除，那么人就将沉沦于比任何动物都更加孤立无助和更加野蛮的境地。"（[4], pp.8-9）工具技术并不是人所特有的，许多动物有技术发明。如果人只有工具技术，那是不值一提的。在语言符号、社会组织和审美设计出现之前，人类的技术并不比任何动物高明。恰恰是符号－价值体系的出现，为人类特有的技术能力提供了条件。"人的发明和转化，较少是出自增加食物供应或控制自然的目的，更多是为了利用其自身巨大的有机资源，展现其潜在的潜能，以更充分地实现其超有机的要求和渴望。"（[2], p.8）

在芒福德的著作中，"技术"一词始终用的是 technics，而不是 technology，这里包含着他对技术的素朴和广义的理解。在英语语境中，technology 容易指向大工业的机器系统、基于现代科学之应用的技术成就。芒福德关注的更多是历史上的人类在不同时期所使用的不同水平的工具，现代技术只是这些工具的一种极端的使用和极端的版本。每一种技术都根源于人类心灵的某种模式，现代技术也不例外。"工具和我们引申出来的机械技术，都不过是生活技术的特定化的碎片。"（[1]）正因为不是技术决定心灵，而是心灵决定技术，芒福德才会在充分意识到现代技术的严重困境时，也不对未来感到绝望，因为通过心灵能力的重新激活，人类有能力走出现代技术为之设置的绝境。

2. 技术多样性：好的技术与坏的技术、有机技术与机械技术

由于心灵决定技术，因此健康的、好的心灵形态导致健康的、好的技术，恶劣的心灵形态导致恶劣的技术。芒福德经常据此对技术进行区分。早先，他区分了"machine"与"the machine"，前者指的是具体的机械工具，如印刷机、动力织机等，后者则是指一种以某种特定的方式将机械工具加以组织和运用的观念体系和制度体系，特别是，他指的是与近代的资本主义制度、大工业体系和近代科学的运用

相关联的机械技术系统，以及由此派生或隐含着的知识、技能、工艺和器械。他认为，后者只有近代欧洲才有，而前者，则各个文明都有。像中国、印度这些东方国家之所以没有工业革命，不是因为缺乏前者——相反，东方古老的文明国家有比欧洲丰富得多的机械发明，许多关键技术发明都来自东方——而是因为缺乏后者，即缺乏一个特定形态的"机械观念和机械制度"。"the machine"后来被芒福德命名为"巨机器"（megamachine）。显然，对他而言，前者是较好的，而后者是较坏的。

构成芒福德人性规定的另一个方面是有机论思想。价值与有机论内在相关，而在机械论中没有价值的地位。基于有机论的立场，芒福德把技术分成两类。他所赞赏的一类技术是简单的、家庭作业的、民主的（democratic）、多元的（polytechnics）、生活化的、综合的，一句话，"有机技术"；他不喜欢的一类技术是大工业的、专制的（authoritarian）、巨大的、复杂的、一元的（monotechnics）、权力指向的，一句话，"非有机技术"。

按照这种分类和分级的标准，很自然就可以分出多种类别的技术，分出好的技术和坏的技术。比如：生活技术优先于权力技术，身体技术优先于制造技术，内在技术优先于外在技术。手的有意义的动作优先于手的工具性运作：它打手势，抱孩子，抚摸爱人的身体，在舞蹈中分享仪式，表达感情。原始技术主要不是表现在工具方面，而是表现在身体技术方面，因而不能因为原始工具简陋而认为原始技术就很简陋。由于原始技术的目的不是对外部环境进行控制，而是对身体进行规训和装饰，以达到性别强调、自我表现或群体识别等更高级的目的，因此原始的身体技术丰富而复杂。正是通过原始的身体技术这个至关重要的环节，我们的身体才成为真正人类的身体：它本身就是表达心灵的语言和符号。

在史前制造技术中，芒福德推崇器具（utensil）甚于工具，认为容器（container）优先于工具，重视器具制造（utensil-making）、篮子编织（basket-weaving）、染色（dyeing）、制革（tanning）、酿酒（brewing）、制罐（potting）、蒸馏（distilling）等活动。他认为，过去的人类学家过分关注进攻性的武器和掠取性的工具，而忽视了容器在文明史上的地位。像炉膛、贮藏地窖、棚屋、罐壶、圈套、篮子、箱柜、牛栏，以及后来的沟渠、水库、运河、城市，都是文明的盛载者。语言，这个文明最大的容器，同样被芒福德高度赞扬。"语言的出现，是人类表达和传达意义的基本形式，与手斧相比，它对人类的发展具有无可比拟的重要性。只有当知识和实践能够被以符号形式存贮起来，通过语词传递，一代又一代，才可能有新鲜的文化成就，驯养动植物才成为可能。这一工艺成就并不需要挖掘的棍子和锄头。犁和车轮是在大规模收获谷物之后才出现的。"（[1]）由于容器技术多为女性所发展，芒福德可谓女性主义技术史的先驱。

将工具独立出来予以格外重视是巨机器时代的一种现象，而在巨机器统治人类之前，工具的角色既不独立，也不突出。希腊文里的techne既指技术，也指艺术，审美表达与技术发明并不是两个完全不同的东西。"甚至在最早的时期，诱捕和喂草所要求的更多的是对动物习性和动物栖息地的敏锐观察，而不是工具，所依靠的是广泛的植物试验，以及对种种食物、药物和有毒物对人类机体的诸种影响的精明解释。在那些园艺发现——如果奥克斯·埃姆斯（Oakes Ames）对的话，它一定比植物的驯化要早数千年——中，气味和形式美与其食用价值同样重要。对于最早的栽培物，除了谷物，人们经常关注的是它们花朵的颜色和形态，以及它们的香味、质地、香型，而不只是营养。埃德加·安德森（Edgar Anderson）提出，新石器时代的花圃像今天许多简单文化的花圃一样，可能是食用植物、染料植物、药用植物和观赏植物的组合，它们对生命同样必要。"（[1], pp.80-81）新石器时代的驯养得益于主体方面对性的关注，并通过宗教神话和仪式强化了这种关注。育种、杂交、施肥、播种、阉割，都是富于想象的性之教养的产物。（[1], p.81）

原始技术优于现代技术，因为原始技术是生活中心的（life-centered），而不是狭隘的工作中心的（work-centered），更不是生产中心的（production-centered）或能量中心的（power-centered）。生活的技术适应环境的有机性质，限制任何个体的过度增长。它是均衡的、有限的、和谐的。

二、现代技术的本质：巨机器

作为有机论者和生态主义者的芒福德始终信奉"小的是美好的"，对巨大工程、巨型建筑、巨型城市有本能的恐惧和反感。对他来说，现代技术的主要问题是对有机世界的系统性背离，其标志就是"巨机器"成为时代的主角，而现代技术的本质也被芒福德称为"巨技术"（megatechnics）。

所谓巨机器或巨技术，就是与生活技术、适用性技术、多元技术相反的一元化专制技术，其目标是权力和控制，其表现是制造整齐划一的秩序。芒福德认为，现代巨机器主要体现在极权主义政治结构、官僚管理体制和军事工业体系之中。美国国防部所在的五角大楼、几层楼高的巨大的登月火箭、核武器，都是芒福德所谓巨机器的典型。

1. 巨机器的起源

在反思现代性的起源方面，不同的思想家有不同的做法。胡塞尔把欧洲科学危机的根源追溯到伽利略的数学化思想，海德格尔把现代性归于由柏拉图发起的西方形而上学传统。芒福德则把巨机器的起源追溯到了古埃及。

埃及是人类历史上最早的专制王朝国家，而这个国家本身就被芒福德看成一部最早的巨机器，也是之后一切巨机器的原型。这部巨机器的基本特征是令人惊叹的组织秩序，它的主要物质成果是金字塔。在那个物质工具水平并不十分发达的年代，建造金字塔这样庞大的工程之所以成为可能，靠的完全是对人力的高度组织。近十万名劳工以一种钟表般的精确性被组织起来从事劳动，只使用石头、木头和青铜工具，就建造出了吉萨金字塔这样巨无霸的建筑。没有一个巨机器是建造不出这样的"巨无霸"的，而这个巨机器恰恰不是由机械零件组成的，而是由高度组织化了的人组成的。因此，这个一切巨机器的原型消失在历史之中，未留下任何考古证据。

这个原型巨机器是如何成为可能的呢？芒福德从文字、宗教、天文学等几个方面揭示了埃及巨机器的起源。通过祭司阶层坚持不懈的努力，埃及人的宗教和宇宙论被融合在一起，共同铸造了绝对的宇宙规则和绝对权威的概念：法老是太阳神阿蒙-拉在人间的代表。（[3]，p.28）由于文字的发明，文书书写者和传抄者组成了最早期的官僚阶层，通过他们，这种普遍的宇宙秩序得以在人间实现，那就是一个在政治威权统治下的严格的社会秩序。这种社会秩序由军事强制和神性力量相结合组成的国家机器来维持，百姓则从事重复的单调劳动。在这种单调重复的规则和秩序中，个人达到自我控制的心理均衡。

巨机器在历史上的存在有它的合理之处。从某种意义上讲，正是巨机器创造和维系了埃及三千年的文明历程。正是巨机器使得洪水控制、粮食生产和城市建设等我们称之为文明的东西成为可能：埃及文明恰恰是我们今天能够追溯得到的最古老的"文明原型"。但在芒福德看来，这个事实只能解释为我们今天恰恰又生活在一个巨机器的时代，我们的文明或多或少与埃及文明同类。他认为，金字塔与登月火箭相类似，差别只在于前者是静态的，后者是动态的，但它们都崇拜死亡：一个是存放木乃伊的坟墓，一个指向无生命的月球。埃及巨机器与现代技术相类似，今天的科学家和技术专家就是那时的祭司和僧侣，他们同样维持着他们所处时代的社会基本秩序，同样垄断他们所处时代最神圣、最神秘的知识，同样是最高统治力量的大脑和神经系统。

自轴心时代以来，埃及巨机器被人们抛弃了，只在军队里保存着其原型。直到中世纪，一个新的巨机器时代开始孕育，它首先表现在"求序意志"（will to order）的出现上。这种求序意志最先出现在修道院、军队、账房里，最后在现代科学和现代资本主义经济制度中得到确立和保障。

修道院为近代世界奉献了最重要的一样机械：钟表。教士们为了有更多的时间沉思和祈祷，发明了不少机械，以代替劳动。教士们规则而又刻板的生活节奏，为机械钟的发明提供了温床。这个精确的时间机器规定了现代人整齐划一的生活节奏（[6], p.100），使得"效率"的概念成为可能，为大工业标准化、流水线生产提供了先天的时间方案。钟表的出现以及流行，创造了一个客观的、数学的、纯粹量的世界概念，以及一个科学的世界概念。从前的时间经验与生活经验紧密相关，牧民和农民依据自己的劳作对象和劳作方式来确定自己的生活节奏。如今，时间与有机的生活经验相分离，受制于机械的节奏。节省时间成为新的时代性要求，守时成为美德。所以，芒福德说："现代工业时代最重要的机器是时钟，不是蒸汽机。"

修道院不仅奉献了机械钟表，而且培育了宇宙秩序的观念。怀特海在《科学与近代世界》里说："中古世纪在规律的见解方面为西欧的知识形成了一个很长的训练时间。当时也许缺乏一些实践。但这观念在任何时候都没有被冲淡。这个时期十分明显地是一个有秩序的思想的时期，完全是理性主义的时期。"（[7], p.12）经院哲学所培育起来的宇宙秩序的概念成为现代物理学的基本哲学前提。

除修道院之外，资本主义商业的兴起对现代巨机器的形成也是必不可少的。从实物经济到货币经济，从有形财产到无形财产，从实体经济到抽象的虚拟经济的转变，慢慢培养了人们抽象和计算的习惯。金钱价值越来越取代了生活价值的位置，而追求金钱理论上是永无止境的。于是，通过抽象、通过计算来无休止地追求权力，成了新时代的资本主义精神。对芒福德来说，欧洲资本主义最后通过技术革新实现了自己的辉煌成就，但资本主义先于现代技术，而且并不必然依赖现代技术，因为资本主义本身才是现代技术得以成为可能的巨机器。芒福德不无嘲讽地说："机器为资本主义的罪孽背了黑锅。反之，资本主义却经常把机器的优点据为己有。"他认为，现代技术的问题并不在于机器，而在于机器背后的巨机器。

2. 巨机器的克服

芒福德提出巨机器的概念，其目的是揭示巨机器的反有机的本性，从而引导人们克服巨机器。他强调要区别"机器"与"巨机器"。东方文明有着欧洲文明难以企及的"技术"和"机器"，但它们没有"巨技术"和"巨机器"，因此不能够与现代西方的技术文明相抗争。同理，现代技术文明导致的种种问题，不能够单纯从技术的角度来处理。"对于技术造成的所有问题，只在技术领域里寻求答案是缘木求鱼。"对他来说，克服巨机器的主要路线还是回归人性的正确规定，回归生活世界和生活技术。

如果把我们的人性规定成工具制造者和使用者，那么我们就完全无法逃离巨机器的阴影，因为这两者享有共同的逻辑。唯有意识到心灵的优先性，我们才能真正克服巨机器。"从工作中解放出来"（free from work）是机械化和自动化能够做的事情，但事情的要害在于"为了工作而解放"（free for work），而这只有以人的心灵为本，充分开发人的潜能才有可能，机械化并不能真的使人获得自由。彻底的机械化将会使人类彻底失去自由。只有把目光转向人性的全面发展，而不是围着机器的革新和使用打圈圈，才有可能真正摆脱巨机器的控制。

由于始终强调心灵优先性、技术服务于心灵的需要，甚至巨技术也是服务于某种不健康的心灵需要，因此，芒福德始终对技术时代抱有乐观主义的态度。他没有技术自主论者通常会有的悲观主义。但是，对现实生活中每每占据支配地位的巨机器，芒福德自感并没有行之有效的办法来应对。他用他的笔反复歌颂生命的多样性、丰富性和创造性，强调生命是意义世界的不竭源泉。通过对有机生活的一再回溯，他指出了逃离巨机器的基本方向。

参考文献

[1] Lewis Mumford, "Technics and the Nature of Man," in Carl Mitcham et al ed., *Philosophy and Technology*, The Free Press, 1983.

[2] Lewis Mumford, *Technics and Human Development*, A Harvest/HBJ Book, 1967.

[3] Lewis Mumford, *The Pentagon of Power*, A Harvest/HBJ Book, 1970.

[4] Lewis Mumford, *Man as Interpreter*, Harcourt Brace, 1950.

[5] 芒福德. 城市发展史 [M]. 宋俊岭等译. 北京：中国建筑工业出版社，2005 年。

[6] 吴国盛. 时间的观念 [M]. 北京：北京大学出版社，2006 年。

[7] 怀特海. 科学与近代世界 [M]. 何钦译. 北京：商务印书馆，1959 年。

CONTENTS
目 录

引　言   i

1963 年版的导言   viii

订　正   xiv

说　明   xv

本书的目的   xvi

第一章　文化上的准备   001

  1. 机器、用具和"机器"   001

  2. 修道院与时钟   004

  3. 空间、距离和运动   009

  4. 资本主义的影响   014

  5. 从寓言到事实   019

  6. 泛灵论的障碍   023

  7. 途经魔法之路   028

  8. 社会的严格管理   033

  9. 机械宇宙   038

  10. 发明的义务   044

  11. 切实的预期   048

第二章　推动机械化的力量　　053

　1. 技术概览　　053

　2.《矿冶全书》　　058

　3. 采矿与现代资本主义　　066

　4. 原始工程师　　069

　5. 从猎兽到猎人　　074

　6. 战争与发明　　077

　7. 大规模军工生产　　082

　8. 操练与退化　　087

　9. 玛尔斯与维纳斯　　089

　10. 消费拉动与生产驱动　　094

第三章　始技术阶段　　100

　1. 技术的融合　　100

　2. 技术复合体　　102

　3. 新动力源　　105

　4. 树干、木板和圆材　　112

　5. 透过明亮的玻璃　　116

　6. 玻璃与自我　　121

　7. 基本发明　　124

　8. 弱点与优势　　135

第四章　古技术阶段　　143

　　1. 英国后来居上　　143

　　2. 新野蛮状态　　145

　　3. 煤炭资本主义　　148

　　4. 蒸汽机　　150

　　5. 血与铁　　155

　　6. 对环境的破坏　　159

　　7. 工人的潦倒　　163

　　8. 生活的贫乏　　169

　　9. 进步的信条　　172

　　10. 生存竞争　　176

　　11. 阶级与民族　　178

　　12. 混乱帝国　　182

　　13. 动力与时间　　186

　　14. 审美补偿　　190

　　15. 机器的成就　　195

　　16. 古技术之旅　　201

第五章　新技术阶段　　203

　　1. 新技术的开端　　203

　　2. 科学的重要性　　206

　　3. 新能源　　212

4. 无产阶级的失所   **214**

5. 新技术材料   **220**

6. 动力与机动性   **225**

7. 通信的悖论   **229**

8. 新型永久记录   **231**

9. 光与生命   **234**

10. 生物学的影响   **239**

11. 从破坏到保护   **244**

12. 人口规划   **248**

13. 目前的伪形   **251**

第六章   补偿与逆转   **256**

1. 社会反作用概述   **256**

2. 机械常规   **257**

3. 无目的的物质主义：多余的动力   **261**

4. 合作对奴工   **265**

5. 对机器的直接攻击   **270**

6. 浪漫主义者与功利主义者   **272**

7. 往昔崇拜   **274**

8. 回归自然   **281**

9. 有机与机械之两极   **285**

10. 体育与"财富女神"   **289**

11. 死亡崇拜   **294**

12. 小型减震器   **298**

13. 抵抗与适应   **302**

第七章   **对机器的吸收**   **306**

1. 新文化价值   **306**

2. 秩序的中性   **311**

3. 机器的审美体验   **317**

4. 作为手段与象征的摄影   **322**

5. 功能主义的发展   **328**

6. 环境的简化   **340**

7. 客观个性   **342**

第八章   **今后的方向**   **347**

1. "机器"的腐朽   **347**

2. 建立有机的意识形态   **351**

3. 社会能量学的要素   **356**

4. 增加转换!   **362**

5. 节约生产!   **365**

6. 消费正常化!   **372**

7. 基本共产主义   **381**

8. 创造社会化!   **387**

9. 自动机和业余爱好者的工作   **390**

10. 政治控制   **397**

11. 机器的弱化   **402**

12. 走向动态平衡   **408**

13. 总结与展望   **412**

发　明   **414**

1. 导言   **414**

2. 发明清单   **415**

参考文献   **439**

致　谢   **473**

引　言

　　要研究技术变迁中人的维度，终究避不开刘易斯·芒福德。他就此主题撰写的富有远见的开拓性著作是巨大的知识宝库，帮我们思索构成现代物质文化核心的基本义务和伦理难题。芒福德关于这个主题的第一部著作《技术与文明》对 20 世纪早期的普遍学术观点公开提出了疑问。后来数十年间，在这部著作的基础上，人们围绕以技术为中心的生活方式的发展前景展开了激烈的辩论。

　　20 世纪 30 年代早期，芒福德开始把研究方向转向技术。当时他已经是纽约文学界的新星，出版的著作涵盖世界乌托邦思想、19 世纪先验哲学和美国建筑学的演变，还出版了一本赫尔曼·梅尔维尔的重要传记。为了弄懂工具、器械和生产工艺在世界历史的形成中发挥的影响力，芒福德如饥似渴地遍览论述工业社会兴起的标准著作，却发现那些著作实质内容出奇贫乏，知识涉猎非常肤浅。当时的历史学家和经济学家，特别是美国的此类学者满足于狭隘叙事，只强调 18 世纪以来"机器"的发展及其在塑造现代社会中的作用。芒福德注意到，尽管技术在人类事务中的重要性显而易见，但系统性概述技术史的英文著作仍付之阙如，也没有哪部作品充分探讨过人与"技术"丰富而复杂的关系。他实际上提出了这样的问题：除了强大的新式发动机及其对生产力和经济增长的贡献，技术史难道不是还有很多其他内容吗？世界各地的社会难道不是在工业革命到来很早以前就开始使用技术了吗？

芒福德怀着永无休止的好奇心，在解释现代科技领域的奠基性发展时大大延长了他研究的历史时期，也扩大了他的叙事所包括的创造性活动的范围。所以，本书以10世纪的发明创造为起点稳步向前，记录了艺术、工艺、科学、工程学、哲学、金融和商业等各个领域的千年技术进步史，也讲述了相关社会惯例的演变。芒福德论称，假若不是长久的文化准备为后来的成就奠定了扎实的基础，工业革命中那些广为称颂的突破是不可能实现的。从这个角度来看，这本书强调了人类探索在各方面的发展，有一些初看之下似乎与技术装置和技术系统风马牛不相及。

在芒福德的叙述中，修道院与时钟的故事可能最令人难忘。在中世纪欧洲的本笃会修道院，敬神和劳作被分割为精确的时间单位，被称为祈祷时刻，用以增强修道士的宗教信仰力量。有了这个制度，就需要能够测量时间的装置，第一批简单可靠的时钟应运而生。芒福德认为，修道院"帮助给人的活动设定了有规律的集体节拍和机器的节奏，因为时钟不仅是计时的手段，而且可以用来实现人的行动的同步"。

在探讨这类事情时，芒福德并没有长篇大论地解释重大的突破是如何形成的。他根据能够找到的最佳学术资料（主要是欧洲的），先是简短描述历史演变的标志性时刻，随即对其历史意义展开天马行空，甚至是幽默顽皮的猜想。例如，芒福德描述了玻璃制作工艺从14世纪到17世纪的改进如何极大地推动了在今天的知识生活和经济活动中被视为理所当然的重大发展："玻璃帮助把世界套进了一个框子，它让人更清楚地看到现实的某些因素，并把人的注意力集中于一个被明确划定的领域，也就是框内的领域。"芒福德提出，没有玻璃工艺的改进，就不会有现代的"自我"来参与发现和发明。

芒福德的根本意思非常清楚。与普遍观点相反，现代生产的奇迹并非始于工业化时代叮当作响、喷吐白气的蒸汽机，也绝非源自詹姆斯·瓦特、理查德·阿克赖特和工业革命的其他标志性人物做出的发明或社会创新。芒福德坚称，最重要的因素不仅有实际的工具和机器，还有反映人类各种动机的活动。那些动机包括宗教信仰，也包括在科学、工程学以及无数日常活动中对美的追求。芒福德的建议清晰明确：在当今时代，利用这些资源仍会给我们带来裨益。

本书的另一个中心内容是探索后来成为现代社会决定性特征的制度的起源，例如军方对各种技术选择始终所具有的影响力。事实上，书中一些最令人印象深刻的文字是芒福德对矿山作为一切工业思想和工业方案的塑形器的描述。在他看来，15世纪和16世纪德意志地区采矿业的兴旺确立了后来数百年人们对于自然、工作、机器、人类经验乃至科学理论重心的基本态度。在芒福德的描写中，矿井张开大口，将它们黑暗而危险的执念喷遍整个社会。"采矿的典型方法并不止于矿井口，而是或多或少地适用于一切附属行业。"

读者在被芒福德引导着阅读一个个引人入胜、堪称典范的章节时，可以看到他喜欢花大量篇幅展开"宏大叙事"。但在今天的许多历史学家和哲学家看来，他的这种叙事方法不大牢靠。毕竟，谁敢说能讲清楚如此庞杂的现代技术文化呢？芒福德对这类担心毫不在意，毅然挺身而出，对专家和普通读者许诺，会给他们做出可靠而冷静的讲述。

芒福德理论的中心是关于三个历史"阶段"的系统性论点。我们可以根据这个论点来看待植根于我们周围的技术和制度中一层层的知识、信念和技能。芒福德认为，这三个阶段并非界限分明，而是随着时间的推移相互重叠和渗透。最早的"始技术阶段"的技术包括从公元1000年到18世纪相当长时间内出现的各种发明和思想。下一个是"古技术阶段"，以工业时代的材料和能源为特征。芒福德认为，这个时期鲁莽轻率到了野蛮的地步。"对古技术社会状况最恰当的描述是战争状态。它的典型组成部分，从矿井到工厂，从高炉到贫民窟，从贫民窟到战场，都是为死亡服务的。"然而，在前面两个阶段的基础上发展起来的"新技术阶段"更加成熟，给人带来了希望。这个阶段在20世纪初的几十年强势亮相，其间出现了新合金、电力和更好的通信手段，也出现了在新的社会和技术项目中强调"有机性"这一高度必要的意愿。

《技术与文明》之所以重要，不仅因为它的开创性叙事方法和翔实的历史资料，也因为它阐述了一个新颖的理论。芒福德论称，技术表现了人类内心与外部世界之间的动态关系。我们在实际物质活动中最伟大的成功经常是深切的精神需求与最大的理性及非理性激情的投射。与此同时，生活在物质世界激发了人类意识中的创造性反应，发展出了语言、符号、仪式和丰富的灼见。芒福德后来这样总结自己的观点："人将外部世界内化，将内心世界外化。"从这个角度来看，芒福德的这部著作不仅试图准确全面地讲述技术史，而且意在阐释一切人类经验的基本模式，这样的阐释比"人是制造工具的动物"这种普遍却笨拙的认知准确得多，也充满了可能性。

当然，美国人长期以来一直称颂技术变迁，但角度与芒福德建议的大不相同。正统观念强调的几个关键理念是：征服与控制自然是现代社会的伟大使命；效率是社会普遍适用的选择标准；现代历史表明，科学进步的积累直接增加了人类福祉；我们作为个人和集体的使命是永远保持竞争力，在技术前沿奋勇争先。在今天的语汇中，描述这类决心和努力的时髦词是"创新"。公司和科技园区都热情宣称，创新是人类的伟大使命。

《技术与文明》赞扬技术发展，不仅因为它减轻了生活的实际负担，也不仅因为它促进了生产，而且因为它能够出色地展示人类的灵性和感性，以及人与自然、人与人之间最深层的联系。在这个意义上，芒福德和任何其他现代思想家一样，对技术抱有很大的希望。然而，他对20世纪30年代早期情形的审视显示，机器时代已经陷入了一场严峻的危机——大萧条。技术被普遍认为代表着"进步"，可现在似乎事情不再必然朝着进步的方向发展。生产机制显然满足不了世界上大多数人的基本需求。说是要给所有人带来富足，事实却是遍及全球的失业、贫困、社会动荡和政治冲突。

芒福德注意到了这一惨淡时期中经济、社会和环境的崩坏，但他并未过多纠缠这些问题，而是试图找出更深层的模式。即使在消费经济早已重焕活力，生产力攀至新高之后，这些模式仍然痼疾难解，包括对工作的严格管理，社会组织的军事化，对宝贵资源的浪费，对自然系统的粗暴破坏，对空气、土地和水的大面积污染，以及把愚蠢的消费主义鼓吹为生活的终极满足。芒福德认为，真正的问题已超出经济萧条的范畴，触及了现代技术文明的本质和我们想象这种文明带给人类的可能性时所采用的思考方法。

历史学家、哲学家和技术专业人士一直对芒福德的这部著作深感兴趣，但更广泛的读者也能对书中提出的许多重大问题产生共鸣。他的案例研究和思考成果预示了后来科幻小说和电影的重大主题，如技术力量过于强大，创造出人工生命世界，看似非常理性的政治结构突然引发暴力，部分与整体、生物实体与其合成替代品之间持续的紧张关系。仅举一例，广受欢迎的科幻片《阿凡达》（2009年）就反映了芒福德的担忧，表现了一个渴求资源的高技术文明与一个更和平、更全面、更根深蒂固、更有机的文化之间的冲突。在詹姆斯·卡梅隆导演的这部电影中，潘多拉星球上那些和平、理性的可爱生物最终取得了胜利。同样，芒福德希望在现代技术领域开展全面改革，这预示着当今时代发展"可持续"技术的努力和实现"绿色经济"的希望。对环境退化、石油储量减少和全球变暖的担忧，促使我们直面这本书最后一章"今后的方向"中提出的问题。"对生命体和有机体的兴趣在各个领域都开始重新觉醒，撼动了纯机械体的权威。过去一直受摆布的生命现在开始发挥主导作用。"

在审视20世纪30年代早期现代社会的困境时，芒福德表现出惊人的乐观态度。他相信，古技术时期的过分和不公最终完全有可能通过成熟化过程得到克服，被一个彻底的新技术时期取代。届时，社会组织的形式将更加符合人性、更加规划周密、更加利于生态。思维缜密并怀有爱心的人将努力解决原始机械化社会的弊病，磨平这种社会的粗粝棱角，从内部实现社会的人道化。在那之后，芒福德目击了冷战、核军备竞赛、生态环境污染、城市和郊区生活的错乱模式、大众媒体对舆论的神秘化和他所谓的"权力复合体"的制度化统治地位。因此，在他后来的著作中，他原有的信心不复存在，代之以日益强烈的怀疑。但正因如此，我们才应该重温芒福德从前的思想。那时，光芒尚未被阴影遮蔽，最好的可能性依然存在。让我们把事情不可能如愿的所有理由暂且放在一边，和年轻的刘易斯·芒福德一起发问：我们希望建成一个什么样的世界？

兰登·温纳

1963 年版的导言

　　《技术与文明》初版于 1934 年。那时，学者常把当今时代称为"机器时代"，却到 18 世纪去寻找这个时代的起源。历史学家汤因比的一位亲戚 A. J. 汤因比在 19 世纪 80 年代用"工业革命"一词来描述当时发生的技术革新。虽然人类学家和考古学家对原始人的技术装备给予了应有的关注，有时还夸大工具的重要作用，但他们很少触及技术对人类文化更广泛的影响。有用的、实在的东西依然不属于真善美的范畴。

　　《技术与文明》打破了这种忽视技术的传统。它不仅首次总结了西方文明的千年技术史，而且揭示了由修道院生活、资本主义、科学、玩乐、奢侈品和战争所构成的社会环境与发明家、工业家和工程师更具体的成就之间不断的相互作用。卡尔·马克思认为，技术力量（生产体系）自动演进并决定所有其他机构制度的特点；这个观点并不正确。本书的分析显示，技术力量与其他机构制度的关系是相互的、多方面的：一件儿童玩具可能导致一项新发明，比如电影；关于远距离即时通信的古老梦想可能促使莫尔斯发明了电报。

本书的主题最早出现在 1930 年 8 月载于《斯克里布纳》杂志的一篇文章中，题为《机器的戏剧》(*The Drama of the Machines*)。我在那篇文章中写道：

> 如果想清楚地知道机器是什么，就必须不仅了解它的物理起源，还要考虑它的心理起源，也必须评价机器产生的审美和伦理结果。在一个世纪的时间里，我们只看机器的技术成功，不及其余；我们对发明家和科学家的工作顶礼膜拜；我们有时因这些新器械的实际成功而对其称赞有加，有时又因它们成就的狭隘而对其嗤之以鼻。

> 然而，当我们重新审视这个问题时，会发现原来的许多想法站不住脚。我们发现，机器体现了我们没有想到的人类价值观。我们还发现，普通经济学家委婉地掩盖了能源的浪费、损失和误用。从长远来看，机器给我们的物理环境造成的巨大物质变化也许不如它对我们的文化做出的精神贡献重要。

促使我重新审视这个题目的直觉植根于我的亲身经历。12 岁时，我制造了我的第一台收音机。不久后，我开始为通俗技术杂志写短文，描述我对收音机的各种改进。因为我在这方面的兴趣，我进入了史岱文森高中，在那里接受了扎实的技术与科学基础教育，特别是熟悉了家具制造、锻造、木材及金属切削、铸造等行业使用的基本工具和机械工艺。几年后，我进入当时设在匹兹堡的美国标准局水泥测试实验室，担任实验室助手，沉浸在那个典型的古技术环境中。

R. M. 麦基弗教授看了我题为《机器的戏剧》的文章后，邀请我在哥伦比亚大学开设一门关于"机器时代"的进修课程。这门课不仅研究技术的经济与实用方面，而且审视技术的文化方面。据我所知，此前任何地方都从未开设过这种课程。在备课的过程中，我不仅获得了必要的资料，而且产生了撰写本书的念头。1932 年，作为研究的收官之举，我前往欧洲参观那里大大小小的技术博物馆和图书馆，尤其是在维也纳、慕尼黑、巴黎和伦敦。那次欧洲之行大大丰富了《技术与文明》的参考文献和自 10 世纪以来各项发明的清单内容，是当时能够获得的最详细的内容，至今依然有用。

《技术与文明》的基本哲学与方法有意挑战许多流行的学术惯例，尤其是束缚着研究者的僵化程序。那种程序将研究者局限于其学科的一小部分，使之无法评价技术发展的社会和文化副产品。我在更广泛的社会生态背景下讨论技术发展，因而避免了目前流行的将技术发展作为最重要的支配性因素的偏见。即使今天，人们依然在这种偏见的影响下幼稚地把我们的时代称为"喷气机时代"、"核时代"、"火箭时代"或"太空时代"。我对旧思维方式的挑战尚未被广泛接受，也许这就是本书一字不改重新出版最好的理由。

至于我没有讨论过去 30 年的技术发展，我不打算为此做任何辩解。这项任务太艰巨了，就连拥有专业知识的历史学家也望而却步。出于另一个不同的原因，我也没有改动本书的原稿，以符合后来的知识发展和我自己认识的加深。我发表了一系列文章，对我早先的论点做了修正和补充。其中一些发表在《技术与文化》（*Technology and Culture*）杂志上，一些载于《美国哲学学会会刊》，还有一些纳入了我的著作《艺术与技术》（*Art and Technics*，1952）、《以理智的名义》（*In the Name of Sanity*，1954）和《人的变化》（*The Transformations of Man*，1956）。如果幸运眷顾于我，我准备再写一本《机器的神话》（*The Myth of the Machine*）来进一步阐述我的这些新观点。我将在新书里审视在古代文化中已经显示出来的当今技术的负面影响，并将进一步拓展本书"今后的方向"一章的内容，纳入在上一代人的时间里实现的巨大技术成就，以及它们所造成的同样巨大的社会危险。

《技术与文明》预示着学者态度的改变，主要是对于作为人类文化要素之一的技术史的态度，在较小程度上还有在评价技术造成的社会与文化结果时的态度。可能本书有助于人们产生这方面的兴趣，或至少帮助建立了这类书的读者群。除了乌尔里希·文特（Ulrich Wendt）的《作为文化力量的技术》（*Die Technik als Kulturmacht*，1906）和斯图尔特·蔡斯（Stuart Chase）的《人与机器》（*Men and Machines*，1929）之外，所有泛论技术的著作，如西格弗里德·吉迪恩（Sigfried Giedion）的《机械化的决定作用》（*Mechanization Takes Command*）和 R. J. 福布斯（R. J. Forbes）的《作为创造者的人》（*Man the Maker*），都出版于本书之后。出于同样的原因，本书的参考文献中没有 A. 伍尔夫的《16 世纪和 17 世纪的科学技术史》（*A History of Science and Technology in the Sixteenth and Seventeenth Centuries*）。在撰写本书时，我找不到全面的技术史。幸运的是，现在这个空白被填补上了。50 年代出版了五卷本《技术史》（*History of Technology*，牛津大学出版社）以及 T. K. 德里（T. K. Derry）和 T. I. 威廉斯（T. I. Williams）在其基础上写出的短小精悍的一卷本《技术史》（牛津，1961）。

由于我没有改动正文，也就没有在参考文献中添加这个领域中许多新人的贡献，特别是乔治·弗里德曼、让·富拉斯蒂耶、罗歇·凯卢瓦、皮埃尔·弗朗卡斯泰尔、贝特朗·吉勒和雅克·埃吕尔等法国学者的大作。他们的著作沿袭了之前德国学者的传统，包括卡尔·毕歇尔、维尔纳·桑巴特、马克斯·韦伯，甚至奥斯瓦尔德·斯宾格勒。若还需要更多证据证明人们对技术与我们整个文化的关系的兴趣日益增加，只需提及 1959 年创刊的《技术与文化》杂志（美国技术史学会的机关报）和意大利著名的《机器文明》（*Civilità delle Macchine*）杂志即可。

几年前，《代达罗斯》（*Daedalus*）杂志的编辑杰拉尔德·霍尔顿教授邀请我在《技术与文明》出版 25 年后从当今的角度对本书进行回顾。那次我发表在《代达罗斯》（1959 年第 3 期）上的对我自己著作的评论相当严厉（讽刺的是有些过于严厉）。因此，在此不必多谈本书的弱点和缺点，而对本书优点的重新评价又必须由他人来做。为了确信通过出版平装本来延长本书的寿命和影响力是明智之举，我又将本书重读了一遍。虽然如此说有自负之嫌，但坦白地说，读完后，我对书中直觉的领悟和新颖的洞见印象深刻。靠着这些领悟和洞见，我常常在数据不足的情况下达成了经得起推敲的结论，并揭示出之前一直泾渭分明的各个领域之间重要的相互关系。

当时的评论者恰当地把《技术与文明》称为一部充满希望的作品，但现在令我感到庆幸的是，即使在那时，在世界尚未因人类掌握核能后出现的野蛮的道德沦丧和疯狂计划而陷入危险的时候，我就指出，许多最给人以希望的进步可能反而会造成倒退。我预见到了我后来所说的"自动机"和"本我"之间的不祥联系。上一代的读者若是看懂了本书的后半部分，就不会对后来惊人的科技进步以及各种变态和偏执的欲望感到意外。所以，虽然本书未曾提及此前 30 年的技术史，但解读这一时期发生的事情及其后果所必需的基本洞察力却始终贯穿其中。因此，我愿意准许本书不加修改再版：无异议！

刘易斯·芒福德

纽约州阿米尼亚

1963 年春

订　正

　　除了因粗心而非无知造成的几处不幸的错误之外，我没有发现多少根据本书成书时所能获得的知识需要大改的错误。最大的错误包括把达·芬奇的人力滑翔器叫作飞机，介绍了硒光电池不再使用的一个功能，搞错了卡尔斯罗普发明流线型机车的日期（应该是 1865 年前后），说铜矿在明尼苏达州（那里有铁矿），其实是在科罗拉多州，以及说埃尔顿·梅奥在西屋公司开展了实验，其实是西电公司。

说　明

　　本书初稿写于 1930 年，1931 年完成第二稿。直到 1932 年，我还准备在同一本书中论述机器、城市、地区、群体以及人的个性。可是在撰写关于技术的部分时，我不得不扩大这个工程的规模，所以本书仅是初稿的一部分。技术与文明固然是一个完整的单元，但机器的某些方面，比如机器与建筑学的关系，还有文明的某些可能最终影响技术发展的方面，尚需另做论述。

刘易斯·芒福德

本书的目的

在过去的 1 000 年间，西方文明的物质基础和文化形式因机器的发展而发生了深刻变化。这是如何发生的？在哪里发生的？推动环境和生活常规发生巨大转变的主要动机是什么？想达到什么目的？用了哪些手段和方法？在这个过程中产生了哪些未曾预料的价值？本书希望找到关于这些问题和其他一些问题的答案。

虽然人们常把我们这个时代称为"机器时代"，但能够对现代技术做出客观判断或了解现代技术起源的人却为数寥寥。通俗历史学家一般把现代工业的巨变从瓦特改良蒸汽机开始算起。在传统的经济学教科书中，自动化机械在纺织中的应用经常被视为一个同样关键的转折点。然而，事实上，在"工业革命"带来巨变之前，机器在西欧已经稳步发展了至少七个世纪。人类在完善复杂的机器以表达自己的新爱好和兴趣之前，就已经变得机械化了。秩序的意志先是出现在修道院、军队和账房里，最终才体现在工厂中。在过去一个半世纪所有伟大的物质发明背后，不仅是长期以来技术本身的发展，还有思想的改变。要大规模实现新工业进程，首先需要重新确定愿望、习惯、观念和目标的方向。

要理解技术在现代文明中的支配性作用，必须详细探讨思想和社会方面的初期准备。不仅要解释新机械器具的存在，还必须解释愿意使用新机械器具并从中广泛获利的文化。要注意，机械化和严格的组织管理在历史上并非新事物，现代文明的新颖之处在于这些功能投射并体现在统治着我们生活方方面面的组织中。其他文明也曾达到过较高的技术水平，但显然没有受到技术方法和目标的深远影响。现代技术中所有的关键器械，其他文化中也都有，如时钟、印刷机、水磨、磁罗盘、织布机、车床、火药和纸，当然还有数学、化学和力学。中国人、阿拉伯人和希腊人发展机器的雏形比北欧人早得多。虽然克里特人、埃及人和罗马人取得的那些伟大工程成就主要是靠实践经验，但他们显然掌握了丰富的技术技能。他们有机器，但他们没有发展出"机器"。是西欧人把自然科学和精确的艺术发展到了其他文化未曾达到的高度，并调整了整个生活方式，以适应机器的节奏和能力。这是如何发生的？机器在欧洲是如何把控社会，直到社会心甘情愿臣服于它的？

显然，通常所谓的"工业革命"，即始于18世纪的一系列工业变革，是经过一个漫长的过程才发生的。

先后有三波机器浪潮席卷了我们的文明。第一波浪潮发生于10世纪前后。文明的其他组成因素在衰弱和流散时，这波浪潮的力量和势头却在不断增强。这一波机器浪潮利用纯粹的外部手段来建立秩序，增加力量。它之所以取得成功，部分原因是它回避了生活中许多真正的问题，回避了它既没有面对，又无法解决的重大道德和社会问题。经过中世纪漫长而稳定的发展，第二波浪潮于18世纪汹涌而来。它带来了采矿和铁加工技术的改进。瓦特和阿克赖特的弟子全盘接受创造机器之初的思想前提，努力推动这些思想的普及，并充分利用它们产生的实际成果。在此期间，过去因只顾发展机器而被搁置的各种道德、社会和政治问题变得紧迫起来。由于没能为全社会制定一套和谐统一的目标，因此机器的效率大打折扣。外部管理严格，但人们内心怀有抵触，像一盘散沙。社会中有些幸运儿与机器达成了完全和谐，但这种状态是通过屏蔽生活中的一些重要领域来达成的。最后，我们在当今时代开始观察到第三波浪潮的涌动。无论在技术方面还是在文明方面，推动这波浪潮的是被机器的早期发展压制或歪曲的力量。现在这些力量显现在各个领域，正在促成新的思想融会和新的行动合力。由于这第三波浪潮，机器不再是上帝的替身，也不再能代替有序社会。人们不再用生活的机械化程度来衡量机器的成功，而是越来越多地根据机器对有机体和生命体的态度来判断它的价值。机器前两个阶段的退潮稍稍减弱了第三波浪潮的威力，但浪潮这个形象还是准确的，因为它表明，现在裹着我们前行的浪潮正朝着与过去相反的方向奔涌。

如今可以清楚地看到，一个新世界已经形成，但它的存在呈碎片状。新型生活方式早已开始发展，但迄今为止也只是零散的。我们获得了大量能源，商品生产也远胜往昔，但这种进步却部分地表现为健康的丧失和生活的贫乏。是什么限制了机器的裨益？机器在何种条件下能够得到更充分的利用，取得更大的成就？本书也希望对这些问题进行解答。技术与文明作为一个整体，是人的选择、天赋和努力的结果。这些选择、天赋和努力有有意的，也有无意的，经常看起来极为客观科学，其实是非理性的。不过，它们即使在无法控制的时候，也不是外部因素。人的选择在社会中的表现既有轰轰烈烈的斗争，也有跬步之积和临时决定。谁若是看不到人的选择在机器发展中的作用，就说明他看不到这种选择逐渐积累的效果。这样的积累涓滴不止，直至紧紧聚成一支看似完全客观的外部力量。技术无论多么依赖科学的客观程序，都不是像宇宙那样的独立体系。技术是人类文化的一个要素，它产生的效果是利是弊，全看使用它的社会群体的意愿是好是坏。机器本身不提出要求，也不做承诺。提出要求和信守承诺是人的精神。为了再次征服机器，令其为人所用，必须首先弄懂它，消化它。迄今为止，我们要么欣然接受机器，却并未完全懂得机器，要么像不够坚强的浪漫主义者一样拒绝机器，却不去思索聪明地利用机器能够获得多少裨益。

然而，机器本身是人的聪明才智和辛勤努力的产物。因此，懂得机器不仅是为我们的文明重新定向的第一步，还是懂得社会，进而懂得我们自己的一种手段。技术世界并非与世隔绝、自成一体，它对来自遥远的四面八方的力量和冲动做出反应。因此，约1870年以来技术领域的发展特别给人以希望，因为哪怕是机械复合体，也再次显示出有机性：我们的一些最典型的机械器具，如电话、留声机和电影，都源于我们对人的声音和眼睛的兴趣，以及我们对这些人体器官的生理学和解剖学知识。我们能否察知这个新兴秩序的典型属性，包括它的格式、偏光面、偏振角和颜色？在寻求清晰答案的过程中，能否去除早先的技术形式留下的浑浊残余？能否辨认并界定为生活服务的技术的特质，也就是使得该技术在道德、社会、政治和审美上有别于之前的粗陋技术形式的特质？让我们来试着回答这些问题。对现代技术的兴起与发展的研究为理解并加强当前对机器的重新评估提供了基础，而对机器的重新评估也许是迈向驾驭机器的下一步。

第一章 文化上的准备

1. 机器、用具和"机器"

在 19 世纪，自动或半自动机器在人们的日常活动中占据了很大位置。一般认为，创造了机器并伴随机器发展起来的一整套习惯和方法都源自机器本身。从马克思开始，几乎所有对技术的论述都过于强调工业设备中更机动活跃的部分，却轻视我们的技术遗产中其他同样至关重要的因素。

什么是机器？除了经典力学中的简单机械，如斜面和滑轮之类，对这个问题至今众说纷纭，莫衷一是。许多论述机器时代的作者把机器视为不久前刚出现的新事物，好像手工艺人改变环境使用的只是工具而已。这些先入为主的看法毫无根据。至少在过去的 3 000 年里，机器一直是人类古老技术遗产的重要组成部分。勒洛 [1] 对机器的定义

---

[1] 勒洛（Reuleaux），19 世纪德国机械学家。——译者注（以下如不注明，均为译者注）

至今仍然是经典的："机器由一组受力推动的物体组成，靠这些物体利用自然的机械力通过某些事先确定的动作进行工作。"但是，这个定义没多大帮助。它之所以成为经典，不过是因为勒洛是第一位伟大的机器形态学家。这个定义遗漏了由人力操作的机器这一大类。

机器从各种复杂的无机体发展而来，用来转换能量、从事劳作、增强人体的机械或感官能力，或在纷纭的生活中理出明显的秩序和规律。这是一个长期进程，自动机是这一进程中的最后一步，而进程的第一步要追溯到用人体的某个部分作为工具的时候。人为了增强力量、维系生命而努力改变环境，这是推动工具和机器发展的动力。人在这方面的努力包括增强人的力量，使之不至于赤手空拳，以及创造更加有利于维持人体平衡、确保人体生存的外部条件。以适应寒冷的天气为例：人没有皮毛或冬眠这类生理适应，但可以做出环境适应，如穿衣服和造房子。

机器与工具的根本区别在于它们在使用中相对于操作者的技能和原动力的独立程度。工具适合被操纵，机器适合自动操作。复杂的程度并不重要，因为人在使用工具时，手眼的复杂协调在功能上不亚于精密机器；另外，落锤这类机器非常高效，其机械构造却相对简单，执行的任务也非常简单。工具与机器的首要区别在于它们达到的自动化程度。使用工具的人随着熟练度的提高，原本有意识的动作变成了本能反应，动作更加准确、更加自动化，简而言之，更机械。另一方面，即便是自动化程度最高的机器，在工艺的开头和结尾也需要人有意识的参与：开头需要最初设计，结尾需要解决瑕疵，做出修补。

此外，在工具与机器之间还有另一类物品：机械工具。车床或钻床既是最精密的机器，又需要技术工人的操作。在这种机械复合体之上再加上外在的能源，工具与机器就更加难以区分。总的来说，机器强调功能的专业化，而工具显示灵活性。刨床只能执行一种操作，刀却可以用来刨平木头、刻木头、劈木头、撬锁或拧螺钉。所以，自动机器具有高度专门化的特点。它有外在的能源，各部件之间的关系比较复杂，从事的活动相当有限。机器从一开始就是一种小型有机体，是为执行一套单一的功能而设计的。

除了这些技术中的动态元素之外，还有一套静态但功能同样重要的元素。虽然机器的发展是过去 1 000 年最突出的技术事实，但以钻木取火的钻子或制陶用的转轮为代表的机器至少在新石器时代就出现了。过去，一些对环境最有效的适应不是来自机器的发明，而是来自同样值得称赞的器具、设备和公共设施方面的发明。器具的代表是篮子和锅，设备的代表是染缸和砖窑，公共设施的代表是水库、渡槽、道路和建筑物。进入现代后，我们终于有了动力公共设施，如铁轨或传输线这些只能通过动力机械运作的东西。工具和机器通过改变物体的形状和位置来改变环境，器具和设备则被用来促成同样必要的化学转变。在人类技术发展过程中，制革、酿造、蒸馏和染色的重要性不亚于锻造或编织。不过，直至 19 世纪中叶，这些工艺大多保持着传统状态。从那以后，促成了现代动力机器发展的同一组科学力量和人类利益才开始对这些传统工艺产生较大影响。

从器具到公共设施的一系列物体反映的是操作者与工艺方法的关系。这样的关系与从工具到自动机器的一系列物体反映的关系并无不同，都显示出在专业化程度和客观程度上的差别。不过，因为人的注意力最容易被比较大声、活跃的东西吸引，所以大多数关于机器的讨论都略而不提公共设施和设备的作用。另一个几乎同样糟糕的做法是把这些技术工具全部算作机器。需要记住，两者都在现代环境的发展中发挥了巨大的作用。在任何历史阶段，都不能把这两种适应环境的方法分开。每一个技术复合体都两者兼备，尤其是现代技术复合体。

在本书中，我将用不带双引号的机器一词指印刷机或动力织机这类具体物件，用带双引号的机器一词作为对整个技术复合体的简称，包括来自产业或蕴含在新技术中的知识、技能和工艺。除严格意义上的机器之外，也包括各种形式的工具、器具、设备和公共设施。

2. 修道院与时钟

现代文明中的机器最早是在哪里形成的？显然，机器的起源不止一处。我们的机器文明不仅包括各种技术器械，还汇集了众多习惯、思想和生活方式，其中有的起初与它们帮助创造的文明截然对立。但是，新秩序的第一个表现是在世界的总体图景中：在机器出现后的头七个世纪中，时间和空间的范畴发生了非凡的变化，影响到生活的每一个方面。定量思维方法在自然研究中的应用，首先体现在对时间的定期测量上。新的机械时间观念部分源自修道院的日常生活。阿尔弗雷德·怀特海强调，经院哲学相信宇宙由上帝安排，这个信念十分重要，是现代物理学的基础之一。但是，这个信念的基础是基督教教会制度的秩序。

古代世界的技术从君士坦丁堡和巴格达传至西西里岛和科尔多瓦，萨莱诺因此得以在中世纪的科学和医学进步中着人先鞭。然而，最先表现出对秩序和力量的渴望的是西方的修道院。经历了伴随罗马帝国崩溃而来的长期动荡、流血和混乱之后，人们期盼一种与靠武力统治弱小者迥然不同的秩序和力量。修道院的高墙内是一块净土，一切都井然有序。意外、疑惑、突变和反常都被挡在外面。外面的世俗世界起伏动荡、反复无常，高墙内却是本笃会会规铁一般的纪律。本笃会把每日祈祷的次数增加到七次。7世纪，教皇萨比尼昂发布圣谕，命令修道院一天24小时敲响七次钟。钟声响起标志着祷告时间开始，因此需要想办法记录祷告的次数，并确保定期祷告。

据一个已被证伪的传说，第一座现代机械钟是由一位名叫热尔贝的僧侣发明的，利用落锤作为时钟运作的驱动力。后来，热尔贝在10世纪末成为教皇西尔维斯特二世。可能那只是一座水钟，是古代传下来的，也许是像水轮一样直接从罗马时代遗留下来，也许是通过阿拉伯人重新传入了西方。但是，如通常一样，这个传说虽非事实，含义却是准确的。修道院的生活非常有规律，这样的生活几乎必然会产生计时器械，用来定时报时，或提醒敲钟人该敲钟了。也许机械钟直到13世纪才开始出现在城市中，用以确保有序的日常活动，但在修道院里，守秩序的习惯和对时间顺序的认真管理却几乎成了第二天性。库尔顿同意桑巴特的观点，认为本笃会这个注重工作的宗派也许是现代资本主义最早的奠基者。按照本笃会的规则，劳作不再被当作诅咒。与修士干劲十足的勤奋相比，就连战争都有些黯然失色。因此，可以不夸张地说，修道院（本笃会一度设有四万个修道院）帮助给人的活动设定了有规律的集体节拍和机器的节奏，因为时钟不仅是计时的手段，而且可以用来实现人的行动的同步。

是不是因为基督教希望通过定期祈祷和敬神来保佑永恒的灵魂，

所以守时和时序的习惯才深入人心呢？不过，资本主义文明很快就把这个习惯收归己用。对这个悖论所含的讽刺，我们也许只能接受。无论如何，13 世纪已经出现了关于机械钟的明确记录。1370 年，海因里希·冯·维克（Heinrich von Wyck）在巴黎制造了一座设计精巧的"现代"时钟。与此同时，钟楼造了起来，新时钟开始报时，虽然时钟直到 14 世纪才有钟面和指针，把时间运动变成了空间运动。日晷在阴天不起作用。水钟在冬夜可能被冻停。有了时钟，这些妨碍计时的障碍不复存在。无论春夏秋冬、白天黑夜，时钟都叮叮当当一刻不停。很快，时钟传到了修道院以外，定时响起的钟声给工匠和商人的生活带来了新的规律。钟楼的钟声几乎成为城市生活的特征。计时变成了对时间的遵守、计算和分配。与此同时，永恒逐渐不再是衡量和关注人类行为的标准。

现代工业时代最重要的机器是时钟，不是蒸汽机。时钟在其发展的每个阶段都既是机器的杰出体现，也是机器的典型象征。时至今日，没有任何其他机器像时钟一样无处不在。时钟这个精确的自动机器出现于现代技术发轫之时，似乎预示了现代技术时期的来临。经过数个世纪的进一步努力，时钟所代表的精密技术终于在工业活动的各个部门臻于完善。在时钟出现之前，就有了水磨这样的动力机械，也有各种自动装置令教堂中的信众惊叹敬畏。这些机器在希罗 [1] 和贾扎里 [2] 的著作中都有图示。但时钟是一种新的动力机械，它的动力源和传动装置的性质确保动能均匀分布到机器各处，使得规律性运作和标

---

[1] 希罗（Hero），古希腊数学家。
[2] 贾扎里（Al-Jazari），12 世纪阿拉伯发明家。

准化产出成为可能。从时钟与可确定的能量、标准化、自动行动以及它的最终产品——精确计时——的关系来看，时钟一直是现代技术时期最重要的机器，在各个时期始终处于领先地位。它代表着其他机器都渴望达到的完美。此外，时钟还为许多其他机械装置提供了样板。随着时钟的完善，对于它内部运作的分析详细描述了时钟的各种齿轮和传动装置。这样的分析帮助各种不同种类的机器取得了成功。铁匠也许打造了成千上万套盔甲或成千上万尊铁炮，车匠也许制成了成千上万个大水轮或简易的齿轮，但他们都没有发明时钟那种特别的机械运动，也没有做到最终在 18 世纪造就了天文钟的那种准确的测量和精密的铰接。

此外，时钟这种动力机械的"产品"是秒和分。这种产品因其基本性质，将时间与人的活动分离开来，使人相信存在着一个可以用数学方法测量的独立世界，即专门的科学世界。这个理念没有多少实践经验的依据。一年之中各天的长短并不均衡，日夜的时长不断变化，而且从东向西哪怕移动不长的距离，也会出现天文时间几分钟的差别。人作为生物，对机械时间更是陌生。人固然有自己的生命规律，如脉搏的跳动和肺部的呼吸，但这些都随着情绪和活动而时刻发生变化。在涵盖多日的较长时间内，对时间的计量不是靠日历，而是靠事件。牧羊人会从母羊产仔开始计算时间。农民说到时间会追溯到播种时或前瞻到收获时。如果成长自有其时长和规律，那么推动成长的并非简单的物质和运动，而是发展过程中的一个个事实，简而言之，就是历史。机械时间由一系列单独计算的时刻组成。有机时间，也就是柏格森所谓的绵延的效果却是积累性的。机械时间在某种意义上可以加速或倒退，如时钟的指针或电影镜头，但有机时间只有一个方向，是出生、成长、发展、衰败和死亡的循环。已经死亡的过去依然存在于尚未诞生的未来之中。

据桑代克所说，一小时分为 60 分钟、一分钟分为 60 秒的概念在 1345 年前后被普遍接受。这种分割时间的抽象框架越来越成为行动和思想的参照点。为达到时间上的准确，对天空的天文探索更加注意天体在空间中不可改变的规律性运动。16 世纪初，据说纽伦堡的年轻机械师彼得·亨莱因发明了"用小铁块制造的多轮手表"。到 16 世纪末，英国和荷兰有了小型家用时钟。像汽车和飞机那样，首先接受并普遍使用这种新机器的是富裕阶层，因为只有富人才买得起时钟，也因为新兴资产阶级率先发现了富兰克林后来所说的道理："时间就是金钱。""像钟表一样准时"成为资产阶级的理想。在很长时间内，拥有一块手表成为成功的明确标志。文明进程的加速导致对更大动力的需求，而动力转而进一步加快了这一进程。

最初在修道院中形成的有序准时的生活并非人类的天性，但它现在已成为西方人的"第二天性"，因为他们已经彻底处于时钟的控制之下，认为守时是自然而然的。在许多发达的东方文明中，人们的时间意识比较松弛。印度人的时间概念非常淡漠，连真正的大事年表都没有。不久前，苏联在推行工业化的过程中刚刚成立了一个协会，任务就是动员公民戴表，并宣传准时的好处。廉价的标准化手表先是在日内瓦生产，到 19 世纪中叶开始在美国批量生产，计时因此得到普及，这是精确的运输和生产制度必不可少的条件。

计时曾经是音乐的特有属性，它为工场歌曲或船工号子赋予了工业价值。但是，机械钟的效果更普遍、更严格。人从起床到睡觉，一天的活动都由机械钟主宰。人如果把一天视作一段抽象的时间，冬天天黑后就不会等鸡一进窝就上床睡觉，而是发明了灯芯、灯罩、油灯、煤气灯和电灯，以便在属于白天的时间里继续活动。人一旦不把时间看作一连串的经历，而是将其视为小时、分和秒的集合，就产生了计算时间和节约时间的习惯。时间呈现出封闭空间的特征，可以将它分割、填满，甚至可以通过发明节省劳动力的器械来将它扩展。

抽象的时间成为生活的新媒介。有机功能靠它管理：人不是饿了就吃饭，而是等时钟显示到了吃饭的时间才吃；人不是累了就睡觉，而是等时钟显示该睡觉了才睡。时钟普及了，时间意识也随之普及。时间与有机序列脱节后，文艺复兴时期的人就更容易幻想复兴古典的过去或重现古罗马文明的辉煌。最初表现在日常礼仪中的崇古心态终于上升到抽象层面，成为历史这个专门学科。在 17 世纪，新闻报道和期刊文学出现了。甚至在衣着方面，人们也紧随时尚中心威尼斯的脚步，每年改变服装式样，而不是过一代人的时间才改一次。

通过协调，以及对每日活动更精确的安排，机械效率得到了极大提高。这方面的收益固然不能仅用马力来衡量，但可以想象，如果没有这种协调和精确安排，今天我们的整个社会就会迅速乱套，最终崩溃。现代工业制度没有煤炭、钢铁和蒸汽也许还能勉强应付，但没有时钟，是万万不能的。

3. 空间、距离和运动

"孩子和大人、澳大利亚土著人和欧洲人、中世纪的人和现代人，他们之间不仅有程度上的差异，而且在绘画表现方法上也不同。"

这段话是达戈贝特·弗雷（Dagobert Frey）说的。他深入研究了中世纪早期和文艺复兴时期在空间概念上的差异，用大量具体细节证明了一个一般性观点，即每个文化都有自己的时间和空间概念。时间与空间就像语言一样，是艺术作品，也像语言一样，帮助形成并指导实际行动。早在康德宣布时间和空间是思想的种类以前，早在数学家发现空间除了欧几里得所描述的形式以外，还可能有其他合理的形式以前，人类在行动中就已经在遵循这个前提。正如一个到了法国的英国人认为 le pain（法文中的"面包"）的正确名字应该是 bread（英文中的"面包"），每个文化都认为所有其他类型的空间和时间都是对它所处的真正空间和时间的模仿或歪曲。

在中世纪，空间关系的组织一般以象征意义和价值为依照。城里最高的是教堂的尖顶，它直指天穹，支配着所有较低的建筑物，正如教会支配着城中居民的希望与恐惧。空间被人为分割，用来代表基督教七美德、十二使徒、十诫或三位一体。若不经常使用象征来提及基督教的寓言和神话，中世纪空间的理论基础就会崩塌。哪怕是最理性的人，也不能免俗。罗杰·培根对光学深有研究，但他描述了眼睛的七层构造后，接着说上帝以这种方式在我们的身体里植入了圣灵的七种恩赐。

体积是重要性的标志。对中世纪的艺术家来说，把位于同一个视平面、与观者同样距离的人画得大小完全不同没有任何问题。这个习惯不仅反映在对真实物体的描绘上，从地图对陆地的表现中也看得出来。中世纪的制图者即使约略知道地球上的海洋和陆地，也可能武断地将其画成一棵树的样子，完全不考虑旅行者的亲身经历。除了在寓意上与基督教相对应，别的一概不问。

中世纪空间还有一个特点必须一提：空间和时间是两个相对独立的系统。首先，中世纪艺术家在自己的空间世界中引入了其他时间的事件，例如在描绘当时一个意大利城市的画作中画上耶稣基督生活中的事件，丝毫不觉得时间的流逝有多么重要。乔叟讲述特洛伊罗斯和克瑞斯的经典传说时，好似在说他自己那个时代的故事。如《漂泊的学者》(*The Wandering Scholars*)的作者所说，一个中世纪的编年史家提到大王的时候，有时不清楚他说的是恺撒、亚历山大大帝，还是他自己的君主。那些人对他来说没有时间上的不同。的确，将时代误植这个词用在中世纪艺术上毫无意义，因为只有当把一个事件放入一个协调的时空框架，发现其不在时间框架内或与时间不符的时候才会造成困惑。同样，在波提切利的画作《圣泽诺比乌斯的三个奇迹》中，同一平面上展示了三种不同的时间。

由于这种时空的分离，事物可以莫名其妙地突然出现和消失：一艘船驶到地平线下以后不见了踪影这种事和一个小鬼跳进烟囱里一样，无须解释。对事物的来处不好奇，对事物的去向不猜测。物体进入视线又离开，正如大人的去来在小孩子心中产生的效果那样神秘。中世纪艺术家的世界观与幼儿观察世界得出的印象非常相似。在那个充满象征意味的时空世界中，万物不是谜题，就是奇迹。将事件联系到一起的是宇宙和宗教秩序：真正的空间秩序是天堂，真正的时间秩序是永恒。

从 14 世纪到 17 世纪，西欧的空间概念发生了革命性的变化。空间从一种价值等级制度变成了大小量级制度。这种变化的表现之一是对空间中不同物体之间的关系开展了更加仔细的研究。发明了透视法后，画作从此有了新的组织框架：有前景，有地平线，还有消失点。透视法把物体的象征关系变为视觉关系，而视觉关系又成为一种可量化的关系。在新的世界图景中，大小表现的不是人或神的重要性，而是距离。物体不是作为绝对的大小单独存在的，而是在同一个视觉框架中与其他物体关联存在，因此必须遵循比例。为达到合适的比例，必须准确描绘物体本身，要画得与原物一模一样。于是，人对物体的外部特征和事实产生了新的兴趣。从保罗·乌切洛开始，画家采用了新的绘画技术，把画布分成方块，透过这个抽象的棋盘格来精确观察世界。

对透视法的新兴趣使画作有了深度，人也有了距离意识。看之前的画作时，人的视线从画的一个部分跳到另一个部分，按照自己的喜好和想象挑出具有象征意义的东西。在采用新技法的画作面前，观者的视线追随着透视线条看到街道、房屋、铺着方砖的人行道。画家故意显示这些物体的平行线条，以引导观者看向远方。即使是前景中的物体，有时也被歪曲或用透视法缩短，以产生同样的视觉效果。运动成为一种新的价值来源：为运动而运动。画面对空间的测量加强了时钟对时间的测量。

现在，一切事情都发生在这个新的理想时空网中。这个系统中最理想的事件是匀速直线运动，因为这样的运动能够在时空系统中得到准确的代表。这种空间秩序还有一个后果也必须提及：确定事物的地点和时间成为人理解事物的关键条件。在文艺复兴时期的空间中，物体的存在必须得到解释。它们经过的时间和空间为解释它们在某个具体时间出现在某个具体地点提供了线索。因此，未知和已知同样确定：根据地球是圆的，可以假设印度群岛所处的位置，并算出时间距离。这样的秩序激发了人探索世界、填补未知部分的雄心。

就在画家开始使用透视法的那个世纪，制图师也开始用此方法绘制地图。1314 年的《赫里福德地图》简直像出自小孩子的手笔，对航海毫无助益。与乌切洛同时代的安德烈亚·班柯在 1436 年绘制的地图就比较合理，无论在准确性上还是在概念上，都是一个进步。制图师在地图上标出实际看不见的经纬线，为哥伦布等后世探险家铺平了道路。这种抽象体系正如后来的科学方法一样，可以让人据此做出理性推测，哪怕所依靠的知识并不准确。航海家再也不必紧贴着海岸线，而是可以扬帆驶向未知海域，朝远方的任意一点前行，然后回到与出发点大致相同的地方。伊甸园和天堂都不在这个新空间之内；虽然表面上它们仍是绘画的题材，但真正的主题是时间与空间、自然与人。

画家和制图师打下了基础，对空间本身、活动本身和运动本身的兴趣随即兴起。当然，这种兴趣背后是更具体的变化，如道路变得更加安全，船只建造得更加结实。最重要的是，有了磁针、星盘和方向舵这些新发明，人们得以绘制海图，遵循更准确的航线。印度群岛的黄金、传说中的长生不老泉和享乐无穷的快乐岛无疑是巨大的诱惑，但这些可见的目标无损新概念的重要性。时间和空间原来各成一类，现在合二为一。时间和空间的抽象量化破坏了以前关于无限和永恒的概念，因为要量化就必须人为设定此地此时，即使空间和时间均为虚空。利用空间和时间的渴望油然兴起：一旦时空与活动相协调，就可收缩或扩张。对空间和时间的征服就此拉开帷幕。（然而，有意思的是，作为我们日常机械体验的加速度这个概念，直到 17 世纪才形成。）

这种征服的众多表现接踵而来。在军事方面，十字弓和投石机重振雄风，威力大增。在它们之后是威力更大的远距离武器——大炮和后来的火枪。列奥纳多·达·芬奇构想并制造出了一架飞机。建造飞行器的各种天马行空的设想纷至沓来。1420 年，丰塔纳描述了一种脚踏车。1589 年，安特卫普的吉勒斯·德博姆显然造出了一辆由人力驱动的车。这些是活跃躁动的前奏，预示了 19 世纪的宏大努力和踊跃发明。和我们文化中的许多要素一样，这场运动的最初推动力来自阿拉伯人。早在公元 880 年，阿布-卡西姆就曾尝试过飞行。1065年，马姆斯伯里的奥利弗因试图从高处翱翔而坠亡。但从 15 世纪开始，征服天空成了有发明头脑的人念念不忘的志向。老百姓也对飞行很感兴趣，这才出了 1709 年那则假新闻，说有人从葡萄牙飞到了维也纳。

对时间和空间的新态度影响到了工场和账房、军队和城市。节奏加快了。规模加大了。现代文化在概念上进入了空间，投入了运动。马克斯·韦伯所谓的"对数字的迷恋"（romanticism of numbers）就是这种兴趣自然而然的产物。计时、贸易和作战都需要计数。久而久之，计数成了习惯，数字成了唯一重要的东西。

4. 资本主义的影响

"对数字的迷恋"的另一个方面对养成科学的思维习惯非常重要，那就是资本主义的兴起，以及易货经济向货币经济的转变。易货经济由各种少量的当地金属货币推动；货币经济却是有一套国际信用结构，并始终依靠财富的抽象符号，如黄金、汇票、票据，最终是纯粹的数字。

从技术角度来说，这种结构发源于14世纪意大利北部的城镇，特别是佛罗伦萨和威尼斯。200年后，安特卫普出现了一家国际证券交易所，专门为舶来品和货币的投机交易提供便利。到16世纪中叶，复式簿记、汇票、信用证和"期货"投机都大致具备了现代形式。然而，科学程序要到伽利略和牛顿之后才得到细化和确定，金融却是在机器时代之初就已形成了现在的格局。雅各布·富格尔和约翰·皮尔庞特·摩根对彼此的方法、观点和脾性的了解远超帕拉塞尔苏斯和爱因斯坦之间。

资本主义的发展把抽象和计算这些新习惯带入了城市居民的生活。只有仍住在比较原始的乡村地区的村民才没有被完全同化。资本主义把人从有形资产变成了无形资产。如桑巴特所说，资本主义的象征是账簿："它的生存价值在于它的损益表。"在那之前只有少数传说中的人物，如迈达斯和克洛伊索斯从事的"获利经济"成为常例模式，逐渐取代了直接的"需求经济"，用金钱价值代替了生命价值。整个商业过程的形式日益抽象，它关注的是非商品、想象的期货以及假设的收益。

卡尔·马克思很好地总结了这个新的演变过程："因为从货币身上看不出它是由什么东西转化成的，所以，一切东西，不论是不是商品，都可以转化成货币。一切东西都可以买卖。流通成了巨大的社会蒸馏器，一切东西抛到里面去，再出来时都成为货币的结晶。连圣徒的遗骨也不能抗拒这种炼金术，更不用说那些人间交易范围之外的不那么粗陋的圣物了。正如商品的一切质的差别在货币上消灭了一样，货币作为激进的平均主义者把一切差别都消灭了。但货币本身是商品，是可以成为任何人的私产的外界物。这样，社会权力就成为私人的私有权力。"[1]

最后这一点对生活与思想尤为重要：通过抽象的手段来寻求权力。一种抽象强化了另一种抽象。时间就是金钱。金钱就是权力。要获得权力，就得推进贸易和生产。生产从供人直接使用转为远程贸易，由此获取更大的利润，留出更多资本用于战争、对外征服、开矿、生产活动……这样能获得更多的金钱和更大的权力。在财富的所有形式中，只有货币没有转让方面的限制。一位君主也许想建造五座宫殿，但未必愿意建造5 000座宫殿。但是，有什么能阻止他通过征服和税收来大量增加国库里的财富呢？在货币经济中，加快生产过程就是加快周转，也就是多赚钱。中世纪晚期，社会流动性随着国际贸易的开展而加大，这是货币得到重视的部分原因。由此产生的货币经济又转而推动贸易进一步发展。土地财富、人力财富、房屋、绘画、雕塑、书籍，甚至黄金本身都比较难以运输，而货币的运输只要通过简单的代数运算，就能从账簿的一侧移到另一侧。

慢慢地，人对于抽象的数字反而比对数字所代表的商品更加熟悉。金融的标准操作是获取或交换巨大的数额。正如凡勃伦所说，"一心想发财的人做的白日梦都是以标准单位计算的大得不近人情的损益"。人对由小麦和羊毛、食品和衣物组成的真实世界视而不见，只注意标志和符号所表达的对真实世界的纯量化代表，在这个意义上变得强大。仅考虑重量和数额，不仅把量作为价值的唯一体现，而且

---

[1] 这段话引自《资本论》（第一卷），［德］马克思，人民出版社，2018 年。

把量定为价值的标准，这是资本主义对机械世界观的贡献。所以，资本主义的抽象早于现代科学的抽象，并在不断加强资本主义典型的信条和典型的程序方法。资本主义的抽象清晰而方便，特别有利于远距离贸易以及交易时间较长的贸易，但这方面的节约造成了高昂的社会代价。马克·开普勒在1595年撰文指出："正如耳朵用来听声，眼睛用来视物，人的头脑是用来理解的，不是理解一切事物，而是理解量。任何事物越是像接近本源那样接近纯粹的量，就越是看得清楚。事物离量越远，就越难理解，越容易出错。"

伦敦皇家学会的创始人和赞助人——实际上是最初做物理科学实验的一些人——是来自金融城的商人，这难道是偶然的吗？查理二世听说这些人一天到晚给空气称重，笑不可抑，但他们的直觉合乎情理，程序正确无误。他们采用的实验方法是他们的传统，而且这里面有钱可赚。科学的力量和金钱的力量归根结底是一样的，都是抽象、测量和量化的力量。

但是，资本主义为现代技术所做的准备不仅是促进抽象的思维习惯、务实的兴趣和定量估算。从一开始，机器和工厂生产就像大炮和军火一样，需要大量资本，比旧式手工业者为购买工具或维持生活所需的小额预付款多得多。谁有资本，谁就能经营独立的车间和工厂，能使用机器，并从中获利。在现代社会来临前，封建家庭掌握着土地，一般对自家地下的所有自然资源拥有垄断权，而且直到近代，他们对玻璃制造、煤矿开采和炼铁厂都有兴趣。而新的机械发明却更适宜由商人阶层开发利用。刺激机械化发展的因素是机器功率和效率的倍增所带来的更大利润。

所以，虽然资本主义和技术在每个阶段都必须清楚地区分开来，但两者相互影响、相互作用。商人积累资本靠的是扩大业务规模，加快周转速度，发现可以开发的新领域。同时，发明者也在开发新的生产方法，设计新产品。有时，贸易由于获利的机会更大，似乎与机器形成了竞争关系。有时，贸易为了增加某项垄断的利润，会遏制进一步的发展。这两种动机在资本主义社会中至今仍在起作用。从一开始，这两种形式的开发之间就有差别，有冲突，但贸易的历史更悠久、权威性更大。正是贸易从印度群岛和美洲收集了新材料，包括新的食物、新的谷物、烟草和毛皮。正是贸易为18世纪批量生产出来的粗制滥造的产品找到了新市场。正是贸易靠战争的助力发展出了大规模企业，也发展出了行政管理的能力与方法，使工业体系得以创建，并使体系的各个部分紧紧连在一起。

若没有商业利润的额外刺激，机器是否会如此迅速地被发明出来并得到如此热心的推动值得高度怀疑。所有技能要求较高的手工艺行业都根深蒂固，难以撼动。例如，由于抄书吏和誊写员行会的顽强抵制，印刷机在巴黎的引入推迟了20年。技术的发展无疑多亏了资本主义，也从战争中大为获益，然而，机器发展伊始就在这些外在因素的影响下发展出了本质上与技术方法或工作形式毫不相干的特征，实乃一大不幸。资本主义使用机器不是为了提高社会福利，而是为了增加私人利润。机械器具被用来加强统治阶级的权势。因为有了资本主义，欧洲和世界其他地方的手工业被机器制品冲击得七零八落，即使机器制品在质量上不如它们所取代的手工制品。机器风光无限，因为它代表着进步、成功和力量，即使它没有带来任何改进，即使它在技术上是个失败。机器的地位之所以被过分夸大，对生产严格管理的程度之所以远超改进协调或提高效率的必要，是因为这样做有望产生更多利润。由于私人资本主义的某些特点，本来中性的机器经常被视为社会中的一种恶，认为它不关心人的生命，不在乎人的利益，有时也的确如此。机器为资本主义的罪孽背了黑锅。反之，资本主义却经常把机器的优点据为己有。

通过支持机器，资本主义加快了发展步伐，并特别鼓励人们专注于机器的改进。发明者经常得不到奖赏，但仍在各种奉承和许诺的激励下继续努力。在许多部门，进步的步伐太快，刺激进步的力度太大。资本主义的特点就是不停地推动变化和改进，结果给技术平添了不稳定因素，使社会无暇消化吸收机械上的改进，并将其融入适当的社会模式。随着资本主义的发展和扩张，这些弊病日益严重，对社会的危险也相应地增加。我在此只想提及现代技术与现代资本主义在历史上的紧密联系，并指出，尽管有这样的历史发展，但其实它们之间没有必然的联系。在技术发展相对落后的其他文明中，也有资本主义。从 10 世纪到 15 世纪，技术没有资本主义的特殊刺激，也一直在稳步改进。但时至今日，机器的风格一直受资本主义的强烈影响。例如，注重"大"是商业的一个特点。最初技术的作业规模并不大，"大"的特点最先显示在行会大厅和商人的房子上，比表现在技术上早得多。

5. 从寓言到事实

随着时空概念的转变，人的兴趣开始从天国世界转向自然世界。古典思想学派没落后，欧洲人的思想似乎陷入了超自然世界的迷雾。

12世纪前后，遮蔽着欧洲人灵智的乌云开始消散。普罗旺斯的美丽文化是新秩序的第一个萌芽，但丁甚至考虑过在《神曲》中使用普罗旺斯的语言，但这个萌芽注定要受到阿尔比十字军的摧残和毁灭。

每种文化都生活在自己的梦里。基督教的梦是寓言中的天国，里面有诸神、圣人、魔鬼、小鬼、天使、天使长、基路伯、撒拉弗，还有主治的、掌权的。凡人的生活与这些千奇百怪的幻想形象交织缠绕。这样的梦弥漫在文化之中，正如梦境统治着一个沉睡之人的脑海。只要人还未醒，梦境就是现实。但是，文化也和人一样，处身客观世界。这个世界不管人是睡是醒，始终存在，有时还像噪声一样闯入梦境，改变梦境，或干脆将人惊醒。

经过缓慢的自然过程，自然世界闯入了中世纪关于地狱、天堂和永恒的梦境。13世纪的教堂里出现了让人耳目一新的自然主义风格的雕塑，显示出熟睡之人被晨光照上眼帘后第一次不安的悸动。最初，工匠对自然的兴趣表现得有些错乱。雕塑中的橡树叶和山楂花枝栩栩如生、错落有致，但同时仍有奇形怪状的怪兽、滴水兽、喀迈拉和传说中的野兽。然而，人们对自然的兴趣逐渐扩大，并日益强烈。13世纪艺术家的幼稚情感发展为16世纪植物学家和生理学家的系统性探索。

埃米尔·马勒说："在中世纪，人在自己脑子里形成的对某件事物的概念总是比实物更真实，这说明了为什么相信神秘力量的那几个世纪没有今天我们称为科学的概念。那时，善于思考的人不会为了研究事物而研究……研究自然是为了了解上帝注入万物之中的永恒真理。"在摆脱这种态度方面，平民与学者相比有个优势：他们没有那么多思想上自我设限的条条框框。对大自然合理的正常兴趣并非文艺复兴时期重拾古典学问的结果，而是在农民和石匠当中兴旺了几个世纪后，经由另一条路线进入了宫廷、书斋和大学。维拉尔·德奥纳古尔[1] 的笔记是一位伟大石匠的宝贵遗产，上面画着一头熊、一只天鹅、一只蚱蜢、一只苍蝇、一只蜻蜓、一只龙虾、一头狮子和一对长尾小鹦鹉，全部是写生。自然之书再现，重新写在了原本天国的圣言之书上。

中世纪的人在思想上不重视外部世界。与基督和教会所揭示的神的秩序和神意相比，自然的事实无关紧要。人眼所见的世界仅仅是永恒世界的许诺和象征，让人深刻地预先感知永恒世界的赐福和天谴。人们吃、喝、交欢，在阳光下享受，在星空下沉思，但眼前这种状态没有意义。日常生活中的种种不过是人通往永恒朝觐之旅这场大戏的道具、服装和彩排。与3、4、7、9、12这些神秘数字有关的一切都有重大寓意；只要人的思想处于这种状态中，在科学测量和观察方面能走多远？在研究自然中的次序之前，必须规范想象力，看清事实。神秘的超视力必须转为观察事实的初视力。艺术家在这种规范中发挥的作用通常没有得到足够的承认。弗朗西斯·培根在列举自然界中没有"数学的帮助和干预"就无法研究的许多事物时，除了天文学和宇宙学之外，还恰当地包括了透视法、音乐、建筑学和工程学。

早在多数人对自然的态度发生改变之前，零星的个人已经显露出这方面的苗头。罗杰·培根的实验法则和他对光学的专门研究早已众所周知，但它们其实和伊丽莎白一世时代的弗朗西斯·培根的科学观一样，都有些被夸大了。这些观念和研究的重要性在于它们代表了一

---

[1] 维拉尔·德奥纳古尔（Villard de Honnecourt），13世纪法国建筑师。

种普遍趋势。13 世纪，阿尔贝图斯·马格努斯[1]的弟子们在一种新的好奇心的驱使下探索周边的环境。圣维克多的阿布萨隆对学生们研究"地球的构造、元素的本质、星座的分布、动物的天性、风的力量、植物和根系的生长"的愿望颇有微词。但丁和彼特拉克与中世纪的大部分人不同，他们不再把大山视为徒增旅途艰辛的可怕障碍而避之唯恐不及，而是特意攀登高山，专为享受征服顶峰、一览众山小的兴奋。后来，列奥纳多·达·芬奇探索托斯卡纳的丘陵地带，发现了化石，获得了对地质进程的正确理解。阿格里科拉[2]出于对采矿的兴趣，也这样做过。15 世纪和 16 世纪的草本植物志和关于自然史的论文虽然仍把寓言和臆测与事实混为一谈，但构成了向描绘自然迈出的坚定步伐，有它们留下的精美图画为证。关于季节和日常生活常规的历书也属于此类。伟大的画家紧随其后。西斯廷教堂的壁画和伦勃朗的著名画作一样，准确地反映了解剖学知识。达·芬奇是维萨里当之无愧的前辈，他们两人的在世时间有一定重叠。据贝克曼所说，16 世纪出现了许多私人的博物收藏。1659 年，伊莱亚斯·阿什莫尔[3]买下了特雷德斯坎特家族的收藏，后来将其赠给了牛津大学。

对自然的发现是大发现时代最重要的部分。在西方世界，这个时代始于十字军东征、马可·波罗的旅行和葡萄牙人的南向探险。自然就是供人探索、入侵、征服和最终了解的。中世纪的梦在消散，自然世界逐渐显露，恰似轻雾散去，现出山坡上的岩石、树木和牛群，而雾散前仅能靠牛颈铃偶尔的叮当声或牛的哞叫声猜到牛群的存在。不

---

[1]　阿尔贝图斯·马格努斯（Albertus Magnus），13 世纪德意志哲学家。
[2]　阿格里科拉（Agricola），德意志历史学家、矿物学家。
[3]　伊莱亚斯·阿什莫尔（Elias Ashmole），英国古董商和政治家。

幸的是，将人的灵魂与物质世界的生活隔离开来的中世纪思维习惯挥之不去，尽管支撑着这种思维习惯的神学遭到了削弱。一旦17世纪的哲学和力学确定了探索的程序，人马上被挤出局外。技术也许能暂时因此受益，但从长远来看，结果是不幸的。为了获得力量，人一般会把自己降为抽象体，或者只留下自己一心夺取力量的那部分，除掉所有其他部分。

6. 泛灵论的障碍

16世纪前后开始清晰化的一系列伟大技术进步建立在生命体与机械相分离的基础之上。实现这个分离的最大阻碍应该是根深蒂固的泛灵论思维习惯。尽管如此，过去也曾做过这样的分离，其中最伟大的一个就是轮子的发明。即使在比较先进的亚述文明中，也是靠雪橇在平地上运送巨大的雕像。无疑，最初生出发明轮子的念头是因为观察到滚动圆木比推动圆木更省力。但是，树木已经存在了无数年，修剪树木也很可能有好几千年的历史。到了新石器时代，某个发明者才做出了这个令人震惊的分离，使得造车成为可能。

只要认为万物无论是否有生命，皆有灵性，只要指望一棵树或一艘船的行为与生命体别无二致，就几乎不可能将某个特殊功能作为一套机械程序分离出来。像埃及工匠把椅子腿做成小牛腿的形状那样，想要复制有机体，想要召唤巨人和精灵来获得力量，而不是创造出巨人和精灵的抽象对等物，这种幼稚的愿望迟滞了机器的发展。抽象经常来自自然的启发。例如，也许是天鹅振翅给了人们制造船帆的灵感，大黄蜂的蜂窝启发人们想到了造纸的方法。反过来，人体本身就是一种微型机器。手臂是杠杆，肺是风箱，眼睛是镜头，心脏是泵，拳头是锤子，神经是与一个中心站相连的电报系统。不过，总的来说，机械器具的发明早于对生理功能的准确了解。最没用的机器是对人或动物逼真的机械模仿。沃康松（Vaucanson）发明的织布机史上有名，但没人记得他造出的机器鸭，尽管那只鸭子十分逼真，不仅会吃食，还能消化和排泄。

直到能够从整体关系中剥离出一套机械系统，现代技术才得以起步。达·芬奇的第一架飞机企图复制鸟类翅膀的动作。阿德尔（Ader）1897 年发明的蝙蝠状飞机今天展示在巴黎国立工艺学院中，那架飞机的机身做得像蝙蝠的身体。而且，似乎为了用尽动物界所有值得模仿的对象，飞机的螺旋桨由一片片薄薄的木片做成，酷像鸟类的羽毛。同样，像人的手臂和腿的动作那样的对应运动被认为是运动的"自然"形式，这种观念被用作理由来反对关于涡轮机的最初设想。在布兰卡（Branca）于 17 世纪初绘制的蒸汽机蓝图中，锅炉是人的头颅和躯干的形状。奇怪的是，一架成熟的机器最有用、最常见的特征之一——圆周运动——却是自然界中最少见的。就连星星的运行轨道也不是圆形。除了轮虫之外，人在舞蹈和体操中偶尔的手翻动作显示，人才是圆周运动的能手。

技术想象力的具体成就在于：把提举的力量与手臂分离，制造出起重机；把劳作与人和动物的动作分离，制造出水磨；把光与木头和油的燃烧分离，制造出电灯。千百年来，泛灵论一直是这个发展的拦路虎，因为它把自然的面貌掩藏在潦草的人形后面，就连星座的划分也依照与生物微不可辨的相似之处，如双子座或金牛座。生命不满足于自己的地盘，不可抑制地流入石头、河流、星星和所有自然要素。因为外部环境与人密切相关，所以它的变化无常和胡作非为是对人自身混乱的欲望和恐惧的反映。

既然世间万物似皆有灵，既然这些"外部"力量构成了对人的威胁，那么人的权力意志能够采用的唯一逃脱方法就是约束自己或征服他人。前者靠宗教，后者靠战争。我将在另一处讨论战争的方法与刺激对机器发展做出的特殊贡献。至于对个性的约束，这在中世纪是教会的职责。当然，教会的努力在农民和贵族当中效果不彰，他们仍坚持异教的思维方式，教会无奈只得让步。教会最成功的地方是修道院和大学。

在这些地方，泛灵论被相信一神无所不能的信仰挤压，一神的权责被扩大到人或动物的能力完全不能比拟的程度。上帝创造了一个有序的世界，由他的律法主宰。上帝的行为也许难以揣摩，但绝非任性乱为。宗教生活的全部任务是造就对上帝之道和上帝所创造的世界的谦卑态度。如果说中世纪的基本信仰从未摆脱万物有灵的迷信，那么经院哲学家的形而上学教义其实是反泛灵论的，其要义是：上帝的世界不是人的世界，只有教会才是人与上帝之间的桥梁。

这个区分的意义完全体现出来，要等到后来经院哲学家自己遭到唾弃的时候。笛卡儿等继承了经院哲学思想的人开始利用人的世界与上帝世界的分隔，在纯机械的基础上描述整个自然世界，只把人的灵魂这个教会的专责范畴排除在外。怀特海在《科学与近代世界》（*Science and the Modern World*）中表明，正是因为教会相信存在着一个有序的独立世界，科学才能如此信心十足地大踏步前进。16 世纪的人文主义者可能经常对上帝心存怀疑，甚至相信无神论。他们即使身处教会控制之下，仍对教会无情嘲笑。但 17 世纪那些严肃的科学家，如伽利略、笛卡儿、莱布尼茨、牛顿和帕斯卡等人，无一不虔诚敬神，这也许并非偶然。技术发展的下一步是秩序从上帝手中转移到机器，这在一定程度上是笛卡儿自己完成的。到 18 世纪，上帝变成了永恒的钟表匠，他构想并创造了宇宙之钟，给它上了发条。上帝的任务至此完成，直到这个机器最终坏掉，按 19 世纪的观念就是直到工厂坍塌。

完备的科学技术方法意味着灭除自我，也就是尽可能地消除人的偏见和喜好，包括人对自身形象的喜爱和对自己的幻想信以为真的本能。整个文化为此能做的最好准备莫过于扩大修道院系统，建立多个立志在严格规制下简朴苦修的社群。修道院是一个相对非泛灵的、非有机的世界。肉体的诱惑在理论上被降到最低，尽管在实践中存在违规的情况，也无论如何比世俗生活少得多。突出自我的努力淹没在集体的常规活动中。

修道院和机器一样，必须靠外部更新才能维持。除了女修道院用类似的方法组织管理女性之外，修道院像军队一样，是纯粹的男性世界。在磨砺、约束和集中男性的权力意志方面，修道院也与军队别无二致。在宗教团体中，军事指挥官层出不穷。代表反宗教改革理想的宗教团体由一个军人出身的人担任首领。属于首批实验科学家的罗杰·培根是修士。1544 年扩大了符号在代数方程中的应用的米夏埃尔·施蒂费尔 [1] 同样是修士。在机械师和发明家的名单上，修士名列前茅。修道院的精神训练即使没有积极推动机器的发展，也至少消除

---

[1] 米夏埃尔·施蒂费尔（Michael Stifel），德意志数学家、神学家。

了许多不利于机器发展的影响。佛教徒固然也有类似的修行，但西方修士的苦修产生了比转经轮更加复杂多样的机械。

教会制度可能还以另一种方法为机器铺平了道路，那就是对肉体的蔑视。对肉体及其器官的尊重在过去所有古典文化中都根深蒂固。有时，人们在想象力的驱使下可能会用另一种动物的部分或某个器官象征性地替代人体部分，古埃及鹰头人身的守护神荷鲁斯就是例子。但是，这样的替代是为了加强某个器官的质量，提升肌肉、眼睛或生殖器的力量。宗教游行中抬的阴茎模型比人的实际器官更大更强。诸神身形高大，以突出他们的活力。在古文化中，礼赞生命的仪式一般都强调对肉体的尊重，大力赞美人体之美和肉体享受，就连在印度阿旃陀石窟里画壁画的僧侣也迷醉其中。人体在雕塑中被奉上神坛，希腊人的体育场或罗马人的浴场对身体的保养更加强了人对有机体固有的重视。普罗克汝斯忒斯 [1] 的传说典型地反映了古典时代的人对损毁身体的恐惧和愤恨。床应该适应人，不能把人的腿或头砍掉来适应床。

即使在基督教的鼎盛时期，这种对肉体的重视也从未消失。每一对情侣都通过对彼此身体的享受来重申这种重视。同样，贪食之罪在中世纪普遍存在，这见证了肚腹的重要性。不过，教会的系统性教诲是反对肉体及其相关文化的。肉体一方面是圣灵的圣殿，但本性又是污秽邪恶的。肉体容易腐化。要过上虔诚的生活，必须让肉体受苦受难，通过禁食禁欲来减少肉体的欲望。这就是教会的教诲。虽然不能

---

[1] 普罗克汝斯忒斯（Procrustes），希腊神话人物，他把抓来的人绑在铁床上，如果人比床短，就强行将人拉得与床一般长，如果人比床长，就把长出来的一段身体砍掉。

指望广大人类都严格遵守，但对裸露、使用和赞美肉体的反感确实存在。

公共浴室在中世纪相当普遍，但与文艺复兴时期弃用公共浴室后自以为是的想法相反，真正虔诚的人不重视清洗身体。他们穿着磨皮肤的粗毛衬衣，鞭打自己，怀着慈悲之心关注身上长脓疱的人、麻风病人和身体畸形的人。中世纪的正统思想憎恶肉体，不惜对其施加暴力。他们可能不怨恨能够模仿身体这个或那个动作的机器，反而可能欢迎机器。机器的形状并不比残疾破败的男女的身体更丑陋或更恶心。就算机器的样子恶心丑陋，那正好不会对肉体形成诱惑。1398年《纽伦堡纪事报》的作者可能会说："显示奇技淫巧的带轮子的机器是魔鬼的直接产物。"然而，教会不知不觉间正在培养魔鬼的门徒。

无论如何，机器发展最缓慢的领域是具有保护和维持生命的功能的农业。机器兴旺发达的领域恰恰是对身体最不友好的地方，即修道院、矿井和战场。

7. 途经魔法之路

在幻想与准确的知识之间，在激情与技术之间，有一个中间站，那就是魔法。魔法决定性地确立了对外部环境的征服。若是没有教会的命令，这场战役可能无法想象，但没有魔法师的大胆施为，就无法攻克先头阵地。魔法师不仅相信奇迹，而且大胆地寻求创造奇迹。正是因为他们尽力寻求异常的结果，在他们之后的自然哲学家才得以初窥正常的规律。

征服自然是人类最古老的梦想之一，一直在人类心中起伏不定。在人类历史上，这种意志得以积极发挥的每一个伟大纪元都标志着人类文化的兴旺，都是对人类安全与福祉的永久性贡献。征服自然的先锋是盗火的普罗米修斯，因为不仅火使食物更易于消化，而且火焰能吓阻食肉动物。在寒冷的冬天，人们不再只是挤在一堆睡得昏天黑地，而是能够围火取暖，活跃的社交生活于是应运而生。石器时代初期人在制作工具、武器和器具方面的缓慢进步是对环境的缓慢征服，是跬步寸进。新石器时代发生了第一次飞跃。人们开始种植植物，驯化动物，进行有序而有效的天文观测，地球上多个互不相干的地方都出现了比较和平的巨石文明。取火、农业、制陶和天文学都是奇迹般的集体飞跃，是对环境的掌控，而非适应。在接下来的几千年里，人类一定梦想过找到更多的捷径，获得对环境更大的掌控，却终究只是梦想。

在伟大但可能相对短暂的新石器发明时代之后，直到公元 10 世纪，人类的进步都相对较小，除了在使用金属方面。然而，实现更大的征服、更根本性地扭转人对漠然无情的外部世界的依赖，这个梦想依然萦绕在人的心头，甚至出现在人的祈祷中。神话和童话故事证明了人对富足和权力，对行动自由和长寿延年的渴望。

人看着鸟儿，梦想自己能飞。飞翔可能是人类最普遍的向往和愿望之一。体现了这个愿望的有希腊的代达罗斯、秘鲁印第安传说中的飞人阿亚尔·卡切德尔，还有拉（古埃及太阳神）和奈斯（古埃及狩猎女神）、阿施塔特（迦南宗教的女神）和普绪喀（希腊和罗马神话中的人物），以及基督教的天使。13 世纪，这个梦想再次预言般地出现在罗杰·培根的脑海里。《天方夜谭》里的飞毯、童话故事里一步7里格[1]的神行靴和许愿戒指，都证明人想飞，想快速旅行，想缩小空间，想消除距离的障碍。另外，人也一直梦想让身体摆脱病痛，摆脱耗干精力的未老先衰，摆脱即使是生气勃勃的青年也难以抵御的疾病。神可以被定义为比人类稍高一些的存在，不受空间和时间的限制，超脱于生老病死的循环。即使在基督教的传说中，让跛子走路、令盲人视物也被当作神力的证明之一。伊姆霍特普和阿斯克勒庇俄斯因高超的医术被埃及人和希腊人奉为神明。在备受匮乏与饥饿折磨的人类心中，丰饶之角和人间天堂是永远的憧憬。

这些关于超常能力的神话在北欧特别流行，可能是由于那里的矿工和锻工取得的实际成就。在传说中，雷神托尔的魔锤给了他巨大的力量；火神洛基诡计多端、调皮捣蛋；小精灵为齐格弗里德[2]制造神奇的盔甲和武器；芬兰的伊尔马里宁[3]造出了钢制的鹰；寓言中的日耳曼铁匠维兰德做出了能飞的羽毛衣。在所有这些故事背后，在人类这些共同的愿望与憧憬背后，是战胜外界事物残酷本性的渴望。

但是，人的这些渴望表现为梦想，恰恰说明它们实现起来是多么困难。梦想为人类活动指明了方向，既表达了人的内心期盼，又设定了合适的目标。但是，梦想若是过分超前于现实，就容易无果而终。预期的主观愉悦替代了可能促使梦想成真的思想、计划和行动。愿望若是与实现的条件或表达方式脱节，就成了无源之水，无本之木，顶多只能是心灵的安慰。要实现机械发明，首先需要严格的纪律规范，

---

[1]　1里格约为5千米。

[2]　齐格弗里德（Siegfried），古日耳曼英雄文学中的主人公。

[3]　伊尔马里宁（Ilmarinen），芬兰民族史诗《卡勒瓦拉》中的铁匠和发明家。

做到这一点的难度之大，从魔法在 15 世纪和 16 世纪发挥的作用中可见一斑。

魔法就像纯粹的幻想一样，是通往知识和力量的捷径。不过，即使是萨满教这种最原始的魔法形式，也需要戏剧性情节和行动。要想用魔法杀死对头，至少需要做一个蜡像，并在它身上扎针。同样，资本主义初期对黄金的需求推动了对点铁成金法的巨大探索，随之而来的是企图操纵外部环境的笨拙而急切的行动。试验魔法的实验者承认，先要有猪耳朵，才能变出丝钱包。[1] 这是朝实事求是做出的真正进步。林恩·桑代克说得好，魔法"的施行本应在外部现实世界中产生效力"。魔法的预设条件是公开展示，而不仅仅是私人的满足。

谁也说不准到底在哪个节点上魔法变成了科学，经验主义变成了系统性的实验主义，炼金术变成了化学，占星术变成了天文学。简而言之，说不准人类何时不再热衷于立竿见影的结果和满足。魔法最重要的标志可能是两个不科学的特性：一个是秘密和神秘性，另一个是对"结果"的急切追求。据阿格里科拉所说，16 世纪的炼金术士为了让实验成功，经常把金子藏在一小块矿石里。许多永动机也使用了类似的花招，在机器里藏着上弦器。作弊欺骗的渣滓比比皆是，与魔法使用或产生的一点点科学知识鱼龙混杂。

不过，在找到研究方法之前，研究工具就已经发展起来了。炼金术士固然没能把铅变成金子，但我们不应该责备他们的无能，而应该赞扬他们的大胆。他们的想象力使他们在无法进入的洞穴口嗅到了猎物的气味，他们的长嗥和示意最终把猎人叫了过来。炼金术士的研究

---

[1] 这句话出自英语谚语"猪耳朵做不成丝钱包"，意思是用差材料做不出好东西。

中产生了比金子更宝贵的结果。曲颈瓶、熔炉和蒸馏器是开展真正实验的宝贵设备，压碎、研磨、烧制、蒸馏和溶解等操作是从事真正科学研究的宝贵方法。魔法师的权威来源不再是亚里士多德和教会的神父。他们依靠自己双手的操作和双眼的观察，外加研钵、碾槌和熔炉的帮助。魔法靠的是展示，而非辩证。除了绘画以外，魔法也许是把欧洲人的思想从书面文字的暴政下解放出来的最大力量。

　　总而言之，魔法把人的思想引向了外部世界。它提出了操纵外部世界的需要。它帮助创造了实现这一目标的工具，并强化了人们对结果的观察。没有找到魔法石，但是出现了化学这门科学，它给我们带来的宝贝远比寻金者的简单发财梦多得多。药草栽培者一门心思寻求草药和万灵丹，为植物学家和医生的上下求索开辟了道路。我们在吹嘘煤焦油药物多么有效的同时，不能忘记作为少数特效药之一的奎宁是从金鸡纳树的树皮中提炼出来的，用来成功治疗麻风病的大风子油也来自一种异国树木。正如儿童的玩耍能够大致预示成人的生活，魔法也是对现代科学技术的预示。魔法的离奇主要是因为它没有努力的方向。困难不在于使用器械，而在于找到能够使用器械的领域以及使用器械的正确的系统方法。17世纪的科学虽然洗清了骗术的污点，但很大一部分仍具有同样的离奇色彩。历经数个世纪的系统性努力，才发展出使得埃尔利希的砷凡纳明或拜耳207得以面世的技术。但是，魔法是连接幻想与技术的桥梁，是从对力量的梦想向获得实现梦想的手段迈出的一步。魔法师想成为拥有无穷财富和魔力的高人，他们的强大自信即使在失败面前也毫不动摇。他们热切的希望、疯狂的梦想和他们炼制出来的破裂的小矮人在失败的灰烬中依然闪闪发光。他们的梦想如此光怪陆离，相比之下，后来发展起来的技术也就不那么难以置信，不那么全无可能。

8. 社会的严格管理

如果说机械的思维和巧妙的实验产生了机器，那么严格的组织管理则为机器的成长提供了土壤。社会进程与新思想和新技术携手并进。在西方各国转向机器很久以前，机械性已经是社会生活的一个要素。在发明家创造出发动机代替人工之前，统治者已经对大批人实施了严格的训练和管理。他们找到了把人变为机器的方法。为建造金字塔运送巨石的奴隶和农民跟着鞭子噼啪作响的节奏拼命地拉；在罗马桨帆船上操桨的奴隶被链子锁在座位上动弹不得，只能做有限的几个机械动作；马其顿方阵秩序井然、步伐整齐，对敌攻击势不可当。这些都是机械现象。只要是把人的行动和运动变为纯机械性因素，就属于机器时代，哪怕不在机械意义上，至少在生理学意义上如此。

从 15 世纪开始，技术发明和严格管理相互作用。机器、风车、枪炮、时钟和仿真机器人的数量与种类的增加暗示了人的机械特质，并表明比较微妙复杂的生物体可与机械体相比拟。到 17 世纪，这种兴趣的转向体现在了哲学上。笛卡儿在分析人体生理学时指出，人体运作除了受意志指导以外，其余的"在熟悉不同自动机的各种动作的人看来一点也不奇怪。自动机就是人制造出来的会动的机器，其运作所需的零部件与任何动物体内大量的骨骼、神经、动脉、静脉和其他组成部分相比为数寥寥。熟悉自动机的人会把人体视为上帝造的机器"。不过，反之亦然：人类行为的机械化为机械对人的模仿铺平了道路。

在步步惊心、混乱无序的社会中，人通常会转向绝对权威寻求慰藉。如果不存在绝对权威，人就会自己造一个出来。严格管理给了当时的人一种别处找不到的确定性。如果说中世纪秩序崩坏的一个现象是天下大乱，人们不再像过去那样老实听话、循规蹈矩，而是去做海盗，去发现新大陆，去开辟处女地，那么与之相关联的另一个现象则强行将社会纳入了严格管理的模式，那就是教官和簿记员、士兵和官僚那一板一眼的日常活动。这些特别善于严格管理的人在 17 世纪大行其道。账房和商铺里的新兴资产阶级把生活简化为一连串仔细安排的例行活动。做生意的时间、吃晚餐的时间、享乐的时间等一切都经过仔细衡量，如同特里斯特拉姆·项狄 [1] 的父亲性交那样有条有理。具有象征意义的是，项狄的父亲在每月给时钟上弦的时候才会性交。支付有时间规定，合同有时间规定，工作有时间规定，吃饭有时间规定。从此以后，一切都被打上了日历或时钟的印记。在理查德·巴克斯特（Richard Baxter）这样的新教传道士眼中，浪费时间成了最可憎的罪孽之一。把时间花在区区社交上，甚至是用于睡觉，都应受到谴责。

新秩序的理想人物是鲁滨孙·克鲁索。难怪在两个世纪的时间里，他的美德一直被用来教育孩子。在关于"理性经济人"的 20 篇睿智的论文中，鲁滨孙都被用作样板。鲁滨孙·克鲁索的故事具有代表性，不仅因为故事的作者是属于新一代作家的专业记者，还因为这个故事把灾难和冒险的因素与发明的必要性结合到了一起。在新的经

---

[1]　特里斯特拉姆·项狄（Tristram Shandy），18 世纪小说《项狄传》的主人公。

济制度下，人只能靠自己。占统治地位的美德是节俭、有远见和因地制宜。发明取代了保持形象和谨遵礼仪，实验取代了沉思冥想，演示取代了逻辑推理和权威定论。即使独自一人流落到荒岛上，也能靠冷静的中产阶级美德化险为夷……

新教强化了中产阶级这些冷静自持的特点，并为其赋予了上帝的认可。不错，金融的主要手段是天主教欧洲的产物，新教则被赞扬为将人从中世纪的陈规陋习中解放出来的力量，又被谴责为现代资本主义的源头和精神依据。新教对于这一赞扬是盛名之下，其实难副；对于这一谴责是代人受过，冤哉枉也。不过，新教的特殊作用是将金融纳入圣洁生活的概念，把宗教赞成的苦行主义变成追求尘世间财物和地位的工具。印刷品和货币这两种抽象物品是新教的坚实基础。宗教不仅存在于历史上通过教会并且靠繁复的仪式与上帝沟通所形成的共同的宗教精神，还存在于脱离了公共背景的圣言之中。归根结底，个人在天国正如在证券交易所里那样，必须靠自己。通过艺术来表达共同的宗教信仰是一个骗局。因此，新教徒把教堂中的绘画雕塑一扫而空，只留下四壁石墙。他不信任一切绘画，可能只有体现他正直的肖像画除外。他将戏剧和舞蹈一律视为魔鬼的邪恶淫荡。新教徒的思想世界中清空了生活中的各种感官享受和温暖的欢欣。有机体消失了。时间是真实的，要守时！劳动是真实的，要努力！金钱是真实的，要节省！空间是真实的，要征服！物质是真实的，要测量！这些是中产阶级哲学的现实和要求。除了神的救赎这个硕果仅存的概念之外，一切冲动均被置于重量、尺寸和数量的支配之下。一天和一生的活动都得到严格管理。18世纪，本杰明·富兰克林发明了一套符合道德的簿记系统，最终完成了这个过程。不过，在富兰克林之前，耶稣会也许已经有了这个系统。

权力动机在中世纪接近尾声的时候是怎么分离出来并得到加强的？

生活的各个要素共同织就了文化之网，不同要素互相牵连、彼此抑制，也互相体现。中世纪末期，这张网破裂，一个碎片逃逸出去另起炉灶，形成支配环境的意志。要支配，不要培育；要夺取权力，不要守规矩。显然，对一系列复杂事件不能如此简单地一言以蔽之。造成这个变化的另一个原因也许是强烈的自卑感。也许人看到了自己的崇高理想和实际成就之间令人惭愧的差距。另外，还有教会所宣扬的慈悲和平与教会实际发起的无尽的战争、仇斗和敌对之间的差距；圣人教诲的圣洁生活与文艺复兴时期教皇所过的荒淫生活的差距；对天国的信仰与实际生活中的污秽、混乱和苦难的差距。既然靠上帝的恩典、欲望的和谐与基督教的美德无法获得救赎，还不如干脆转而通过获取权力来消除自卑感，克服挫败感。

无论如何，原来思想和社会行动方面的整合已经瓦解。在很大程度上，这是因为老规矩不再合时宜。老规矩的起源是罗马帝国的野蛮以及罗马帝国最终的衰败所带来的苦难和恐怖，是对人生和命运的一种封闭的、从根本上说也许是神经质的观念。基督教的态度和思想与自然世界和人类生活的事实完全不沾边。所以，一旦航海与探险、新宇宙学、新的观察与实验方法打开了世界的大门，就断无可能回到旧秩序残破的壳中去。天国与尘世之分已经严重到无法忽视，巨大到无法逾越。人的生活在旧秩序的壳外大有可为。最简单的科学，也比最优雅的经院哲学更接近时代真理。最笨拙的蒸汽机或珍妮纺纱机，也比最周全的行会规章更高效。最微不足道的工厂和铁桥，也比雷恩[1]和亚当[2]最高明的建筑物给建筑业带来更大的希望。第一码机织布或第一个简单的铸铁制品可能比切利尼[3]的首饰或雷诺兹的油画更有美学意义。简而言之，活的机器比死的有机体强，而中世纪文化这个有机体已经死亡。

从15世纪到17世纪，人生活在一个空虚的，且越来越空虚的世界中。他们虔诚祈祷，重复熟悉的宗教仪式，甚至重拾自己早已抛弃的迷信，以恢复失去了的圣洁。所以，反宗教改革运动才表现出如此激烈而空洞的狂热，在启蒙运动日益扩大的同时做出烧死异教徒、迫害女巫等倒行逆施的行径。人抱着新的、近乎信念的强烈感情重新投入中世纪的梦想，满怀热情地雕刻、绘画和写作。确实，有谁雕出的石像能比米开朗琪罗的石像更雄伟？有谁写出的作品能比莎士比亚的作品更激情洋溢、活力四射？但是，这些艺术与思想作品的表面之下，是一个死去的世界，一个虚空的世界，什么样的潇洒和华彩都填补不了那种虚空。艺术百花齐放，蓬勃发展，因为通常恰恰在文化和社会解体之时，人的思想活动才会迸发出在社会稳定、生活总体令人满意的时候不可能出现的自由与活跃。但是，梦想本身也已经空心化。

人们不再毫无保留地相信天堂、地狱和圣徒相通，更不再相信他们过去心中所想并通过绘画和雕塑表现出来的那些摆着优雅却空洞的姿态的安详的男女神祇、风中精灵和智慧女神。这些超自然的

---

[1]　雷恩（Wren），17世纪英国建筑大师。

[2]　亚当（Adam），18世纪英国建筑大师。

[3]　切利尼（Cellini），意大利文艺复兴时期著名金匠、画家、雕塑家。

形象虽然来源于人，也回应了人的某些长期需求，但已经变成了幽灵。看看 13 世纪祭坛上的婴儿耶稣：婴儿躺在祭坛上，圣母马利亚因圣灵的到来而惊呆，并接受了赐福；对神话的表现非常逼真。再看看 16 世纪和 17 世纪画作中的圣家族：打扮时尚的女子抱着胖胖的小婴儿，神话不复存在。开始只留下华美的衣服，最后活生生的婴儿也被一个机械木偶取代了。力学成了新宗教，给世界带来了新的救世主——机器。

9. 机械宇宙

　　17 世纪的自然哲学为实际生活提供了存在的理由和合适的思想框架。事实上，这门哲学一直是技术的工作信条，尽管科学进一步发展后对它的理念提出疑问，做出修改，予以放大，甚至推翻了它的某些内容。从培根到笛卡儿、伽利略、牛顿和帕斯卡，一连串思想家界定了科学的范畴，制定了科学所特有的研究方法，显示了科学的效力。

　　17 世纪初，这方面的思索仅仅是零星散落的。有些是经院派思想，有些是亚里士多德哲学思想，有些是数学和科学方面的探索，如哥白尼、第谷·布拉赫和开普勒所做的天文观测。在这些知识进步中，机器的作用只是次要的。最终，这个世纪尽管发明相对匮乏，却发展出了一套符合机械原理的明确的宇宙哲学，成为一切物理科学和技术进步的出发点。机械世界观就此形成。力学树立了成功研究和巧妙应用的典范。之前，生物科学与物理科学地位相当，之后至少一个半世纪，生物科学沦为配角。到 1860 年后，人们才认识到，生物学事实是技术的重要基础。

这个新的机械格局是靠什么手段形成的？它如何为发明的百花齐放和机器的广为传播提供了如此理想的土壤？

从根本上说，物理科学的方法基于几个简单的原理。第一，把质去除，化繁为简，只关注事物可以称重、测量或计数的方面和能够管控并复制的特殊时空序列，在天文学中则是集中注意可预测的重复出现的时空序列。第二，专注于外部世界，排除或淡化观察者，只看他所使用的数据。第三，确立研究领域，界定领域范围，实现研究的专门化和劳动的细分。简而言之，物理科学所谓的世界并非人类共同经验的全部，只是人类经验中那些能够被准确观察并统而论之的方面。机械系统可以被定义为整体中任何随机抽样都能够代表全部整体的系统：实验室里的 1 盎司[1] 纯净水应该与水箱里 100 立方英尺[2] 同样纯度的水具有同样的属性，物体所处的环境不应影响它的行为。我们有现代时空概念，所以怀疑是否真正存在纯粹的机械系统，但自然哲学最初的偏向是丢弃有机复合体，分离出那些可以说实际上能够完全代表它们所属的"物质世界"的因素。

消除有机体不仅有切实的理由，也有历史的原因。苏格拉底背弃了爱奥尼亚哲学家，因为比起研究树木、河流和星辰，他更希望了解人的困境，而所有历经人类社会沉浮得以幸存的所谓实证知识都和勾股定理一样，是与生命无关的真理。品味、理念和时尚的发展都是循

---

[1] 盎司，容量计量单位，1 英制液体盎司 ≈ 28 毫升，1 美制液体盎司 ≈ 30 毫升。——编者注

[2] 1 立方英尺 ≈ 0.028 立方米。——编者注

环往复的，而数学和物理的知识却是不断积累的。在这个发展过程中，天文学研究是一大助力。对星球无法劝诱或歪曲，它们的运行轨迹肉眼可见，任何耐心的观察者都看得到。

把一头牛走在蜿蜒崎岖的道路上这个复杂现象与一颗行星的运动相比，可以看到，追踪行星的运行轨迹比标记距离更近、更熟悉的物体的速度和位置变化更容易。把注意力集中于一套机械系统是创造体系的第一步，是理性思维的一大胜利。物理科学通过专注于不受时间限制的无机物质，明确了整套分析程序。在物理科学的研究领域，能够将方法运用到极限而不会出现明显的不足或遇到太多的特殊困难。但是，处于发展初期的科学方法仍不足以解开真正的物质世界之谜。有必要把物质世界分解成要素，以便根据空间、时间、质量、运动和数量来排序。伽利略在推进这一过程中厥功至伟，他出色地描述了此间需要去除和拒绝哪些东西：

　　我一旦形成对一种物质或实体的概念，就觉得有必要想象该物体具有某种界限，想象它相对于其他物体是大是小，是在这个地方还是在那个地方，是在这个时间还是在那个时间，是在运动中还是在静止状态，是触及了另一个物体还是没有触及，是独一无二的，还是罕见的或普通的。我无论如何也无法将该物体与这些特性分离开来。但是，我在理解它的时候不一定非得考虑它的其他一些情况，例如它是白是红，是苦是甜，是响亮还是静默，是好闻还是难闻。如果我的感官没有感受到这些特性的话，光靠语言和想象力绝对无法感知它们。因此，我认为，这些似乎存在于物体之中的味道、气味、颜色等等，不过是区区名称而已。它们只存在于敏感的活体内。活体一旦消失，这些属性就随之消失无踪，尽管我们给这些属性取了特定的名字，还一厢情愿地认为它们事实上真的存在。我不相信外部物体具有任何能激起味觉、嗅觉和听觉等感觉的东西，只有大小、形状、数量和运动。

换言之，物理科学考虑的仅限于所谓的第一性的质，第二性的质被作为主观感觉排斥在外。但是，就终极性或基本性而言，第一性的质并不高于第二性的质。一个敏感的身体与一个不敏感的身体同样真实。从生物学的角度来说，嗅觉对生存十分重要，也许比分辨距离或重量的能力更重要，因为它是判断食物是否能吃的主要手段。气味带来的愉悦不但提升了"食"的质量，而且令人特别联想到"色"的象征，其最终的升华就是香水。第一性的质只有在数学意义上才算名副其实，因为它们的最终参照是独立的时空测量器，是时钟、尺子和天平。

只考虑第一性的质的好处是，在实验和分析中排除了观察者的感官和情感反应。除了思考过程之外，观察者成了记录的工具。这样，科学方法就成为与人完全不相干的公共的、客观的东西，它的有限领域成为纯粹的常规"物质世界"。这种方法导致了一种非常有价值的思想教化：本来是为与个人目标和眼前利益无关的领域制定的标准，却同样可以适用于现实中更接近人的希望、热爱和抱负的比较复杂的方面。然而，在方法的清晰和思想的冷静方面做出了这些进步后，首先产生的结果就是降低了一切经验的价值，除了可用于数学研究的经验。英国皇家学会创建时，人文学科被故意排除在外。

总的来说，物理科学的实践意味着感官的强化。眼睛从未如此锐利，耳朵从未如此灵敏，双手的动作从未如此准确。胡克看到了眼镜是如何改善视力的，毫不怀疑"可能会做出机械发明来改善我们的其他感觉，如听觉、嗅觉、味觉和触觉"。但是，准确度的提升扭曲了整体体验。科学器械在质的领域无能为力。质被归于主观领域，主观又被贬为不存在的东西，既不真实，也不可见，还无法测量。本能和感觉对机械工艺或机械解释毫无影响。新的科学技术成果卓著，因为过去与生活和工作相关的许多东西，如艺术、诗歌、有机韵律、幻想等等，都被有意排除了。在外部世界的感知变得日益重要的同时，内心世界的感觉却越来越虚弱无力。

作业分工，各管一摊，这个在 17 世纪的经济生活中已经出现的现象也在思想界普及开来，反映出思想界人士怀有同样的达到机械般准确和快出成果的愿望。研究领域越分越细，越钻越深。可以说，真理就存在于小范围内。这种局限有很好的实际作用。了解一个物体的全部性质不一定有利于将其付诸实用，因为做到完全了解需要很多时间，而且最后容易导致对该物体的一种认同感，丧失利用该物体达到原来目的所需的冷静超然。如果你想吃一只鸡，最好从一开始就把它当作食物来看待，不要过分爱护它，同情它，也不要在审美上欣赏它。如果把鸡的生命作为目的，甚至可以做得像婆罗门教徒一样彻底，连鸡身上羽毛里的虱子都和鸡一并保留下来。有机体必须做出选择，以免被不相干的感觉和知识弄得无所适从。科学给这种不可避免的选择提供了新的理由，它挑出了最普遍适用的一组关系：体积、重量、数字和运动。

不幸的是，分离和抽象固然对有序研究和细致的符号表达非常重要，但也造成了真正有机体的消亡，或至少使之不再能有效运作。拒绝接受原有的整体经验不仅摒弃了表象，贬低了思想的非工具性方面，还有另一个严重后果：往好里说是对死体的重视，因为生命过程在有机体活着的时候经常无法仔细观察。简而言之，科学的准确性和简单性虽然导致了巨大的实际成就，却并非了解客观现实之道，反而是对客观现实的背离。物理科学为了达到确切的结果，蔑视真正的客观性。在个人层面上，人性有一面不能发挥作用；在集体层面上，经验有一面被有意忽略。用机械时间或双向时间代替历史，用解剖后的尸体代替活体，用被称为"个人"的零散单位代替人的群体。总之，用可以使用机器测量或复制的东西代替难以接近的、复杂的和有机的整体。这等于掌握了有限的实际技能，却错失了真理和靠真理才能实现的更高效率。

物理学家只研究现实中所谓有市场价值的方面，把整体经验分开拆散，因此形成了一种有利于分散的实用发明的思维习惯。同时，在有些艺术中，第二性的质和艺术家本人的感受与动力至关重要，而物理学家的这种思维习惯对这类艺术的所有形式都非常不利。物理学家始终遵守自己的形而上原则，以事实作为研究的唯一依据，因此排除了一切自然的和有机的物体，摒弃了真正的经验。他用来代替有血有肉的现实的是抽象的骨架，一个能让他用合适的线绳和滑轮操纵的骨架。

剥离了有机体的世界是一个仅由物质和动作组成的光秃秃的空旷世界，是一片荒原。这个世界要发展，继承了17世纪这种荒谬理念的人就必须给世界注入新的有机体。这种新的有机体代表的是物理科学的新现实。机器，而且只有机器，才完全符合新的科学方法和新观点的要求。机器远比生物体更符合"现实"的定义。一旦机械世界观得以确立，机器就能兴旺发达，不断增多，成为主导力量。至于与机器竞争的东西，它们不是已经被消灭，就是被打入只有艺术家、恋人和动物繁育者才会相信的那个界限不明的宇宙。机器不是仅以第一性的质为依据设想出来的吗？不是对样貌、声音或任何其他触及感官的特征不予考虑吗？如果科学代表一种终极现实，那么机器就如同吉尔伯特民谣中的法则一样，真正体现了一切美好的东西。事实上，在这个空荡荡的世界中，发明机器成为一种责任。人通过放弃自己的大部分人性，上升到神的地位。他降临再次混沌的世界，按照他自己的形象创造了机器：那是力量的形象，但那种力量剥离了他的肉体，与他的人性再无关系。

10. 发明的义务

在科学方法的发展中被证明有效的原则经适当改动后，成为发明的一个基础。技术以适当的实际形式表现出科学的理论真理，无论这种理论真理是暗示的还是明示的，是推想的还是发现的。科学与技术构成了两个相互联系，却又各自独立的世界，有时聚合为一，有时彼此分离。蒸汽机这种主要靠经验达成的发明也许提示了卡诺的热力学研究。法拉第的磁场研究这类抽象的物理研究也许直接导致了直流发电机的发明。从埃及和美索不达米亚的几何学和天文学（两者都与农业生产密切相关）到最新的电物理学研究，达·芬奇的格言屡试不爽：科学是将领，实践是士兵。但是，有时士兵没人指挥也能打胜仗，有时将领靠高明的策略可以不战而胜。

机器出现不久后，就迅速取代了生物和有机体。机器是对自然的仿制，是人的头脑对自然进行分析、规范、缩小和控制的结果。然而，机器发展的最终目标不是简单的征服自然，而是对自然的再合成。自然被思想分解后组合为新的东西：化学是物质的合成，工程学是机械的合成。人不甘心永远生活在固定的自然环境中，这种态度始终是艺术和技术发展的一个动力。不过，自17世纪起，这样的不甘开始变得难以抑制，人开始向技术寻求成就感。蒸汽机取代了马力，铁和混凝土取代了木头，苯胺染料取代了植物染料，不一而足，偶尔也有取代不了的东西。有些东西在实用或审美上新优于旧，如电灯比牛油烛亮无数倍。有些东西在质量上新不如旧，如人造丝依然比不上天然丝。但无论是电灯还是人造丝，都是进步，因为人创造出了一种功能相等的产品或合成品，不像原始产品那样受制于不确定的有机变化或产品生产过程中的不规范。

以新代旧通常没有扎实的知识基础，结果有时搞得一塌糊涂。在过去1000年的历史中，满是看似机械和科学的成功，实际上根本站不住脚的例子。这些例子包括放血疗法、阻隔了重要紫外线的普通窗户玻璃、只根据能量置换确定的后李比希膳食标准、加高的马桶座圈、使空气过分干燥的蒸汽供热——清单很长，令人有些震惊。重要的是，发明成了义务。人们对技术创造的新奇迹一心先试为快，如同小孩子拿到新玩具后欢喜得不知所措，没有清醒的识别力。所有人都认为发明是好事，无论发明的东西是否真的有益，正如他们认为生孩子是好事，不管孩子长大后是对社会有用的人还是累赘。

应对信仰的消失和生命冲动的衰弱主要靠机械发明，科学还在其次。在文艺复兴时期，赋予人精力的水蜿蜒流进草地和花园，淌进石窟和洞穴，后来通过发明变为涡轮机上方的水流。水不再晶莹闪光，漾起涟漪，给人清凉，让人振奋，令人愉悦，而是被用来实现一个狭隘的特定目标：推动轮子，成倍增加社会的劳动能力。活着就要工作。机器还能有什么别的生活吗？信仰终于找到了新目标，它不是移动大山，而是操作引擎和机器。把力量用于运动，把运动用于生产，把生产用于赚钱，因而进一步增加力量，这是机械思维习惯和机械行为方式带给人的最重要的东西。众所周知，新技术产生了众多有益的工具器械，但归根结底，机器自17世纪以来成了一种替代性宗教，而一个有活力的宗教不需要把自己的用途作为自己存在的正当理由。

机器宗教和被它取代的精神信仰一样不需要理由，因为宗教的使命是提供终极意义和动力。发明的必要性是一种教条，机械的常规运作是机器宗教中必须遵守的要素。18世纪，机械学会层出不穷。这些学会满怀热情地宣扬机器宗教的教义，宣讲工作的信条、对机械科学的因信称义和通过机器获得救赎。从18世纪开始，企业家、工业家、工程师，甚至是没有受过正规训练的机械师都加入了这种宣传。没有他们那传教士般的热情，就无法解释为何如此多的人欣然接受机器，也不可能说明机器的改良为何如此突飞猛进。科学的客观程序、机械师的巧妙发明、功利主义者的理性计算，这些点燃了人们的激情，特别是因为远方是金光闪闪的发财天堂。

达姆施泰特（Darmstaedter）和杜布瓦雷蒙（Du Bois-Reymond）做了一份关于发明创造的汇编，其中依照如下的时间段列出了发明家的人数：1700—1750年，170人；1750—1800年，344人；1800—1850年，861人；1850—1900年，1 150人。即使考虑到历史视角自动造成的短缩，1700—1850年技术发明的提速也是无可置疑的。技术抓住了人的想象力。发动机和它们生产的物品似乎立即成为热门。发明固然大有裨益，但很多发明不是为了有益而做出的。如果用途是最大的追求，那么在衣、食、住这些人类需求最紧迫的方面，发明的步伐应该最快。但是，虽然衣的方面无疑做出了进步，但新的机械技术给农庄和普通住宅带来的益处却远远比不上战场上和矿井里的进步。而在 17 世纪以后，将增加的能量转换为富足生活的速度比之前的 700 年缓慢得多。

机器出现后，一般会悄无声息地占领被发明它的思想意识所忽视的领域，以此证明自己的能力。技术发展中的一个重要因素是追求精湛，包括对材料本身的注重、对娴熟掌握工具的自豪感和对形式的熟练操纵。机器以新的格式清晰地反映出一套独立的兴趣。索尔斯坦·凡勃伦将这些兴趣大致归拢在"工艺的本能"之下。机器也丰富了技术的内容，即使它暂时造成了手工业的凋敝。由于专注于机械生产方式，感官体验和心灵反应被排除在求爱、唱歌和幻想之外。它们当然并未从生活中消失，而是随技术工艺一道再次进入生活。如同吉卜林笔下的工程师经常把机器宠溺地比作生物，机器得到了发明者和工人一致的喜爱和关照。曲柄、活塞、螺钉、阀门、弯曲运动、脉动、节奏、杂音、光滑的表面，这些都与人体的器官和功能相对应，人也自然而然地产生了对机器的喜爱。不过，一旦到达这个阶段，机器就不再是手段，机器的运作也不仅是机械的、因果的，而且变成了人道化的、终极性的。机器和任何其他艺术品一样，帮助维持着有机的平衡。我们在后面将看到，机械复合体除了制造的产品有价值之外，自身也发展出了价值。这是新技术的一个意义深远的结果。

11. 切实的预期

从一开始，科学的鼓吹者就高度重视科学的实际价值，哪怕是只顾追求抽象真理的人和对科学的普及漠不关心的人也是如此，后者的例子是为方便彼此间私下交流而发明了电报的高斯和韦伯这两位科学家。"如果人们听得进我的意见，"弗朗西斯·培根在《学术的进展》里写道，"采用机械角度看历史是迈向自然哲学的最彻底、最根本的一步。这样的自然哲学不会在隐约、极端或迷人的空想猜测的迷雾中消失，而是能够有效地充实人的生活，为其带来裨益。"笛卡儿在《方法论》中指出："我从中（物理的一般性限制）看到，它有可能产生对生活非常有用的知识，有可能发现与学校里通常教授的思辨哲学不同的切实方法。用这种方法，我们能够清楚地知道火、水、空气、星星、天空以及我们周围一切其他物体的力量和行动，正如我们了解工匠的各种手艺一样。我们也可以像工匠那样把这种方法加以应用，从而使我们自己成为自然的主人。这是我们应该为之努力的结果，不仅是为了发明各种工艺，让我们顺利地享受大地产生的果实和它提供的所有舒适，而且也是为了保持健康，这无疑是今生所有幸福中首要的、根本性的幸福。因为头脑紧紧依靠身体各器官的状况和彼此间的关系，所以若说能找到什么办法使人比以前更聪明睿智，我相信只能到医学中去找。"

在培根的《新大西岛》里的完美国度中，什么人能得到奖赏呢？"所罗门宫"里没有哲学家、艺术家和教师，尽管培根和谨慎的笛卡儿一样，严格遵守基督教会的仪式。"所罗门宫"里有两处廊堂是"颁布法令和举行仪式"的地方。在其中一处，"我们展览各种稀奇卓越的发明成果。在另外一处，我们安放所有重要发明家的塑像。在那些塑像当中，有你们那位发现了西印度群岛的哥伦布，有船舶的发明者，有发明大炮和火药的那位僧侣，还有音乐的发明者、字母的发明者、印刷术的发明者、天文学观测的发明者、金属制品的发明者、玻璃的发明者、丝绸的发明者、葡萄酒的发明者、玉米和面包的发明者、糖的发明者……我们会为每一项有价值的发明的发明者立像，并让其名利双收"。在培根所写的这个幻想故事中，"所罗门宫"是洛克菲勒研究所和德意志博物馆的结合体。若说哪里有改善人的生活的办法，肯定是那里。

请注意：在所有这些对科学和机器将扮演的新角色的猜想中，没有模糊不清或匪夷所思的内容。在战场指挥官计划出详细的进攻战术之前，科学这个总参谋部早已制定好了战略。厄舍指出，17世纪的发明并不算多，技术想象力远超工匠和工程师的实际能力。达·芬奇、安德里亚[1]、康帕内拉[2]、培根、写下《显微图谱》（*Micrographia*）的胡克，以及写下《科学探究》（*Scepsis Scientifica*）的格兰维尔[3]都概述了新秩序的具体特点：其目的就是用科学推动技术进步，引导技术去征服自然。培根的"所罗门宫"虽然是在意大利的林琴科学院建立之后才设想出来的，但它是1646年在伦敦齐普赛街的牛头酒馆举行第一次会议的哲学学会的发端。1662年，哲学学会并入伦敦皇家学会。这个学会设有八个常设委员会，排在第一的委员会的任务是

---

[1] 安德里亚（Andreae），16—17世纪早期乌托邦主义者，著有《基督城》。
[2] 康帕内拉（Campanella），16—17世纪意大利哲学家、神学家、诗人、空想社会主义者，著有《太阳城》。
[3] 格兰维尔（Glanvill），17世纪晚期圣公会牧师、皇家学会会员。

"审议并改进一切机械发明"。20世纪的实验室和技术博物馆都起源于身为廷臣的哲学家培根的设想。他对我们今天的任何行为或做法都不会感到意外。

胡克对这种新方法能够产生的成果信心满满，他写道："我们会统括人的才智或（更有效的）人的努力能够取得的任何成果。我们做出的发明不仅有望与哥白尼、伽利略、吉尔伯特、哈维的发明同样重要，也与大多湮没无闻的发明者发明的火药、航海罗盘、印刷术、蚀刻术、雕刻、显微镜等同样重要，而且我们还会有很多远超他们的发明，因为达成那些发明的方法看起来与我们的方法相似，却不完美。所以，如果我们的方法得以彻底执行，还有什么事情做不成呢？交谈和争论很快会变为实际行动。空想出来的一切美梦、意见和形而上学性质的东西很快会消失无踪，让位于牢靠的历史、实验和作品。"

当时最为风行的乌托邦，如基督城、太阳城，更不用说培根作品中的相关片段或西拉诺·德贝热拉克 [1] 比较次要的作品，都在思索能否利用机器来使世界变得更加美好。机器能取代柏拉图所说的正义、节制和勇敢，也能取代基督教的恩典和救赎的理念。机器成为新的造物主，要创造新的天地，至少创造一个将领导野蛮的人类走进应许之地的新摩西。

早在几个世纪以前，这方面的预兆就已经出现了。罗杰·培根说："现在我要提到一些艺术和自然的奇妙作品，它们与魔法无关，也是魔法做不到的。可以制造器械，使一个人独自操纵最大的船只快速行驶，比满载水手的船都快。可以制造无须动物拉动就能飞速前进

---

[1] 西拉诺·德贝热拉克（Cyrano de Bergerac），17世纪法国作家。

的战车。人制造出的飞行工具可以像鸟儿一样用人工翅膀振翅高飞，人舒舒服服坐在里面思考任何问题……还能制造出使人在海底行走或不用船只在河里通行的机器。"列奥纳多·达·芬奇做出的发明和制造出的各种装置的清单看起来活像当今工业世界的概要。

但到 17 世纪，自信的声音增强了，实践的冲动更加普遍、更加急迫。波尔塔、卡丹、贝松、拉梅利和其他聪颖的发明者、工程师和数学家的著作证明了人类技能的提高和对技术日益高涨的热情。施文泰尔（Schwenter）在《引人入胜的物理数学》（*Délassements Physico-Mathématiques*，1636）中谈到了两个人如何靠磁针彼此沟通。格兰维尔说："后人买一双翅膀飞往最遥远的地区将如同我们现在买靴子旅行一样司空见惯。未来同远在印度群岛的人通过心灵相通来交流将变得和今天写信一样不足为奇。"西拉诺·德贝热拉克想象出了留声机。胡克指出，"在 1 弗隆 [1] 开外听到耳语声并非不可能，而是已经做到了。也许事物的性质决定即使把距离再增加 10 倍也有可能做到"。胡克甚至预言了人造丝的发明。格兰维尔又说："我坚信，后人会发现今天仅是传说的东西将变为现实。也许在将来的某个时候，去南半球，甚至去月亮旅行都不会比去美洲更奇怪……返老还童、起死回生也许终于不必靠奇迹也能做到。未来的农业把现在相对贫瘠的世界变为天堂也并非全无可能。"（1661 年）

17 世纪的展望无论缺少什么，都不缺对于机器即将出现、迅速发展和深远意义的信心。时钟制造、计时、空间探测、修道院的规则、资产阶级的秩序、技术设备、新教的抑制、魔法的探索，最后是

---

[1]　弗隆，长度单位，1 弗隆≈201 米。

物理科学本身的有序、准确和清晰，这些活动分开来看也许都无足轻重，但它们共同组成了一张复杂的社会和思想网。这张网支撑得起机器的巨大重量，并能进一步扩大机器的运作。到 18 世纪中叶，初步准备工作已经就绪，关键的发明已经完成。自然哲学家、理性主义者、实验家、机械师等聪明人组成了一支大军，人人目标明确，满怀必胜的信心。地平线上刚刚现出一丝光亮，他们就声称黎明已经到来，宣告黎明是多么迷人，新的一天是多么灿烂。其实，他们宣布的是季节的转换，可能是气候本身的周期性变化。

第二章　推动机械化的力量

1. 技术概览

从 10 世纪到 18 世纪，人们为机器的到来做了各种准备。这些准备工作奠定了广泛的基础，确保机器得以迅速征服整个西方文明。但是，这一切的背后是技术本身的长期发展。先是对原始环境开展探索，用贝壳、石头和动物内脏这类自然物体作为工具和器具。然后发展出了基本的工业生产方法，包括挖掘、清铲、捶打、刮削、旋压和干燥。随着需求的增加和技能的提高，人们开始专门制造特定工具。

食物是通过神农尝百草般的测试来确定的，玻璃的发明是意外之喜，取火钻则是对因果关系的真正了解。所有这些都在改变人的物质环境中发挥了作用，并逐渐调整了社会生活中的各种可能性。可能先是做出了发现，这方面明显的例子包括利用火、使用陨铁和利用贝壳这种有尖利边缘的物体。若是如此，那么发明本身则紧随其后。确实，发明的时代不过是人的时代的另一个名字。如果说人很少处于"自然状态"，那是因为技术在不断地改变自然。

要总结这些早期技术的发展，不妨将其视为一个抽象的山谷剖面，或者说一套完整的山河构造的理想剖面。形象地说，文明在山谷的剖面上行进。历史上所有伟大历史文化的繁荣都依靠人、制度、发明和货物在大河形成的天然高速路上的流动，无论是黄河，还是底格里斯河、尼罗河、幼发拉底河、莱茵河、多瑙河和泰晤士河。只有与世隔绝的海上文化是部分例外。在那些文化中，海洋有时起到了河流的作用。在山谷地区的原始背景下，早期的技术形式得到了发展。在城市中，发明的进程加速，各种新需求层出不穷。密集居住和有限的食物供应造成的急切需求导向了新的适应手段和发明创造。人要摆脱原始状态，不得不做出发明来替代他曾经赖以生存的比较粗陋的人工制品。

看一看纯抽象的山谷剖面，可以看到，接近山顶处，在山坡陡峭、乱石嶙峋的地方是采石场和矿山。人几乎有史以来就在从事这些活动。它们留传至今，代表着一切经济活动的原型，即对浆果、菌类、石头、贝壳、死动物等物的直接找寻、采摘和收集的阶段。直到现代，采矿在技术上仍然是最原始的行当之一，主要工具就是镐头和锤子。不过，从采矿业衍生出来的工艺却一直在稳步发展。事实上，使用金属是欧洲 10 世纪之后的工艺与在那之前的石器文化之间的主要区别。冶炼、精炼、锻造和铸造都提高了生产速度，改进了工具和武器的形式，大大增加了它们的强度和效力。猎人在从山巅向大海延伸的森林里狩猎，这个行当可能是人类最古老的有意的技术行动，因为武器和工具最初可以交替使用。简单的锤头也能用来投掷；刀能杀死猎物，也能把猎物割开；斧子可以用来砍树，也可以用来杀敌。猎人的生存有时靠手眼协调的技能，有时靠力气，有时靠捕兽夹和陷阱这些巧妙的装置。他追踪猎物时不是在森林里原地不动，而是跟随猎物到处走。这个习惯常常导致猎人在自己侵入的地方与别人发生冲突和敌对。也许战争就是这样发展起来的。

山谷往下一点，山间细流和小溪汇集成河流，为运输提供了便利。这里是最初靠林木吃饭的人的地盘，这样的人包括伐木人、护林员、水磨匠和木匠。他们砍倒树木，挖空树心做成独木舟，造出了弓这个也许是最有效的早期原动机，还发明了取火钻。雷纳德（Renard）从取火钻中看到了滑轮，可能还有轮子，更不用说还有起锚机的原型。伐木人的斧子是人类最主要的原始工具。他在劳动中也许碰巧发明了桥梁和水坝，这些和河狸一样的活动显然是现代土木工程的最初形式。人也发明了用于传输动作和使材料成型的一些最重要的精密器械，尤其是车床。

在想象中的森林线下，定居文化在进步。樵夫用斧子清出了土地，掉落在阳光下草叶中的种子经过整个夏天的哺育，成长为新的一片郁郁葱葱。原始的樵夫之下是牧人和农民的地盘。放牧山羊、绵羊和牛群的牧人占据了山坡上的牧场或高原上的广阔草原，那些牧场和草原有的还算茂盛，有的已经退化得差不多了。纺线是最早的伟大发明之一，这种通过把脆弱的细丝拧在一起来增强力量的办法最初可能是用来处理动物的筋的。那时的人用绳线做的事是我们今天无奈之下的应急之举，比如把斧头绑在柄上。用纺织品做衣服，做帐篷，或做地毯铺在帐篷的地上当临时地板，这些都是牧人的工作，是随着新石器时代对动物的驯化发生的。时至今日，原始群落仍在使用最古老的纺锤和织布机。

在比较贫瘠的牧场下面，农民长期占有并耕作土地。随着农民对工具和家畜掌握得日益熟练，或者是因为谋生日渐艰难，他开始进入土壤比较肥沃的河床。他甚至会回头向上，把有耕种潜力的牧场变为农田。农民的工具和机器相对较少。和牧人一样，农民的发明能力主要集中于作物的选择、育种和改善之上。他的工具在有记录以来的大部分历史时期内没有发生根本性变化，就是锄头、鹤嘴锄、犁、锹和长柄大镰刀。不过，农民有很多器具和公用设施，如灌溉渠、地窖、谷仓、蓄水池、水井，还有一年到头住人的永久性住宅。部分地由于农民需要防御和合作行动，村庄和城镇逐渐成形。最后，在海边的滨外沙埂和盐沼后面忙碌的是渔夫，他可以算是海上猎人。第一个建造了鱼梁的渔夫可能是编织术的发明者。用沼泽地的芦苇编成的网和篮子当然是环境的产物，船这个最重要的早期交通运输工具更是环境的直接产物。

农牧文明的秩序与安全是新石器时代做出的关键进步。有了这种稳定，不仅产生了住宅和永久的社区，而且发展出了一种合作性的经济和社会生活。这种生活制度通过话语传承，也靠看得见的建筑物和纪念碑来延续。在经济活动的一个阶段向另一个阶段过渡的地区，越来越多地形成了专门的聚集点，市场于是应运而生。有些商品，如琥珀、黑曜石、燧石和盐，很早就被售卖到了远方。与制成品的交换同时发生的还有技术手法和技术知识的交流。在我们的山谷剖面简图中，特殊的环境、特殊的行业和特殊的技能从一个部分转移到另一个部分，并互相混合，使文化本身和技术遗产不断丰富和日益复杂。因为没有客观的记录方法，所以手艺的传承一般会造成行业的世袭。以这种手段保存技能导致了彻头彻尾的保守主义：传统知识的精进反而可能阻碍了发明创造。

一个文明的各种要素从来达不到完全的平衡，总有不同力量的拉扯。具体来说，摧毁生命的功能和保护生命的功能所带来的压力经常变化。在新石器时代，农民和牧人似乎地位最高。占主导地位的生活方式以农业为基础，当时的宗教和科学都是为了让人更好地适应养活他的土地。最后，农民文明败给了反生命力量。这种力量有两个相关联的来源，一个是贸易，它带来了一套客观抽象的体系，体系中的各种关系由现金绑在一起；另一个是流动的猎人和牧人的掠食性手法，他们用这种手法扩大猎场和牧场，或者在更高的发展阶段加强征赋和统治的力量。纵观历史，只有三种伟大的文化在历史上未曾断绝：印度和中国的礼貌和平的农业文化和犹太人主要集中于城市的文化。中华文化和犹太文化特别突出的特点是务实的智慧、理性的道德、友善的举止和注重保护生命的合作制度，而军力占主导地位的文明最后都落得自我毁灭的下场。

随着现代技术在欧洲北部的萌生，上述原始类型的原有特点和典型环境开始重现。我们眼看着行业和工艺再次分类重组。猎人和渔夫在欧洲又成了统治者。从挪威到那不勒斯，他们运用强大的力量追捕猎物或征服外族。他们每征服一块土地，第一件事就是确立他们的狩猎权，划出大片土地供猎物活动，不容他人踏足。这些凶猛的武士除了长矛、斧头和火把之外，后来又加上了大炮这种进攻型武器。军事艺术再次专业化，支持战争也成为公民社会的主要负担之一。原始的采矿和原始的冶金保持了自古以来的做法，但矿工和锻工的简单工艺很快分解为几十个专业。随着商业的扩张和对金银需求的增加，随着战争机械化程度的提高和对盔甲、火炮和战力的需求增加，这个进程日益加速。同样，森林地区也再次出现靠林木谋生的人的身影，因为欧洲大部分地区再次被森林和草原覆盖。很快，锯木匠、木匠、细木工人、车工和车匠都成为专门的手艺人。从 11 世纪开始，这些基本职业出现在不断扩大的城市中。它们彼此不同，互相作用，交流技能，互鉴形式。几百年间，技术的整个发展史几乎重演了一遍，技术成就也达到了任何其他文明都未达到的水平，虽然在一些特殊领域，欧洲屡屡被东方更高级的技术超越。从中世纪技术的横截面中可以看到以前技术的大部分要素和后来发展起来的许多技术的种子。位于后方的是手工艺和工具，辅以农耕的简单化学过程。位于前方的是冶金和玻璃制造的精确工艺、机器和新成就。一些最具中世纪特色的技术器械，如十字弓，在形式和工艺上都显现了工具和机器的双重特征。这是特别有利的状态。

2.《矿冶全书》

采石和采矿是主要的挖掘行业。原始人在掌握石头之前也许能巧妙地利用木头、贝壳和骨头，但若是没有边缘尖利、表面坚硬的石头和金属，武器和工具都只能停留在形状粗陋、效用有限的阶段。第一个高效工具似乎是人拿在手中当锤子用的石头。拳头的德文是 die Faust。时至今日，矿工用的矿锤仍被叫作 ein Fäustel。

在所有石头当中，燧石对工具的发展也许最为重要，因为它在欧洲北部分布普遍，并且能凿出尖利的锯齿形边缘。采燧石的人使用其他岩石或用驯鹿角做成的尖嘴锄挖出燧石，耐心地将其打磨成他所需要的形状。到新石器时代晚期，锤子已经改进到如今的形状。在漫长的原始生活中，石器工具的缓慢改善是文明进步和掌控环境的一个主要标志。巨石文化可能代表着这种文明的巅峰。建造庙宇和天文观象台需要运输巨大的石块，这表明这个文化有能力组织合作性努力，而且具备比较高级的科学知识。在它的最后阶段，开始用黏土制作陶器来保留并储存液体，或保护干燥的食物，使之不致受潮发霉。这是正在学着探索大地，将大地的非有机物质拿来为己所用的原始勘探者的又一个胜利。

挖找、采石和采矿之间并无清楚的界限。一片含有石英的岩层可能也含有黄金。黏土岸坡的小河里也许偶尔能看到金子这种贵金属的闪光。对原始人来说，金子之所以宝贵，不仅因为它比较稀罕，而且因为它柔软、易塑型、可拉丝、不会氧化，而且不用火就能加工。在所谓的金属时代到来前，人已经开始使用黄金、琥珀和玉石了。这些东西一是罕见，二是据说有魔力，所以备受珍视，用它们来制作物件倒还在其次。寻找这些矿物与扩大食物供应或提高生活舒适度毫无关系。人类寻找宝石就像培育花卉一样，因为在发明资本主义和大规模生产之前很久，人就在自己的文化中获得了超过基本生存所需的能量。

与农民的事先计划和稳步操劳不同，矿工的劳动完全没准，每日的活动没有一定之规，也无法确定是否能劳有所得。农民和牧人都无法迅速致富。农民今年开出一片田地或种下一排树，但从中充分获益的可能要到他的孙子那一辈。务农所得受限于已知的土壤、种子和牲畜的质量。奶牛每年产仔的次数是一定的，而且一次只生一只牛犊，不会一下子生 15 只。根据平均法则，七个丰年后几乎可以肯定会继以七个歉年。对农民来说，运气通常意味着"没有"什么：没有冰雹，没有风灾，庄稼没有疫病，没有腐烂病。但是，采矿却可能一夜暴富。特别是在采矿业早期，矿工发财与他的技术能力或他付出的劳动没有什么关系。一个探矿者也许辛辛苦苦忙活好多年都找不到富矿层，而在同一个地区探矿的新手可能第一天早上就能挖到宝。虽然某些矿，如萨尔茨卡默古特的盐矿，已经存在了几个世纪，但总的来说，采矿这个行业是不稳定的。

15世纪之前，采矿在技术上的进步也许比任何其他工艺都小。罗马修建渡槽和公路的工程技术丝毫没有惠及矿山。漫漫数千年，采矿业不仅一直处于原始阶段，而且是人类最低等级的职业之一。直到近代，除了探矿的诱惑，在文明国家，没人愿意下矿井，在井下劳作的都是战俘、罪犯和奴隶。采矿不是仁慈的行业。它是一种惩罚，集地牢的恐怖和桨帆船上的苦工于一身。正是因为下井劳动以让人疲累为目的，所以在整个古代时期，从采矿刚刚出现到罗马帝国消亡，采矿的实际操作没有丝毫改进。总体而言，不仅可以说自由劳动者直到中世纪晚期才进入矿井，而且必须记住，在农业上废除了农奴制很久以后，采矿业的农奴制依然存在，例如在苏格兰的矿井中。关于黄金时代的神话很可能表达了人类掌握质地更加坚硬的金属后对自己失去的东西的感受。

采矿业名声不佳是偶然原因造成的，还是由它的性质决定的？让我们来审视一下这个行业及其自古以来所处的环境。

除露天采矿外，采矿要在地下深处讨生活。只有靠灯或蜡烛的微光才能在一片漆黑中稍微视物。在19世纪初发明戴维安全灯之前，灯火可能会引燃"矿中气体"，引发爆炸，把周围人全部炸死。时至今日，井下爆炸的可能性仍未消除，因为即使使用电力，还会偶然产生火花。地下水渗过矿层，经常有淹没矿道的危险。在发明现代工具之前，矿道逼仄狭小，从一开始就雇用儿童和妇女在狭窄的矿道里拉车运送矿石。直到19世纪中叶，英国的矿山还把妇女当牲口用。当使用原始工具无法挖开矿石或打开新矿面的时候，经常需要在难挖的矿层烧起大火，然后用冷水泼石头，令其炸裂，由此产生的蒸汽令人窒息。石层的开裂可能带来危险，因为支撑若不够有力，整个矿道都可能坍塌，把工人埋在下面。这种事多有发生。矿层埋得越深，危险越大；井下越热，操作越困难。在人类所有艰难残酷的行当中，唯一可与旧式采矿相比的是现代堑壕战。这并不奇怪，因为两者有直接的联系。据米克所说，时至今日，矿工的事故死亡率还是其他行业的四倍。

金属进入技术领域相对较晚，其原因不难理解。首先，金属的原始形式是矿石所含的化合物，而矿石往往难以接近，既难找，又难挖。即使就在地面，将金属分解出来也不容易。锌这种常见的金属直到16世纪才被发现。提炼金属与砍伐树木或挖燧石不同，需要长时间保持高温。即使把金属提炼了出来，加工也很困难。加工起来最容易的是最宝贵的黄金，最困难的是最有用的铁。难度在两者之间的是锡、铅和铜。铜可以冷加工，但量不能大，或只能做成铜箔。简而言之，矿石和金属很不好弄，不仅难以找到，处理起来也不容易。金属只有软化后才好加工，所以有金属，就必须有火。

因其原材料的性质所决定，采矿、精炼和锻造令人想到现代战争的残酷无情，因为在这些活动中，蛮力特别重要。在这些工艺所使用的方法中，最重要的是击打，用的是鹤嘴锄、大锤、碎矿机、冲压机和蒸汽锤。加工原材料首先必须将其熔化或打碎。矿井的日常运作是

对物理环境的正面强攻，每个阶段都需要动用强力。动力机器在 14
世纪大量出现后，应用最普遍的也许是在军事和冶金领域。

现在来看采矿环境。首先，矿井是人创造出来并在其中生活的第
一个完全无机的环境。斯宾格勒曾说，大都市标志着机器造成的了无
生气的状态的最后阶段，其实矿井比大都市的无机性强得多。田野、
森林、河流和海洋是生命的环境，而矿井是只有矿石、矿物和金属的
环境。地下岩石中没有生命，连细菌或原生动物都付之阙如，除了随
地表水渗入地下或由人带到地下的此类生物。地面上的自然赏心悦
目，太阳温暖着狩猎的猎人或耕作的农民，令他们精神振奋。但在矿
井中，除了结晶体外，没有什么可看的。看不到可爱的树木、野兽和
云朵。矿工只顾刨挖矿石，没工夫注意事物的形状。他看到的是纯粹
的物质。直到挖到矿脉之前，他眼中所见只是挡在他面前的障碍，需
要顽强地将其打碎，运到地面上去。如果矿工在摇曳的烛光中看到矿
坑壁上有形状，那不过是他的镐头或手臂被严重歪曲的影子，是恐惧
的形状。矿井里没有白天，自然的节奏被打破了。连续的昼夜生产在
这里首次出现。即使外面艳阳高照，矿工在井下也必须靠人工照明。
在岩层更深处，他甚至要靠人工通风。这是"人造环境"的胜利。

在矿井的地下通道和巷道里，没有任何令矿工分心旁顾的东西。
头顶着篮子的漂亮姑娘走过田野，她的丰乳细腰激发着他的男性本
能；野兔窜过他面前的小道，引起了他狩猎的兴趣；远处河面上的粼
粼波光令他浮想联翩——这些全都没有。这里是工作的环境，只有一
刻不停、毫不松懈、全神贯注的工作。井下的世界一片黑暗，没有颜
色，没有滋味，没有气味，也没有形状。灰暗的景象如同永远的冬
天，只有嶙峋成堆的矿石显示着物质最无组织形式的状态。事实上，

矿井就是17世纪物理学家所建立的概念世界的具体模型。

弗朗西斯·培根说过一段话，显示炼金术士可能对此稍窥端倪。他说："假如德谟克利特所言属实，那么自然的真理就藏在某些深矿和洞穴之中。同样，炼金术士反复教诲说，火是第二自然，并灵巧扼要地模仿自然那迂回而长期的运作。假如炼金术士的所言所为也是对的，那么就应该将自然哲学分为矿井和熔炉，将自然哲学家分成两种专业或职业。有些人当矿工，有些人当锻工；有些人挖掘，有些人精炼和捶打。"是矿井使我们适应了科学观点吗？科学反过来是否让我们做好了接受矿井的产品和环境的准备呢？这种事无法证明，但即使历史事实不足，逻辑关系也显而易见。

矿井内的做法不仅在地下实行，还影响了矿工，改变了地上的情况。格奥尔格·鲍尔（Georg Bauer）博士，即阿格里科拉，为捍卫采矿业做了非常精辟合理的论述。这位德意志物理学家和科学家在16世纪初撰写了多篇关于地质学和采矿学的概括性论文。他诚实地详细总结了对手的论点，即使他无法对其做出有力的反驳。所以，他的著作《矿冶全书》（*De Re Metallica*）至今仍是经典，正如维特鲁威论建筑的著作。

先说矿工本身。阿格里科拉说："批评者还说，采矿是危险的职业，因为矿工有时会因吸入的有害空气而死去，有时肺会烂掉，有时会被乱石砸死，有时会从梯子上掉进竖井而摔断胳膊、腿或脖子……但既然这类事情鲜有发生，而且只有当工人不小心时才会发生，所以矿工并未因此对采矿望而却步。"最后这句话似曾相识，它令人想起制陶工和镭表盘制造商在自己行业行为的危险被指出来后所做的自我辩护。阿格里科拉却忘了说，虽然煤矿工人并不特别容易患结核病，但矿井内寒冷潮湿，有时干脆泡着水，矿工因此特别容易患风湿病，和种水稻的农民一样。采矿的人身危险依然很高，有些依然不可避免。

采矿方法的破坏性反映在对待地貌的方式上。再来看阿格里科拉所言："除此之外，批评者最有力的论点是采矿活动毁坏了田野。为此，意大利人曾通过法律，不准任何人为挖掘金属而伤害他们非常肥沃的田地、葡萄园和橄榄园。他们还说，由于需要源源不断的木头做木材，或用于制造机器和冶炼金属，因此大量树林和果林被砍。树林和果林被砍后，鸟兽也就没了踪迹，但很多鸟兽是人的可口美味。另外，洗矿用的水会毒化河流和小溪，不是把鱼毒死，就是将其驱走。因此，这些地区的居民的田地、树林、果林、小溪和河流被毁，结果生活必需品都难以获得。因为木材短缺，他们盖房子的费用也大为增加。"

阿格里科拉做出的毫无说服力的回应就不必提了。上述指控依然成立，无可反驳。即使认为可以为达目的不择手段，也必须承认采矿造成的毁坏。关于这个问题，一位现代作者说："在俯瞰特拉基山谷的内华达山脉东坡上，可以看到滥伐森林的典型例子。为了给卡姆斯托克的深矿井提供坑木，山坡上的树被砍光，造成水土流失，所以今天入眼一片荒凉贫瘠的丑陋景色。从雷纳莱斯到莱德维尔，从波多西到波丘派恩，大多数旧矿区都是同样的情形。"过去400年的历史证明了这一指控的真实性。在阿格里科拉的时代还仅是无意中造成的局部破坏，到18世纪已成为西方文明的普遍特点。彼时，西方文明开始直接依靠矿山及其产品，矿工的行为和思想甚至传播到远离矿山的地方。

还必须指出这种习惯性的破坏和杂乱无章所产生的另一个结果：给矿工造成的心理影响。矿工生活水平低下也许不可避免，其部分原因是资本主义垄断的必然结果，这种垄断经常是使用强力来实施并维持的。但即使在相对自由的条件下和"繁荣"时期，矿工的生活水平依然低下。原因不难看出：几乎任何景色都比矿坑更明亮，几乎任何声音都比矿锤敲击的叮当声更悦耳，几乎任何粗陋的小屋，只要不漏水，都比矿井那黑暗潮湿的巷道更能让一个筋疲力尽的人感到舒适。矿工如同从战壕里爬出来的战士，想马上获得解脱，立即摆脱例常。矿区小镇臭名远扬，它除了邋遢脏乱，还是酗酒滥赌之地，这是对每日苦工的必要补偿。矿工从日常劳动中解脱出来，用玩牌、掷骰子或赛狗来碰运气，希望一击得中，发一笔靠在井下卖苦力得不到的横财。矿工的确勇敢无畏，他有着动物般的镇定，高度自尊自傲。但他也不可避免地变得残暴无情。

采矿的典型方法并不止于矿井口，而是或多或少地流行于一切附属行业。在北欧神话中，这些附属行业是小矮人和小精灵的领地。这些精灵古怪的小人儿会使用风箱、锻铁炉、锤子和铁砧。住在大山深处的他们有些不似人类，一般都居心险恶、诡计多端。对他们的这种描绘是不是源于新石器时代的先民对掌握金属加工技艺的人怀有的恐惧和不信任呢？也许吧。无论如何，我们在印度和希腊神话中也看到了和北欧神话一样的普遍态度。从天上偷来了火的普罗米修斯被视为英雄，打铁的赫菲斯托斯却是个跛子。他尽管做的是有用之事，却是其他诸神嘲笑的对象。

矿井、熔炉和锻造炉通常设在大山深处，所以一直处于文明的外围。与世隔绝和单调乏味是采矿活动的又一个问题。莱茵河谷这类老工业区从罗马时代开始就专门发展工业，整个社区在技术与文明方面做出的进步改善了环境，也许大大减轻了矿工文化的直接影响。今天的埃森地区也是如此，这要归功于克虏伯当初的领导和施密特后来的规划。不过整体来说，矿区仍然代表着落后、偏僻、赤裸裸的敌意和不要命的争斗。从兰德（南非金矿）到克朗代克（加拿大金矿），从南威尔士的煤矿到西弗吉尼亚州的煤矿，从明尼苏达州的现代铁矿到希腊的古老银矿，整个画面都以野蛮残暴为主色调。

造模工和铁匠身处城镇或比较宜居的乡村环境，所以经常幸而不受矿区文化的影响。黄金加工从来都与珠宝和女性饰品密切相关，不过就连文艺复兴早期意大利和德意志地区的铁工艺制品，例如箱子的锁和箍，还有栏杆和支架的精致花格，也显示出一种安乐生活的优雅从容。然而，总的来说，采矿和冶金术不在古典文明和哥特文明的社会体系之内。采矿的方法和理念一旦在整个西方世界成为工业的主要模式，就染上了不祥的色彩。采矿的内容是爆破、倾倒、粉碎、提取和废弃。这一整套活动的确有邪恶凶险的味道。说到底，生命最终只有在有生命的环境中才能蓬勃发展。

3. 采矿与现代资本主义

采矿与现代资本主义的萌发紧密相连，甚于任何其他产业。到16世纪，采矿已经为资本主义剥削确立了模式。

在14世纪的德意志地区，自由人开始下井。那时矿井的运作依靠简单的合伙关系。矿工经常是游手好闲的二流子和曾经风光如今落魄的破产者。这些自由劳动者无疑在推动德意志采矿技术的迅猛进步中发挥了一定作用。到16世纪,萨克森地区的采矿技术独步欧洲,像英国这样的国家都延揽德意志矿工去帮助改进本国的采矿方法。

矿井越钻越深,采矿活动扩展到更多地区,使用复杂的机械来抽水、拉矿石、给矿井通风,进一步利用水力驱动新型熔炉中的风箱——所有这些改进都需要更多资本,原来的工人却拿不出来。这种情况导致了出钱不出力的合伙人的加入,被称为虚位所有人,而这又导致了所有人—工人的所有权逐渐被剥夺,他们应得的利润份额被降为单纯的工资。早在15世纪就出现的对矿山股份的疯狂投机进一步刺激了这个资本主义进程。当地地主和附近城市的商人都热切参加了这场新的赌博。阿格里科拉时代的采矿业显示了工业组织方面的许多现代改进,如三班倒、八小时工作制、为便于社交而成立的各种冶炼产业行会、慈善自助团体和保险。同时,它在资本主义的压力下也显示出19世纪世界各地工业的典型特征,如阶级分化、用罢工作为防御武器、激烈的阶级斗争,最后是所谓的"1525年农民战争"。其间,矿主和封建贵族联合起来消灭了行会的力量。

合作性行会曾经是采矿业的基础,是它们促成了德意志矿业技术的复兴。"1525年农民战争"之后,行会这个基础被废除,代之以股东和董事随心所欲的贪婪和阶级统治。中世纪作为社会保护措施而制定的人道规则被抛到一边。就连农奴也受习俗的保护,也有土地提供的最起码的安全,但矿工和在熔炉前劳动的钢铁工人是自由人,也就是不受保护的工人。他们是19世纪被剥夺了权利的工资劳动者的前身。采矿业是最基本的机械技术产业。在它的发展史上,行会制度提供的约束、保护和慈善仅仅是昙花一现。这个产业几乎直接从将人视为财产的动产奴隶制的残酷剥削迈进了工资奴隶制的同样残酷的剥削。在采矿业所到之处，工人必然潦倒落魄。

但另一个方面，采矿业也是资本主义的一支重要力量。15世纪的商业发展非常需要一种牢靠但可以扩展的货币，需要资本来为工业提供船只、磨坊、矿井、船坞和起重机这些必要的资本货物。欧洲的矿山在墨西哥和秘鲁的矿山开采之前就已经开始提供这方面的资本。桑巴特估计，15世纪和16世纪，德意志地区的采矿业10年的收益相当于旧式贸易100年的收益。正如现代两个最大的财富来源是对石油和铝的垄断，16世纪富格尔家族的巨额财富建立在施蒂里亚、蒂罗尔和西班牙的银矿和铅矿之上。财富的大量聚集是我们所目击的循环的一部分，只是在我们的时代经过了适当变化。

首先，战争手法的改进，特别是火炮的迅速增加使铁的消耗量增加，从而导致对铁矿的更大需求。为了筹款购买日益昂贵的装备并维持新募的部队，欧洲各国统治者求助于金融家。债权人接管了王室的矿山，作为贷款抵押。随后，矿山的开发本身成了体面的赚钱渠道，其回报丝毫不亚于高得付不起的利息。在还债的压力下，统治者只得去征服新的土地或开发偏远的地方，于是循环再次开始。战争、机械化、采矿和金融相互促进。采矿是关键产业。它为战争提供了力量，增加了原始资本储备（即战争基金）中的金属含量，另一方面又推动了武器的工业化。这两个进程都给金融家带来了滚滚财源。战争和采矿的不确定性加大了投机收益的可能性，这为金融这种细菌的兴旺发达提供了丰富的营养液。

最后，矿工的劳作对资本主义的发展可能还有一个影响，那就是经济价值与投入的劳动力和产品的稀缺性相关联的概念。在计算成本的时候，这些是主要考虑因素。黄金、红宝石和钻石的稀少，从地里挖出铁矿石炼成可以送入轧钢厂的钢铁所需的大量劳动，这些在我们的文明中始终是衡量经济价值的标准。但是，真正的价值并非源于稀缺性或投入的劳动力。空气不是因为稀缺而具有维持生命的能力，牛奶或香蕉也不是因为人类的劳动而有营养。与化学作用和阳光相比，人的贡献并不大。真正的价值在于维持或丰富生命的力量。一颗玻璃珠也许比一颗钻石更受珍视；一张枞木桌子在美学上也许比花纹最繁复的桌子更有价值；海上长途旅行中一个柠檬的汁水也许比光有 100 磅[1] 肉但没有柠檬更宝贵。物体的价值直接来自它的生命功能，而不在于它从哪里来，是否稀少，或为它付出了多少人力。矿工的价值观念和金融家的一样，是纯抽象的和量化的。是否因为所有其他类型的原始环境都包含猎物、浆果、蘑菇、枫树糖液、坚果、羊、玉米和鱼等可以立即转化为生命力的食物，而只有矿工的环境不仅是完全无机的，而且除了盐和糖精之外是完全不可食用的，所以才出现了这个缺点呢？矿工劳动不是为了爱情或获得营养，而是为了"发财"。经典的迈达斯诅咒成为现代机器最主要的特点：它触及的一切都变成了金和铁，而只有在金和铁的基础上，机器才能存在。

4. 原始工程师

从根本上说，樵夫的工作是使用机器对环境进行理性征服。他用

---

[1]　1 磅≈0.45 千克。——编者注

的原材料是他成功的部分原因。木头比任何其他天然材料都更容易摆布。截至19世纪，木头在文明中一直占据着后来金属所占的地位。

在西欧的大部分地区，从温带到亚寒带，从山顶到河谷，都覆盖着茂密的森林。木头自然也就成为环境中最常见的东西。挖石头固然费力，但一旦把石头做成石斧，砍树就比较容易。大自然中还有别的东西像树那么高、那么粗吗？还有别的材料如此大小不等却具有同样的属性吗？还有别的东西能用楔子和锤子这种简单的工具劈成细条吗？还有别的常见材料能让人劈成平面并在平面上雕刻塑形吗？沉积岩几乎具备了与木头同样的属性，却不是理想的替代品。木头与石头不同，无须借助火就能砍倒。人可以通过局部焚烧来掏空一根巨树的树干，将其做成独木舟，办法是先把树干内部的木头烧焦，再用原始的凿子和錾子把炭化物刮出来。直至现代，人们仍在以这种原始的方式使用树干。丢勒有一幅版画就是描绘一个人在掏空一根巨大的原木。很久以来，人们一直依照木头的天然形状来制作碗、盆、桶、槽和长凳等物件。

木头与石头的另一点不同是木头特别容易运输。砍去树枝的圆木可以在地上滚。因为木头有浮力，所以在发明船只之前，已经可以通过水路长途运输木头。这是个无可匹敌的优势。新石器时代建在湖中木桩上的村庄是文明进步最可靠的证明之一。木头使人挣脱了洞穴和冰冷泥土的桎梏。木头这种材料分布广泛、质轻易运，因此不仅在山地，就连在海上都可见到木头制品。在欧洲北部沿海地区的沼泽地里，樵夫打下木桩，建起村子，使用原木和用小树枝编成的席篱来抵御并击退入侵的海水。几千年来，航海靠的只有木头。

在物理上，木头兼具石头和金属的特质。它的横截面比石头更强韧,具有与钢相似的属性,抗拉和抗压强度都比较高,还具有弹性。石头是一大块,而木头的性质决定它自成结构。从松木到角木,从雪松木到柚木,不同种类的木头在韧性、抗拉强度、重量和渗透性方面各不相同,因此木头能适用于各种不同目的。冶金术经过长期发展,才造出了具有同等适用性的金属。铅、锡、铜、金及其合金是最早的金属,但它们远不能满足要求。直到19世纪末,木头都比金属用途更广泛。木头可以刨平、锯开、车削、雕刻、劈开、切片,甚至软化、弯曲或铸造,所以它是所有材料中最易于施展工艺的,可以使用各种各样的技术来对它进行加工。但是,木头在自然状态下保持了树的形状和结构。木头的原始形状表明了它适当的工具和用途。树枝的弧度形成了托架形状,分叉的树枝启发了手柄和原始的犁的形状。

最后,木头能燃烧。这一点最初比其他材料的耐火性对人类发展更重要、更有利。火显然是人在操纵环境方面最伟大的原始成就。人通过用火,跃升到比最接近他的动物更高的层面。人不管在哪里,只要捡到几根枯枝,就能建起炉灶和祭坛,社交生活的萌芽以及自由思想和沉思的可能性就此具备。早在挖煤或晒干泥炭和牛粪之前,木头就已经是人除了吃的食物和晒的太阳之外的主要能源来源。在动力机器被发明很久以后,木头仍然被用作燃料来开动美国和俄国的第一批轮船以及火车。

因此,木头是人用技术处理的所有材料中最多样、最易塑、最有用的。就连石头也至多只是附属品。人通过加工处理木头,为发展处理石头和金属的工艺做了准备。难怪人从用木头修建庙宇开始改为用石头修建时,仍然采用了同样的建筑手法。新石器时代之后,机器发展中最重要的成就全部来自樵夫的才智。没有木头,就没有现代技术名副其实的支撑。

　　樵夫在技术发展史上的地位很少得到承认，但事实上，他的工作几乎是动力生产和工业化的同义词。他砍伐树木，在密林中清出通道，并提供燃料；他烧制木炭，把木头变为最常见、最有效的燃料，使得冶金技术进步成为可能。不仅如此，樵夫还和矿工及锻工一起，是原始的工程师。没有他的技能，矿工和石匠的工作会非常困难，他们的行业也不可能做出任何大的进步。有了木头撑柱，才有可能挖出深深的矿道；有了小梁和拱鹰架，才有可能建造大教堂高耸的拱券和宽阔的石桥。是樵夫发展出了轮子，包括陶钩、车轮、水轮、纺车，特别是最伟大的机械工具——车床。如果说船和车是樵夫对运输的最大贡献，那么通过巧妙利用压缩和拉伸来实现水密性的木桶就是樵夫做成的最巧妙的器具之一。木桶在强度和轻巧方面都远胜黏土容器。

　　至于轮轴本身，它是如此重要，以至于勒洛和其他人甚至说，现代时代的特征性技术进步就是从往复运动发展为旋转运动。若是没有能够精确切削圆筒、螺钉、活塞和镗削工具的机器，就不可能制造出进一步的精密器械。机器工具使得现代机器成为可能。车床是木工对机器发展的决定性贡献。关于车床的最早记录出现在古希腊时代。那时的原始车床由两个固定部分组成，上面安装着转动木头的主轴。主轴用手拧紧，然后通过放开与缠绕着的绳子相连的压弯的幼树来旋转。车工用錾子或凿子紧贴在旋转的木头上。如果木头安放的位置准确，即可车成真正的圆筒或与圆筒类似的形状。至少 15 年前，英国的奇尔特恩丘陵地带仍在使用这种简陋的车床，而且它完全可以按照模型做出符合市场需求的椅子腿。在车床的部件用金属铸造之前，在原始的动力形式被转化为脚踏板或电动机之前，在车床座可以移动或发明了可调节的滑座来稳定錾子之前，车床作为精密工具早已存在。直到 18 世纪，车床才最终变成一种精密的金属工具。人们常常把它归功于英国的莫兹利（Maudslay）。不过从根本上说，所有重要的部件都是樵夫发明的，而且车床的脚踏板为瓦特把蒸汽机的往复运动转化为旋转运动提供了模型。

后面讨论到始技术经济时，还会谈及樵夫后来对机器所做的具体贡献。此处只需指出樵夫作为工程师的角色。他建造水坝、船闸、磨坊，还制造水车轮，以控制水流。樵夫直接服务于农民的需求，经常自己也同时务农。然而，在大环境中，他被两种力量夹在中间，这两种力量一直威胁着他，有时甚至严重挤压他的地盘。一种力量是农民对更多耕地的需求，这导致更适合树木种植的土地被转为农用。这种情况在法国十分严重，那里的森林仅剩下分散的小片树丛或远远的树影。在西班牙和地中海沿岸的其他地区，农地扩张不仅导致森林砍伐，而且造成严重的土壤侵蚀。就连中国这样的古老文明，也难逃同样的灾祸。（在纽约州，通过购买贫瘠的农地并重新造林，人们纠正了这个灾祸所造成的后果。）

第二种力量来自我们典型的山谷区的另一边，是来自矿工和玻璃工人的压力。到 17 世纪，英国那些壮观的橡树林已经为了炼铁而被砍伐殆尽。橡树短缺如此严重，以至于约翰·伊夫林爵士主持的海军部不得不大力推行重新造林政策，好为皇家海军提供足够的木材。樵夫因空间不断受到挤压，被迫远走他乡，或是去俄国北部和斯堪的纳维亚的桦树林和冷杉林，或是去美国的内华达山脉和落基山脉。商业需求日益高涨，采矿方法日益专横。到 19 世纪，森林砍伐减少为木材开采。今天，只是供应印刷星期天报纸所需的纸浆就要砍倒整片森林。但是，经历金属时代屹立不倒的木头文化和木头技术很可能也经受得起化合物的时代，因为木头是大自然为这些合成物提供的榜样，而且更加廉价。

5. 从猎兽到猎人

　　机器在发展过程中受到的最积极的影响可能是士兵的影响，这可以追溯到原始猎人的悠久传统。最初，猎人需要武器是为了多打猎物，增加食物供应。所以，从技术的萌芽阶段开始，首先发明并改进的是箭头、长矛、投石器和猎刀。投掷武器和手持武器是这种技术发展的两条线。在现代枪炮出现之前，弓可能是最有效的武器，因为它不仅射得远，而且射得准，但青铜和铁问世后制造的利刃同样重要。冲击和火力至今仍是战争中的主要作战手段。

　　如果说矿工采矿是非有机行为，那么猎人狩猎就是反生命行为。猎人是捕猎的猛兽。在杀戮行为中，他对食物的需求和追逐猎物的兴奋抑制了他的所有其他反应，无论是怜悯还是对美的欣赏。牧人驯化动物，自己也被动物驯化。对动物的保护和养育无疑如同人类对自己长期处于婴儿期的无助幼儿的温柔照顾，激发了人最善良的本能。农民更是把同情心扩大到动物世界以外。每天的耕作放牧使农民和牧人学会了合作、团结以及对生命有选择的培育。农民即使从事灭鼠或清除杂草这样的杀戮行为，也是为了维护人的生命这种生命的更高形式。

　　但是，猎人不可能怀有这种对生命的尊重。他不像农民在屠宰牲畜之前悉心照顾过它们。猎人受的训练是使用武器，杀戮是他的主业。他在不安全感和恐惧的驱使下，不仅攻击猎物，还攻击其他猎人。活的东西在他眼里是能吃的肉和能用的皮，是对他的潜在威胁，也是潜在的战利品。原始人赤手空拳，在敌意四伏的世界中求生存，于是这种捕猎的生活方式深深嵌入了他的心态。不幸的是，这种心态并未随着农业的成功而消失。它在人类的迁徙中驱使他们将其他人群当作敌人，尤其是在动物稀少、食物难觅的时候。最终，追逐的战利品成为有象征意义的东西。庙宇或宫殿收藏的宝物变成了攻击的对象。

"和平的艺术"做出的进步并未导致和平。恰恰相反，武器的改进和对不成气候的敌对行为的有组织镇压更加剧了战争的残酷。赤手空拳相对无害，因为打击的范围有限，效力很低。有了军队的集体组织和严格管理，人类冲突达到了残暴恐怖的新高度，令待人死后食其肉的原始人望尘莫及。

人一旦有了更有效的战争工具，就开始寻找使用这些工具的机会。抢劫也许是最古老的不劳而获之法。在空手套白狼方面，战争与魔法可有一比。面目可憎，却能得到女人；头脑蠢笨，却能获得权力；从不劳动、无一技之长，却能享受连续不断的单调劳动的果实。在这种前景的诱惑下，猎人随着文明的进步转向了系统性征服。他夺取奴隶、战利品和权力；他建立政权，以确保并管理年岁贡赋。作为回报，他行使强力来维持起码的必要秩序。

自新石器时代以来，制陶、编织、酿酒、谷物种植等行业仅有表面上的改进，战争工具的改进却从未停歇。直至18世纪，英国农业仍保留着三田制，英国偏远地区使用的农具连罗马时代的农民都要笑话。但与此同时，手拿修枝刀和木棍的步履蹒跚的农民已被弓箭手和长矛手取代，后来这些人被火枪手取代，然后火枪手被能熟练使用机械的步兵取代。火枪加装了刺刀后，在近身搏斗中更加致命，操练和人海战术更是提高了拼刺刀的效率。最后，一切武器都逐渐与火炮这种最致命、最能决定胜负的武器相配合。这是机械进步的成就，是严格管理的成就。如果说机械钟的发明预示了新的秩序意志，那么14世纪大炮的问世则是扩大了权力意志。我们所知的机器是这两个基本要素的组合和系统性体现。

现代战争的严格管理远不限于军队本身的纪律。上级命令逐级下达，假若没有机械性的服从，而是在下达过程中发生主动的参与性调整，所有人都知道命令如何发出、为何发出、有什么原因、发给谁、要达到什么目的，那么命令的下达就会受阻。16世纪的指挥官发现，如果把每个士兵当作一个力量单元，并训练他像自动机一样听从指挥，大规模作战的效率就会相应提高。武器即便不是用来造成死亡，也依然是将某种行为方式强加于人的手段，因为若无致残或死亡的威胁，对方是不会接受这种行为方式的。简而言之，武器是令敌人或受害者做出非人道化反应的手段。

17世纪普遍灌输军人的思维习惯，这可能是对机器工业主义传播的一大心理助力。以兵营的条件来衡量，工厂的日常劳作似乎不难忍受，也不足为奇。法国大革命后，整个西方世界广泛采用征兵制，并建立志愿民兵队伍。就产生的社会效果而言，军队和工厂几乎成了同义词。将第一次世界大战说成是一场大规模工业行动这种自鸣得意的言论也可反过来说：现代工业主义同样可以被称为一场大规模军事行动。

来看一看军队作为力量单位的巨大提升。枪炮的使用、大炮尺寸和射程的加长、投入战场的人数的增多，这些都使得军队力量倍增。有记录的第一门巨炮是1404年在奥地利制造的，炮筒长度超过3.5米，重量超过4 500千克。重工业最初发展起来是为了满足战争的需求，比它对和平做出任何有意义的贡献早得多。不仅如此，在重工业领域，对生命的量化和对力量本身的追求也如同在贸易领域中一样迅速发展。这种现象的背后是对生命，对生命的多种多样、个性特征、自然爆发和蓬勃活力的日益增长的蔑视。随着武器效力的加大，士兵自身的优越感也与日俱增，因为技术进步增强了他们的力量，提高了他们的杀伤能力。他只需扣动扳机，就能消灭一个敌人，这是自然魔法的胜利。

6. 战争与发明

在战争领域，除了懒散和因循，对凶残的发明从来没有心理上的障碍。发明本身没有限制。

可以说，人道的理想来自环境的其他部分：牧人或旅行者在星光下沉思，如摩西、大卫和圣保罗；在城市中长大的人密切观察人类和睦相处的条件，如孔子、苏格拉底和耶稣。他们给社会带来了和平与友好合作的观念，将其作为比征服他人更高级的道德表达。圣方济各和印度的智者显示，友爱的感情经常扩展到整个生命世界。不错，路德是矿工的儿子，但他的生平证明而不是削弱了上述论点：骑士和士兵对敢于挑战他们的穷苦农民展开残暴镇压的时候，路德积极地站在镇压者一边。

除了鞑靼人、匈人和突厥人的野蛮入侵之外，机器文化占据支配地位后，无限权力的原则才真的是无人挑战。虽然达·芬奇浪费了大量宝贵时间为好战的王公效劳，设计出了各种巧妙的军事武器，但他依然受人道理想的制约，不肯跨越某些红线。他压下了潜艇的发明，因为他在笔记中解释说，他觉得潜艇万一落入怙恶不悛的人手中，就太可怕了。各种机器的发明和对抽象权力日益增强的信仰消除了一层又一层顾虑，打破了一道又一道护栏。欧洲人在后哥伦布时代的全球扩张中，对武器落后的野蛮人以强凌弱，大肆屠杀，连骑士精神也荡然无存。

要证明战争是培育机器的首要因素这一事实，应该回溯到多久以前呢？是使用毒箭或毒弹丸的时候吗？它们是毒气的前身。不仅毒气本身是矿井的自然产物，而且防毒面具最初也是先为矿井发明的，然后才被用在了战场上。是使用装着车轮刀的战车的时候吗？刀片随着战车的奔驰而转动，砍倒拦路的步兵。那是现代坦克的前身，而坦克是 1558 年由一个德意志人设计发明的，最初的坦克由里面的士兵手动驱动。是使用燃烧的石油和希腊火 [1] 的时候吗？上次大战 [2] 中使用的机动性更强、更有效的火焰喷射器就是从这种公元前很久就开始使用的武器脱胎而来的。是最早出现强力投石机和投矛机的时候吗？这些武器显然是在叙拉古的狄奥尼修斯当权期间发明的，在他公元前 397 年远征迦太基中派上了用场。罗马人的石弩能够把重约 57 磅

---

[1]　希腊火，拜占庭希腊人使用的一种触水即燃的武器。
[2]　上次大战指第一次世界大战。

的石头投掷到 400~500 码 [1] 开外，用来投石的巨型木制十字弓弩哪怕在更远处，也能准确命中目标。罗马社会的这些精确器械比渡槽和浴室更接近机器。大马士革、托莱多和米兰等地打造刀剑的铁匠因其高超的冶金技术和制造武器的精良工艺而名声远扬，他们是克虏伯和克勒索的先驱。就连利用物理学手段来增加作战效力的做法也源远流长。据说阿基米德曾在叙拉古用镜片将阳光集中反射到敌方舰队的船帆上，将敌方舰队烧毁。亚历山大最著名的科学家之一斯提西比乌斯（Ctesibius）发明了一种蒸汽炮。达·芬奇也设计了一种蒸汽炮。1670 年，耶稣会神父弗朗西斯科·拉纳-泰尔齐（Francesco Lana-Terzi）设计了一个真空飞艇气球，当时他特意强调了这个气球在战争中的用途。简而言之，士兵、矿工、技术员和科学家之间的伙伴关系由来已久。若是把现代战争的恐怖视为一种在根本上无辜的、和平的技术在发展过程中产生的意外结果，就是忘记了机器历史的基本事实。

军人在军事技艺的发展中当然可以自由借鉴其他行业的技术。骑兵和舰队等机动性较强的兵种分别来自畜牧业和渔业。阵地战，从罗马兵营的战壕到城市的重型砖石防御工事，则是来自农民。事实上，罗马大军征服各地不仅靠剑，还靠锹。围城战的木制器械，如攻城槌、投石器、云梯、攻城塔、石弩等等，都明显带有樵夫的印记。不过，现代战争中最重要的事实是自 14 世纪以来机械化的稳步提高。尚武主义加快了机械化的步伐，开辟出一条直通大规模标准化现代工业的大道。

---

[1]　1 码≈ 0.9 米。——编者注

概括来说，第一个伟大的进步是东方已经在使用的火药被引进西欧。14世纪早期出现了第一批大炮，或称纵火罐，然后以慢得多的速度出现了手枪和火枪等手持武器。在这种发展的初期，连发开火被设想出来，管风琴枪被发明，那是第一种机枪。

火器对技术有三重影响。首先，无论是枪炮本身还是炮弹，都需要大量使用铁。盔甲制作固然需要铁匠的技能，但大炮的增多需要规模大得多的合作制造，老式手工艺制造不再能满足要求。因为森林被毁，所以从17世纪起，人们开始试验用煤来炼铁。一个世纪后，英国的亚伯拉罕·达比[1]终于解决了这个问题。煤炭从此不仅是新兴工业力量的关键，而且成为军事力量的关键。法国直到1550年前后才建起第一批高炉，但到那个世纪末，法国已经有了13家铸造厂，全部用于制造大炮。除此之外，唯一重要的产品是长柄大镰刀。

其次，大炮是新型动力机器的发端。从机械角度来看，大炮是一种单缸内燃机，是现代汽油发动机的雏形。早期试验使用爆炸性混合物来推动电动机时，曾试图使用粉末状燃料，而不是液体燃料。由于新型炮弹的准确性和有效性，大炮还产生了另一个结果：它促进了重型防御工事的发展。这种工事包括纵横交错的外部工程、护城河和凸角，凸角的巧妙安排使得任何一个棱堡都能通过火力夹攻来支援另一个棱堡。随着进攻战术变得更加致命，防御工作相应地变得更加复杂。修建道路、开凿运河、架设浮桥、建造桥梁成为战争的必要辅助。达·芬奇为米兰大公效劳时，不仅设计军械，还主持所有上述工程活动。简而言之，战争产生了一种新型工业主管，他不是石匠，不

---

[1] 亚伯拉罕·达比（Abraham Darby），17—18世纪英国铁器制造商和铸造专家。

是铁匠，也不是工艺大师，而是军事工程师。最初的军事工程师在作战中集土木工程师、机械工程师和采矿工程师的全部职能于一身。到18世纪，这些职能才开始完全区分开来。机器的发展既多亏了詹姆斯·瓦特时期那些聪明巧思的英国发明家，也同样有赖于自15世纪以来的意大利军事工程师。

17世纪，由于伟大的沃邦[1]的高超技术，军事攻防的艺术几乎陷入僵局。任何形式的进攻都无法攻破沃邦的碉堡，除了他自己最终制定的进攻方法。怎么能攻破这些用石块垒成的巨大碉堡呢？火炮靠不住，因为敌人也可以用火炮。唯一的办法是求助于以攻克石头为职业的矿工。按照沃邦的建议，1671年，工兵部队成立，被叫作坑道工兵。两年后，第一个矿工连成立。僵局被打破了。战斗又转移到了开阔的战场上。1680—1700年发明了刺刀后，近身肉搏的小巧技术才又成为军事艺术的一部分。

如果说大炮是第一种消除空间的现代装置，可以从远距离外发射，那么（最初被用于战争的）旗语也许就是第二种。到18世纪末，法国建立了一套有效的旗语制度。在莫尔斯适时发明了电报之前，美国铁路部门也采用了类似的旗语制度。在现代机器发展的每个阶段，显示机器所有主要特征的从来都是战争，而非工业和贸易。地形测量，地图的使用，战役计划（比商界人士设计出组织图和销售图表早得多），协调运输、供应和生产（即残杀和毁灭），骑兵、步兵和炮兵之间的广泛分工，各自负责生产过程的一部分，最后是参谋与战场行动在职能上的区分——战争具备了所有这些特点，把竞争性商业和手

---

[1] 沃邦（Vauban），路易十四时代法国最著名的军事工程师。

工业远远甩在后面，后者的准备活动和生产活动只是小打小闹，依靠经验，没有长远眼光。事实上，军队是纯机械的工业制度必须争取达到的理想形式。贝拉米和卡贝等 19 世纪的乌托邦作家接受了这个事实。与对他们的"理想主义"嗤之以鼻的商人相比，他们反而更加现实。但是，结果是否理想却值得怀疑。

7. 大规模军工生产

到 17 世纪，在铁开始大规模用于任何其他工业艺术之前，科尔贝 [1] 就在法国建立了兵工厂。古斯塔夫·阿道夫 [2] 在瑞典也建立了兵工厂。在彼得大帝时期的俄国，仅一家工厂就有 683 名工人。甚至在英国著名的"纽伯里的杰克" [3] 开办大工厂之前，已经有了少数几家大型纺织厂和工厂，但最壮观的还是兵工厂。兵工厂内部分工严格，研磨和抛光的机器用水力驱动。所以，桑巴特中肯地指出，亚当·斯密在说明现代生产进程中的专业化和集中生产所带来的节约时，应该用武器制造而不是大头针制造作为例子。

军事需求的压力不仅在开始时加快了工厂的组织，而且在工厂的整个发展过程中始终存在。随着战争范围的扩大，投入战场的军队越来越多，军队对装备的要求也越来越高。作战方法实现了机械化，保证作战行动精确及时的器械也必须实现一致。因此，在组织工厂活动

---

[1]　科尔贝（Colbert），路易十四时代法国卓越的财政大臣。
[2]　古斯塔夫·阿道夫（Gustavus Adolphus），17 世纪的瑞典国王。
[3]　"纽伯里的杰克"（Jack of Newbury），16 世纪最著名的呢绒商。

的同时，实现了产品标准化，其规模比任何其他技术领域都大，也许只有印刷业除外。

18世纪末，实现了火枪的标准化和大规模生产。1785年，法国的勒勃朗[1]制造出了零件可以互换的火枪，这是生产上的一大创新，也为未来的所有机械设计确立了类型。（在那以前，就连螺钉和螺纹这类小东西都不统一。）1800年，伊莱·惠特尼（Eli Whitney）从美国政府那里拿到了以类似方式生产武器的合同，并在他位于惠特尼维尔的新工厂里生产了和勒勃朗的产品类似的标准化武器。厄舍注意到，"使用可互换零件的制造技术就这样在发明缝纫机或收割机之前具备了大致轮廓。这种新技术是那些领域中的发明者和制造商取得巨大成就的一个根本条件"。推动这个改进的力量是军队固定的大量需求。几乎在同一时期，英国海军也向标准化生产迈出了一步。在塞缪尔·边沁[2]爵士和老布鲁内尔[3]的设计指导下，木船的各种滑车和船板统一了规格，造船因此从过去的试错性手工生产变为各种尺寸精确的部件的组装。

战争在另一个方面也加速了技术前进的步伐。如阿什顿[4]所说，不仅大炮的铸造"大大刺激了铸造技术的改进"，不仅"亨利·科特[5]……主要因其对军事安全的贡献而赢得了国人的感激"，而且对高品位铁的大量需求与冲锋前先用炮轰的做法日益普及密切相关。不久后，一位才华横溢的年轻炮兵证实了用火炮为进攻开路这一战术

---

[1]　勒勃朗（Le Blanc），18世纪法国军火商。
[2]　塞缪尔·边沁（Samuel Bentham），18世纪英国造船工程师。
[3]　老布鲁内尔（Brunel），19世纪英国工程师。
[4]　阿什顿（Ashton），英国著名经济史学家。
[5]　亨利·科特（Henry Cort），18世纪英国铁器制造商。

的有效性。这位年轻炮兵结束了法国大革命，靠他的技术天才横扫欧洲。的确，炮击因其严谨的数学基础和发射精准度的提高而成为新工业艺术的典范。19 世纪中叶，拿破仑三世悬赏征求一种生产方法，既能制造顶得住新炮弹轰炸的钢铁，又能压低成本。贝塞麦转炉炼钢法于是应运而生。

战争预见了机器的到来，并在机器的形成中提供了助力的第二个领域是军队的社会组织。封建时代的战争通常以 40 天为一段落，因此必然时断时续，效率自然也不高。另外，下雨、寒冷或"神命休战"[1] 也会造成拖延和停战。后来，封建军队变为资本主义式的军队，士兵按天领饷。这个转变是从武士到士兵的转变。但这并未完全解决战争效率低下的问题，因为如果领饷部队的首领乐于采用最新的武器或战术，那么对吃饷的士兵来说，继续当兵是有好处的。所以，有时战争几乎与野蛮部落之间的战争无异，成为按照仔细确定的规则举行的令人兴奋的仪式。作战的危险程度大为降低，和老式的美式橄榄球赛差不多。士兵有奶便是娘，随时有可能罢战或投敌。对他们的主要约束手段是金钱，而不是习惯、兴趣或虚幻的高尚目标（爱国主义）。虽然有了新的技术武器，但吃饷的士兵依然效率低下。

不同的个人在力量的强弱、勇气的大小、斗志的高低等方面千差万别，把由这些个人组成的松散群体变为 17 世纪训练有素、纪律严明、统一指挥的军队，是一项伟大的机械壮举。在西方，罗马军队的操练法沉寂许久后于 16 世纪被重新拾起，在奥兰治和拿骚的莫里斯亲王手中趋于完善。新工业秩序促成的心理状态先是体现在练兵场

---

[1]　神命休战（Truce of God），中世纪天主教会对封建领主战争的一种规定。

上，成熟后才进入工厂车间。为了把士兵变成廉价、标准化、可替换的产品而对其进行严格管理和大规模训练，是军事思想对机器进程所做出的巨大贡献。与内在的严格管理同时，还有一项外在的严格管理进一步推动了士兵的生产过程，那就是军装的发展。

中世纪有禁止奢侈的法律，对不同社会经济群体的服装有所规定，但没有真正的着装一致性。无论式样如何统一，零散手工业生产的性质都决定了总会有个别的变化和异常。当时的制服是王公或市政官员的专门制服。米开朗琪罗就曾为教皇卫队设计过制服。但是，随着军队规模的扩大和每日操练的开展，出现了为内部的一致创造一种外在象征的需要，因为虽然小部队的士兵彼此认识，但在大部队的规模上，只有让士兵佩戴显而易见的大徽章，才能防止误伤己军的情况发生。制服就是这样的象征与徽章，在17世纪首次被大规模使用。每个士兵必须与连队的其他士兵穿同样的衣服，戴同样的帽子，用同样的装备。操练使士兵行动如一，纪律使士兵反应如一，制服使士兵外观如一。军容风纪成为新的团队精神的重要内容。

路易十四有十万大军。如此巨大的军服需求给工业造成了不小的压力。军服其实是对绝对标准化产品的第一项大规模需求。在这个新的生产领域，除了身体尺寸以外，个人品味、想法和需要等因素完全不在考虑之列。全部机械化的条件就此具备。纺织工业感受到了这种一致性的需求。不出所料，里昂的蒂莫尼耶发明的缝纫机在1829年姗姗来迟之后，第一个急于将其投入使用的是法国陆军部。从17世纪开始，军队不仅形成了机器制度下的生产模式，也代表了理想的消费模式。

17世纪出现的大型常备军的影响值得注意。法国大革命期间实行征兵制的军队规模更大，其成功对战争的未来发展意义重大。军队是纯粹的消费群体。它的扩大给生产企业带来了日益沉重的负担，因为军队必须得到食物、住房和装备，却不像其他行业那样能够提供回报，除了在战争时期提供"保护"。况且，战时的军队不仅消费产品，还制造负面产品。罗斯金说得妙，军队生产的不是财富，而是不幸。战争中的典型现象是痛苦、伤残、破坏、恐惧、饥饿和死亡。这些是军队的主要产品。

资本主义生产制度的基础是力求增加权力与财富的抽象象征的欲望，它的弱点是商品的消费和周转可能因人们念旧和喜爱精良的工艺等感情因素而减慢。这样的感情因素有时会延长产品的寿命，远远超过抽象经济认为应该去旧换新的时间。在军队里，这种对生产的制约被自动排除，特别是在作战期间。军队是理想的消费者。生产产品能产生利润，产品用坏后要换新也能产生利润，而军队能把这两者之间的时间差缩小到几乎为零。哪怕是最奢靡浪费的家庭，也比不上战场上消费的速度。1 000人倒在弹雨中意味着需要再买1 000套军装、1 000支步枪和1 000把刺刀。大炮打出的1 000发炮弹无法回收再利用。除了战斗中的各种损失之外，常规装备和供应品也消耗得更快。

机械化战争对标准化大规模生产的各个方面都起到了重大的推动作用，同时也是这种生产最好的存在理由。所以，对于它用如此大的努力帮助形成的大规模生产系统，战争总是能提供暂时的滋养，这也就不足为奇了。大批量生产要成功，必须有大批量消费。什么也不如有组织的破坏更能确保产品的替换。在此意义上，战争不仅是所谓的国家的健康[1]，也是机器的健康。若没有战争的纯消费来达成账目上的数字平衡，对机器的高生产能力只有几个有限的消化办法，即扩大国外市场、增加人口、通过大幅压缩利润来提高民众的购买力。前两个办法用完后，战争帮助避免了最后一个办法，因为这个办法被寄生阶级视为洪水猛兽，是对他们所依靠的整个制度的威胁。

8. 操练与退化

军人制度下的生活一般都会退化。但正因如此，才需要把它明明白白地讲清楚。

在对人的治理中，强力只是耐心、智慧和合作努力的粗糙替代品。如果诉诸强力不是最后一招，而是成为行动中的常态，那说明社会处于极端虚弱的状态。假如一个孩子被另一个人百般刁难，却不明原因，又没有足够的力量与之抗衡，他经常会用一个简单的愿望来解决问题：盼那个人死。军人和这个孩子有着同样的不明和同样的愿望，不同之处在于军人能够直接把愿望付诸实施。杀戮是对生活最大的简化，与机器切实合理的限制和简化完全不在一个量级。文化努力将看法、愿望、价值和目的更彻底地区分开来，将它们维持在一种不断变化但维持着稳定的平衡状态之中。战争却是要强行推进一致性。对于自己无法理解又不能利用的东西，军人的办法是全部予以消灭。

---

[1] 国家的健康（the health of the State），出自美国文学评论家伦道夫·伯恩（Randolph Bourne）。——译者注

底层士兵出于力求简单这个可悲的愿望，对许多事情持非理性态度。他企图用武力来代替同情和理解，代替自然的忠诚和凝聚力，简而言之，代替社会生活的有机进程。在此过程中，他创造了征服和反叛、镇压和报复交替的节奏，这种节奏贯穿了人类的漫长历史。即使像后来秘鲁的印加帝国那样在征服中使用了聪明甚至是有益的方法，所引起的反应也事与愿违，因为恐怖主义和恐惧扼杀了人的精气神。军人为了成为主人，帮助创造了一个奴隶种族。

至于军人敢于面对死亡的自尊，不可否认它以一种扭曲的方式提升了生命的品质。但这种勇气不仅英雄有，歹徒和土匪也有。军人认为只有在战场上才能培育这种精神的想法是没有道理的。矿井、船舶、高炉、桥梁或摩天大楼的钢架、医院病房、产床，在这些地方都可以看到同样的勇气。其实，人的勇气在这些地方比在军人的生活中常见得多，因为一个军人最好的年华也许都消耗在无用的操练中，除了无聊，没有更大的死亡威胁。除了军人内心深处的求死之念，对生命价值的无感是军事纪律最邪恶的影响之一。

从军的人通常智力不高，像恺撒或拿破仑这样聪颖出众的军人是惊人的例外，这对人类来说是一大幸运。如果军人的思想和身体一样活跃，如果他的头脑训练和体能操练一样坚持不懈，文明可能早就被消灭了。这就是技术的悖论：战争刺激发明，但军队抵制发明！经惠特沃斯[1]改进后的大炮和步枪在维多利亚时代中期被拒是一个重要例子，代表了当时的常态。阿尔弗雷德·克虏伯曾抱怨过德国陆军和海军对技术进步的类似抵制。在第一次世界大战中，德国陆军迟迟未采

---

[1] 惠特沃斯（Whitworth），英国 19 世纪著名机械技师、发明家、测长机的发明者。

用坦克。这表明，即使是"伟大"的军人，也不免麻木迟钝。所以，军人一次又一次地成为他自己搞的简化和捷径的主要受害者。他为了实现机器般的精确和规整，失去了机敏反应和适应的能力。难怪在英语中，to soldier 的意思是工作没有效率。

总而言之，机械化与军事化的结合是不幸的，因为它容易按照军事模式来限制社会群体的行动，还鼓励在工业中使用军人式简陋粗糙的手法。催生了机器的现代形式的是军队这样的强力组织，而不是更有人情味和合作精神的手工业行会，这对整个社会都不是好事。

9. 玛尔斯与维纳斯

如果说机械生产受到了战场和操练场上活跃需求的推动和影响，那么另一个可能的影响则来自战争在看似太平时期的间接影响。

战争是统治阶级用来创立国家、稳固统治的主要工具。统治阶级无论为何打仗、对谁用兵，大动干戈之后都会有一段时间沉浸于凡勃伦在《有闲阶级论》里所说的炫耀性浪费的仪式。

从 6 世纪开始，西欧拥有武装的封建领主与崇尚和平的修道院共享经济权力，形成社会体系的一个重要支柱。封建领主自 12 世纪以来受到自由城市的制约。绝对君主在 16 世纪兴起后，过去的庄园和财团实际上都被国家吸收。那些庄园和财团的权力过去仅限于地方，并不集中，因相对自治而保持着平衡。在欧洲各大首都，权力在象征意义上，部分地也在实际意义上集中在绝对统治者手中。各大首都的文化因此变得一边倒，以崇尚武力、管理严格、压迫性强为特点。路易十四的巴黎或彼得大帝的圣彼得堡最集中、最有力地体现了这些特点。在这种环境中，机器得以更加兴旺发达，因为机构生活实现了机械化。首都城市不仅是消费的中心，而且成为资本主义生产的中心。它们因此取得的领先地位持续至今。

16世纪的奢靡浪费气势恢宏，把军队和宫廷的骄奢淫逸带入现代社会的每个角落，个中有心理上的原因。这种新的豪富归根结底与遍及全社会的野蛮任性、混乱无序、毫无信仰的生活方式相关联。它与矿工在劳作间歇时的狂饮滥赌不无相似。

军队生活显然是艰苦的。军人要放弃正常平民生活的舒适与安全。身体要求得不到满足，感官享受被剥夺，自然冲动被压制，强行军，睡不了囫囵觉，感觉极度疲乏，顾不上个人卫生——军队中的这些条件令人无法保有正常生活的体面。除了短时间的纵欲或强奸，军人的性生活也很有限。正是在这个时期，武器的机械化和严格的训练纪律消除了绅士的从容和玩票态度的最后一点残余。战役打得越艰难，费的力气越大，受的约束越紧，就越需要最终的补偿。

玛尔斯回家时，维纳斯在床上等着他。这是从丁托列托到鲁本斯的所有文艺复兴时期画家都热衷的一个主题。维纳斯起着双重作用：她不仅直接献上自己的身体，而且她的肉欲与武士的骄傲旗鼓相当。她在战争期间遭到了冷落，所以在和平时期要求补偿她以前所受到的忽视。维纳斯的爱抚本身不足以抵消打仗时的禁欲和战场上兽性的粗暴。在身体遭到忽视后，必须得到美化。维纳斯必须得到珠宝、丝绸、香水、稀有的美酒，要尽一切可能来铺垫并延续色情仪式。她为达目的无所不用其极。她袒露乳房，脱掉内衣，对过路者露出大腿，甚至阴阜。从侍女到公主，所有女人在紧张的战乱时期结束时都有意无意地染上了妓女的做派。生命力就这样张扬恣肆地再次勃发。世界大战结束后，西方世界的女性时尚几乎与法国督政府时期结束时一模一样，包括去除了紧身内衣，还一度去除了衬裙。

色情冲动因得不到满足而寻求额外补偿，于是外溢到每一种活动中。情妇挥霍着武士征服得来的财富。各种货物的丰裕特别突出了武士的胜利，也为他把抢劫的物品带回家提供了理由。莎士比亚的剧作《安东尼与克莉奥佩特拉》对这种关系做了精辟的研究。但是，这种关系的经济结果比心理后果更重要。玛尔斯成为维纳斯的裙下之臣，这在经济上意味着对各种奢侈品的需求增加：缎子、蕾丝、天鹅绒、织锦、宝石和金饰以及精致的首饰盒、羽毛般松软的长榻、香水浴、私密闺房和带有恋人凉亭的私家花园，简而言之，贪婪生活的各种内容。战士若是提供不了，就必须由商人提供。如果这些东西无法从蒙特祖马的宫廷里或西班牙大帆船上抢夺，就必须在账房里挣得。在欧洲各国的宫廷和宫殿里，宗教变为空洞的仪式：奢侈几乎成了一种宗教，这有什么好奇怪的？

现在来看一看与之对比的情形。中世纪时，私人奢华令人侧目，可以说几乎没有现代意义上的私人生活。这不单是因为傲慢、贪婪和嫉妒的罪恶，以及可能由此产生的纵欲放荡，它们即便不是严重的犯罪，也至少阻碍了灵魂得救；也不单是因为仅从经济角度来看，那时的生活水平并不是很高。中世纪注重象征，将黄金、珠宝和精巧的工艺作为权力的象征。圣母可以接受这样的供奉，因为她是天界的女王。地上的国王和王后、教皇和王公作为上天神力的代表，也可以有一定程度的奢华作为地位的象征。最后，行会举行自己的神秘仪式和盛会时一掷千金，令人目眩。不过，那种奢华具有集体功能。即使在特权阶层中，奢华也不仅意味着感官的享受。

中世纪经济崩溃的一个标志是私人权力和私人财产理想的萌生。商人、资本家、强盗和雇佣兵首领这类人和原来的贵族王公一样，企图接管并一手把持平民生活的各种功能。原来的公共功能变成了私人行为。教堂的道德剧变成了宫廷的假面剧。属于一个地方和一个机构的壁画变成了属于个人的可移动的架上绘画。中世纪限制发放高利贷，但教会在 15 世纪已经开始明知故犯。到 16 世纪，这条规矩甚至在理论上都被新教改革者抛到一边。于是，助力大规模攫取的法律机制与对贪婪生活的社会和心理需求齐头并进。当然，战争并非唯一的促成条件。新的奢华表现得最明显、最夸张的地方是宫廷。

在经济上，重心转到了宫廷。在地理上，重心转到了宫廷以及王公显贵的情妇所在的首都，那里的宫殿和高级情妇的住宅美轮美奂。巴洛克时期的伟大艺术体现在乡间别墅和城镇宫殿中。教堂和修道院也采用同样的建筑风格。在抽象层面上，很难看出教堂正厅与宫廷舞厅之间的区别。获取财富是为了达到宫廷的享受标准。"活得像王公"成为一句格言。在这一切之上的是王公显贵的情妇。获取权力和财富是为了取悦她，给她造豪宅，为她提供仆从如云，延请提香这样的大画家为她画像。在她那边，生活中各种舒适和美好的东西让她权力感爆棚，她衡量自己身体的吸引力的标准是她获得这些奢侈品的能力。当路易十四怀着感伤之情在他初次向拉瓦利埃夫人求爱的旧狩猎小屋的原址上建造了巨大的凡尔赛宫时，巴洛克的梦想达到了巅峰。这个梦想人所共有。它反映在那个时期的一切之中，不仅是肉体、石头和画布，还包括思想。它最杰出的体现也许是拉伯雷设想的"我的愿望"隐修院[1]。宫廷生活成为好生活的标准，宫廷的奢华消费风气逐渐蔓延到社会的各行各业。

不仅全部生活都要靠马车夫、厨子和马倌的熟练劳动，而且宫廷开始引领工业生产。瓷制餐具这种新奢侈品成为普鲁士、萨克森、丹麦、奥地利的王室陶瓷厂的垄断产品，戈布兰的大纺织厂成为法国的一个主要纺织品生产中心。为了撑门面，使用掺假的货品或替代品司空见惯：用石膏模仿大理石，用镀金模仿真金，用模具制造的装饰品模仿手工制造，用玻璃模仿宝石。像在伯明翰的珠宝市场上看到的，生产替代品供大众消费取代了真正的手工制作那缓慢的原创过程。大规模生产和使用低级材料系统性地降低了价格，让经济能力不足的人能撑面子，这种情况最早发生在装饰品生产中，远早于用具的生产。随着宫廷的追求传遍社会，18世纪发生了类似征兵中引进"民主"理想所造成的变化。廉价珠宝、家用装饰品和纺织品的标准化制造与军事装备的标准化齐头并进。讽刺的是，马修·博尔顿就是靠在索霍区的工厂生产便宜货积累了资本，才能在詹姆斯·瓦特改良蒸汽机时为他提供支援。

专注于无关紧要的奢侈品，将其作为经济福祉的标志，这作为机器生产的前奏，在许多方面是不幸的，但它并非一无是处。机械化的一些伟大成就最初是为了迎合这种消费习惯而做出来的玩具：复杂时钟上的小人做着一系列僵硬而优雅的动作；娃娃自己会动；卡姆士（Camus）为年轻的路易十四制作的马车上了弦就能走；小鸟跟随八

---

[1] "我的愿望"隐修院（Abbey of Theleme），拉伯雷著作《巨人传》里面的模范隐修院，它只有一条规则：你可以从心所欲。——译者注

音盒悦耳音乐的节奏抖动尾羽。这些玩具，这些嬉戏的冲动原本是出于虚荣，却并非全无用处。玩具和没有实用目的的器具在培育重要发明中所起的作用不可小觑。希罗提出，首次"使用"蒸汽机是为了在神庙里制造神秘气氛，令百姓敬畏。10世纪教皇西尔维斯特二世用蒸汽操纵管风琴，是将蒸汽付诸实用的一个例子。直升机是在1796年作为玩具发明的。费纳奇镜是最早的动画玩具。最终用来制造动画的魔术幻灯据说也是17世纪的阿塔纳斯·珂雪（Athanasius Kircher）发明的玩具。陀螺仪原来也是玩具，后来才被用作稳定装置。70年代玩具飞机的成功重新燃起了人们对飞行可能性的兴趣。电话和留声机也可溯源到用于玩耍的自动机，而17世纪最强大的发动机——玛丽宫的水轮——是抽水注入凡尔赛宫各处的巨型喷泉的。对旅行速度的愿望也先是表现为游玩的形式，然后才体现在铁路和汽车中。相当于今天的观光铁路的空中走廊比这两个实用装置出现得都早。

简而言之，机械真理有时最初体现在玩乐中，就像乙醚在美国原来是用于室内游戏，后来才用于外科手术。的确，成人对机器的兴趣在很大程度上与小孩对滚动的车轮的幼稚兴趣别无二致，不过是稍加伪装："发动机是为成人打扮起来的水桶和铲子。"游戏精神释放了机械的想象力。然而，一旦机器开始组织起来，贵族闲来无事的取乐很快就悠闲不起来了。

10. 消费拉动与生产驱动

机器的发展需要陷阱和诱饵、驱动力和拉动力、手段和目的。无疑，动力来自技术与科学这两个自我维持的领域。在铁匠、车匠、翻砂工、钟表匠和越来越多的实验者及发明者的努力下，机器确立了在生产过程中的中心地位。但是，为什么生产的规模变得如此巨大呢？机器环境本身无法解释这一事实。因为在其他文化中，虽然生产可能为公共工程和公共艺术创造了大量盈余，但它依旧是生存的一项基本需要，经常只是不得已而为之，而不是一种连续不断、压倒一切的兴趣的中心。即使在西欧，过去的人从事劳动也是为了获得与自己的地位与阶层相符的生活水平。事实上，过去封建的集体性思想意识中没有多赚钱向上爬的概念。如果日子好过，人们不会去忙于抽象的获取，而是会减少劳作。在风调雨顺的年代，人们常常维持着如波利尼西亚人或荷马时代的希腊人那样的质朴生活，把最大的精力用在艺术、礼仪和性上面。

桑巴特在《奢侈与资本主义》（*Luxus und Kapitalismus*）那本书里充分表明，拉动力主要来自宫廷和王公贵族的情妇。那些人将社会的精力引向不断扩大的消费。随着阶层界限的弱化和资产阶级个人主义的发展，炫富行为迅速传遍整个社会。这为赚钱这种抽象行为提供了理由，将发明者做出的技术进步推而广之。奢华生活的理想取代了圣洁生活或人道生活的理想。按照基督教的教义，人死后才能进天堂，现在天堂却触手可及。宝石铺就的道路、熠熠发光的高墙、大理石铺设的厅堂，只要你有钱，就能买到。

谁都相信王宫就是天堂，很少有人怀疑它的神圣性。就连备受剥削的穷苦人，也对宫廷的奢侈着迷，他们任由宫廷穷奢极侈，几乎没有发出任何抗议的声音，直到法国大革命的爆发暂时打断了这样的奢华浪费。但它很快卷土重来，其贪婪程度比以前有过之而无不及，还虚伪地许诺给遭受压榨却没有发言权的民众带来富足，以此来为浪费提供理由。事实证明，为了拔摩岛上的圣约翰想象的那种来生而放弃尘世的快乐是一条骗人的圣训。与之相似的是隐修制度，它在尘世生活中运作的结果与其初衷南辕北辙。它不是进入天堂的前奏，而是在为资本主义事业铺路。不要急于马上享受，要为了未来的奖赏而推迟眼前的好处——19世纪的作家用这些话来劝人积累资本，收取利息。但这样的道理出自中世纪任何一个布道者之口都毫无违和感，只不过中世纪布道者劝人放弃眼前的肉体享受是为了保持美德，等到以后去天堂领取更大的奖赏。机器发展的加速能够缩小从自我克制到获得奖赏之间的时长。至少对中产阶级而言，金色大门已经打开。

清教主义和反宗教改革并未对宫廷消费理念构成多大的挑战。例如，以克伦威尔为首的清教徒的好战精神与他们冷静、节俭、勤劳的生活十分契合。清教徒的生活重点就是赚钱，好似只要避免懒惰，就能摆脱魔鬼的算计，哪怕做出了恶魔般的行为。时隔很久后鼓吹这种强硬好战的清教主义的卡莱尔[1]认为，勤奋工作的信条是获得救赎的关键。他认为，即使是最卑鄙的拜金主义，也与事物的本性相连，因此也是通往上帝之路。但是，生产的贪婪必然与消费的贪婪齐头并进。清教徒也许会把挣得的钱再次投入贸易和工业活动，但长远来说，他们这样做只是把宫廷的理念传播得更广。总有一天，他们这种行为的最终结果会在全社会显现出来，即使也许不会影响到某个资本家的生活。清教徒冷静持重的努力之后是狂欢。在没有其他理想信念的社会中，花钱成为首要的快乐之源，最后甚至成为一种社会责任。

---

[1]　卡莱尔（Carlyle），19世纪苏格兰哲学家、评论家。

商品除了满足生活需要之外，还是能带来体面的好东西。它们可以积累，可以摆放在宫殿中，储存在仓库里。如果商品过多，还能暂时转为非实质的形式，如货币、汇票或信用。摆脱贫困的束缚成为一项神圣的责任。懒散本身就是一种罪过。不事生产、不做工、不赚钱的生活不再体面。贵族对奢侈品和服务的需求欲壑难填，结果只能对贸易商和制造商妥协，与他们通婚，采纳他们的生活方式和兴趣，欢迎这些新富之人。被丰富的物质扰乱了心神的哲学家苦苦思索真善美的性质。还有什么疑惑吗？实际上，真善美的性质就是任何能体现在实际商品当中、可以出售谋利的东西，是任何能使生活更轻松、更舒适、更安全、更令人身体愉悦的东西，一言以蔽之，是更好、更舒服的东西。

最后，19 世纪早期，功利主义者从社会角度对原来以发财为追求的新时代理论做了阐述。幸福是人的真正追求，它意味着为最大多数人实现最大的利益。幸福的真谛是避免痛苦，寻求快乐。幸福的多少以及归根结底人类制度是否完美大致可以用社会生产的商品数量来衡量。因此，需要扩大需求，扩大市场，扩大企业，扩大消费者群体。机器使这些成为可能，并保证了这些努力的成功。谁敢说商品已经足够，或者要求对商品的数量设限，谁就是十恶不赦。幸福与扩大生产是一回事。

也许生活在烦恼和痛苦中的时候最热烈、最有意义，在餍足的时候最乏味。一旦生存的基本条件得到满足，生活中的热烈、狂喜和安宁就不再能根据消费的物品或行使的权力来做数学计算。这是恋人、冒险家、父母、艺术家、哲学家、科学家或任何行业的从业者的平常经历，可它们不在功利主义的工作信条之内。假若边沁或穆勒之类的人物试图通过巧妙的话术来将其包括进来，只会被葛擂硬和庞得贝[1]之流置若罔闻。机器生产变成了一条绝对律令，比康德能想到的任何律令都更严格。

显然，就连妓女和军人都比商人和功利主义哲学家更明白这一点。在紧要关头，人为了荣誉或爱情，会毫不犹豫地冒险或放弃身体的舒适。而且，在进一步量化生活的过程中，他们至少获得了具体的东西，如织物、食物、美酒、画作和花园。但到了19世纪，这些大多变成了纸上的虚幻之物，如同沼泽里的点点磷火，诱骗人类放弃可见的物品和眼前的收获。桑巴特所谓不完整的人就此出现，就是被罗斯金讽刺地用来与希腊硬币那种整齐的"唯美"做对照的维多利亚时代粗俗的庸人市侩。不完整的人奉行典型的功利主义原则，豪言他做生意不是为了自己的健康。事实也的确如此。但人做生意到底是为了什么？

认为好生活就是物品充足的生活这个信念在古技术复合体形成之前即已存在。这个观念为机器提供了社会目标和存在的理由，还形成了机器的许多最终产品。当机器制造出其他机器或机械用具时，其影响通常是新鲜的、创造性的。但是，当机器所满足的欲望仍然与上层阶级在王朝专制、权力政治和巴洛克式空虚时期的欲望别无二致的时候，它所产生的效果只会导致人类价值的进一步瓦解。

简而言之，机器进入我们的文明，不是为了把人类从卑下劳作的奴役中拯救出来，而是为了尽力扩大由军事贵族发展起来的恶劣的消费标准对人类的奴役。自17世纪开始，西欧社会生活的混乱影响到

---

[1]　这两人都是狄更斯小说《艰难时世》中的人物。——译者注

了机器。机器给那种混乱带来了有序的表象。它许诺要填补那种空虚，但它的所有许诺都被塑造它的力量暗中釜底抽薪，那些力量包括矿工的赌博、军人的权力欲、金融家抽象的金钱目标、性权力的极力扩张以及宫廷和高级妓女营造的性替代。所有这些力量和目标在我们的机器文化中至今可见。通过模仿，它们从一个阶级传播到另一个阶级，从城镇传播到乡村。它们有好的，有坏的；有清晰的，有矛盾的；有易于控制的，有难以驾驭的。它们如同矿石，我们必须从中提炼出具有人类价值的金属。在炼成的少数几锭贵金属旁矗立着庞大的矿渣堆。不过，那里远远不全是无用的矿渣。我们甚至可以想象，有一天能够通过智慧和社会合作把毒气和成块的废料这些过去毫无用处的机器副产品用来为生命的需要提供服务。

第三章 始技术阶段

1. 技术的融合

文明不是自给自足的有机体。现代人若没有从以往或现存的各种文化中尽情汲取营养，就不可能形成自己独特的思维模式，也不可能发明出现在的技术设备。

事实上，文化上的每一种巨大差异似乎都是融合过程的结果。弗林德斯·皮特里（Flinders Petrie）论述埃及文明时表示，促成这个文明的发展与成功的各种因素中甚至包括种族因素。在基督教的发展中，各种各样的外来要素，如狄奥尼索斯的大地神话、希腊哲学、犹太教的救世主信念、密特拉教、波斯拜火教等等，显然都发挥了作用，帮助形成了各种神话与仪式的内容甚至形式。这些神话与仪式最终成为基督教。

这种融合发生的前提条件是，相关要素所属的文化不是正在解体，就是在时间或空间上足够遥远，使人可以从它盘根错节的机构制度中单独抽取某些要素。若非如此，那些要素不会发生转移。战争起到了拆解的作用。从时间上看，机器在西欧的复兴与十字军东征带来的冲击和动乱密切相关。新文明吸取的不是一个文化的整套形式和制度，而只是其可以拿走移植的那些部分。新文明对某一个文化的发明、样式和思想的引进好比英国建造哥特式建筑时把罗马式别墅的几块石头或地砖与当地的燧石混合，用来建造一种完全不同形式的建筑物。如果别墅依然完好，有人居住，就不好将其拆成石头。只有当其他文化原来的形式死亡后，或者应该说废墟中仍然存在生命的时候，才能任意借鉴和融合其中的要素。

关于融合，还有一点必须提及。在融合初期，文化尚未产生自己的明显印记，发明尚未形成令人满意的习惯与常规，此时可以任意从外部汲取营养。文化融合的开端与完成，从最初的吸收到最后的传播和征服，会波及整个世界。

此言作为一般而论，也适用于当今机器文明的起源。从其他文明中拾取的技术碎片经过创造性融合，产生了新的机械体。古埃及人曾使用戽水车这种水轮来提水，苏美尔人可能为了别的目的也用过水轮。在基督纪年早期，水磨在罗马已经相当常见。风车可能是在 8 世纪从波斯传来的。造纸术、磁针和火药来自中国，前两个经由阿拉伯人传来。代数通过阿拉伯人从印度传来，化学和生理学也是通过阿拉伯人传来的。几何学和力学则起源于基督纪年之前的希腊。蒸汽机的概念来自亚历山大的希罗这位伟大的发明家和科学家。他的著作在 16 世纪被翻译了过来，这才把人们的注意力转向了蒸汽机这种动力机器所带来的各种可能性。

简而言之，大多数重要发明和发现构成了机器进一步发展的核心。它们大多并非如斯宾格勒所想，来自浮士德式灵魂的某种神秘的内在驱动力，而是从其他文化那里随风吹来的种子。前面表明，10世纪以后，西欧的土地已经被犁透耙平，做好了接受这些种子的准备。庄稼成长的时候，作为种田人的艺术与科学在忙着疏松土壤。机器的这些种子在气候和土壤都与前不同的中世纪文化中生根发芽，并呈现出新的形式。可能正是因为它们不是起源于西欧，在西欧没有天敌，所以才像来到南美大草原的加拿大蓟一样迅速蔓延开来。不过，一定要记住，机器在任何时候都不是完全的新事物。现代机器时代在人类历史上早有铺垫。要弄懂这个时代，必须了解在它之前那漫长而多样的准备过程。说几位英国发明家在 18 世纪突然让轮子轰鸣转动起来，这哪怕是当作给小孩子讲的童话故事，都太拙劣了。

2. 技术复合体

回首千年，机器和机器文明的发展可以分成三个连续但又相互重叠、相互渗透的阶段：始技术阶段、古技术阶段、新技术阶段。一代人以前，帕特里克·格迪斯[1]教授最先在著作中阐明，工业文明并非一个单独的整体，而是显现出两个特征分明、截然不同的阶段。然而，他在界定古技术阶段和新技术阶段时，忽视了之前重要的准备阶段。在那个准备阶段中，所有的重要发明不是已经做出，就是已有预兆。所以，根据格迪斯提及的考古发现，我把第一个时期叫作始技术

---

[1] 帕特里克·格迪斯（Patrick Geddes），20 世纪苏格兰生物学家、人文主义规划大师。

阶段，即现代技术的黎明时代。

　　这三个阶段的每一个都大致代表着人类历史的一个时期，但更重要的是，它形成了技术复合体。也就是说，每个阶段都起源于某些特定地区，通常都使用某些特定的资源和原材料。每个阶段都有其特有的利用和产生能量的手段，以及特有的生产形式。最后，每个阶段都造就了特定类型的工人，用特定的方法训练工人，发展某些专长，压制其他才能，汲取并发扬社会遗产的某些方面。

　　技术复合体的几乎每个部分都会显示并代表复合体内部的一整套关系。以各种类型的书写笔为例。用时需要削尖的鹅毛笔是典型的始技术产品。它显示了工业的手工业基础及其与农业的紧密联系。它在经济上便宜，在技术上简陋，但很容易适应书写者的风格。蘸水钢笔是古技术阶段的代表。它价格低廉、形式一致，虽然也许不能耐久。它是矿山、钢厂和大规模生产的典型产品。它在技术上是对鹅毛笔的改进，但要达到鹅毛笔的适用性，必须制造六种不同标准的钢笔笔尖和形状。最后，自来水笔虽然早在 17 世纪就被发明了出来，但它是典型的新技术产品。它的墨水囊用橡胶或合成树脂做成，笔尖用金子做成，可以自动上墨水。这一切代表着更精致的新技术经济。自来水笔的一个特点是它使用耐磨的铱金做笔尖，延长了笔尖的寿命，减少了换笔尖的需要。每个阶段的产品的特点都在该阶段典型环境中的许多地方有所反映，因为虽然一个复合体的各个部分也许是在不同时间发明的，但复合体本身要等所有主要部分都具备之后才能正常运作。即使在今日，新技术复合体仍然需要更多的发明才能完善。具体来说，需要把目前蓄电池的电压增加六倍，并至少保持现在各类电池的安培数。

就动力和典型材料而言，始技术阶段是水木复合体，古技术阶段是煤铁复合体，新技术阶段是电与合金复合体。作为社会经济学家，马克思的伟大贡献是看到并部分地证明，发明和生产的每个时期都有其独特的文明价值。用马克思自己的话说，就是有它自己的历史使命。机器不能与更大的社会模式脱离，因为它的意义和目的都是社会模式赋予的。文明的每个时期都包含着过去技术留下来的无用废物和新技术的重要种子，但成长的中心在于该时期自己的复合体。

现代技术的黎明时期大约是公元 1000—1750 年。在此期间，零散的技术进步和从其他文明那里得到的启发被汇拢起来，发明和试用进程缓慢加速。实现机器普及所需的大多数关键发明都在这个时期得到推动。第二阶段所有要素的种子在第一阶段都已出现，经常处于胚胎状态，且在很多情况下是独立的存在。从技术上讲，这个复合体在 17 世纪达到高潮，确立了实验科学，为数学、精细操控、准确计时和精确测量奠定了基础。

当然，始技术阶段并未在 18 世纪中叶戛然而止。它最先在 16 世纪的意大利达到高潮，体现在达·芬奇和当时其他天才的工作中，在 1850 年的美国最终达成迟来的结局。它的两个最出色的产品——快帆船和制作曲木家具的索耐特工艺都是 19 世纪 30 年代产生的。荷兰和丹麦等地有许多地区直接从始技术经济跨入了新技术经济，其间仅仅感受到古技术的乌云投下的一丝阴影。

就整个人类文化而言，始技术时期尽管在政治上起起伏伏，而且到了后期，产业工人的处境不断恶化，但仍然是历史上最灿烂的时期之一。因为除了伟大的机械成就之外，它还产生了城市、景观、建筑和绘画，显示出思想和享乐领域也和实际生活一样，做出了切实的进步。这个时期固然没有在全社会建立起公平公正的政体，但至少修道院和公社的生活有时接近了这一梦想。对这种生活的美好回忆被记录在莫尔的《乌托邦》和安德里亚的《基督城》里。

透过服装和信条的所有表面变化，可以看到始技术文明的深层统一，所以必须把它在时间上的先后部分视为同一个文化的不同表现。这一点现在得到了学术研究的支持。对于文艺复兴是与过去的大决裂这一概念，学者提出了怀疑，认为这是当时的一个幻觉，后来又被历史学家拿来过度渲染。不过，必须加上一个限定条件，即随着社会技术的日益进步，由于并不完全与机器相干的原因，发生了相应的文化解体和衰落。简而言之，文艺复兴在社会意义上不是新一天的黎明，而是日暮。机械艺术进步了，但人文艺术在衰弱和退步。礼崩乐坏之时，发明的步伐反而变得更快。机器开始增多，力量随之加大。

3. 新动力源

始技术经济的基础包括一个重要事实：用人作为原动力的情况减少了，动力的产生与对动力的应用和直接控制区分开来。工具固然在生产中占据支配性地位，动力和技能却集于手工艺者一身。这两个要素一旦分开，生产过程中人的因素就越来越少，机器工具和机器也随着新动力机器的出现而发展起来。如果把动力机械作为标准，那么现代工业革命就是始于 12 世纪，到 15 世纪达到高潮。

始技术时期的标志首先是实际马力的稳步增加。直接原因是两个装置。第一个是可能出现于 9 世纪的马蹄铁。钉了蹄铁的马能够适应草原以外的地区，扩大了马的活动范围，而且蹄铁使马蹄更加抓地，因此加大了马的有效拉力。第二个是现代形式的挽具，这种挽具把力量重心从马的颈部移到肩部。10 世纪，它在西欧被重新发明——中国早在公元前 200 年就有了这样的挽具。到 12 世纪，这种挽具取代了罗马人使用的低效挽具。此举产生了不小的收益，因为马不再仅是农业的有用助力或运输工具，而且成为机械生产的好帮手：欧洲各地建起了直接用马研磨玉米或抽水的磨坊，有时用马来辅助其他非人类动力，有时将其作为主要动力源。农业的改良以及欧洲北部荒地或原始森林的开发导致了马匹数量的增加。由此产生的情形有些类似后来的美洲开垦时期：新到美洲的殖民者手握大片土地，最缺的是劳动力，结果不得不诉诸巧妙的节约劳动力的装置。南方地区定居者较多，劳动力有剩余，生活条件不那么艰苦，所以从不需要做这些发明。也许这是那个时期技术高度发展的部分原因。

马力固然在自然条件不利的地区确保了机械方法的应用，但最大的技术进步出现在风力和水力供应充足的地区。始技术文明基础最扎实、文化表现最灿烂的是水流湍急的罗讷河和多瑙河两岸以及意大利几条较小的同样湍急的河流岸边，还有狂风劲吹的北海和波罗的海地区。

公元前 3 世纪，拜占庭的斐罗 [1] 就描述过用水轮来带动一连串水桶提水，还用水轮催动自动机器人形。公元前 1 世纪，罗马有了水磨的确切记录。与西塞罗同时代的帖撒罗尼迦的安提巴特用诗句赞美这种新的磨子："在磨坊苦干的女人，不要磨了；继续酣睡吧，哪怕金

---

[1]　斐罗（Philo of Byzantium），埃及亚历山大的科普作家。

鸡已经报晓。得墨忒耳命令精灵们替你们劳作。她们跳到轮子顶上，转动轮轴，带动辐条，推动沉重的尼西罗斯的石磨盘。我们再次尝到原始生活的欢乐，再次能不必做苦工而享受得墨忒耳的物产。"此中的暗示意义重大。它表明，正如马克思所指出的那样，与19世纪的企业家相比，古典文明对节约劳动力的装置的看法更加以人为本。它还证明，虽然更加原始的水平轮可能出现得更早，并因其构造简单而被广泛使用，但后来使用的却是比较复杂的垂直轮，显然也使用了效率更高的上射水车。维特鲁威在关于建筑的论文中描述了用于操控水车速度的齿轮的设计。

与罗马复杂的卫生设施不同，水磨从未完全废弃。厄舍指出，5世纪的爱尔兰法律汇编中提到了水磨，其他的法律和编年史也不时对水磨有所提及。水磨虽然最早是用来磨谷物的，但早在4世纪，人们就开始用它来锯木头。随着罗马帝国的解体和人口的减少，磨坊的数量一度有所减少，但在10世纪前后修道院开展土地赎回和土地开垦时又再次兴起。《末日审判书》[1]造册时，仅在英国就有5 000座水磨坊，相当于每400人一座，而英国那时还是处于欧洲文明边缘的落后国家。到14世纪，水磨在博洛尼亚、奥格斯堡、乌尔姆等大型工业中心已经被普遍用于制造业。水磨的使用可能沿河流一直延伸到河口，因为低地国家在16世纪开始利用潮汐的力量来驱动水磨。

水磨不仅被用来研磨谷物和抽水，也提供动力把破布变为纸浆来造纸（拉芬斯堡，1290年）、在铁工厂驱动用于锤打和切割的机

---

[1]《末日审判书》（*Doomsday Book*），英格兰人口土地清册，1086年由英王威廉一世下令编造。

器（劳西茨的多布里卢格附近，1320 年）、锯木头（奥格斯堡，1322 年）。水车还被用来在皮革厂捶打牛皮，为纺丝提供动力，驱动缩绒机制造毡子，在兵工厂里驱动磨床。纽伦堡的鲁道夫在 1350 年发明的拔丝机是由水力驱动的。在采矿和金属制造领域，阿格里科拉描述了用水力从矿井里抽水是多么省力，并建议说，方便的话应该用水力取代马或人力来驱动地下机械。早在 15 世纪，就开始使用水磨来粉碎矿石。水力对于炼铁业的重要性怎么强调都不过分。有了水力，才有可能制造出更强的风箱，达到更高的温度，使用更大的熔炉，从而增加铁的产量。

当然，所有这些经营的规模都无法与今天的埃森或加里相比，但那时的社会规模也小。动力的扩散有助于人口的分散。只要直接反映工业实力的是能源使用而不是金融投资，欧洲各地区之间和地区内城乡之间就维持了相当的平衡。只有在 16 世纪和 17 世纪，金融和政治权力急剧集中，才有了安特卫普、伦敦、阿姆斯特丹、巴黎、罗马、里昂和那不勒斯等地的过度发展。

重要性仅次于水力的是风力。不管风车经由何种路线进入欧洲，它都在欧洲迅速传开，到 12 世纪末已经广为使用。风车最早的确切记录来自 1105 年的一纸许可，授权萨维尼修道院院长在埃夫勒、巴约和库唐斯主教教区建造风车。风车在英国最早出现于 1143 年，在威尼斯是 1332 年。1341 年，乌得勒支主教寻求确立对于在自己的辖区刮过的风的权利，这本身几乎就足以确定当时风车在低地国家的工业价值。

早在 1438 年就有了对风力机的描述。除此之外，还有三类风车。最原始的类型是整个风车面向盛行风。第二类是转动整个风车来面向盛行风，有时把风车装在船上，以便移动位置。最先进的风车只需按照风向转动装扇片的塔。16世纪末，风车在荷兰工程师手中达到了最大的体积和最高效的形式，尽管包括达·芬奇在内的意大利工程师也对风车的发展做出了贡献。通常认为转塔式风车是达·芬奇发明的。在此过程中，低地国家位居动力生产的中心，几乎可与后来煤铁时代的英国相媲美。尤其是荷兰各省，沙质土地含水量丰富，整日风声呼啸，有莱茵河、阿姆斯特尔河和马斯河纵横贯通。在这里，风车被发展利用到了极致：人们用风车来研磨富饶的草地上生产的谷物，锯开从波罗的海沿岸运来的木材以建造伟大的商船，磨碎从东方运来的香料——到17世纪，每年要磨大约50万磅香料。从佛兰德斯到易北河，一个类似的文明在泥炭沼泽和滨外沙埂上传播开来，因为荷兰殖民者在12世纪再次来到萨克森，到波罗的海岸边的东弗里西亚群岛定居。

　　最重要的是，风车在围垦土地的行动中成为主力。面对被海水淹没的威胁，北海的渔民和农民试图不仅控制海水，而且通过抵御海水入侵来扩大土地。这个努力是值得的，因为黏土地一旦排干水，去掉盐碱，就成了肥美的牧场。围垦土地由修道院率先发起，到16世纪，已成为荷兰人的一个主要产业。然而，堤坝建好后，如何使低于海平面的地区免遭水淹便成了问题。因为风暴越猛烈，风车运行越稳定、越有力，所以它成为从涨水的溪流和运河中抽水的手段。风车维持着水和土地之间的平衡，这样，人在这种危险状况中才有可能生活。在生存需要的刺激下，荷兰人成为欧洲首屈一指的工程师，只有意大利人能与他们相颉颃。17世纪初期，英国人想抽干沼泽地，特意邀请著名的荷兰工程师科尔内留斯·费尔梅登（Cornelius Vermeyden）来主持这项工程。

使用风力和水力直接增加了能量。不仅如此，有了风车和水车，人们还得以开垦圩田的肥沃土壤，扭转了土壤不断退化的趋势。过去造成土壤退化的原因是森林植被遭到砍伐，再就是原来罗马人的最佳务农方法被弃，采用了竭泽而渔的农业制度。围田和灌溉是细心规划的再生农业的标志。风车大大增加了可用的能量，推动了这些肥沃土地的开垦，并为土地提供保护，帮助土地生产各种最终产品。

在欧洲大部分地区，风力和水力的发展到 17 世纪才达到高峰，在英国更是迟至 18 世纪。在这个时期内，非有机能源的增加到底有多大？共有多少非人类能源用于生产？关于那时可用能源的总量，哪怕是做粗略的估计都很难，也许根本不可能。只能说自 11 世纪以来，能源一直在稳步增长。马克思注意到，1836 年，荷兰有 1.2 万座风车，产生的功率是 6 000 马力。但这个估计失之过低，因为有权威机构估计，荷兰风车的平均功率高达每座 10 马力，而沃尔斯（Vowles）指出，普通的老式荷兰风车装有四片长 24 英尺 [1]、宽 6 英尺的叶片，在风速 20 英里 [2] 时能产生大约 4.5 制动马力。当然，这个估计不包括水力。当时可用于生产的能源与之前的任何文明相比都应该算是高的。17 世纪最强大的原动力是凡尔赛宫的水力系统，它产生的功率高达 100 马力，每天能把 100 万加仑的水喷到 502 英尺的高度。不过，早在 1582 年，彼得·莫里斯 [3] 就在伦敦建造了潮汐动力泵，每天

---

[1]　1 英尺 ≈ 0.3 米。——编者注

[2]　1 英里 ≈ 1.6 千米。——编者注

[3]　彼得·莫里斯（Peter Morice），16 世纪荷兰工程师。

把 400 万加仑的水通过直径 12 英寸 [1] 的水管抽入 128 英尺高的水箱。

虽然风力和水力都受天气变化和年降雨量的影响，但与今天相比，生产受到的阻碍可能还小一些，因为今天的生产受制于由工人罢工、雇主停工和生产过剩造成的对劳动力需求的各种变化。另外，尽管从 13 世纪开始，许多人曾试图禁止私设小型磨坊和手推磨，并规定只能使用领主的磨坊，但对风能和水能无法实施有效垄断，因为这些能源本身是免费的。风车或水车一旦建成，就不再有生产成本。后来出现的原始蒸汽机既笨重又昂贵，水磨却不同，人们可以建造很小的原始水磨，也的确建造了这样的小水磨。另外，水磨的大多数部件是木头和石头做的，所以建造成本不高，淡季时暂停使用也不像铁制部件老化得那么厉害。磨坊的寿命很长，不需要多少维修保养，能量的供应取之不尽。采矿活动剥夺土地资源，留下残渣碎块和人去楼空的村庄，磨坊却帮助增强土地肥力，推动养护性稳定农业。

大型知识阶层得以形成，不必依靠奴隶劳动，就能在艺术、学术、科学和工程学领域创造出伟大的成就，这要多亏风和水担起了干粗活的任务。它们的服务释放了人的精力，是人类精神的胜利。如果不以最初使用的马力，而用取得的成果来衡量收益，始技术阶段比它之前的时代和之后的机械文明阶段都更胜一筹。18 世纪，纺织工业的产量达到空前水平，这个成就的实现最初靠的是水力，不是蒸汽机。早期的蒸汽机效率只有可怜的 5% 或 10%，首个超过这个数值的原动机是富尔内隆发明的水轮机，它是对在 1832 年达到完善的巴洛克勺轮的进一步发展。到 19 世纪中叶，造出了功率 500 马力的水轮

---

[1] 1 英寸≈ 0.03 米。——编者注

机。显然，哪怕英国没有开采出一吨煤，没有开发任何新铁矿，现代工业革命也会发生，并且会持续下去。

4. 树干、木板和圆材

从那个时期的民谣和民间故事中，可以感受到对古老森林生活的一种神秘认同。这表现了这个新兴文明的一个事实：木头是始技术经济最常见的材料。

首先，木头是建筑的基础。所有精致复杂的砖石结构都依靠木匠的工作。后来哥特式建筑中的木墩好似捆在一起的树干。教堂内幽暗的光线如同森林里的朦胧昏暗，而被阳光照亮的玻璃就像透过交叉的枝条看到的蓝天或日落的情景。但这还不是全部。事实上，没有复杂的木头脚手架，根本不可能建成这些建筑物。没有木制起重机和绞盘机，也不容易把沉重的石块运到所需的高处。另外，木头和石头交替作为建筑材料。16 世纪，私人住房的窗户开始模仿公共建筑的窗户加大加宽，木头横梁能承担大跨度的重量，为普通石料或砖块建筑所不能及。在汉堡，16 世纪的市民住宅正面的窗户占了整面墙。

当时常用的工具和器具大多是木头做的，不是其他材料。木匠的工具除了用于切削的刃之外，都是木制的。耙子、牛轭、双轮车、四轮车等也是木制的。浴室里的洗衣盆是木制的。水桶和扫把是木制的。在欧洲一些地方，就连穷人的鞋都是木制的。农民和纺织工人都离不了木头。织布机和纺车、榨油机和榨酒机都是木制的。甚至在印刷机发明 100 年后，它仍然是木制的。引水进入城市的水管经常用树干做成，水泵的气缸也是一样。摇篮是木头的，床是木头的，吃饭叫作"board"（英文中"木板"的意思）。酿制啤酒用木桶，烈酒储存在木桶里。玻璃瓶发明后使用的软木塞在15世纪就有提及。当然，船是木制的，用木钉钉在一起。同样，主要的工业机器也是木制的。车床这个当时最重要的机器工具从机座到活动的部件全用木头制成。风车和水磨的所有部分均为木制，就连齿轮都是如此，唯一的例外是研磨和切削的部分。水泵主要用木头做成。直到19世纪，就连蒸汽机也有许多木制零件：锅炉本身可能是按照做木桶的方法做的，只有接触到火的地方才用金属。

在所有工业活动中，木头发挥的作用远超金属。的确，若非这一时期出现了对金属做的硬币、盔甲、大炮和炮弹的需求，金属几乎没有多少用处。木头不仅被用来直接制造物品，而且前面说过，采矿、冶炼、锻造也需要木头，结果导致森林被毁。采矿需要木梁来支撑巷道，需要木头车来运送矿石，矿道坑洼不平的地面也需要垫上木板，让矿车通过。

工业时代后期的大多数关键机器和发明最初都是木制的，然后才改用金属制作。木头为新工业主义提供了指法练习。木头在铁的发展中厥功至伟。就在1820年，纽黑文的建筑师伊锡尔·汤（Ithiel Town）获得了新型格构桁架桥的专利，这种桥不再受拱圈作用和水平推力的影响，成为后来许多铁桥的原型。木头是原材料，是工具，是机器工具，是机器，是器具和用具，是燃料，是最终产品；一句话，木头是始技术阶段的主要工业资源。

风、水和木头共同构成了又一项重要技术发展的基础：船只的制造与操作。

12世纪，航海罗盘问世；13世纪，航船安装了永久性船舵，代替桨来掌握方向；16世纪，开始使用时钟来测定经度，使用象限仪来测定纬度。直到19世纪才变得重要起来的明轮可能早在6世纪就已经被发明，而且肯定是在1410年被设计了出来，虽然到后来才真正付诸使用。航行的需要催生了能节约大量劳动的装置——对数表。这是布里格斯在纳皮尔的基础上制定的。又过了一个多世纪，哈里森最终完善了天文钟。

在这个时期之初，此前一直主要和桨一起使用的船帆开始取代船桨，风力取代人力，成为驱动船只的动力。15世纪出现了双桅船，但它完全依赖顺风。1500年出现的三桅船是一大改进，甚至能逆风行驶。远洋航行终于无需维京人的胆量和约伯的耐心也成为可能。随着船运的增加和航海能力的提高，港口发展起来，海岸地形险恶之处立起了灯塔。18世纪初，第一艘导航灯船下锚在英国海边诺尔沙滩外的海面上。水手对自己在操船、航行、定位和到港等方面的能力信心大增，水上运输于是取代了缓慢的陆上运输。亚当·斯密为我们计算了水上运输带来的经济收益。他在《国富论》里说："由两人驾驭、由八匹马拉动的宽轮车在大约六个星期的时间内能够把近四吨重的货物从伦敦运到爱丁堡，再运回伦敦。在大约同一时间，伦敦和利斯的港口之间常常由一艘六人或八人操纵的船来回运输200吨货物。因此，六人或八人用航船用同样的时间在伦敦和爱丁堡之间能够运送相当于由100个人驾驭、400匹马拉动的50辆宽轮车所运输的货物。"

船只不仅便利跨越大洋和沿河的国际运输与贸易，还用于区域和当地运输。在始技术时期，威尼斯和阿姆斯特丹是在运输线首尾两端占据统治地位的城市。两个城市都建在桩柱上，都有纵横交错的运河网。运河本身古已有之，但它在西欧的广泛使用绝对是始技术经济的特点。自 16 世纪起，运河取代自然水道，在灌溉和排水方面大显身手，有力促进了农业发展。在欧洲比较先进的地区，运河成为新的高速路。首个定期和可靠的运输服务就是在荷兰的运河上出现的，比铁路早了将近两个世纪。如房龙博士所说，"除结冰的情况外，运河航船和火车一样准时。它不依赖风向，也不受路况的影响"。这样的运输往来频繁。每天有 16 艘船往返于代尔夫特和鹿特丹之间。

第一条航运大运河是在波罗的海和易北河之间。但到 17 世纪，荷兰已建成了地方级和跨地区的运河网，用来协调工业、农业和运输。顺便提一句，运河内的水面平静无波，运河的河岸一级级斜上去，还有纤路。这些都能节省大量人力。一个人和一匹马，或者一个人带一根船篙从事水路运输的效率远远高于公路运输。

运河发展的先后次序值得注意。运河首先发源于意大利，达·芬奇曾制订过使用运河和船闸来改善河上航行的计划。除此之外，首个大型运河系统出现在低地国家，是罗马人建立的。到 17 世纪，法国开凿了布里亚尔运河、中央运河和朗格多克运河。然后英国在 18 世纪修建了运河系统，最后是 19 世纪的美国，只有新阿姆斯特丹（今天的纽约）的小型城市运河建得比较早。古技术阶段的进步国家在这方面是始技术阶段的落后者。风车和水磨传送动力，运河却是传送人口和货物，因而拉近了城镇与乡村的联系。即使在美国，1850 年前后的纽约州也出现了人口与工业分布的典型始技术模式。当时，纽约州有地方锯木厂和磨粉厂，还有运河和土路组成的交织连接的运输通道网。在此基础上，全州人口分布得非常均匀，整个地区几乎各处都有工业机会。这种农业与工业的平衡，这种文明的扩散是始技术时期伟大的社会成就之一。它给荷兰的村庄带来了一种至今尚存的精致的文化感，与始技术阶段之后的时期残酷恶劣的不平衡形成了鲜明对比。

船舶、港口、灯塔和运河稳步发展。始技术复合体在海洋领域比在任何其他领域都更持久。快速帆船这种速度最快的大型帆船直到 19 世纪 40 年代才被设计出来。在较小的船上用三角形主帆取代上宽下窄的多边形帆来提高速度已经是 20 世纪的事。大型帆船和风车、水磨一样，完全依赖风和水，但它节省的劳动力和马力至为重要，尽管无法精确计算。若说工业不久前才获得了动力，就是忘记了倾泻而下的水和呼啸而过的空气产生的动能。若是不提帆船在利用动力方面的作用，就暴露了不谙航海的人对从 12 世纪到 19 世纪第三个 25 年这个时期的经济生活现实的无知。此外，航船也是间接促成生产合理化和货物标准化的因素。因此，17 世纪，荷兰建起了生产压缩饼干的大型工厂。19 世纪 40 年代，在新贝德福德最先建起了平民成衣制衣厂，因为海员抵达港口后，需要迅速为他们提供服装。

5. 透过明亮的玻璃

不过，最重要的是玻璃在始技术经济中发挥的作用。人透过玻璃，想象、拉近并揭开了新的世界。直至 18 世纪，玻璃制作的巨大进步对文明与文化的意义比冶金术的进步重大得多。

很久以前，古埃及人，甚至可能是某个更原始的民族就发现了玻璃。迄今为止找到的玻璃珠可追溯到公元前 1800 年。在对庞贝古城的挖掘中，人们发现房子上有装玻璃窗的窗洞。在中世纪早期，再次建起了玻璃熔炼炉，先是在修道院附近的林木地区，然后扩散到城市附近。玻璃被用来制作盛放液体的容器和公共建筑物的窗户。早期的玻璃质地和表面均比较粗糙，但到 12 世纪，颜色鲜艳的玻璃被制造出来，它们被安装在新建教堂的窗户上。光线穿透彩色玻璃后发生了变化，呈现出一种沉稳的光辉，巴洛克教堂里最华丽的雕刻和金饰都难以与之相比。

到 13 世纪，在威尼斯附近的穆拉诺，那些著名玻璃工坊建了起来，玻璃开始被用来做窗户、船灯和高脚杯。尽管威尼斯玻璃工人千方百计防止玻璃制造方法外泄，但玻璃工艺还是传到了欧洲其他地方。到 1373 年，纽伦堡成立了玻璃工人行会。欧洲其他地区的玻璃制造也稳步发展。在法国，玻璃制造和陶瓷制造一样，是贵族家庭能够从事的少数行业之一。早在 1635 年，罗伯特·曼塞尔爵士率先在英国用沥青煤取代木头作为玻璃熔炼炉的燃料，因而获得了燧石玻璃制造的垄断权。

玻璃的发展改变了室内生活的方方面面，特别是在冬季漫长、多云的地区。起初，玻璃非常珍贵，窗玻璃是可拆卸的。人们只要离开家，都先把窗玻璃卸下藏到安全的地方。因其珍贵，玻璃起初只在公共建筑物中使用，但它还是渐渐进入了私人住宅。1448 年，教皇庇护二世发现维也纳一半的房屋都有玻璃窗。16 世纪进入尾声时，玻璃在住宅的设计和建造中占据了前所未有的重要地位。同时，玻璃也开始在农业中大显身手。1385 年的一封用拉丁文写的落款为约翰的私信讲述说，"布瓦伊公爵有些奇妙的机器，甚至可以用来汲水、制革和刮布。他们还在朝南的玻璃房子里种花"。罗马的提比略皇帝已经有了温室，但不是用玻璃，而是用一种薄云母片制成的。玻璃温室可能是一项始技术发明。它延长了欧洲北部的植物生长期，可以说拓宽了一个地区的气候带，并利用了本来会被白白浪费的太阳能，这是又一项净收益。对工业来说更重要的是，玻璃延长了寒冷季节或恶劣天气时的工作日时间，尤其是在北方地区。

住宅或温室中能进光线，却又不受寒冷或雨雪的影响，家居生活和日常工作的规律性于是大为提高。等到玻璃窗基本完全取代木制百叶窗或油纸窗和纱窗的时候，已经到了17世纪末。彼时玻璃制作工艺得到了改进，成本降低，玻璃熔炼炉的数量大幅增加。与此同时，玻璃本身的清晰度和纯度也在改进。早在1300年，穆拉诺就制造出了纯质无色玻璃。当时的一项法律为这个事实提供了佐证。那项法律规定，若使用普通玻璃制作眼镜，将受到严惩。玻璃不再有颜色，不再像它在中世纪教堂的装饰中那样起到图画的作用，而是让外部世界的形状与颜色透射进来，因此成为构成欧洲思想主流的自然主义与抽象这个双重进程的象征。不仅如此，玻璃还推进了这个进程。玻璃帮助把世界套进了一个框子，它让人更清楚地看到现实中的某些因素，并把人的注意力集中在一个明确划定的领域，也就是框内的领域。

中世纪的象征主义烟消云散。透过眼镜看到的是一个奇怪的不同的世界。第一个变化是用凸透镜做眼镜造成的。这种镜片矫正了人由于年龄增大而导致的眼球晶状体变平以及远视的缺陷。辛格（Singer）提出，学术活动的重兴也许部分要归功于眼镜延长了人的阅读年龄。到15世纪，眼镜已相当普及。印刷机的发明更是把对眼镜的需求推到了新高度。15世纪末发明了用凹透镜来矫正近视的方法。每一滴露珠、每一棵香脂树的树胶都是大自然提供的镜片，但最终是始技术时期的玻璃工人利用了这个事实。通常认为是罗杰·培根发明了眼镜。事实上，无论如何，除了提出猜想和预测之外，他的主要科学活动的确集中于光学领域。

早在16世纪之前，阿拉伯人就已经发现可以使用一根长管来集中观察星空。不过，是荷兰眼镜师汉斯·李普希（Hans Lippershey）于1605年发明了望远镜，向伽利略展示了他做天文观测所需的高效工具。1590年，荷兰眼镜师扎卡里亚斯·扬森（Zacharias Jansen）发明了复显微镜，可能也发明了望远镜。这两项发明一个扩大了宏观世界的范围，另一个揭示了微观世界。它们完全推翻了普通人对空间的幼稚概念。可以说，就看事物的角度而言，这两项发明把消失点推向了无限，几乎无限扩大了视线起点的前景面。

17世纪中叶，做事有条不紊的贸易商兼实验家列文虎克利用一种高超的技术成为世界上首位微生物学家。他在从自己牙齿上刮下来的东西中发现了比探寻印度群岛的过程中遇到的任何怪兽都更神秘、更可怕的怪物。玻璃并未真的给空间增加新的维度，但它扩大了空间的范围，在那个空间中填满了新物体。它找到了遥远得无法想象的星球。它显现的微生物如此令人难以置信，以至于除了斯帕兰扎尼[1]之外，在一个多世纪的时间内没有人认真研究过那些微生物。从那之后，微生物的存在、结合和害处几乎成就了新的妖魔论。

眼镜不仅改善了人的视力，还开阔了人的思想：眼见为实。在思想比较原始的阶段，直觉和权威的推论不容置疑。关于想象中的事

---

[1] 斯帕兰扎尼（Spallanzani），18世纪意大利生物学家。

件，谁若坚持要求看到证据，就和耶稣那位著名的门徒一样，被讥为"怀疑的多马"[1]。现在，眼睛成为最受重视的器官。罗杰·培根通过实验打破了只有用山羊血才能破开钻石的迷信。他没有用山羊血就把钻石碎成了几块，并报告说："我亲眼看到此事发生。"在接下来的几个世纪中，眼镜的使用进一步提高了眼睛的权威性。

玻璃的发展还有另一个重要功能。如果没有玻璃，新天文学就不可想象，微生物学也不可能发展，那么同样可以说，没有玻璃，化学会严重受限。古典考古学家 J. L. 迈尔斯教授甚至提出，古希腊人的化学之所以落后，是因为没有好玻璃。因为玻璃具有独特的属性，它不仅透明，而且与大多数元素和化合物接触后都不会发生化学变化。所以，玻璃不会对实验产生干扰，同时能让观察者看到容器内部发生的情况，这是它的巨大优势。玻璃易于清洁，易于密封，易于改变形状，又很坚固。玻璃圆形容器的壁尽管很薄，抽成真空后却经受得起大气压力。这些属性是木头、金属或黏土容器所无法比拟的。此外，玻璃经得起相当高的温度，并且是绝缘体，这一点在 19 世纪变得重要起来。曲颈瓶、蒸馏瓶、试管、气压计、温度计、显微镜的镜头和载玻片、电灯、X 射线管、三极管——所有这些都是玻璃技术的产物。若是没有它们，科学会落到何种地步？要想对温度、压力和物质的物理构成开展全面仔细的分析，没有玻璃是不可能的。玻意耳、托里拆利、帕斯卡和伽利略的成就是始技术阶段的特有成就。即使在医学领域，玻璃也崭露头角：第一个用于诊断的精密仪器是散克托留斯

---

[1] "怀疑的多马"（doubting Thomas），多马是耶稣的十二门徒之一，听说耶稣复活，多马不信，直到耶稣出现在他面前才肯相信。

（Sanctorius）改进了伽利略发明的温度计后做成的体温计。

玻璃的另一个属性在 17 世纪第一次得到了充分利用。这个属性也许在荷兰人的大窗户房屋中显示得最清楚，因为荷兰对玻璃用得最多，也用得最广。透明的玻璃透入光线，无情地暴露出光柱中舞动的尘埃和藏在角落里的灰尘。玻璃要发挥最大的作用，本身必须干净，而没有什么能比玻璃那坚硬光滑的表面更经得起彻底的清洁。所以，玻璃的属性和作用都有利于卫生。干净的窗户、擦亮的地板、闪光的器具是始技术家居的特点。人们通过开凿运河和使用抽水站把水注入遍布全城的水管，确保了充沛的水源供应，清洁因此更加容易、更加普遍。玻璃得到广泛应用后，更敏锐的视力、对外部世界更大的兴趣、对清晰影像更迅速的反应等特点随之而来。

6. 玻璃与自我

玻璃改变了外部世界，也改变了内心世界。玻璃对人的个性发展影响深远。事实上，它帮助改变了自我这个概念。

罗马人也曾用玻璃做过镜子，但并不普遍。镜面昏暗，照出的影像并不比抛光的金属面更清晰。到 16 世纪，尽管离平板玻璃的发明还有 100 年，机器制造的玻璃表面已经大为改善。涂上一层银汞合金，就成了很好的镜子。按舒尔茨（Schulz）所言，从技术上说，这可能是威尼斯玻璃制造的巅峰。大镜子因此变得相对廉价，手镜进入了寻常百姓家。

人过去只能在水面和暗淡的金属镜面上看到自己的模糊影像，现在第一次看到自己在别人眼中的准确模样。不仅在闺房的私密空间内，而且在别人家中和公共聚会场所，人所到之处，新的、意想不到的自我形象如影随形。17世纪最强大的君主建造了一个巨大的镜厅。资产者家中每个房间都有镜子。自我意识、内省和镜像对话随着镜子这个新事物一同发展起来。这种对自身形象的耽溺预示着成熟人格即将到来。年轻的纳西索斯长久地深深凝视倒映在池塘水面上的自己的面容时，对独立人格的感知和对自我客观属性的认识随之产生。

镜子的使用标志着现代风格的自省式传记的发端。这样的传记不是为了启迪教化别人，而是为了描绘自我，包括自我的深层、秘密和内心的各个方面。镜中的自我与同时期自然科学所揭示的物理世界相一致，它是抽象的自我，仅是真正自我的一部分，是可以剥离自然背景和他人影响的那个部分。不过，镜中人格具备的一种价值是比较幼稚的文化所没有的。人在镜子里看到的影像是抽象的，但不是理想的或神话的。镜子越准确，光线越充足，就越能使年龄、疾病、失望、挫败、狡诈、贪婪和软弱等因素产生的效果纤毫毕现，正如它能够显示健康、快乐和信心。的确，当一个人是完整的并与世界融为一体的时候，他并不需要镜子。人在精神崩溃的时候，才会转向镜子里孤独的形象，去看自己实际有什么，能抓住什么。在文化瓦解时期，人开始把镜子照向外部的自然世界。

谁是最伟大的内省式传记作家？在哪里能找到他？他不是别人，正是伦勃朗。他是荷兰人并非偶然。伦勃朗对身边的医生和市民怀有强烈的兴趣。他年轻时遵守行会规矩和行业精神，试过绘制那种千篇一律的肖像画，就是他的画作《夜巡》或《医学院》中的人物可能会订购的画作，虽然那时他已经开始打破那种绘画的常规。不过，真正反映了他的艺术核心的是他的一系列自画像。他部分地根据在镜中看到的自己的面容，根据他在与镜子的交流中发展起来并表达出来的自我认知而获得了为别人画像时所展现的洞察力。比伦勃朗稍晚一些，在素称阿尔卑斯的威尼斯的阿讷西，住着另一位肖像画家和内省者——让-雅克·卢梭。比起蒙田，卢梭更当得起现代文学传记与心理小说之父的称号。

　　始技术复合体解体后，曾经地位显赫的艺术家发现世界越来越不友好，对视觉形象无动于衷，对个人灵魂的独一无二嗤之以鼻。这样的世界令艺术家十分沮丧，几乎要发疯。然而，诗人和画家仍未放弃探索孤独的灵魂和抽象人格的努力。这里只需指出，自然科学的方法是把世界与自我分离开来，内省式传记和浪漫主义诗歌的方法是把自我与世界分离开来。二者相辅相成，是同一个过程的两个阶段。人从这样的分离中学到了许多，因为在分解人的整体经验的过程中，各个微小的组成部分看得更清楚，更容易理解。这个过程也许归根结底是疯狂的，但从中衍生的方法却非常宝贵。

　　科学所构想和观察的世界以及画家所揭示的世界都是通过并借助于某类玻璃看到的：眼镜、显微镜、望远镜、镜子、窗户。一幅新的架上画不就是向一个想象的世界敞开的一扇可移动的窗户吗？具有敏锐科学头脑的笛卡儿在描述他未能完成的自然史著作时，提到他希望最终能描写"这些灰烬如何因（高温的）激烈作用而形成玻璃。在我看来，灰烬转变为玻璃与大自然的任何现象一样奇妙，所以描述这个过程使我感到特别愉快"。他的愉快不难理解。实际上，玻璃是望向新世界的窥视孔。透过玻璃，大自然的一些神秘现象可以看得清清楚楚。鉴于此，17世纪最全面的哲学家、对伦理和政治与对科学和宗教一样谙熟于心的本尼迪克特·斯宾诺莎不仅是荷兰人，而且是镜片抛光工，也就不足为奇了。

7. 基本发明

1000—1750 年，新技术在西欧培育并应用了一系列基本发明与发现，为后来的快速进步打下了基础。如同军事进攻，最终行动的速度与事先准备的充分程度成正比。一旦突破了防线，大军就可一拥而上。但是，在突破防线之前，军队无论多么兵强马壮、斗志高昂、鼓噪呐喊，都无法前进半步。基本发明产生了过去从未有过的东西：机械钟、望远镜、廉价纸张、印刷术、印刷机、磁罗盘、科学方法等等。这些发明为新的发明提供了手段，它们蕴含的知识成为不断扩大的知识的中心。其中有一些必要的发明，如车床和织布机，在始技术时期很久之前就有了；另一些发明，如机械钟，是追求规律性和严格管理的产物。只有在这些步子迈出后，次级发明才能百花齐放：对运动的规范提高了时钟的准确性，飞梭的发明加快了织布的速度，轮转印刷机的发明增加了印刷品的产量。

现在有一点必须指出：始技术阶段的发明仅在较小程度上是手工业技术与知识的直接产物，大多来自工业的常规程序。各行业组织起来，为实现标准化高效生产而进行规范管理，并有地方垄断做依托。这个趋势总的来说是保守的，虽然从 10 世纪到 15 世纪，建筑行业无疑出现了许多大胆的创新者。开始时，知识、技能和经验都由行会垄断。随着资本主义的发展，特许公司和具体发明的专利持有人先后获得了特别垄断权。这是培根在 1601 年提出的建议，并于 1624 年在英国率先实施。从此，被实际垄断的不再是过去的遗产，而是背离过去的新手段。

对精通机械、不愿受行会的社会与经济规章制度约束的人来说，这个诱惑特别有吸引力。在此情况下，发明自然引起了工业体系以外的人的注意，包括军事工程师，甚至各行各业的业余爱好者。发明成为摆脱自己的阶级或在阶级内增加私人财富的手段。如果绝对君主可以说"朕即国家"，那么成功的发明者也可以说："我就是行会。"发明在细节上的完善经常由行业内的熟练工人达成，但决定性的主意常常是非专业人士提出来的。机械发明打破了工业的阶层界限，后来甚至威胁到了社会本身的阶层界限。

但是，最重要的发明与工业并无直接关系，那就是科学实验方法的发明。毫无疑问，它是始技术阶段最伟大的成就，它对技术的充分影响直到 19 世纪中叶才开始显现。前面已经指出，实验方法的出现归功于技术的演进。新器械和新机器，特别是自动装置相对客观，这必然帮助确立了关于同样与人无关的世界的信念。这个世界由不可简化的根本事实组成，如时钟一样独立运作，不以观察者的意志为转移。依照机械因果关系来重组经验，利用现实中可以适用这一方法的部分开展合作性、有控制、可重复、可验证的实验，这是一个巨大的节省劳动力的手段。它在经验主义的混乱丛林里开出了一条短而直的捷径，在迷信和空想的沼泽上架起了粗糙的木排路。起初，找到这样一个推动智力迅速发展的办法也许是个不错的理由，足以证明对风景视若无睹和对任何不能加速旅程的东西嗤之以鼻是有道理的。自从发展出科学方法之后，所有发明中没有一个在重塑人类的思想和活动方面比得上实验科学的重要性。最终，科学方法百倍偿还了技术对它的帮助。后面会讲到，两个世纪后，科学方法提出了各种手段的新型结合，把人类最疯狂的梦想和最不负责任的愿望变为可能。

因为，到17世纪，从之前几乎无法解开的一团乱麻中终于脱胎出一个井然有序的世界，那就是只看事实、不涉及人的科学秩序。这个秩序体现在"自然法则"支配之下的各处。秩序虽然被认为是人类活动的基础，但过去它只是人的一个信念而已。在没有其他辅助的情况下，人只能从恒星和行星的运行中看到秩序。现在，秩序有了方法的支持。自然不再是可能遭受来自另一个世界的魔鬼入侵的神秘莫测的环境。新生的科学家认为，自然在本质上井然有序，因此可以预测。就连彗星在天空经过的轨迹都可以测定。人按照这个外部物理秩序的模型开始有系统地重新组织自己的思想和实践活动。于是，资产阶级在金融活动中摸索出来的理念和做法得到深入推进，并传播到生活的方方面面。人们像爱默生一样，觉得当船只像天体那样有规律地来来往往的时候，就满足了宇宙的要求，为宇宙的存在提供了理由。他们这样想是对的。那种情景的确具有宇宙意义。能显示如此规整的秩序，成就非同小可。

具体到机械发明，主要的始技术发明当然是机械钟。到始技术阶段尾声时，家用时钟已进入千家万户，除了比较贫穷的产业工人和农民。表则是富人的一件重要装饰品。伽利略和惠更斯给时钟加上钟摆，提高了时钟的精度，更利于普遍使用。

但时钟制造产生的间接影响也很重要。作为第一种真正的精密仪器，时钟为后来的所有仪器确定了准确性和精细加工的模式，特别是因为时钟遵循的规范是行星运动本身的终极精确性。时钟制造者解决了运动的传输和管理的问题，因而帮助推动了精密机械的发展。再来引用厄舍说过的话："应用力学基本原理的最初发展……主要以与时钟相关的难题为基础。"钟表匠与铁匠和锁匠一起，属于第一批机械师。1751年发明刨床的法国人尼古拉斯·福克是钟表匠。阿克赖特1768年得到了沃灵顿一位钟表匠的帮助。又一位钟表匠亨茨曼为了找到一种回火更加精细的钢质表弦，发明了坩埚钢的制造工艺。以上仅为少数几位比较杰出的人物。总之，时钟无论在机械上还是在社会上，都是影响力最大的机器。到18世纪中叶，它已经发展为最完美的机器。时钟的诞生和完善很好地界定了始技术阶段的开端与终结。至今，时钟依然是精密自动的典范。

如果不是在重要性上，至少在时间顺序上仅次于时钟的是印刷机。卡特[1]清楚地介绍了相关的史实，出色地总结了印刷机的发展："在世界上所有伟大的发明中，印刷术是最具有世界性和国际性的。中国发明了纸，最早试验了雕版印刷术和活字印刷术。朝鲜首先使用了金属铸版印刷术。印度的语言和宗教为最早的雕版印刷提供了材料。土耳其是把雕版印刷术推广到全亚洲的最重要的力量之一。在近东，已知波斯和埃及两地在雕版印刷术传到欧洲前就有了这种工艺。阿拉伯人把纸从中国带到欧洲，为印刷术铺平了道路……在基督教世界中，佛罗伦萨和意大利是最早开始制造纸张的。至于雕版印刷术及其在欧洲的开端，俄国声称自己是传播渠道，且有最古老的权威做支撑，但意大利也有强有力的证据说明它是传播渠道。德意志、意大利和荷兰是欧洲最早的雕版印刷艺术中心。荷兰和法国也像德意志一

---

[1] 卡特（Carter），美国学者，1925年出版《中国印刷术的发明和它的西传》一书。

样，声称试验过活字印刷术。这个发明在德意志臻于完善，之后传向全世界。"

15世纪40年代，谷登堡及其助手在美因茨完善了印刷机和活字印刷术。1447年的一份天文历是可以确定年代的谷登堡印刷术的最早证据。不过，在谷登堡之前，科斯特（Coster）在哈勒姆可能已经采用了一种略逊一筹的印刷方法。印刷术的一个决定性改进是发明了手工模具来铸造统一的金属字模。

印刷术从一开始就是完完全全的机械成就。不仅如此，它还是后来所有用于复制的工具的原型。印刷品是第一个完全标准化的批量制造品，比军装还早。活字本身是第一种完全标准化、可替换的部件。印刷术在各个方面都是名副其实的革命性发明。

到50年代末，仅在德意志一地就有1 000多台公共印刷机，还不算修道院和城堡里的印刷机。尽管努力做到保密，希望建立垄断，但印刷术还是迅速传到了威尼斯、佛罗伦萨、巴黎、伦敦、里昂、莱比锡和美因河畔法兰克福。虽然树大根深的抄写行业构成了强大的竞争，但没有税收和行会规则的束缚是印刷的一大优势。印刷适合大规模生产。15世纪末，纽伦堡的一家大型印刷厂有24台印刷机和100名雇员，包括排字工、印刷工、校对员和装订工。

与口头交流相比，任何书面形式都能节省大量人工，因为它不受时间和空间的限制，可以由读者在自己方便的时候阅读。读者可以随时中断阅读，或重复阅读，或着重细读某个部分。印刷产生多份同样的书面记录，因而增加了该书面记录的安全性和永久性，并扩大了它的传播范围，节省了时间和精力。因此，印刷品迅速成为新的传播媒介。印刷文字排除了手势和讲话人的干扰，促进了分析和隔离的方法。这是始技术思想的主要成就，奥古斯特·孔德甚至因此将这个时代称为"形而上学"时代。到 17 世纪末，计时和记录在通信艺术中合二为一，新闻稿、市场报告、报纸和期刊遂应运而生。

在把人从当时当地的支配下解放出来这件事上，印刷书籍起到的作用比任何其他手段都大。书籍通过发挥这个作用，推动了中世纪社会的分裂。纸面上的东西比实际事件给人的印象更深。人们只顾看印刷文字，却失去了感官与心智、图像与声音、具体与抽象之间的平衡。这种平衡一度在米开朗琪罗、达·芬奇、阿尔伯蒂这几位 15 世纪头脑最出类拔萃的人身上得到了实现，然后就消失不见，被印刷文字取代。只有书本上有的才算存在，世界的其余部分逐渐隐入暗影。学习成了读书。由于印刷，书籍的权威进一步扩大。知识传播的范围扩大了，但舛误也同样广为流传。书本和第一手经验完全脱节。现代最早的伟大教育家之一约翰·阿姆斯·夸美纽斯甚至提倡给孩子看图画书，将其作为恢复平衡、提供必要的视觉联想的手段。

不过，这场革命不是由印刷机单枪匹马促成的。纸张的作用几乎同等重要，因为它的用途远远超过印刷品。使用动力机器生产纸张是始技术经济的一个重要发展。有了纸张，人们不再需要面对面接触。债务、契约、合同和新闻都写在纸上。因此，封建社会依靠一代代严格保持的习俗来维持，但英格兰用一个简单的办法就废除了封建社会的最后残余：要求按习俗对公共土地占有份额的农民出示文件证明。习俗和记忆现在都要让位于文字。现实意味着"白纸黑字"。契约里写了吗？如果写了，就必须履行。如果没写，就不必理会。资本主义通过把交易落实在纸上，终于可以对时间和金钱实行并保持严格的会计。商人阶层及其助手现在需要接受的教育实质上就是熟练掌握读、写、算。纸的世界形成了。落在纸面上成为思想和行动的第一步，可惜经常也是最后一步。

纸能节约空间，节约时间，节约劳力，最终节约生命。它在工业主义的发展中发挥了独特的作用。习惯了印刷品和纸张后，思想丧失了一部分自由流动的四维有机特征，变得抽象、绝对、僵化，满足于纯文字的叙述，对以前从未考虑过其具体相互关系的各种问题也仅追求纯文字的解决。

与时钟和印刷机这些基本机械发明一同到来的还有同样重要的社会发明——大学这种国际性知识合作组织。1100 年，博洛尼亚大学最先成立；1150 年，巴黎大学成立；1229 年，剑桥大学成立；1243 年，萨拉曼卡大学成立。自萨莱诺和蒙彼利埃成立医学院开始，虽然现代意义上最早的技术学校并非只有医学院，但技术和科学每个领域的先驱者中都有医生的身影。他们在医学院受过自然科学训练，学会了观察自然。从帕拉塞尔苏斯、安布鲁瓦兹·帕雷、卡丹、《论磁》的作者吉尔伯特、哈维、伊拉斯谟·达尔文，一直到托马斯·杨和罗伯特·冯·迈尔，这些人都是医生。16 世纪又出现了两项社会发明：科学院和工业展览会。第一个科学院是 1560 年在那不勒斯创立的自然奥秘科学院；第一次工业展览会于 1569 年在纽伦堡市政厅举办，第二次工业展览会于 1683 年在巴黎举办。

通过大学、科学院和工业展览会，人们对精确工艺和科学开展了有系统的探索，对新成果进行了合作开发，为新的调查研究提供了共同的基础。还必须加上另一个重要机构：实验室。实验室创造了一种新型环境，把房间、书房、图书馆和工场的资源聚拢在一起。发现和发明与任何其他形式的活动一样，是有机体与周围环境的互动。新功能需要新环境，而新环境通常会刺激、集中和延续相关的活动。到17 世纪，这样的新环境已经形成。

对技术影响更直接的是工厂的建立。直到 19 世纪，工厂一直被叫作 mill[1]，因为我们所说的工厂是通过将水力用于工业活动而发展起来的。工厂是一座与住房和工匠作坊分开的中心建筑，大批工人在这座建筑里从事各种需要大规模合作的必要工业活动，这种合作是现代意义上的工厂与工场的最大区别。在这一关键的发展中，意大利人再次走在前列。过去也是他们率先开凿了运河，修筑了碉堡。不过，到 18 世纪，瑞典的五金制造厂达到了大规模经营的水平，后来博尔顿在伯明翰的工厂也是一样。

工厂简化了原材料的收集和制成品的分配，还推进了技能的专业化和生产过程的分工。最后，它为工人提供了一个聚会场所，部分缓解了城镇行会垮台后手工艺人的孤立无助。工厂身兼两角：它和新式军队一样，是机械化严格管理的重要力量；它也体现了与新工业方法相适应的真正的社会秩序。两个角色无论哪个都是意义重大的发明。一方面，工厂作为以营利为目标的股份公司，为资本主义投资提供了新的动机，也为统治阶级提供了强有力的武器；另一方面，工厂是一种新的社会一体化中心，生产的高效协调在这里成为可能。这在任何社会秩序下都是可贵的。

从大学到工厂，各个机构产生的一致与合作大大增加了社会中有效能源的数量。能源不是单纯的物质资源，而是这些资源在全社会范围内的协调应用。像中国人培养的那种以礼待人的习惯可能也会大大

---

[1] 在英文中，mill 一般指磨坊，而磨坊通常用水力驱动。——译者注

提高效率。它相当于一种经济利用燃料的方法。社会和机器一样，一旦润滑和传输出现失败，就有可能导致灾难。为了进一步开发机器，必须发明与技术本身相适应的社会组织。19世纪揭示了这种社会组织及其金融孪生子——联合股份公司——的严重缺陷，然而这无损原来发明的重要性。

时钟、印刷机和高炉是始技术阶段的重大发明，其重要性可与下个时期的蒸汽机或新技术阶段的直流发电机和无线电相比。但是，除了它们以外，还有许多别的发明，那些发明也很有意义，不能称之为小发明，哪怕其应用没有达到发明者的预期。

这些发明中有相当一部分是列奥纳多·达·芬奇那想象力丰富的大脑产生或发展起来的。生活在始技术阶段中期的达·芬奇总结了在他之前的工匠和军事工程师的技术，发表了大量科学洞见，释放了无尽的创造才智。若把达·芬奇的发明和发现分类记录下来，几乎能勾勒出现代技术的整个结构。那时的达·芬奇并非孤军作战，身为军事工程师的他充分利用了专业内的共有知识。达·芬奇也并非对后来的时期全无影响，因为有些人很可能参考并利用了他的手稿，却不肯费心特意表示感谢。达·芬奇体现了下一个时期的各种力量。他对鸟类的飞行做了最早的科学观察，设计并制造了飞行器，还设计了第一个降落伞。他一心想征服太空，尽管他并不比与他同时代默默无闻的 G. B. 丹蒂更成功。达·芬奇对实用设备很感兴趣。他发明了缫丝机和闹钟。他设计的动力织机离成功只有一步之遥。他还发明了独轮车、灯罩和航海日志。有一次，达·芬奇向米兰大公提出了一个为工人大规模建造标准化住房的计划。他甚至做了用于玩乐的发明，例如他设计的水鞋。达·芬奇是无与伦比的机械师。减摩滚动轴承、万向接头、绳带传动、环链、锥齿轮和螺旋齿轮、连续运动车床，这些都是达·芬奇那善于分析的大脑的产物。的确，达·芬奇作为技术家的活跃才华远超他作为画家那冷静的完美。

即使在工业开发不那么高尚的一面，达·芬奇也是开先河者。他不仅想成名，还想快速致富。"明天一早，1496年1月2日，"他在笔记中这样写道，"我将做出皮带，并进行测试……每小时做400根针，乘以100就是每小时4万根，12小时48万根。假如生产400万根针，每1 000根卖5索里第，那就是2万索里第。每个工作日1 000里拉。如果一个月工作20天，一年就是6万达克特。"只要有一项发明获得成功，自由和权力就手到擒来。这样的美梦后来引诱了不止一个敢想敢干的人，尽管他们努力的结果经常和达·芬奇的发明一样没有下文。达·芬奇对战争的贡献也不可小觑。他发明了蒸汽大炮、风琴炮、潜艇，还对当时的常用器械做了详细改进。这些发明所代表的兴趣不仅没有随着工业主义的发展而消失，反而因之得到了充实和加强。即使在达·芬奇的工程师身份和艺术家身份不断打架这件关于他生平的大事上，达·芬奇也代表了新文明中固有的大多数矛盾：一方面对内心自我开始浮士德式的探索，另一方面靠金融、军事和工业力量获得满足。

达·芬奇的情况并非独一无二。一大批技术家和发明者都和他一样热心于发明，并抱有同样的期盼。1535年，弗朗切斯科·德尔·马尔基（Francesco del Marchi）发明了第一个潜水钟；1420年，约安内斯·丰塔纳描述了一种战车或坦克；1518年，《奥格斯堡记事报》中提到了消防车。1550年，帕拉第奥（Palladio）设计了西欧已知的第一座悬索桥，达·芬奇在他之前设计出了吊桥。1619年，发明了制瓦机；1680 年，发明了第一台动力疏浚机。在 17 世纪末之前，法国军人德热纳（De Gennes）发明了动力织机。另一位法国医生帕潘（Papin）发明了蒸汽机和轮船。（要更全面地了解 15—18 世纪始技术时期内容丰富的发明，见"发明清单"。）

这些只是始技术发明的巨大宝库中的几个例子。它们是种子，有的破土而出，有的因为风、天气和时机而在干燥的土壤里或岩石的罅隙中休眠。大多数发明都被归入后来的时期，部分是因为它们到那时才产生成果，部分是因为最先研究机械革命的历史学家虽然知道自己那代人的时间内做出的巨大进步，却对那些进步背后的准备工作以及相关成就一无所知，而且对准备时期也不够重视。另外，本来有一些手稿、书籍和手工制品能够纠正他们的认知，但他们通常对那些并不熟悉。所以，早已在意大利做出的发明却被认为是在英国原创的。19 世纪也因此常常给自己戴上本来属于 16 世纪和 17 世纪的桂冠。

一位发明者无论是何等天纵奇才，也很少能凭一己之力做出发明。一项发明是无数人在不同的时候，经常怀着不同的目的接续努力的产物。因此，说某项发明是某个人做出的仅仅是一种比喻。这是个方便的谎言，谬误的爱国情感助长着它，专利垄断制度支持着它。发明是个复杂的社会过程，但由于专利制度，位于这个过程最后一环的那个人得以获取特别的经济奖励。一架完整的机器是多重努力的集体产物。据霍布森所言，现在的织布机集合了大约 800 项发明，现在的梳棉机有约 60 项专利。对国家和一代又一代的人来说亦是如此。知识与技能的共同积累超越了个人或国家的界限。若是忘记这个事实，不仅是将迷信奉上神坛，而且破坏了技术本身至关重要的全球性基础。

特意谈及始技术发明的范围和功效不是要淡化历史和遥远的地方给予这些发明的助益，只是想表明，等到人们普遍意识到建起了桥的时候，桥下逝水已不知几何。

8. 弱点与优势

始技术制度的首要弱点不是动力效率不高，更不是缺乏动力，而是动力的不规律。始技术经济依赖常年的强风和稳定的水流，这令它的扩大和普及受到限制，欧洲有些地区就从未从这种经济中充分获益。玻璃制造和冶金对木头的依赖导致动力供应在 18 世纪末陷入低谷。俄国和美国的森林或许延迟了始技术经济的崩溃。的确，始技术经济靠森林延长了在这两个地区的统治，但仍然无法避免燃料供应的稳步消失。假若 17 世纪的勺轮能更早地发展为富尔内隆的高效水轮机，水也许一直会是动力系统的顶梁柱，直到电力发展起来后，水有了更广的用途。不过，还没走到这一步，人们就发明了蒸汽泵发动机。有意思的是，蒸汽泵发动机最早不是被用在矿井里，而是在五金厂里用来提水，将水倾泻而下，去推动常规的始技术水轮。随着社会在时间上的协调日益紧密，风和水流的不规律会打乱时间安排，所以成了一大缺陷。风车最后在荷兰失势，因为它与劳动法规难以调和。营商距离不断增加，商业合同又重视时间因素，更加可靠的动力手段因此成为经济上的必需。拖延和停工都会带来高昂的代价。

但是，始技术制度的社会弱点同样严重。首先，新工业不受旧秩序的制度控制。例如，玻璃制造因为一直位于森林地带，所以通常不受城镇行会的限制。玻璃制造从一开始就有半资本主义的基础。同样，采矿和冶铁也几乎从一开始就受资本主义生产制度的管理。矿山生产即使不靠强迫劳动或奴役劳动，也在市政管辖之外。印刷同样不受行会规则管理。就连纺织工业也逃去了乡间。工厂（factory）一词来自代理商（factor）。这种商人向别人出租原材料，有时还出租生产机器，然后买下成品。芒图（Mantoux）指出，新工业一般能逃脱制造业行会规则的约束，甚至不受 1563 年英国颁布的《学徒法令》等国家规定的管辖。因此，新工业是在没有社会管控的情况下成长起来的。换言之，机械进步轰轰烈烈，却破坏了手工业行会费尽力气才实现的人的状况的改善，而行会本身又逐渐式微，因为资本主义垄断的发展在不断加大雇主与工人之间的差距。机器具有反社会偏向。由于它的"进步"特性，它倾向于对人类进行更赤裸裸的剥削。

作为旧经济支柱的纺织工业是一个很好的例子。始技术制度的优势和弱点在纺织工业的技术发展和社会解体及衰败中显示得明明白白。

纺织工业和采矿业一样，做出的改进最多。虽然进入 17 世纪很久仍在用纺纱杆纺线，但纺车 1298 年即已从印度传入欧洲。在接下来的那个世纪，纺纱机和缩绒机也被引入了欧洲。据厄舍所说，到 16 世纪，缩绒机还担起了公共洗衣房的角色。缩绒工利用业余时间为村民洗衣服。达·芬奇在 1490 年前后做出了纺锤用的锭翼这个重要发明。纺织工业权威 M. D. C. 克劳福德甚至说："没有这个充满灵感的草图，也许后来的纺织机械不会发展成今天的样子。"不伦瑞克的木雕师约翰·于尔根在 1530 年前后发明了一种带锭翼的半自动纺车。

　　在达·芬奇之后，发明者接连不断地投入对动力织机的研究。但直到凯（Kay）发明了飞梭后，动力织机才真正成为可能。在后来的80多年间，飞梭大大提高了手工织布工人的生产力，直到蒸汽动力终于被成功应用于自动织机。在但泽（格但斯克的旧称）发明、后来引入荷兰的窄幅织带机是向着这个方向努力的一个成果。但严格来说，贝尔（Bell）和蒙蒂思（Monteith）发明的动力织机是古技术阶段的产物，而通常被誉为独自发明了动力织机的教士卡特莱特在最终产生了自动织机的一长串改进中仅是个次要角色。虽然在14世纪已经开始用机器纺线，但第一台成功的棉纺机直到1733年才被制造出来，并在1738年获得专利。那时的工业仍使用水力作为原动力。这一系列发明其实是始技术阶段最后的馈赠。桑巴特把资本主义的转折点定为重心从有机的纺织工业转向无机的采矿业的时刻。这个时刻同样标志着从始技术经济向古技术经济的过渡。

　　纺织工业还有一组发明必须提及：16世纪针织机械的发明。手工编织起源不详，这门手艺即使在15世纪之前已经存在，也没有起到多大作用。针织可能是欧洲对纺织工业做出的最具特色的贡献，并且属于第一批实现机械化的工艺，这是因为另一位聪明的英国教士发明了针织机架。针织利用棉线的弹性，制成的纺织品紧贴人的躯体，并随着肌肉的运动扩展或收缩。针织通过增加棉线内部和棉线之间容纳空气的空隙提高了温暖度，却没有增加织物的重量。针织的长筒袜和内衣，更不用说还有更普遍的轻便可洗的棉织紧身衣，都是始技术时期对舒适和清洁做出的特有贡献。

　　在蒸汽机问世之前，纺织工业的发明就在稳步进行。与此同时，纺织工人的地位却直线下降，因为他们的技能被机器替代，也因为对生产过程的政治控制发生了解体。第一点也许在比纺织工业分工更细的产业中表现得更为明显。

工场手工业（manu-facture）是有组织和分工的手工劳动，在大型机构内进行，也许用，也许不用动力机器。生产过程被切分为一系列专门工作，每一项工作都由专门的工人负责。工人只履行有限的职能，生产能力因此相应提高。这种分工其实是对工作流程的一种经验分析，将其分解为一系列简化的人工动作，然后即可将这些动作转化为机械操作。经过这样的分析，用机器重复整个生产流程变得更加可行。人类劳动的机械化实际上是向机器拟人化迈出的第一步，这里的拟人化指赋予自动机一些类似生命体的机械能力。生产流程的分解产生的短期效果是可怕的非人道化，连最繁重的手工业劳动都无法与之相比。马克思对此做了出色的总结。

马克思写道："简单协作大体上没有改变个人的劳动方式，而工场手工业却使它彻底地发生了革命，从根本上侵袭了个人的劳动力。工场手工业把工人变成畸形物，它压抑工人的多种多样的生产志趣和生产才能，人为地培植工人片面的技巧，这正像在拉普拉塔各州人们为了得到牲畜的皮和油而屠宰整只牲畜一样。不仅各种局部劳动分配给不同的个体，而且个体本身也被分割开来，成为某种局部劳动的自动的工具……起初，工人因为没有生产商品的物质资料，把劳动力卖给资本，现在，他个人的劳动力不卖给资本，就得不到利用。"[1]

这就是始技术时期更多地使用动力和机械所产生的过程和结果。

---

[1]　这段话引自《资本论》（第一卷），［德］马克思，人民出版社，2018 年。

它标志着行会制度的完结和雇佣劳动的诞生。它标志着工场内部纪律的终止，这种纪律由师父和刚出师的工匠通过学徒制度、传统授技和对产品的共同检查来推行。同时，它又显示了工人和工场手工业者为了私人获利而强加的一种外部纪律的开端。这种纪律制度适于技术改进，也几乎同样适于弄虚作假和降低生产标准。这一切构成了下滑的一大步。18世纪期间，纺织工业的下滑迅速而猛烈。

总而言之，虽然从机械角度看，工业变得更进步，但从人的角度来看，它起初却是一种退步。阿瑟·扬（Arthur Young）指出，在这个时期即将终结时，大庄园推行的先进农业试图在田野上确立和车间一样的标准，想做到操作专门化和生产过程的分工。若想知道始技术时期的最佳面貌，也许应该看这一进程开始之前的13世纪，或者至少看16世纪末。那时的普通工人虽然节节败退，失去了自由、自主和立身之本，但他们桀骜不驯、足智多谋，仍然有反抗之力或能够打出自己的天地，而不是逆来顺受地被套上枷锁变成机器，或者累死累活与机器产品竞争。工人的落魄潦倒直到19世纪才彻底完成。

当然，对始技术经济的缺陷不能视而不见，包括出现了更强大、更精确的武器和更精巧的刑具，两者都成了服务于病态的野心和腐败的意识形态的工具。对这些问题固然不能无视，但也绝不能低估这个时期的真正成就。正如当时的瑞典工业家普尔海姆（Polhem）所指出的，新的生产工序的确节约了人力，减少了体力劳动的数量和强度。这是通过用水力取代人工来实现的，"相对成本效益增加了100%，甚至1 000%"。若是拿现在的几百万马力与当时的几千马力相比，拿今天工厂生产的海量货品与过去工场不大的产量相比，仅从数量上看，对收益的估计很容易偏低。但是，要对这两种经济做出正确的判断，还必须有定性标准。不能只看投入了多少纯能量，也要看那些能量有多少被用在了生产耐用品上面。始技术制度的能量并未烟消云散，它的产品也未被很快扔进垃圾堆。到17世纪，它把北欧的森林和沼泽改造成一片树木掩映、阡陌纵横、村落园地星罗棋布的景象。井然有序的人工风景取代了单调的草地和杂乱的森林。同时，人的社会需求创造了数百个新城市。这些城市房屋牢固、地方宽敞，即使破败了，那种敞亮、整齐和美丽仍是后来新建城镇的那种污秽杂乱所不能比的。除了河流，还开凿了数百英里的运河。除了北部沿海地区的填海造地，还修建了安全港，灯塔体系也开始成形。这一切都是实实在在的成就，是做工精良的艺术品。它们保持了当时的社会状态，推迟了人的所有事物都必须面对的最终命运。

在这一时期，公用事业为机器提供了充分辅助。水磨提供了更多动能，堤坝和排水沟创造了更多可用的土地。如果说运河便利了运输，那么新兴城市则推动了社会交往。每个活动领域都达到了静态与动态、乡村与城市、生命与机械之间的平衡。所以，衡量始技术时期的收益不能只看年能量转换率或年生产率。始技术时期的许多产品如今仍在使用，仍完好如初。一旦把始技术产品较长的寿命考虑进来，那个时期的重要性就大为增加。始技术时期用时间弥补了它在动力上的不足，它的产品经久耐用。始技术时期也并未因缺少动力而把大量时间投入生产。它取得的那些成就完全不是夜以继日苦干的结果，天主教国家的民众每年大约有100天是在家休息的节日。

到17世纪，能源过剩有多丰富，从荷兰园艺学的高度发达中可见一斑。粮食短缺的时候，人不会不种粮食，而去种花。在这一时期，新工业所到之处直接丰富和改善了当地社区的生活，因为艺术和文化没有因对环境控制的加紧而瘫痪，而是得到了更充分的营养。还有什么能够解释文艺复兴时期艺术创作的大爆炸呢？特别是考虑到当时的文化疲软无力，所谓的创作冲动都是模仿性、衍生性的。

始技术文明直到18世纪进入衰退之前，其目的从来都不是单纯地获得更大的力量，而是要更痛快地享受生活。不仅有武器、思想和探险方面的大胆尝试，还有颜色、香气、图像、音乐和性高潮。美好的形象比比皆是：田野里怒放的郁金香、新割下的干草的清香、丝绸衣服下肉体的起伏或少女乳房的弧度。海上黑云飞速驰过，呼啸的风砭人肌骨，或者宁静的蓝天白云在运河、池塘和水道那柔顺的水面上留下清晰的倒影。所有感官感觉都得到了精炼。到这一时期即将结束时，中世纪晚餐那几道重复的菜肴变成了一整套程式，从刺激唾液分泌的开胃菜到标志吃饱喝足的甜食。触觉也更加精致：丝绸更为普遍，来自印度的最轻薄的达卡细布取代了粗糙的毛织品和亚麻制品。同样，精致光滑的中国瓷器取代了比较笨重的代尔夫特瓷器、马约利卡瓷器及普通陶器。

花园里的花卉提高了视觉和嗅觉的敏感度，粪堆和人的粪便因此更难忍受，始技术时期的各种改善带来的家居整洁的习惯于是进一步加强。早在阿格里科拉的时代，他就观察到，"大自然提供的河流或溪流可以有很多用途，可以用木管把用之不竭的水接入家中的澡盆"。嗅觉的精细达到如此的高度，卡斯泰尔神父甚至提出了制造气味羽管键琴的主意。人们不会用肮脏油腻的手去触摸书籍或其他印刷品，从16世纪和17世纪流传下来的一些翻旧了的书就是证明。

为加强清洁感，改善触觉和味觉，就连厨房里过去粗糙的铁锅也换成了铜锅铜盆，被勤劳的厨娘或家庭主妇擦拭得能照出人影。但最重要的是，眼睛在这一时期得到了训练，有了提高。眼中的愉悦甚至能为视觉以外的功能提供服务，推迟那些功能的发挥，给观者一个更充分沉浸其中的机会。饮酒人啜饮杯中酒之前，先凝神注视酒的颜色。看到恋人的愉悦暂时淡化了占有的欲望，恋爱因此越发热烈悠长。在这一时期，木刻和铜版画风行一时，即使是庸俗之作，很多也颇具功底，很多作品有真正的出彩之处。同时，油画是描绘思想和情感生活的主要手段之一。人无论贫富，都明白并努力培育玩乐的精神。工作的信条即便是在这个时期形成的，也不占支配地位。

这种感官的大幅扩大，这种对外部刺激更敏锐的反应，是始技术文化的主要成果之一。它至今依然是西方文化传统的一个重要组成部分。这样的感官表现缓和了始技术阶段向知识抽象主义的发展趋势，与静心寡欲、否定六感形成深刻对比，后者是始技术阶段之前宗教规则的特征，到19世纪再次成为占支配地位的信条和生活方式。文化与技术虽然通过人的活动密切相连，却常常如同地质学中的不整合地层一样各自为政，岁月流逝中发生的演变也各不相同。然而，在始技术阶段的大部分时间里，技术与文化相对和谐。除矿山和战场之外，技术与文化主要为生活服务。机械化与人道化之间的撕裂、一心自我扩大的力量与推动更广泛地实现人类自身价值的力量之间的撕裂已经出现，但其后果尚未完全显露。

第四章　古技术阶段

1. 英国后来居上

到 18 世纪中叶，改变了人类思维模式、生产手段和生活方式的根本性工业革命大功告成。对外部的自然力量实现了掌控。在西欧大地上，磨坊、织布机和纺纱机星罗棋布、一片繁忙。现在到了巩固迄今做出的伟大进步，将其系统化的时候了。

此刻，始技术制度的根基已经动摇。一场新运动在工业社会悄然出现。这场运动自 15 世纪以来逐渐加速，却几乎没有引起注意。1750 年以后，工业进入了新阶段，能源、材料和社会目标都与之前不同。由于第二场革命，第一场革命产生的方法和产品成倍增加，得到普及，并广为传播。最重要的是，第二场革命的发展方向是生活的量化，它的成功只能用增量来衡量。

整整一个世纪，被格迪斯称为古技术时期的第二次工业革命号称做出了众多进步，享誉无限，但其实许多进步是在它之前的几个世纪中做出的。1760 年后，似乎各项发明莫名其妙地如雨后春笋般突然出现。相比之下，之前的 700 年通常被视为停滞期，其间只有小规模手工业生产，能源匮乏，没有任何重大成就。这个概念是怎么流行起来的？我认为，一个原因是 18 世纪发生的重大变化令过去的技术方法黯然失色。但是，主要原因可能是这个重大变化最先在英国发生，而且发生的速度最快。亚当·斯密在世时为时尚早，无法对这一变化做出评价。在他之后观察新工业方法的经济学家或是不了解西欧的技术发展史，或是故意贬低它的重要意义。历史学家不知道英国受了别国多大的恩惠：亨利八世的英国海军舰船是意大利造船厂造的；英国的采矿业引进了德国矿工；英国在建设供水系统和制订清理土地的计划方面多亏了荷兰工程师的帮助；英国的丝绸厂得益于意大利模式，因为托马斯·洛姆（Thomas Lombe）将其照抄了下来。

事实上，在整个中世纪，英国在欧洲都属于落后国家之一。它位于伟大的大陆文明的边缘，在南欧自 10 世纪开始的工业和城镇发展大潮中仅稍有沾润。作为羊毛生产中心，在亨利八世时代，英国是原材料生产国，而不是全面发展的农业和制造业国家。亨利八世对修道院的破坏更是拖了英国的后腿。直到 16 世纪，各行各业的商人和企业家才开始大规模地开发矿山、磨坊和玻璃制造厂。除了针织，始技术阶段的决定性发明或改进几乎没有一项来自英国。英国对新的思想方法和工作方法的第一个伟大贡献来自它在 17 世纪产生的灿若群星的杰出科学家：吉尔伯特、纳皮尔、玻意耳、哈维、牛顿和胡克。到 18 世纪，英国才比较深入地参与了始技术进步。英国的园艺学、园林建造、运河开凿，甚至工厂的组织都是一到三个世纪之前发源于欧洲其他地区的。

由于始技术制度几乎没有在英国扎根，所以那里对新方法和新工艺的抵制比较小，与过去决裂比较容易，也许是因为没有多少可与之决裂的东西。英国原来的落后帮助确立了其在古技术阶段的领导地位。

2. 新野蛮状态

前面看到，早期的技术发展并非与过去一刀两断。恰恰相反，它汲取、借用和吸收了包括一些非常古老的文化在内的其他文化的技术革新。它的产业模式融入了主要的生活模式。16 世纪对金、银、铅、锡的开采热火朝天，但那个文明不能叫采矿文明。手工艺人从工场走到教堂，或离开屋后的园子，漫步在城外田野上的时候，他的世界并没有完全改变。

另一方面，古技术工业产生于欧洲社会的解体，并推动了解体过程的完成。人的兴趣从生命价值急转向金钱价值。以前蛰伏在人心深处、很大程度上仅限于商人和有闲阶级的那些兴趣现在遍及各行各业。工业只提供生计已经不够，还必须让人发财。工作不再是生活的必要组成部分，而是成为一个至关重要的目的。工业转移到英国新的区域中心，离开城市，去了衰败的地区或规则管理鞭长莫及的乡村地区，如约克郡那些水力充沛的荒凉山谷和其他更荒凉、更肮脏，但有煤层的山谷。这些地方成为新工业主义的发展环境。无立锥之地、无传统可依的无产阶级自 16 世纪以来不断扩大，现在他们来到这些新地区，投入了新工业生产。如果没有农民做劳动力，市政当局很乐意提供乞丐。如果不必用成年男子，就雇用女工和童工。这些新建的工厂村镇，甚至没有古老人类文化的死亡纪念碑。除了没完没了的苦工，没有别的生活和出路。工作本身只是重复性的单调动作。环境肮脏污浊。这些新工业中心的生活空虚野蛮到极致。这样的生活与过去决裂得干净彻底。人们从生到死都被困在煤矿或棉纺厂周围。他们每天在矿里或厂里劳动 14~16 个小时，浑浑噩噩，没有希望，满足于能果腹活命的面包皮，盼着在梦中获得短暂的慰藉。

工资本来就仅够温饱，新工业中来自机器的竞争又将其进一步压低。19 世纪早期，工资是如此微薄，以至于纺织品贸易一度推迟了动力织机的引入。农业工人失去了土地，沦为赤贫，因而出现工人过剩。似乎这还不足以加强"铁的工资规律"，生育率又开始大幅上升。这波人口增长的原因至今不明，目前没有任何理论能充分解释这一现象。但是，一个明显的动机是失业的父母要靠孩子挣钱养活。新的矿工或工厂工人逃脱不了穷困潦倒、一贫如洗的枷锁。深入采矿业肌髓的奴役性扩散到所有的附属行业。挣脱这样的枷锁不仅需要运气，还需要心智。

于是，文明史上出现了一种空前的现象：不是高级文明衰败后陷入野蛮状态，而是上升入野蛮状态。支持这种上升的正是原来致力于征服环境、改善人类文化的力量和兴趣。这种变化是在哪里发生的？在何种条件下发生的？它代表着自中世纪黑暗时代以来欧洲社会发展的最低点，但它又是如何被视为仁慈有益的进步的？这些问题必须得到解答。

就概念和目的而言，我们所说的古技术阶段在 19 世纪中叶的英国达到巅峰。它的成功标志是 1851 年在海德公园新建的水晶宫举办的大型工业展览会——第一届世界博览会。那次世博会显然代表着自由贸易、自由企业、自由发明的胜利，也是自称世界工厂的英国自由进入世界上所有市场的胜利。大约 1870 年后，古技术阶段的典型兴趣和关注遇到了技术进步的挑战，也受到了社会中各种平衡力量的纠正。不过，它和始技术阶段一样，至今犹存。事实上，在世界的某些地方，如日本和中国，它甚至被视为新生、进步、现代的东西。在俄国，列宁的追随者本来规划了先进的经济，却被残存的古技术概念与方法的糟粕引入歧途，甚至造成了经济的部分瘫痪。在美国，古技术制度直到 19 世纪 50 年代才建立起来，几乎比英国晚一个世纪，在 20 世纪初达到高峰。在德国，古技术制度从 1870—1914 年占据统治地位。古技术制度也许在德国发展得最充分、最彻底，但它崩溃的速度在德国也比在世界任何其他地方都快。除了煤炭和钢铁中心之外的法国逃脱了古技术阶段最糟糕的影响。荷兰则是与丹麦和瑞士的某些地区一样，几乎直接从始技术经济一跃进入新技术经济。这些地方除了鹿特丹这样的港口以及矿区之外，都大力抵制古技术之祸。

简而言之，古技术复合体无法干净利落地被归入一个时间段，不过，若是把 1700 年当作开端，把 1870 年当作上升曲线的顶点，把 1900 年当作加速下滑的起点，应该与事实相去不远。亨利·亚当斯试图把物理学的相律应用于历史事实，我们在不接受其任何含义的情况下，可以同意，至少到目前为止，发明和技术改善的进程在加速。如果说始技术阶段为时大约 800 年，那么古技术阶段应当短得多。

3. 煤炭资本主义

18 世纪，人口和工业双双发生巨变，原因是引进了煤炭作为机械动力，使用了有效利用这种能源的新手段——蒸汽机，还发展出了新的熔铁炼铁工艺。从这个煤铁复合体中诞生了一个新文明。

煤炭的使用与新技术世界中的许多其他因素一样，可以回溯到很久以前。泰奥弗拉斯托斯（Theophrastus）就曾提到过煤炭。公元前 320 年，锻工就使用了煤炭。中国人不但用煤来烧制瓷器，甚至利用天然气来照明。煤炭本身是一种独特的矿物。除了贵金属之外，煤是在大自然中能够找到的少数没有氧化的物质之一，同时它又特别容易氧化。按重量来算，煤比木头更易于储存和运输。

早在 1234 年，纽卡斯尔的自由民就得到了挖煤的特许状。14 世纪出台了一项法令，要管理煤在伦敦造成的各种不便。500 年后，煤成为玻璃制造、酿酒、蒸馏、榨糖、制皂、炼铁、染色、制砖、烧石灰、铸造和印花等行业普遍使用的燃料。但与此同时，人们发现了煤的一个更重要的用途。17 世纪初，达德·达德利（Dud Dudley）试图用煤取代木炭来炼铁。1709 年，贵格会教徒亚伯拉罕·达比成功实现了这个目标。高功率高炉因为这个发明而成为可能。不过，这个方法到 18 世纪 60 年代才传到什罗普郡的科尔布鲁克代尔，再传到苏格兰和英格兰北部。下一步制造铸铁需要引进泵，以便更加有效地给熔炉吹风。瓦特发明的蒸汽泵起到了这个作用，随之而来的对铁的需求增加又转而增加了对煤的需求。

与此同时，煤作为家用取暖和产生动力的燃料有了新的用武之地。18 世纪末，默多克发明了生产照明用气的装置后，煤开始取代当时的能源成为光源。木头、风、水、蜂蜡、油脂、鲸油等都慢慢地让位于煤和煤的派生产品，尽管直到电力即将取代煤气照明的时候，韦耳斯拔才发明出高效的燃烧器。煤可以挖掘出来，并储存很久以后再用，这样，工业就几乎完全不受季节变化和无常天气的影响。

在地球经济中，大规模开挖煤层意味着工业第一次开始依靠来自石炭纪时期蕨类植物的能源，而不是现有能源。抽象地说，人类获得了比印度群岛所有的宝藏都更辉煌的资本遗产，因为即使按照现在的使用速度，估计目前所知的煤储量也够用 3 000 年。然而，具体来看，前景并不那么光明。采煤造成了原来从生长中的植物或风和水中提取能源时没有遇到过的问题。只要英格兰、威尔士、鲁尔和阿勒格尼的煤层依然储量丰富，就可以对新经济的局限性视而不见，但早期轻易获利后，继续维持开采的困难便显现出来。采矿业是掠夺性行业。正如特赖恩（Tryon）和埃克尔（Eckel）指出的，矿主不停地投入资本，随着地表的矿层被挖净，开采矿物和矿石的单位成本变得越来越高。对一个长期文明来说，矿山是最糟糕的基础，因为矿层一旦枯竭，就只能关闭矿井，留下碎石瓦砾，丢弃工棚和房屋。采矿业的副产品是被污染的脏乱环境，最终产品则是被耗竭的环境。

人类突然获得了巨大的煤田这个资本，随即投入了疯狂的开采。煤和铁是枢纽，社会其他功能都围绕着它们运转。19 世纪出现了一连串的"热"——淘金热、采铁热、挖铜热、石油热、钻石热。采矿热的影响遍及整个经济与社会有机体，附属工业也纷纷采取了占统治地位的采矿业的经营方式。采矿热那种不顾一切、一夜暴富、争先恐后的态度扩散到各行各业。美国中西部的富矿农场被当作矿场来开采。森林被伐尽，像它们脚下山体内的矿物一样被开采。人类如同继承了一大笔遗产的醉汉在尽情挥霍。新形成的无序开发和挥霍浪费的习惯传播甚广。无论能源本身是否已经消失，这些新习惯给礼貌和文明造成的破坏都留存了下来。煤炭资本主义造成的心理结果是：士气低落；指望不劳而获；漠视均衡的生产和消费模式；对废墟和垃圾熟视无睹，认为那是人类正常环境的一部分。这些显然都有害无益。

4. 蒸汽机

古技术工业在各个大的方面都依赖矿山。矿井的产品统治着古技术工业，决定了具有时代特征的发明和改进。

矿井里有了蒸汽泵，很快又有了蒸汽机，最终有了蒸汽机车，并进一步衍生出了轮船。矿井里还有了自动扶梯和电梯，除矿井外，最初使用升降机的是棉纺厂。另外还有后来用于城市交通的地铁。铁路也是矿井的直接产物。1602 年，英国纽卡斯尔铺设了木轨，不过，这样的轨道 100 年前在德国的矿井里已非常普遍，因为用轨道可以把沉重的矿车轻易地推过矿井内崎岖难行的巷道。1716 年左右，木头轨道包上了可锻铸铁板，1767 年，铸铁栏被取代。（费尔德豪斯注意到，在 1430 年前后的胡斯战争时，已经有了描绘铁板木轨的图画，这也许是一位军事工程师的发明。）铁道、列车和机车最早在 19 世纪初的矿井中被使用，并在一代人的时间后被应用于旅客运输。在新型运输系统的铁轨和枕木所到之处，矿井及其产品随之而至。的确，铁路运输的主要产品是煤炭。19 世纪的城镇在实际上和外观上都成了煤矿的延伸。运输煤炭的成本自然随着距离的增加而升高，所以重工业一般都离煤矿不远。脱离煤矿，就脱离了古技术文明的根源。

1791 年，在瓦特改良蒸汽机后不到一代人的时间里，伊拉斯谟·达尔文医生用下面的诗句对新动能表示了赞美。他那诗人般的狂想将成为下一个世纪最重要的思想：

> 尚未被征服的蒸汽啊，不久，你的手臂
> 就会拉动缓慢的驳船或推动迅疾的车辆；
> 或展开宽阔的翅膀
> 载着飞车飞越天空。
> 飞车上的俊男靓女倚车下望，
> 在空中挥舞飞扬的手帕。
> 或满车的战士令仰望的人群心惊胆战
> 军队在飞车的阴影下胆怯不前。

达尔文医生观察敏锐、预感准确。后来的百年技术史就是蒸汽的历史，在直接和间接意义上均是如此。

为了提高采矿效率，以达到更深的矿层，人们设计出了比人力或马力更强大，比风车或水车更可靠易用的水泵，这样才能抽干巷道里的积水。1575 年，欧洲出版了希罗的《气体力学》（*Pneumatics*）的译本，里面描述了使用蒸汽的装置。16 世纪，波尔塔、卡丹、萨洛蒙·得·高斯等一连串发明家提出了把蒸汽的力量用于工作的各种建议。一个世纪后，第二代伍斯特侯爵专注于发明蒸汽泵发动机（1630年），将其从科学玩具变成了实用的机器。1633 年，这位侯爵获得了他的"水控"发动机的专利。他还准备发明一种供水系统，为伦敦的居民供水，可惜未能成功。但托马斯·萨弗里（Thomas Savery）锲而不舍，他发明的装置"矿工之友"[1]于1698年面世。

法国发明家丹尼斯·帕潘也在做同样的研究。他把他的机器描述为"以低成本创造大量动能的新手段"——目的非常明确。纽科门在此基础上于1712年制造了改良的泵发动机。纽科门的机器狼犺笨重、效率不高，因为它要花费大量热能来制造蒸汽，但它在马力上超过了以前任何一种原动机。通过在生产能源的煤矿上使用蒸汽动力，矿井能挖得更深，却不会淹水。在瓦特到来之前，发明的主线已经确定。瓦特的使命不是发明蒸汽机，而是通过创造单独的冷凝室，利用蒸汽的膨胀压力来大幅提高蒸汽机的效率。瓦特从1765年开始研究蒸汽机，1769年申请了专利，1775—1800年在英国制造了289台蒸汽机。他早期制造的蒸汽机都是水泵。直到1781年，瓦特才专心致力于发明旋转式原动机。他先是在伦敦的一家酿酒厂安装了一台10马力的发动机，然后他的公司于1786年在阿尔比恩面粉厂安装了一台巨大的50马力双动动力机。在不到20年的时间里，由于对动力的需求巨大，他在棉纺厂安装了84台发动机，在毛纺厂和精纺厂安装了9台，在运河工厂安装了18台，在啤酒厂安装了17台。

瓦特对蒸汽机的改良转而促进了冶金技术的改进。那个时代，英国的机械加工极不精确。瓦特制造发动机的气缸时，不得不"容忍一个直径28英寸的气缸有一根小手指宽的误差"。对更好的发动机的需求催生威尔金森（Wilkinson）大约在1776年发明的镗床，以及莫兹利在一代人之后做出了众多发明和简化，包括他对法国人发明的车床

––––––––––––––––

[1] "矿工之友"（Miner's Friend），一种蒸汽泵。

刀架的改进。这些都极大地刺激了机械工艺的发展。顺便提一句，伦尼（Rennie）设计的阿尔比恩面粉厂不仅是第一家用蒸汽研磨小麦的工厂，而且据说是第一家包括轮轴、轮子、小齿轮和竖轴在内的所有设备零件都用金属制作的重要的工厂。

所以，18世纪80年代在不止一个领域标志着古技术复合体的确切定型。默多克的蒸汽客车、科特的反射炉、威尔金森的铁船、卡特莱特的动力织机以及茹弗鲁瓦（Jouffroy）和菲奇（Fitch）的轮船（后者带有螺旋桨）都是在那个十年发明的。

现在必须把用于木头的整套技术在铁这种更难驾驭的材料上加以完善。从始技术到古技术固然要经过几个过渡阶段，但这个过程最终总是要完成的。虽然美国和俄国在19世纪已经过了四分之三的时候仍在用木头作为机车和轮船的燃料，但随着机器的普及，对燃料的需求日益增加，对煤的需求也日益增加。瓦特的蒸汽机每马力耗煤约8.5磅，相比之下，斯密顿（Smeaton）的大气蒸汽机每马力耗煤近16磅。对瓦特蒸汽机的需求因之大增，蒸汽机的使用范围也得到扩大。水轮机直到1832年才趋于完善。在中间两代人的时间里，蒸汽的地位至高无上，一直是高效的象征。就连荷兰也很快引进了高效蒸汽机来协助在须德海填海造地。一旦确立了新规模、新体量和新规律，风力和水力若无其他助力，就完全不是蒸汽的对手。

但是，请注意一个重要的区别：蒸汽机倾向于垄断和集中。风力和水力不用花钱买，煤却价格昂贵，蒸汽机本身又是一大笔投资，它所驱动的机器也所费不赀。矿山和高炉的24小时运作模式进入了本来尊重日夜之分的其他产业。纺织制造商为了尽量扩大投资回报，延长了工作时间。在15世纪的英国，在仲夏时节一般每天工作14小时或 15 个小时，留出 2.5~3 个小时的时间用于娱乐和吃饭。但在新的工厂区，工作日经常是全年 16 个小时，只有一个小时的吃饭时间。新工厂靠蒸汽机运转，用煤气照明，可以 24 小时连轴转。工人为什么不能呢？一切都要跟随蒸汽机。

蒸汽机需要司炉和工程师随时照看，所以大机器比小机器效率高。与其准备 20 台小蒸汽机，需要用的时候再开动，不如让一台大蒸汽机日夜不停。就这样，已经因生产流程的细分而形成的大工厂趋势被蒸汽动力又向前推了一把。由蒸汽机性质决定的大块头于是成为效率的象征。大工业家不仅把"集中"和"巨大"视为由蒸汽机驱动的工业活动的现实，而且相信它们本身就是进步的标志。有了大型蒸汽机、大型工厂、大型富矿农场和大型高炉，效率似乎会直接与规模成正比。"更大"是"更好"的同义词。

但是，蒸汽机还以另一种方式趋向"集中"和"巨大"。铁路增加了旅行距离，提高了运力，增加了运输量，但它所到的地区相对有限。地面坡度只要超过 2%，铁路就会运行不畅，所以铺设铁路一般都在河边和谷底。这会吸引人口流出偏远地区，而在始技术阶段，那些地区本来能够享受公路和运河的便利。随着铁路系统的整合和国际市场的扩大，人们不断涌入作为终点站的大城市以及中转枢纽地和港口城镇。干线的快车服务进一步推动了人口的集中，而支线和乡村地区的铁路服务则逐渐破败、消亡或被故意取消。从乡村的某个地区旅行到另一个地区，经常要先到一个中心城镇，再往回走，像是走之字形。旅行距离是实际距离的两倍。

虽然在铁路出现之前，蒸汽客车就被发明出来，并在英国过去的客运马车车道上投入使用，但它从未真正构成对铁路的挑战：因为铁路甫一出现，英国议会的一项法案就把蒸汽客车逐出了公路。所以，蒸汽动力扩大了城市面积，也推动了新城市社区沿交通运输干线聚集的趋势。帕特里克·格迪斯把这种纯粹的物理人口聚集称为复合城市，它是煤铁制度的直接产物。复合城市必须与城市的社会形态仔细区分开来，它仅仅是因为建筑物和人口的聚集而看似城市社会。衡量这些新地区繁荣的标准是那里新工厂的规模、人口的多少和当时的增长速度。所以，蒸汽机在各个方面都加剧并加深了它诞生前三个世纪期间一直在生活的各个领域缓慢发展的量化现象。到 1852 年，铁路到达东印度群岛；到 1872 年，铁路到达日本；到 1876 年，铁路到达中国。在铁路所到之处，采矿文明的方法和思想紧随其后。

5. 血与铁

铁和煤是古技术时期的主宰。目之所及尽是它们的灰黑颜色：黑色的靴子、黑色的烟囱帽、黑色的客车或马车、黑色的铁制壁炉架、黑色的锅盆炉灶。是哀悼吗？还是保护色？或者仅仅是对感官的压抑？无论古技术环境中的东西原来是什么颜色，都很快被古技术活动产生的烟灰和煤渣染成具有时代特征的灰色、暗褐色和黑色。英国的新工业中心被恰当地称为"黑乡"。到 1850 年，美国的匹兹堡地区周围也呈现出类似的黑色。不久，鲁尔和里尔周围也成了黑色区。

铁无处不在。人们睡在铁床上，早晨用铁脸盆洗脸，用铁哑铃或其他铁制举重器械锻炼身体，在夏普（Sharp）和罗伯茨（Roberts）两位先生的公司制造的铁台球桌上打台球，乘坐铁路机车在铁轨上驶向城市，过了铁桥后到达铁皮屋顶的火车站。在美国，1847年后，就连办公大楼的门面都可能是铸铁造的。在 J. S. 白金汉笔下最典型的维多利亚时代幻想里，理想的城市几乎完全是铁制的。

虽然意大利人在16世纪就设计了铁桥，但第一座铁桥是1779年在英国的塞文河上建造的。1817年，巴黎的谷物交易所建了第一座铁穹顶；1787年造出了第一艘铁船；1821年，第一艘铁制轮船问世。古技术时期对铁极度迷信。铁被当作良药，也许它真有疗效，但也是因为人们相信铁与力量有着神奇的联系。不仅如此，人们还出售铁制男用袖扣和领圈，尽管也许没有人用。发明了弹簧钢后，铁甚至取代了那时女装中用来突出乳房和腰胯的鲸骨。铁在战争中用得最多，效果最好，但生活的每个方面都直接或间接地受到了这种新材料的影响。

确实，对钢铁的巨大军用需求直接导致了钢铁生产成本的下降和效率的提高。达比发明了铸铁法，亨茨曼发明了坩埚钢制造法后，钢铁生产的下一个重大改进是英国的一位造船业供应商亨利·科特做出的。1784年，他发明的普德林法获得了专利，不仅对英国的钢铁出口，而且对拿破仑战争中英军的胜利做出了及时的贡献。1856年，英国人亨利·贝塞麦成功地通过在蛋形转炉里给铸铁脱碳制成了钢，为此获得了专利。美国肯塔基州的一位铁器制造商威廉·凯利（William Kelly）独立做出了同样的钢，比贝塞麦还稍早一些。由于贝塞麦以及后来西门子—马丁平炉炼钢法的出现，火炮在作战中得到了前所未有的应用。此后，装备远程火炮的铁甲舰或钢甲舰成了国家预算的吞金兽之一，也成为最致命的战争武器之一。有了廉价的钢铁，就能装备规模空前的陆军和海军，为其提供更大的大炮、更大的军舰和更高级的装备。新的铁路系统能够把更多的人投入战场，并维持远距离供给线。战争成了大规模生产的一个部门。

1851 年，在人们庆祝和平与国际主义胜利的同时，古技术制度正在铺路，准备开启一系列更残酷的战争，包括美国南北战争、普法战争，以及最致命、最残酷的世界大战。现代的生产和运输方法致使这些战争最终成为举国之战。受战争滋养的军工产业因修建铁路和过去的战争而产能过剩，四处寻找新的市场。在美国，军工产业通过建造钢梁架构的大厦来消化产能，但从长远来看，他们仍不得不回归更可靠的战争老本行。军工产业兢兢业业地为股东服务，在世界各地煽动国与国之间的恐惧和竞争。美国钢铁制造商破坏了 1927 年的国际军备大会。这个臭名昭著的例子代表了 19 世纪成百上千个不太出名的类似行为。

流血与炼铁齐头并进。整个古技术时期实质上始终处于血与铁的政策统治之下。这个政策视人命如草芥，能与之相比的唯有它为准备杀戮而发展出来的近乎宗教般的仪式。它的"和平"的确难以理解，那难道不就是潜在的战争吗？

那么，铁这种对人类事务影响如此之大的材料到底是何性质？人可能在很久以前就已开始使用陨铁。早在公元前 1000 年，就有从普通矿石中提取铁的记录，但铁的氧化速度很快，也许因此未能留下早期使用的痕迹。在古埃及，与铁相关的神祇是赛特，是令人畏惧的荒原与沙漠之神。因为铁与军事艺术的紧密联系，由它联想到赛特倒也合适。

铁的主要优点是集高强度和展性于一身。含碳量的不同决定了铁是坚韧的还是脆硬的。它被制成钢或熟铁后，强度比任何其他普通金属都高。铁制的工字梁被装在合适的横截面上，如同整面墙一样坚固。它不但坚固，而且与石头这类材料相比还比较轻便，易于运输。此外，铁和许多石头一样经得住压力，但它与石头的不同之处在于它也经得起张力。中国人最先用铁做的索链也许最能显示铁的特有属性。要获得如此优质的铁，炼铁的温度必须比炼制铜、锌或锡的温度更高。钢的熔点是 1 800 摄氏度，铸铁的熔点是 1 500 摄氏度，铜的熔点是 1 100 摄氏度，而某些青铜的熔点只有铜的熔点温度的一半。所以，青铜铸造比铸铁早得多。炼铁需要大规模动力，所以，虽然至少 2 500 年前就有了熟铁，铸铁却直到 14 世纪才被发明出来，因为那时使用水力风箱终于达到了高炉所需的高温。要大量运铁、轧铁、打铁，必须具备所有足够先进的配套机器。古人靠冷锤制造出了坚硬的铜器，但冷轧钢却需要先进的动力机械。内史密斯（Nasmyth）1838 年发明的蒸汽锤属于向大规模制铁迈出的最后几步。有了大规模制铁，才有了 19 世纪下半叶的巨型机器和公用事业。

但铁的缺点几乎与它的优点一样突出。它通常含有杂质，氧化很快。在新技术时期发明了不锈钢合金之前，必须给铁涂上至少一层抗氧化材料，否则铁就会锈蚀。铁轴承需要不断润滑才不会卡住。铁制的船只、桥梁和棚屋需要经常上漆，否则不出一代人的时间就会摇摇欲坠。除非确保经常性维修保养，否则铁桥不如罗马人建造的石头高架桥持久。另外，铁也受温度变化的影响。必须考虑到铁在夏季和冬季以及一天中不同时候的热胀冷缩。若是没有耐火的保护性涂层，铁一受热就会迅速变软，再坚固的结构也会化为一堆扭曲的金属。不过，虽然铁太易于氧化，但它至少有一个好处：它是地壳中最常见的金属之一，仅次于铝。可惜的是，因为铁既普通又便宜，再加上早在通过科学方法了解它的属性之前已经在依照大致的经验法则用铁，所以造成了对铁在某种程度上的粗放使用。为了保证安全，设计者将铁架构设计得过于粗壮。其实，如果设计得更轻盈、更贴近功能，本来可以增加美感，更不用说还能节约成本。于是出现了一个悖论：1775—1875 年，技术最先进部门的技术却比较落后。既然铁那么便宜，动力那么充足，工程师为什么要浪费聪明才智去节约铁呢？按照任何古技术的标准，这个问题都没有答案。那个时代吹嘘的铁产量大多是无用的累赘。

6. 对环境的破坏

古技术工业的第一个标志是空气污染。本杰明·富兰克林提出了一个很好的建议，说因为煤烟是未燃烧的碳，所以应该在高炉中二次利用。然而，新制造商安装蒸汽机，竖起工厂烟囱，却没有做出任何努力来充分利用第一次燃烧的产物，以节约能源。他们起初也没有试图利用焦炉的副产品或高炉产生的气体。蒸汽机号称做出了很大改进，但它的效率只有 10%。它产生的热量有 90% 通过辐射的形式散失了，燃料也有一大部分通过烟道逃逸。瓦特本想解决蒸汽机噪声太大的问题，但这个毛病被视为力量和效率的可喜标志，结果违背瓦特的意愿保留了下来。浓烟滚滚的工厂烟囱污染空气，浪费能源。它们喷出的烟雾加重了雾气，遮蔽了更多阳光。这本来象征着一种粗陋的、有缺陷的技术，却被当作繁荣的标志大吹大擂。古技术工业的集中更是雪上加霜。对于坐落在乡间的小铁工厂造成的污染和烟尘，环境将其吸收或带走不成问题，但 20 家大型铁工厂聚在一起集中产生废气和废料，则不可避免地导致环境的整体恶化。

古技术阶段的这些问题造成的严重损失至今仍历历可见。可以用就连古技术时期的人都能明白的话语来解释：因为烟尘的影响，匹兹堡每年的清洁费用估计为洗衣服多花 150 万美元，打扫卫生多花 75 万美元，清洗窗帘多花 36 万美元。这些估计还不包括建筑物遭到腐蚀造成的损失、雾霾期间额外的照明费用，以及阳光被遮蔽导致健康和活力下降所带来的损失。吕布兰制碱法产生的盐酸原来被当作废物排掉，直到含盐酸的气体对周围的植被和金属件产生腐蚀作用，促使英国议会于 1863 年通过法案，要求保存这种气体。另一个例子是原来被当作"废物"的氯后来被制成漂白粉，成为商业上的一大成功。

古技术世界的现实是金钱、价格、资本和股票。环境如同人生的大部分内容，被视为一个抽象概念。空气和日光因为没有交换价值，所以根本不算现实。一位优秀的医生在萨德勒工厂调查委员会面前做证说，爱德华兹医生在巴黎用蝌蚪做的实验表明，阳光对孩子的成长发育至关重要。他还呈上了这一主张的佐证，指出经常在阳光下活动的墨西哥人和秘鲁人没有工厂城镇中常见的儿童生长畸形的情形。这比确认阳光能预防佝偻症提前了一个世纪。这位医生的证词让英国人安德鲁·尤尔（Andrew Ure）这位维多利亚式资本主义的著名辩护士听得又惊又怒。作为回应，尤尔骄傲地展示了一张描绘没有窗户的工厂车间的图画，以表明煤气灯是多么明亮，可以取代太阳！

古技术经济的价值观本末倒置。它把抽象的东西奉为"确凿的事实"和终极现实，真正存在的现实却被葛擂硬和庞得贝之流当作抽象的东西，认为那是多愁善感的幻想，甚至是反常现象。结果，在这一时期，整个西方世界的环境普遍遭到毁坏。采矿使用的方法和矿山产生的废渣散布各处。美国每年通过排烟造成的浪费巨大，据估计高达大约2亿美元。古技术经济是名副其实地在烧钱。

这一时期，新的化工产业迅猛发展，却没有做出认真努力来控制对空气或河流的污染，也没有将化工厂与城镇居民区隔离开来。制碱厂、氨水厂、水泥厂和煤气厂排出粉尘、烟雾和废气，有时对人体有害。1930年，比利时默兹河上游地区的居民陷入恐慌，因为浓雾造成人们普遍呼吸困难，65人因此丧命。仔细检查后发现，雾气中含有浓度特别高的常见毒气，主要是二氧化硫。即使附近看不到化工厂，铁路也会把污垢和灰尘带往各地。煤的呛鼻气味是新工业主义的熏香。工业区如果出现蓝天，说明发生了罢工、停工或工业萧条。

若说古技术工业的第一个标志是大气污染，那么第二个标志就是河流污染。新秩序的一个标志性特征是向河里倾倒工业和化学废物。工厂所到之处，河水发臭有毒，鱼类不是被毒死，就是像哈德孙鲱鱼那样被迫迁移。河水既不能饮用，也不能在里面游泳。在许多情况下，被随意丢弃的废物其实是可以再利用的，但整个工业方法如此鼠目寸光、无视科学，以至于在古技术阶段最初一个世纪左右的时间里，没有人关心对工业副产品的充分利用。河水带不走的废物在工厂外围堆积如山，除非能用来填埋新工业城市所在地的水道或沼泽。当然，这些形式的工业污染在古技术工业中由来已久。阿格里科拉就曾提到过这个问题。直至今日，污染仍是采矿经济最持久的属性之一。

但是，工业集中于工业城市这个新现象还产生了对河流的第三种污染，那就是来自人类粪便的污染。人类粪便被随意倾倒入河流和潮汐水域，不经任何初步处理，更没有试图保留其中宝贵的氮元素作为肥料。泰晤士河和后来的芝加哥河等较小的河流简直成了露天下水道。新工业城镇没有基本的清洁条件，甚至没有供水，也没有任何卫生法规。过去的中世纪城市有开放的空间和花园，可用来对生活污水做简单处理，但这些在新工业城镇付之阙如。结果，新工业城镇成为疾病的滋生地。伤寒细菌从户外厕所和露天下水道的土壤中渗入穷人汲水的水井，或随着河水被抽上来使用，而那时的河流既是饮用水的蓄水池，也是污水排放口。在开始实行氯处理之前，有时市供水系统是疾病的主要传染源。灰尘和黑暗滋生的疾病肆虐一时，包括天花、斑疹伤寒、伤寒、佝偻病和结核病。医院里灰尘遍布，抵消了外科在机械方面的进步。很多人经受住了外科医生的手术刀，却死于"医院热"。弗雷德里克·特里夫斯爵士（Sir Frederick Treves）记得盖伊医院的外科医生如何吹嘘自己手术袍上的血污都结了痂，将其作为长期行医的凭证。如果那算是外科清洁，贫民窟里穷苦工人的卫生状况可想而知。

除了这些形式的污染外，还有其他类型的环境退化，主要是由工业的区域专业化造成的。由于气候、地质构造和地形方面的巨大差异，自然的区域专业化始终存在。在自然条件下，谁也不会试图在冰岛种植咖啡。但是，新的专业化不是为了适应区域特点，而是为了专攻工业的一个方面，排除所有其他形式的艺术和工作。所以，作为新专业化的发源地，英国把一切资源、能源和人力都投入了机械工业，任由农业衰落下去。同样，在新的工业复合体中，一地专门炼钢，另一地专门纺棉，丝毫不考虑推动制造业多样化。结果，社会生活贫瘠狭隘，工业基础脆弱不牢。因为专业化，各区域的许多机会被白白放过，在任何地方都能以同等效率生产的商品却要浪费资源从远处运来。同时，一门工业的结束意味着当地整个社区的解体。最重要的是，培育不同职业和不同思维模式的心理和社会激励因素不复存在，其结果是不稳定的工业、不平衡的社会生活、知识资源的匮乏，经常还有退化衰败的环境。密集的区域专业化起初给工厂主带来了巨额利润，但它的代价太大了。即使从机械效率的角度来看，区域专业化过程也效果成疑，因为它阻挡了向外学习这个促进发明创造和创立新产业的主要手段之一。若把环境视为人类生态的一个因素，为了机械工业而牺牲环境多种多样的潜力就对人类福祉非常有害。新建的炼钢厂和焦炉侵占了公园和浴场；乱建火车调车场，只图铁路的便宜和方便，其余一律不管；滥伐森林；无视具体地点的土壤特质，建造大型砖石建筑，铺筑石头道路——所有这些都是对环境的破坏和浪费。对于作为人类资源的环境如此漠视，这个损失谁能算得出来？生产廉价纺织品和运输多余食物的确产生了收益，可谁又能怀疑这些收益的一大部分都被漠视环境造成的代价抵消了呢？

7. 工人的潦倒

康德提出每个人都应被当作目的而非手段这一信条时，恰逢机械工业开始把工人视为单纯的手段，即实现廉价机械生产的手段之时。对人和对风景同样野蛮。劳动力是用来剥削、利用、榨干，最后丢弃的。对工人生命健康的责任仅止于每天劳动结束时付给工人现金。

穷人像苍蝇一样大量繁殖，长到 10 岁或 12 岁能干活了，就进入新建的纺织厂或矿井里劳动，死了也不值什么。古技术时期之初，穷人的预期寿命比中产阶级少 20 年。连续几个世纪，劳工在欧洲的地位不断下降。到 18 世纪末，由于英国工业家的精明和短视的贪婪，工人的境遇在英国跌到谷底。在古技术体系形成较晚的其他国家，也出现了同样的残暴野蛮。英国人不过是带了个头。这到底是什么原因造成的？

到 18 世纪中叶，手工艺人在新兴工业里沦落到不得不与机器竞争的境地。不过，古技术制度有一个弱点，那就是人的本性。最初，劳动的疯狂速度、严苛的纪律和单调沉闷的任务激起了工人的反叛。如尤尔所说，主要的困难不是发明有效的自动机器，而是"把各个部分组成合作体，以适当的精细与速度推动各个部分，特别是训练工人放弃散漫的工作习惯，跟上复杂的自动机那始终如一的规律性"。"由于人性的软弱，"尤尔又写道，"工人越熟练，就越容易自以为是，越难以管教，当然也就越不适合成为机械系统的一部分……他可能会给整体造成巨大的损害。"

所以，工厂制度首先要去除技能，其次靠饥饿训练，最后是通过垄断土地和剥夺教育来关闭工人另谋职业的大门。

这三条在实际操作中是倒着来的。贫困和土地垄断把工人困在需要劳动力的地方，断绝了他们迁往别处、改善境遇的可能性。操作机器的工人因为没有当学徒学过手艺，原来干的又只是生产流程经过细分的某个部分的机械操作，所以就算有机会迁到世界上新开发的自由土地上去，也当不了拓荒者或农民。工人被变为区区齿轮，不与机器相连，就无法运作。既然工人没有资本家的赚钱动机和社会机会，那么把他们与机器绑在一起的就只有饥饿、愚昧和恐惧。这三个条件是工业纪律的基础，被统治阶层牢牢维护着，即使工人的贫困降低了新的工厂纪律所推动的大规模生产体系的效力，甚至周期性地造成这个体系的崩坏。这是资本主义生产制度固有的"矛盾"之一。

在古技术发展之初，理查德·阿克赖特完成了工厂制度的细节。通盘考虑起来，这个制度可能是过去 1 000 年来最惊人的一套严格管理制度。

阿克赖特可以说是新秩序的典型人物。虽然他和许多其他成功的资本家一样，被誉为伟大的发明家，但其实他一项原创性发明都没做过，不过是占用了不太精明的人的成果。他在英国各地都有工厂。为了监管那些工厂，他展现出拿破仑一样的勤奋，乘坐驿马车飞快地四处旅行。他每天都工作到深夜，无论是在车上，还是在办公室里。阿克赖特成功的一大因素和他对工厂制度做出的巨大贡献是他确立了工厂纪律的守则。在莫里斯亲王改变军事艺术 300 年后，阿克赖特完善了工业大军。他结束了过去延续下来的散漫逍遥的工作习惯。他迫使曾经独立的手工艺人"放弃过去那种想不干活就不干活的特权"，如尤尔所说，"那样做会搞乱整个组织"。

在怀亚特（Wyatt）和凯所做的机械改进的基础上，纺织工业的企业家又获得了纪律这个新武器。机器的自动化程度大为提高，工人不再从事生产，而是只管照顾机器，仅仅负责纠正机器自动操作中断纱这类纰漏。只要纪律足够严苛，这种工作女人也可以干得和男人一样好，八岁的孩子也能做成人的工作。好像童工加入劳动大军还不足以拉低工资，迫使工人普遍就范，还有另一个管束工人的因素：也许有朝一日，一项新发明会完全取消对工人的需求。

从一开始，技术进步就是制造商对付工人抗命的办法。像尤尔提醒读者的那样，新发明"证实了已经提出的伟大信条，即当资本利用科学为其服务的时候，就能把桀骜不驯的劳工治得俯首帖耳"。据斯迈尔斯说，内史密斯说罢工产生的善大于恶，因为能刺激发明。此言是对尤尔之说最温和的表述。"我们许多最强大的自动工具和机器都是制造商被罢工而逼不得已才引进的。走锭精纺机、羊毛精梳机、刨床、插床、内史密斯的蒸汽锤，还有许多其他机器莫不如此。"

在古技术时期开端的 1770 年，一位作家设想了一项养活贫民的新计划。他称其为"恐怖之所"。在那种地方，贫民每天要工作 14 个小时，给他们的食物仅能保证他们不致饿死，以此让他们乖乖听话。过了不到一代人的时间，这个"恐怖之所"就成为典型的古技术工厂。确实如马克思精辟地指出的，理想在现实面前黯然失色。

在这种环境中，职业病自然十分猖獗。陶器厂使用铅釉；火柴厂使用磷；各种研磨作业，特别是餐具产业的工人没有保护面罩，结果大大增加了工业中毒或工伤的致死比例。瓷器、火柴和餐具的大量消费导致对生命的不断戕害。某些行业加快了生产步伐，生产过程中健康和安全的危险也随之增大。例如，玻璃制造工人的肺部负担过重。在其他产业中，过分疲劳导致动作疏忽，结果可能造成折手或断腿。

在古技术时期开始那些年，人口突然猛增，劳动力成为一种新的自然资源。对于寻找和挖掘劳动力的人来说，这是一大利好。难怪在 19 世纪 20 年代，统治阶级发现弗朗西斯·普雷斯（Francis Place）和他的追随者努力在曼彻斯特工人当中宣传避孕知识时怒不可遏。普雷斯等投身慈善事业的激进分子威胁到了一种本来取之不尽的原材料。如果工人病残在身、浑浑噩噩，被古技术环境折磨得了无生气，那他们在一定程度上反而更加适应工厂和磨坊的新常规，因为工厂效率达到最高标准只需要使用人体器官的一部分，简而言之，只需要有缺陷的人。

工厂的大规模组织要求工人至少能读得懂告示。于是自 1832 年起，英国开始采取措施，为童工提供教育。但是，为了实现全系统的统一，学校尽可能地采用了带有"恐怖之所"特点的限制：不准说话，不准乱动，完全听话，被叫到才能发言，死记硬背，跟读，零散地学习知识。这些规定把学校变成了兼具监狱和工厂特征的地方。能逃脱如此严格的纪律或成功抵制这种恶劣环境的孩子凤毛麟角。随着驯化逐渐完成，更换职业和环境的机会越来越少。

还必须指出导致工人潦倒的最后一个要素：工作的极度劳累。马克思把古技术时期工作日的延长归因于资本家想榨取工人更多的剩余价值。他指出，只要使用价值占主导地位，就没有动力去奴役和压榨工人。但一旦劳动力变为商品，资本家就会力求以最小的代价获得这种商品的最大份额。利欲或许是延长工作日的最大动力，其实哪怕从最狭隘的角度来看，这都是一记昏招。不过，必须说明利欲为何突然变得如此急切。在资本主义生产按照其内部辩证规律发展的过程中，利欲是因非果。造成利欲骤然加大和如此急切的真正原因是新出现的对除机器之外任何其他生活方式或表达形式的轻蔑。17 世纪深奥的自然哲学变成了 19 世纪的通俗信条。随着过去的文化和宗教价值观的萎缩，人们丧失了从事艺术、玩耍、消遣或纯粹手艺的能力。这种情况积极的一面是它催生了工作的信条。为了谋利，铁工厂厂主和纺织厂厂主几乎和工人一样拼命。他们和工人一样处处节省，舍不得吃舍不得喝，只不过工人是迫不得已，他们却是出于贪婪和权力欲。权力欲令庞得贝之流鄙视人道生活，但他们不仅不让他们的工资奴隶享受人道生活，也几乎同样坚决地剥夺他们自己的人道生活。如果说劳工备受工作信条的摧残，那么主人也不例外。

一种新的人格类型出现了，即经济人这种抽象概念的实际体现。活人模仿自动机，变为纯粹的理性动物。这样的新经济人为了毫无挂碍地追求权力和金钱，不惜牺牲自己的消化功能、为人父母的责任、性生活、健康以及文明生活的大部分正常享乐。什么都阻挡不了他们，什么都不能令他们分神……直到他们最后意识到自己赚的钱多得花不完，获得的权力大得不知如何明智地使用。然后是迟来的悔过。罗伯特·欧文创立了一个乌托邦式的合作社区。炸药制造商诺贝尔成立了一个和平基金会。卡内基开办了免费图书馆。洛克菲勒建立了医学研究所。比较私下的忏悔形式是为情妇一掷千金，花天价做衣服，买艺术品。在工业系统之外，经济人处于一种神经失调的状态。这些神经质的成功人士认为艺术等于逃避工作和生意，非男子汉大丈夫所为，但他们一心只想工作的狂热又何尝不是对生活的逃避？而且他们这种逃避比艺术家的逃避严重得多。只有在最狭隘的意义上，工业巨子才比穷困潦倒的工人强。应该说，狱卒和囚犯都被监禁在同一个"恐怖之所"中。

然而，虽然新工业主义实际上增加了普通工人的负担，但推动新工业主义的意识形态是为了解放普通工人。那种意识形态的中心要素是两条原则——功利原则和民主原则，它们像炸药一样炸开了封建主义和特权的顽石。社会制度不能再靠传统和习俗来证明自己存在的合理性，而是必须显示自己的实际用处。在社会改良的名义下，许多以往遗留下来的过时安排被一扫而光。19世纪早期最仁慈、最开明的思想家对机器表示欢迎和接受，同样是因为他们推断，机器对全人类有用。与此同时，18世纪把天堂里人人平等的基督教概念变成了尘世间人人平等的概念。人的平等不靠皈依和死后的永生，而是本就"生而自由平等"。尽管资产阶级只从对自己有利的角度来解读这些词语，但民主的概念还是为机械工业提供了心理上的合理化解释，因为大批量生产廉价商品仅仅在物质层面执行了民主原则，而机器可以把有利于大众化进程作为自己存在的理由。这种观念在欧洲成形的速度非常缓慢，但在阶级界限不那么分明的美国，它造成了开支水平向上看齐。假若这种看齐意味着生活标准真正的平等化，那它就是有益的，但在现实中，它的作用并不普遍，仅侧重于最有利于盈利的方面，所以经常造成生活的向下看齐，影响品味和判断力，拉低质量，造成劣质商品的增多。

8. 生活的贫乏

工人的潦倒是中心特点，突出显示了古技术时期普遍的生活贫乏。这种贫乏在古技术习惯主导的许多领域和职业中至今犹存。

在伯明翰、利兹和格拉斯哥，在纽约、费城和匹兹堡，在汉堡和埃尔伯费尔德-巴门，在里尔和里昂，以及从孟买到莫斯科这些类似的工业中心，营养不良的瘦弱孩子在工人贫穷的家里长大，成长期间始终与脏污为伴。他们居住的有硬化路的城区离乡村很远。紫罗兰、金凤花和金针花盛开的美景，薄荷、金银花和洋槐的香气，犁铧翻开的泥土，阳光下堆得高高的暖和的干草，海滩和盐沼飘来的鱼腥味——田野和农庄这些最普通的景色对他们来说都很新奇。在他们居住的地方，弥漫的烟雾遮天蔽日，就连夜里的星光都黯淡不少。

英国在技术上遥遥领先，工人又顺从听话，所以它确立了古技术工业的基本模式。随着机器传遍全球，这个模式散布到了各个新工业区。

在竞争的压力下，维多利亚时代在食品中掺假的行为司空见惯，包括在面粉里掺石膏，在胡椒里加木屑，用硼酸处理变质的熏肉，在牛奶里加防腐液，以防止其变酸。成千上万种江湖假药在专利的保护下层出不穷，其实它们都是脏水或毒药，根本没有疗效，只是标签吹得天花乱坠，骗人信任。过期变质的食物损害味觉，造成消化系统不适。杜松子酒、朗姆酒、威士忌和浓烈的烟草降低了味蕾的敏感度，让人感觉迟钝，但喝酒依然是"离开曼彻斯特最快的办法"。在大批人群中，宗教不再是穷人的鸦片。事实上，矿山和纺织厂经常连往昔基督教文化中最基本的要素都付之阙如。说鸦片成了穷人的宗教反而更恰当。

不仅缺乏光线，还缺乏色彩。除了广告牌上的广告以外，目之所及一片昏暗。在浑浊不清的大气中，连阴影也失去了原有厚重的佛青色或紫罗兰色。动作没有了韵律。工厂内机器短促的频率取代了过去车间里随着歌声劳动的有机韵律。如毕歇尔所说，无精打采的受苦人蹒跚走过"暗夜之城"的街道，工人不再跳刚健的剑舞和莫里斯舞，而是开始笨拙地模仿有闲阶级那优雅无聊的动作。

这种环境中的性生活尤其匮乏堕落。在矿山和工厂里，最粗野的任意性交成为每天的乏味和苦工的唯一解脱。在英国的一些矿井里，拉矿车的女人干活时甚至一丝不挂，只有古时最卑下的奴隶才如此肮脏、狂野和堕落。在英国的农业人口中，婚前性经验是安家过日子之前的一个试验期，而在新兴的产业工人中，当时的证据表明，性生活经常导致堕胎。早期的工厂把男孩和女孩安排在一处睡觉，管理人对孩子们行使权力，并经常滥用权力。各种虐待和变态行为司空见惯。家庭生活被挤得没有存身之地。女工连做饭都不会。

即使在比较富裕的中产阶级当中，性也失去了激情和纵欲的特征。女人在婚前对性避如蛇蝎，婚后性生活等于冷淡的强奸。只有妓院的专业妓女才知晓性刺激和性愉悦的秘密。非专业人员好意提供的关于性交的信息混乱不清，江湖庸医关于性学的书也舛误处处，经常是为了诱使读者去买他们的专利药品。裸体本是强身健体的骄傲表现，却被谨慎地禁止，就连裸体的雕像也不准。道德家将裸体视为海淫，认为它会让人忘记工作，损害机械工业的系统性禁制。性没有工业价值。理想的古技术人物连腿都没有，遑论乳房和性器官。就连把臀部夸张到怪异程度的裙撑都是为了掩盖和歪曲臀部的美妙曲线。

这种感觉的萎缩，这种对肉体的限制和掏空造就了一个病弱的族群。人们只有部分的健康、部分的体力和部分的性能力。人寿保险列表中有可能享受长寿和健康的只有远离古技术环境的乡村居民，包括乡绅、乡村牧师和农业劳动者。讽刺的是，在新的生存竞争中占优势的主角缺乏生物学意义上的生存价值。从生物学角度来看，乡村才是活力充沛的地方。只有靠伪造统计数字，也就是不按年龄组做出调整，才能掩饰新工业城镇的虚弱。

除了感觉的萎缩，还有随之而来的思想的普遍贫乏。人们仅仅会识字，能读懂标牌、商店告示和报纸，却失去了手工业和农业活动能够给予的总的感官和运动训练。德国的施雷伯（Schreber）设立施雷伯园圃，将其作为整体教育的必要内容；英国的斯宾塞讴歌闲适、懒散和愉快的运动。当时的这些教育家企图与思想的枯竭和生命源头的干涸进行抗争，却都徒劳无功。他们提倡的手工训练和操练一样抽象。南肯辛顿培育的艺术比没有艺术因素的机器产品更加了无生气。

视觉、听觉和触觉在外部环境中得不到营养，反而备受打击，结果只能去印刷品这种经过过滤的媒介里寻求安慰。所有的经验都受到盲人一般的可悲限制。博物馆代替了具体的现实；旅行指南代替了博物馆；批评文章代替了绘画；文字描述代替了建筑物、自然景色、冒险经历和活生生的行动。这是对古技术心态的夸张，但基本上并未捏造虚构。原本有可能是另一种情况吗？新环境不适合第一手探索与接收。通过第二手了解，使观察者至少在心理上与他看到的可怕景象和畸形残缺拉开距离，这实在是无奈之下最好的办法。生活的贫乏和萎缩是普遍现象。生存处于一种麻木呆滞的状态，简而言之，是一种局部麻醉。在英国工业最污秽肮脏的时候，工人住房常常就建在露天下水道旁边，一排挨一排，密密麻麻。就在那个时候，中产阶级图书馆里的学者却扬扬自得地大书特书中世纪与自己时代的开明和清洁相比是多么"污秽"、"肮脏"和"愚昧"。

他们是怎么产生这种想法的？我们必须回溯这个想法的源头，因为要想理解技术，必须明白它在多大程度上得到了它所创造的神话的一臂之力。

9. 进步的信条

造成古技术时期那种自鸣得意的心态的机制其实非常简单。18世纪，进步的概念上升为受教育阶层的基本信条。哲学家和理性主义者宣称，人正在逐渐爬出迷信、愚昧和野蛮的泥淖，进入一个日益优雅、人道和理性的世界。那是巴黎沙龙的世界，直到沙龙的窗户被革命的狂风骤雨打得粉碎，逼得高谈阔论的人们躲进了地下室。工具和器械、法律和制度都有了改善。人不再受本能驱使，不再被强力统治，而是有了听从并遵守理性的能力。大学生掌握的数学知识超过了欧几里得；中产阶级享受着新的舒适，比查理大帝还要富足。按照进步的性质，世界会永远朝着一个方向前进，变得更加人道、更加舒适、更加和平、更适合旅行，最重要的是更加富足。

关于历史发展的这幅持续不断、直线前进、几乎一致向好的图景充分说明了 18 世纪的狭隘。卢梭坚信艺术与科学进步导致了道德堕落，然而，进步的鼓吹者却认为自己所处的时代是人类达到的空前高峰。其实，除了科学思想和充沛的精力之外，用任何其他标准来衡量，那个时期都算是比较差的。随着机器的迅速发展，18 世纪尚不明晰的信条到 19 世纪得到了确认。进步法则显而易见：每年不是都有新机器被发明出来吗？新机器不是历经改善变得越来越好吗？烟囱的抽风能力不是加强了吗？房子里不是更暖和了吗？铁路不是被发明出来了吗？

这是一把方便的测量尺，可用来做历史比较。假设进步是真实存在的，那么如果 19 世纪的城市是肮脏的，六个世纪之前的 13 世纪的城市一定不知更加肮脏到什么地步。世界难道不是变得越来越干净吗？如果 19 世纪早期的医院拥挤不堪、传染性强，15 世纪的医院一定更加致命。如果新工厂城镇的工人愚昧迷信，创立了沙特尔和班堡这两个城市的工人一定更加愚蠢蒙昧。如果在纺织品贸易和五金贸易欣欣向荣的时候，大多数人口仍然处于赤贫之中，那么手工业时代的工人一定更加贫穷。事实上，13世纪的城市比维多利亚时代的新城镇更明亮、更清洁、更有序；中世纪的医院比后来维多利亚时代的医院更宽敞、更卫生；在欧洲许多地方，中世纪工人的生活水平明显高于古技术时期被绑在半自动机器上做苦工的工人。对于这些事实，进步的鼓吹者从来没想过去研究一下。进步理论自动将这些事实排除在外。

显然，如果把过去人类发展的某个低谷作为参考，在一段有限的时间内的确可以看出真正的进步。但是，如果用高点作为参考，例如16世纪的德意志矿工经常三班倒，每班只工作8小时，然后再看看19世纪的矿山，就知道没有任何进步。若是以14世纪欧洲封建领主之间兵燹不断的情形为参照，那么1815—1914年西欧大部分地区的和平的确是一大进步。但是，把中世纪最激烈的战争在100年中造成的破坏与世界大战短短四年间的破坏相比，后者却是一大退步，而这正是由于技术进步导致了强大的武器，包括现代火炮、钢制坦克、毒气、炸弹和火焰喷射器、苦味酸和梯恩梯炸药出现。

价值在进步的信条中被简化为对时间的计算，价值其实是时间的运动。老派或"过时"的东西没有价值。进步在历史上相当于机械的空间运动。丁尼生看到一列火车呼啸而过后极为恰当地惊叹："让这个伟大的世界永远沿着改变的响亮的轨道飞驰向前吧。"机器正在取代一切其他价值的来源，部分原因是机器的性质决定了它是新经济中最先进的因素。

进步概念有两点言之有理，但与人类条件的改善没有本质联系。第一是生命的事实。生命的诞生、成长、发展到衰落，是变化、运动和能量转化的过程，可以扩展到整个宇宙。第二是积累这一社会事实，也就是对社会遗产中易于传承的部分进行加强和保存的倾向。任何社会都逃脱不了改变，也躲避不了选择性积累的责任。不幸的是，改变和积累都有两面性。能量会消散，制度会衰落，社会既能积累良善的和有益的，也能积累邪恶的和无用的。若是认为发展过程中后来的社会必然更高级，就是把社会的复杂或成熟这种中性性质与改善混为一谈。如果以为时间上较晚就必定积累的价值更多，就是忘记了野蛮和堕落反复出现的事实。

生长和衰败的循环、舞者的平衡动作、乐曲的主调和重复，这些是穿越空间和时间的有机运动模式。进步则不同，它是面向无限的运动。它的运动没有终点，是为了运动而运动。进步无论多少，都不嫌多；无论多快，都不嫌快；无论多广，都不嫌广；对社会中"不进步"的因素消灭得无论多快、多无情，都不嫌狠。进步本身就是一种善，不管它朝什么方向，为了什么目的。以进步的名义，印度村庄由当地的陶工、纺织工和铁匠组成的有限但平衡的经济被推翻，好给五镇的陶瓷制品、曼彻斯特的纺织品和伯明翰多余的五金制品提供市场。结果，印度的村庄陷入贫穷；英国的城镇丑陋可怕、一贫如洗；越洋运送货物极大地浪费了船运能力和人力。但无论如何，它是进步的胜利。

评判生活要看它在多大程度上促进了进步，但评判进步却不看它在多大程度上促进了生活。真要那样，评判的结果会非常难看，那就把问题从宇宙层面转到了人的层面。古技术时期的哪个人敢于自问：能节约劳力、赚取金钱、获取权力、消除空间、生产各种产品的机器装置是否导致了生活相应的扩展和丰富？这个提问是最大的离经叛道。真正提出此问题的，像罗斯金、尼采和梅尔维尔这样的人，被视为大逆不道，成为社会的弃儿。他们不止一人备受孤独的折磨，被逼到发疯的边缘。

10. 生存竞争

但是，进步也有经济的一面。说到底，它是为主导性经济状况提出的精心的合理化解释。只有增加生产，进步才有可能；只有扩大销售，产量才能提高。这些又转而刺激机器的改进和新的发明，以迎合人的欲望，促使人购买新的必需品。因此，争夺市场成为进步的主要动机。

劳动者在劳动力市场上待价而沽。他的工作不是个人自豪感和技能的展示，而是商品，其价值因从事同样工作的其他劳动者人数的多少而异。法律和医学这类专业一度依然维持着一种质量标准，但这些专业的传统在不知不觉中遭到更加普遍的市场惯例的破坏。同样，制造商的产品在商业市场上出售。他低价买入，高价卖出，谋取高额利润是他遵循的唯一标准。在这种经济的高峰期，约翰·布莱特（John Bright）曾在英国下议院为假货辩护，称其在竞争性销售中在所难免。

为了在竞争激烈的市场上扩大生产成本和销售利润之间的差额，制造商压低工资，延长工时，加快生产速度，缩短工人的休息时间，剥夺工人娱乐和受教育的机会，使工人青年时没有机会成长，壮年时享受不到家庭生活，老年时老无所依，没有安全感。那个时期的竞争无所不用其极。早期的制造商连自己同阶级的人都骗：矿主用了瓦特的蒸汽机，却不肯支付欠瓦特的专利费。制造商组成了织梭俱乐部，就是为了帮助那些因拖欠凯的发明专利费而被凯告上法庭的同行。

这种争夺市场的斗争最终被赋予了一个具有哲学意味的名字：生存竞争。工资工人为了生存彼此竞争；非熟练工人与熟练工人竞争；妇女和儿童与男性家长竞争。除了工人阶级成员之间的横向斗争，还有将社会撕裂成两半的纵向斗争，即有产者与无产者之间的阶级斗争。在这些普遍斗争的基础上，发展出一种新神话，它补充并延伸了更乐观的进步理论。

马尔萨斯在《人口论》中敏锐地指出，新兴工业给英国带来的混乱是普遍现象。他说，人口增长通常比食物供应增长得快，只有通过限制人口，才能避免饥馑。限制人口有积极的方法，即节制性欲，也有消极的方法，即苦难、疾病和战争。在争夺食物的过程中，上层阶级因俭省、远见和聪慧而从众生中脱颖而出。心怀这幅图景，又受到马尔萨斯《人口论》的启发，查尔斯·达尔文和阿尔弗雷德·华莱士这两位英国生物学家把争夺市场的激烈斗争投射到了整个生命世界。另一位工业主义哲学家创造的一个短语引发了整个进程。这位哲学家的职业很有时代特色，他是铁路工程师，正如当年的斯宾诺莎是磨镜片的工匠。斯宾塞一语判定了生存竞争和自然选择过程的结果："适者生存。"这本身是同义反复，因为能够生存就证明是适者，但这并不影响它广为流传。

这种新的意识形态来自新的社会秩序，而不是达尔文卓越的生物学研究。这一理论并未说明有机体新的适应形式，只是提出可能存在一个机制，会在幸存者成功演进之后淘汰某些有机体形式。它既不能推进，也无法解释达尔文对生物的改进、变异和性选择过程的研究成果。此外，有明显可见的共栖共生的事实，更不用说还有达尔文充分意识到的生态伙伴关系。它们都缓和了维多利亚时代那种尖牙利爪、鲜血淋漓的噩梦式竞争。

然而，问题是，在古技术社会中，弱者的确被逼得走投无路，人与人之间的互助几乎消失无踪。马尔萨斯—达尔文的理论解释了新资产阶级占据统治地位的原因。那些人没有品味，没有想象力，没有脑子，没有道德良知，没有文化，甚至连最起码的同情心都付之阙如。他们之所以出头，恰恰是因为他们在上述人文属性没有容身之地的环境中如鱼得水。只有反社会的品质，才有存在价值。只有把机器看得比人重要的人，才能在这样的条件下靠统治他人为自己获取利润和优势。

11. 阶级与民族

在这一时期，有产阶级和工人阶级的斗争有了新形式，因为生产与交换制度以及共同的知识环境都发生了深刻的变化。弗里德里希·恩格斯和卡尔·马克思密切观察着这场斗争，并第一次对其做出了准确的评价。正如达尔文把市场竞争扩展至整个生命世界，恩格斯和马克思把当时的阶级斗争延伸到了社会的全部历史。

不过，新的阶级斗争与欧洲以前发生的奴隶起义、农民起义以及一些地方雇主与工匠的冲突之间有一个重要的分别。新的斗争是连续不断的，旧的斗争却是零星散发的。除了像罗拉德派那样的中世纪乌托邦运动以外，早先冲突的主要成因是在雇主和工人都接受的系统中发生了滥权行为。工人争取的是自己曾经享受，现在却遭到严重侵犯的权利或特权。新的斗争是关于制度本身的。工人企图修改自由工资竞争和自由合同制度，因为在这种制度下，工人如同无助的尘埃，如果不接受工厂主提出的条件，他们就只有饿死或抹脖子的自由。

从古技术时期工人的角度来看，这场斗争是为了争夺对劳动力市场的控制。他要争取讨价还价的权力，希望在生产成本或销售利润中稍微多占一点份额。但总的来说，他并不寻求作为工人来负责任地参与生产。他没有做好在新集体机制中成为自主伙伴的准备。在这个机制中，哪怕是最不起眼的齿轮，对整个过程来说，都与设计并操控这个过程的工程师和科学家一样重要。这是手工业与早期机器经济之间的一大区别。在手工业制度下，工人会成长为熟练工匠，熟练工匠通过四处游历开阔眼界，对自己手艺的精妙之处也更加了解，因此不仅能和雇主讨价还价，而且能够取而代之。工人的生产工具是自己的，雇主无法拿走，也无法减少工人从事手工工作的乐趣。这个事实减轻了阶级冲突。在生产实现专业化，工人的所有权被剥夺后，雇主获得了特殊的优势，此时冲突才开始表现为古技术时期的形式。在资本主义制度下，工人只有脱离自己的阶级，才能获得安全感和自主权。消费者合作运动是消费方面的一个部分例外。这样的运动在根本上比那个时期争取工资的波澜壮阔的斗争重要得多，但它并不触及工厂本身的组织。

不幸的是，就阶级斗争而言，它无法让工人为最后的胜利做好准备。阶级斗争本身能让人学会战斗，却教不了人如何管理工业和生产。在连续不断的激烈斗争中，剥削阶级残酷无情，有时动用警察和军队以极为野蛮的方式镇压工人的反抗。在这场战争中，无产阶级的某些部分，主要是技术工人，在工资和工时上的确获了益，摆脱了工资奴隶和卖苦力这类有辱人格的劳动形式，但是，工人的根本状况并未改变。与此同时，机器生产的程序客观严格，机器操作自动进行，不受人的摆布，只依靠工程师的专业服务和复杂的技术知识。工人若无外力帮助，越来越弄不懂机器生产过程，在政治上也控制不了这个过程。

马克思原来预言阶级斗争将严格按照阶级分界进行，斗争的一方是贫穷的国际无产阶级，另一方是同样铁板一块的国际资产阶级。这个预言因两个意料外的情况而被证伪。一个是中产阶级和小型工业的成长壮大。它们没有被自动消灭，而是显示了出乎意料的抵抗力和持久力。在危机之中，投资过多、管理费用巨大的大工业不如小工业能够迅速调整，以适应形势。为保全市场，有时甚至会试图提高工人的消费水平。所以，阶级斗争成功所需的严格的阶级界限只有在经济萧条时才具备。第二个情况是国与国之间新的力量联盟。这种联盟一般会破坏资本的国际性，打破无产阶级的团结。马克思在 19 世纪 50 年代撰著时，和科布登（Cobden）一样认为民族主义已经日薄西山。后来的事态发展证明，恰恰相反，民族主义重获新生。

19 世纪，随着人口形成民族国家的趋势继续发展，民族国家间的斗争干扰了阶级斗争。法国大革命后，曾经是王朝游戏的战争由于"民主"征兵而成为全体人民的重大工业行动。

争夺政治权力的斗争过去一直受制于财政薄弱、技术局限和底层百姓的漠然和敌意。现在，它成为国家间的斗争。各国争相控制可供开发的地区，如洛林的矿山、南非的钻石矿、南美的市场、可能的供应来源地或工业国家贫穷的无产阶级吸收不了的产品的可能输出地，抑或"进步"国家的过剩资本可能的投资地。

尤尔在 1835 年宣称："目前与以往任何时代都有所不同，因为现在无论是艺术还是制造业，都普遍具有高度的进取心。各国国民终于认识到，战争没有赢家，于是把剑和火枪变成了工厂设备，彼此间开展了不流血但依然激烈的贸易斗争。他们不再派遣部队去远方的战场上作战，而是运去布匹，用以逐出原来与他们作战的宿敌，占据外国市场。新的作战方法是通过在海外市场上把货物价格压得低于竞争者的价格，以此来打击他在国内的资源。人们的全部心思和力气都用在了这上面。"可惜，这种升华并不彻底。经济竞争给民族仇恨火上浇油，给最不理性的动机披上了伪理性的面纱。

即使是古技术阶段最有影响力的乌托邦想象，也具有民族主义和军国主义的色彩。卡贝在 1848 年自由主义革命同期建立的伊加利亚[1] 在每一个生活细节上都是战时管理的杰作。1888 年，贝拉米采纳义务兵军队的组织模式，用来规范一切工业活动。这些受部落本能助长的激烈的民族主义斗争在某种程度上削弱了阶级斗争的影响。但是，这两种斗争在一个方面是相同的：奥斯汀的追随者设想的国家和马克思的追随者设想的无产阶级都不是有机的实体或真正的社会群体。它们都是人为聚合的一群人。把这些人聚在一起的不是共同的职能，而是关于忠诚和仇恨的共同的集体象征。这种集体象征具有神奇的力量。它由魔法和祝祷凭空形成，靠一种集体仪式来维持。只要

---

[1]　伊加利亚（Icaria），卡贝在著作《伊加利亚旅行记》中描述了一个完美的城市，并于 1848 年在得克萨斯州建立了一个名为伊加利亚的乌托邦式社会。

仪式得到虔心维持，就可以无视它所依靠的前提的主观性质。但是，"民族"比"阶级"有优势，它能唤起更原始的反应，因为它利用的不是物质优势，而是幼稚的仇恨、狂热和置人于死地的意愿。1850年后，躁动不安的无产阶级投入民族主义魔下，通过强大的国家认同来消除自己的自卑感和挫败感。

12. 混乱帝国

机器生产的物品数量本应受供求法则的自动管理。商品本应像水一样自己找到平衡。从长远来说，商品出售能够盈利是决定产量的标准。按照这一理论，利润下降会自动关闭生产的阀门，利润增长则会自动打开阀门，甚至导向新工厂的建设。然而，生产生活必需品不过是盈利的副产品。因为出口纺织品比为国内工人建造结实的房屋更赚钱，生产啤酒和杜松子酒比生产不掺假的面包更赚钱，所以商人对起码的住房需求，有时甚至对食品需求都漠不关心，到了令人发指的地步。极力赞美纺织工业的尤尔毫不讳言，"对于食品生产和家庭住房没有应用多少自动化发明，似乎也没有什么发明能够被投入广泛应用"。此话作为预言被证明荒谬可笑，但作为对当时情况的描述是准确无误的。

工人住房短缺，住处拥挤不堪，用污秽肮脏的板房来代替体面的住房。这些是古技术制度的普遍特征。所幸城市贫困地区疾病肆虐的可怕情景引起了卫生官员的注意。英国从沙夫茨伯里1851年的"模范"住房法案开始，以环卫和公共健康的名义采取了各种措施来改善最恶劣的条件，包括通过限制性立法，强制修缮贫民窟，甚至做了些许清除贫民窟和改善住房的工作。自18世纪开始，在这方面做得最好的是英国的煤矿村，可能是由于那里仍保留着半封建的传统。然后是19世纪60年代克虏伯公司在埃森为工人建造住房。慢慢地，少数最恶劣的情况被清除，尽管在产生污秽的问题上，新法律有悖于自由竞争、各显其能的神圣原则。

不顾生产秩序的稳定而争相攫取利润产生了两个不幸的结果。第一，它破坏了农业。只要能够从世界上某个遥远的地方获得廉价的粮食和其他材料，就不肯努力保持农业和工业的平衡，哪怕大量种植棉花和小麦可能造成地力的迅速枯竭。农村已经沦落到勉强维持生存的边缘，又因人口流向显然欣欣向荣的工业城镇而更加寥落，婴儿死亡率常常高达300‰。19世纪早期发明了多种新型收割机（麦考密克仅仅是众多品牌中的一个），播种、收割和脱粒实现了大规模机械化，农村的败落因此进一步加速。

第二个结果更加严重。它把世界分成了机器生产区以及粮食和原材料生产区。过度工业化的国家与乡村供应基础切割得越彻底，生存风险就越大。激烈的海洋竞争由此而生。煤炭集团能否生存，要看它们能否掌握远方河流湖泊的水和远方田野农庄的粮食；它们能否继续生产则取决于它们能否通过威逼利诱来让世界其他地区接受它们的工业产品。美国的南北战争切断了棉花供应，令英国兰开夏郡勇敢诚实的纺织工人陷入赤贫。1870年后，狂热的帝国主义扩张和军备竞争遍及世界各地，其原因在相当程度上是担忧棉纺织业以外的其他产业会发生类似的供应链断裂。古技术工业的建立最初靠系统性奴役儿童，它的继续增长则是靠其产品的强制出口。

对于倚仗这一进程千秋永续的国家来说，一个不幸的事实是新兴国家或"落后"国家这些原来的消费地区很快掌握了科学技术的共同遗产，并开始自己生产机械产品。这个趋势到 19 世纪 80 年代成为普遍现象。有个情况暂时对此趋势产生了限制作用：纺织业技术领域的长期执牛耳者英国 1837 年每千锭用 7 名工人，1887 年每千锭只需 3 名工人；紧随其后的竞争者德国到 1887 年每千锭仍要用 7.5~9 名工人，而孟买则需要 25 名工人。不过，从长远来看，英国和其他"先进国家"都无法始终保持领先地位，因为新的机器系统是全球性的。古技术工业的一个主要支柱随之被拆除。

市场上盲目无计划的操作手法遍及整个社会结构。大工业家主要靠经验。他们自诩为"实干家"，对自己在技术上的愚昧和幼稚引以为荣。靠氨碱法发了财的索尔维对化学一窍不通；发现了铸钢的克虏伯也是一样；率先用印度橡胶做实验的汉考克同样对化学一无所知。贝塞麦是多产的发明家，但贝塞麦炼钢法这项伟大的发明却是他不小心使用了含磷量低的铁而歪打正着。他因为使用欧洲大陆含磷量高的铁矿石而遭遇失败，这才开始考虑炼钢涉及的化学原理。

科学知识在工厂里不受重视。看不起理论、蔑视精确的训练、不懂科学的"实干家"地位最高。各种行业机密有些重要，也有些不过是幼稚的经验主义。这些机密延迟了知识通过合作的传播，而我们的所有重大技术进步全是以知识传播为基础的。如果产品的改进可能会压低现有产品的财务价值，精明的商人就利用专利垄断制度将其逐出市场，或者将新产品的问世拖延至原来的专利到期，自动电话就是这样被推迟的。直到世界大战打响前，世界各地的古技术工业都不愿意应用科学知识或推动科学研究。德国的染料工业可能是一大例外，因为染料与具有军事用途的毒药和炸药密切相关。

制造商彼此自由竞争，所以不可能实现全产业的计划生产。每个制造商根据自己有限的知识和信息决定生产并销售多少商品能够获利。劳动力市场本身也漫无规划。事实上，只有保持失业工人的经常性过剩，永远不把他们系统性地整合入产业，才能压低工资水平。在"正常的繁荣"时期，失业工人的过剩对竞争性生产至关重要。产业的选置没有事先规划。偶然因素、金钱上的优势、习惯、向过剩劳动力市场的倾斜，这些因素与技术方面的优势同等重要。人想征服环境，将自己天马行空的冲动变为有序的活动，于是发明了机器。在古技术阶段，机器产生的效果却与它的所有特征背道而驰。它产生的是纯粹的混乱帝国。人们所吹嘘的"劳动力流动"不就是稳定的社会关系被打破，家庭生活分崩离析吗？

对古技术社会状况最恰当的描述是战争状态。它的典型组成部分，从矿井到工厂，从高炉到贫民窟，从贫民窟到战场，都是为死亡服务的。竞争、生存斗争、统治与臣服、灭绝。战争既是这个社会的主要驱动力、潜在基础，还是它的直接目标。于是，人的正常动机和反应变得狭隘，只剩下对统治的渴望和对厄运的恐惧：恐惧贫穷，恐惧失业，恐惧失去阶级地位，恐惧挨饿，恐惧伤残和死亡。当战争最终降临时，人们张开臂膀欢迎它的到来，因为难以忍受的悬念终于落地了。现实无论多么严峻，都比记者和政客渲染的无时不在的幽灵的威胁更能忍受。矿山和战场是一切古技术活动的基础，它们所激发的行为使得恐惧渗入生活的方方面面。

富人恐惧穷人，穷人恐惧收租人。中产阶级恐惧从工业城市污秽肮脏的贫民区传来的瘟疫，穷人有正当的理由恐惧被送去肮脏的医院。在古技术阶段后期，宗教披上了军装。皈依的教徒高唱着《基督精兵前进》，身穿军装，以骄傲的谦卑姿态齐步前行。这是帝国主义的救赎。学校像军队一样严格管理，军营则变成了学校。老师和学生像资本家和工人一样彼此畏惧。工厂和监狱一样被高墙、铁窗和铁丝网围得严严实实。女人不敢生孩子，男人不敢要孩子。对梅毒和淋病的恐惧败坏了性交的乐趣。这些疾病的后面隐藏着魔鬼，如运动性共济失调、轻瘫、精神错乱、儿童失明、瘸腿等幽灵。在发现砷凡纳明之前，唯一能治疗梅毒的药物本身就是毒药。住房如监狱般阴暗，街道单调乏味，没有树木的后院满是垃圾，房子紧挨成片，没有公园或游乐场。这些都凸显了死亡的环境。时不时还会发生矿井爆炸、火车脱轨、房屋失火、军警镇压罢工者，最后是战争的激烈爆发。机器生产的产品被用来获取权力和利润，大多数产品的最终去处不是垃圾堆，就是战场。如果说地主和其他垄断者从人口的聚集和机器的集体效率中获得了他们不应得的收益，那么可以说留给整个社会的是社会不应得的烂污。

13. 动力与时间

在古技术时期，各技术部门发生的变化主要基于一个中心事实，即能源的增加。机器的大小、速度和数量的增多，反映了利用燃料的新手段的增多和可用燃料储量的扩大。动力终于不再受自然的、人的限制和地理因素的限制，不再受制于天气的突变、不规律的降雨和刮风以及以食物的形式摄入的能量，后者绝对限制了人和动物产生的动力。

然而，动力与工作的另一个因素是无法分开的，那就是时间。在古技术时期，动力的首要用途是缩短完成特定工作量所用的时间。如此节省下来的时间却大多白白浪费了，原因包括：生产混乱无序；随着工厂的建立而形成的社会制度存在缺陷，结果造成停工；失业。这一事实拉低了新制度应有的效率。蒸汽机及其附属机器做了大量的劳动，但与之相伴的损失同样巨大。若以有效劳动来衡量，也就是看人的努力有多少转化为直接的生存资料或持久的艺术和技术作品，可以看到新工业实现的相对收益少得可怜。动力产出较少、时间耗费较大的其他文明在实际效率方面不亚于古技术时期，甚至超过了它。

动力大增导致了生产速度的变化。本来仅零散实行的时间管理开始风靡整个西方世界。这一变化表现为廉价手表的批量生产，先是在瑞士，然后从 19 世纪 50 年代开始在美国康涅狄格州沃特伯里大规模生产。

节约时间现在成为节约劳动力的一个重要组成部分。时间积累节省下来后，像货币资本一样被重新投入新形式的剥削。从此，填补时间和消磨时间成为重要的考虑因素。古技术早期的雇主甚至通过早上提前一刻钟拉响上工的汽笛，或在午餐时间把时钟指针前移之类的办法偷取工人的时间。在可能的情况下，工人经常在雇主看不见的时候以其人之道还治其人之身。简而言之，时间成了商品，正如货币已经成为一种商品。如果把一段时间纯粹用来冥想沉思，而不是花在机器操作上面，会被视为可恶的浪费。古技术世界不理睬华兹华斯的《劝告与答复》(*Expostulation and Reply*)，它才不想坐在古老的灰色石头上，在梦想中消磨时间。

填满各段时间成为一种责任，但同时也需要"长话短说"。爱伦·坡认为，19世纪40年代短篇小说风靡一时，原因是人们在繁忙的一天中需要见缝插针放松一下。廉价的蒸汽印刷机大规模生产后（1814年），文学期刊大量增加，这同样标志着机械划分时间的趋势。三卷本的小说适合维多利亚时代中产阶级沉闷的家庭生活，而期刊，包括季刊、月刊、日刊，最后几乎是小时刊，是为大众需求服务的。人的妊娠期仍是9个月，但生活中几乎所有其他事情的速度都加快了。时间跨度缩小了，时间限制被人为切短。这样做不是为了适应功能与活动的需要，而是为了跟上计算时间的机械制度。在可能做到的每个生活领域，机械定时都取代了有机的和由功能决定的定时。

快速运输的普及导致了计时方法的变化。如果从东向西旅行，每走8英里，太阳时就差一分钟，所以不再能用太阳时来计时。不能使用靠太阳计算的地方时，必须确定一个被普遍接受的时区，进入下一个时区就突然增加或减少一个小时。1875年，美国修通了横贯大陆的铁路，强制规定了标准时，比召开世界大会正式颁布标准时早了10年。时间标准化进程从200年前建立格林尼治天文台开始，通过在海上把船上的天文钟与格林尼治时间相对比而进一步推进，至此终于大功告成。现在，整个地球被划分为一系列时区。跨越广大地区同时协调行动遂成为可能。

机械时间现在成了第二天性。加快节奏成为工业和"进步"的新要求。减少执行某项工作所用的时间本身成了目的，无论这项工作是令人愉快，还是给人痛苦。同样，加速旅行本身也成为目的，无论旅行是为了享受，还是为了谋利。对于旅行加速的有些担忧荒唐可笑，比如认为坐火车以时速20英里行进会导致心脏病，损伤人体结构。

不过，贸然把有机节奏转为机械节奏的确过于草率，有欠考虑：机械节奏可以拉长或加快，过于加快有机节奏却会造成功能失调。

除了从运动中获得的原始愉悦之外，加快节奏没有别的理由，只是为了多赚钱。作为机器运作的两个组成部分，动力和时间对人来说只是达到目的的功能。除了用来达到人的目的，它们并不比落在荒凉的撒哈拉沙漠上的阳光更重要。在古技术时期，动力的增加和运动的加速本身成了目的，它们自己构成了自身存在的理由，全然不顾它们对人类的影响。

在技术上，古技术工业最风光的部门不是棉纺厂，而是铁路系统。过去驿马车的技术几乎完全无法转用于铁路这种新的运输工具，铁路的成功因此更加惊人。铁路是第一个受益于电力的行业。有了电报，才有可能建立远程信号系统和遥控系统。在铁路行业，生产与时间节点相关联，生产的不同部分彼此密切联系。过了超过一代人的时间，图表、时间表和生产预测这一套才在整个工业中普及开来。为确保准时和安全，发明了从空气制动器和带通廊的车厢到自动道岔和自动信号系统等各种装置，还完善了以不同速度在不同天气条件下把货物从一处运往另一处的制度。这是19世纪一项杰出的技术与管理成就。无须赘言，铁路系统的效率也受到各种掣肘，如资金被掠夺、缺乏合理的工业和城市规划、未能实现大陆干线的统一运行。但是，在当时社会条件的制约下，铁路是最有时代特点、最高效的技术形式。

14. 审美补偿

但是，古技术工业并非没有理想的一面。新环境的荒凉阴暗激发了审美方面的补偿。看不到阳光和颜色的眼睛在暮色、浓雾、烟霭和不同色调中发现了新世界。工厂城镇的轻雾在视觉上产生了神奇的效果。丑陋的人体、污秽的工厂和垃圾堆都隐入雾中。看不到阳光下的刺目现实，一切都遮上了温柔的紫罗兰色、各种灰色、色泽柔和的黄色和清淡的蓝色的面纱。

当时风行的古典风景画描绘的是公园般的整洁景色和富有艺术品位的废墟，而古技术制度巅峰时期的英国画家透纳后期的画作背离了这一风格，只描绘两个题材：雾与光。透纳可能是第一个吸收并直接表达新工业主义典型效果的画家。他画的从雨幕中冲出的蒸汽机车也许是从蒸汽机那里获得灵感的第一首抒情诗。

浓烟滚滚的工厂烟囱帮助营造了浓厚的气氛。仅从视觉效果来说，这样的气氛略去了工厂烟囱某些最糟糕的效果。在画作中，浓烟的刺鼻气味消失于无形，只剩下可爱的幻象。透过薄雾远远看去，兰贝斯那装饰得光怪陆离的道尔顿陶瓷厂几乎和泰特美术馆陈列的任何画作一样给人以美感。惠斯勒位于切尔西河岸的画室俯瞰着巴特西工厂区。他不借助光的作用画出了雾中的景色。一层层浓淡不一的色调显现出驳船、桥梁的轮廓和远方的河岸。在雾气中，一长排街灯放着光芒，如同夏夜空中小小的月亮。

透纳不仅描绘浓雾的效果，而且反其道而行之。他不画考文特市场垃圾遍地的街道、被烟熏黑的工厂和暗无天日的伦敦贫民窟，而是转而描绘光线的纯洁。他的一系列画作是对光的奇迹的赞美诗，如同盲人一旦重见光明就不禁唱起赞美诗一样。那是对光的礼赞，因为光挣脱了暗夜、浓雾和黑烟，征服了世界。正因为没有日光，没有颜色，工业城镇里丝毫看不到乡村景色，才使得这一时期风景画艺术精进，产生了这类画作的主要艺术成就，包括巴比松画派和后来的印象派画家，如莫奈、西斯莱、皮萨罗，还有即使不是最具独创性，也是最有特色的文森特·凡·高的作品。

凡·高对19世纪70年代最灰暗的古技术城市了如指掌。他熟知煤气灯下恶臭冲天、破烂不堪的伦敦。他也熟悉城市暗黑能量的来源，即比利时博里纳日煤矿区那样的地方。他曾在那里和矿工同住。凡·高的早期画作吸收并勇敢地直面环境中最不堪的部分。他描绘矿工瘦骨嶙峋的身体、他们脸上那近乎动物般的麻木表情、他们只有土豆的寒酸晚餐，以及他们贫穷的住所那种一成不变的黑色、灰色、深蓝色和肮脏的黄色。凡·高亲身参与了这种沉重而艰难的日常生活。后来，他去了法国，那里从未完全被蒸汽机和大规模生产征服，依然保留了务农的村庄和小手工业。凡·高看到法国的景色，深受激励，开始了对新工业主义的畸形和匮乏的反叛。在普罗旺斯清新的空气里，凡·高为自己眼中的世界所陶醉，他长期身处荒凉环境的经历更加深了这种陶醉感。他那不再被浓烟和灰尘所包裹蒙蔽的感官做出了狂喜的反应。浓雾消散了。盲人看得见了。颜色恢复了。

印象派画家的颜色分析直接来自谢弗勒尔对颜色进行的科学研究，但当时的人不肯相信画家眼中的景色。印象派画家被斥为骗子，因为他们画的颜色没有因画室的光线而暗淡，没有因雾而失色，没有因岁月、烟雾和光油的作用而变得柔和，因为他们画的绿草在强烈的阳光下显出黄色，他们画的雪呈粉红色，他们画的白墙上的阴影是薰衣草的淡紫色。这些艺术家画笔下的自然世界并不暗淡无光，所以古技术时期的人认为他们是醉汉。

新画家着意显示色彩和光线，音乐对新环境的反应则是变得更加狭隘、更加激烈。在这一时期，车间歌曲，锡匠、清洁工、小贩、卖花人的沿街吆喝，水手拉纤的号子和在田间、酿酒厂、酒馆里唱的古老民歌慢慢消亡。同时，创造新歌的动力在消失。决定劳动节奏的不再是歌曲、号子或鼓点的拍子，而是机器每分钟转动的次数。讲述宗教、战争或悲剧内容的民谣弱化为感伤的通俗歌曲，就连色情内容都被冲淡。歌曲的感染力大为减弱。民谣只在柯尔律治、华兹华斯和莫里斯的诗中才得以生存，成为有教养阶层的文学。歌与诗不再属于人民，而是彼此分家，成了专业的"文学"。谁也不再想着把仆人叫进起居室，大家一起吟唱牧歌或民谣。纯音乐也经历了诗歌发生的变化。但是，音乐由于有新创建的管弦乐队，有新交响乐的范围、力量和乐章，因此成为与工业社会分庭抗礼的具有特殊代表意义的理想力量。

巴洛克管弦乐队的基础是弦乐器的响度和音量。机械发明大大增加了乐器的音量，改善了音质，甚至提高了人对新声音和新韵律的敏感程度。单薄的小击弦键琴发展成为被叫作钢琴的巨大机器，有着出色的音板和加长的键盘。同样，萨克斯管的发明者阿道夫·萨克斯在1840年前后发明了一系列介于木管乐器和古老的铜管乐器之间的乐器。现在，所有乐器都经过科学校准，声音的产生在一定程度上实现了标准化和可预测化。随着乐器数量的增加，管弦乐队和工厂一样形成了内部分工。从后来创作的交响乐中，可以清楚地看到这个分工。指挥是音乐总监和制作经理，他们负责产品，即乐曲的制造和组装。

作曲家相当于发明者、工程师和设计师，他使用钢琴这类乐器做辅助，在纸上计算最终产品的性质，在工厂迈出生产的第一步之前把一切细节都敲定。复杂的乐曲有时需要发明新乐器或重新起用过去的乐器。管弦乐队具有集体效率、集体和谐、功能性的劳动分工以及领导者和被领导者忠实的合作性互动，这一切共同产生的集体一致性是任何工厂都难以企及的。至少交响乐队的节奏更加微妙，各个乐章演奏的时机把握得完美无瑕，比工厂达到如此高效率的运作早得多。

所以，管弦乐队的组成是新社会的理想模式。它首先在艺术领域实现，然后才落实在技术领域。至于管弦乐队的产品，如贝多芬和勃拉姆斯的交响乐或重新配器的巴赫的作品，是古技术时期产生的最完美的艺术作品。没有任何诗歌或画作能够像新型交响乐那样充分表达如此的深度和精神力量，并且从使现今社会窒息和畸形的因素中汲取资源。文艺复兴时期的视觉世界消失殆尽。只有在既未完全陷入衰败也未完全被进步裹挟的法国，那个世界仍然存活于从德拉克洛瓦到雷诺阿等画家的笔下。但是，其他艺术中失去的、在建筑艺术中几乎完全消失的东西却在音乐中得到了恢复。速度、节奏、音调、和声、旋律、复调、对位，甚至不协和音和无调性都被用来创造一个理想的新世界。人的悲惨命运、模糊的渴望和壮烈的结局再次得到了容纳和表现。人的精神在新的日常生活中受到挤压，被逐出市场和工厂，但在音乐厅中上升到新的高度。它最宏伟的建筑是用声音建造的，却在建造的过程中消失于无形。也许只有一小部分人才听得到这些艺术作品或理解其含义，但他们至少瞥见了焦煤镇[1]以外的另一个天堂。与焦

---

[1] 焦煤镇，狄更斯小说《艰难时世》中的地名。

煤镇那腐坏掺假的食物、邋遢的衣服和破烂的住房相比，音乐提供了更可靠的营养和更多的温暖。

除了绘画和音乐，从曼彻斯特的棉布、伯斯勒姆和利摩日的陶器、索林根和谢菲尔德的五金制品中，几乎找不到足够精美、可以放到博物馆哪怕是最角落的陈列架上的物品。当时英国最好的雕塑家阿尔弗雷德·史蒂文斯（Alfred Stevens）受委托为谢菲尔德设计餐具，但他的作品是一个例外。古技术时期厌恶自己产品的丑陋，于是转向过去的时代，寻找经过时间证实的艺术做榜样。这场运动之所以出现，是因为人们认识到，机器为1851年世博会生产的艺术根本不入流。为了提高品位，改善设计，阿尔伯特亲王在南肯辛顿赞助开办了学校和博物馆，结果却消除了丑陋里仅存的生命力。在戈特弗里德·森佩尔（Gottfried Semper）的领导下，德语国家做了类似努力，法国、意大利和美国也是一样，结果均乏善可陈。一时间，由德·摩根（De Morgan）、拉法吉（La Farge）和威廉·莫里斯（William Morris）重新发扬光大的手工艺成为替代死气沉沉的机器设计的唯一有活力的选择。艺术沦为维多利亚时代贵妇的玩意儿，成为浪费时间的无益之事。

当然，人的生活在这一时期并未戛然而止。许多人尽管日子过得有些艰难，追求的却仍然是利润、权力和舒适之外的东西。当然，利润、权力和舒适是数百万男女工人所无法奢望的。可能大多数诗人、小说家和画家都对新秩序恼怒不屑、百般反抗。他们最主要的反抗形式就是作为诗人、小说家和画家这种无用之人存在于世上。在葛擂硬之流的眼中，这些人对生活的多方面抗拒是任性地逃避抽象计算的"现实"。萨克雷故意将作品置于前工业时代的环境中，以避开当今的新问题。卡莱尔在鼓吹工作的信条时谴责维多利亚时代的实际工作条件。狄更斯对股票推销商、曼彻斯特个人主义者、功利主义者和咄咄逼人的白手起家者做出无情的讽刺。巴尔扎克和左拉以纪实的现实主义描写新的金融秩序，毫不留情地揭露这一秩序的堕落和恶劣。其他艺术家和莫里斯及拉斐尔前派一样，回归了中世纪。在他们之前这样做的有德国的奥韦尔贝克和霍夫曼以及法国的夏多布里昂和雨果。还有一些艺术家和布朗宁一样转向文艺复兴时期的意大利，或像道蒂那样转向原始的阿拉伯世界，像梅尔维尔和高更那样转向南太平洋，像梭罗那样转向原始森林，像托尔斯泰那样转向农民。他们在寻求什么？他们寻求的是在铁路枢纽和工厂找不到的几样简单的东西：朴素的人身自尊、外部环境的色彩和内心世界的深层情感，还有为生活本身的价值而活，而不是一心向上爬。农民和"野蛮人"保留了一些这样的品质。重拾这些品质成为试图为工业主义的钢铁文化提供补充的人们的主要职责之一。

15. 机器的成就

人在古技术阶段获益不大，可能大多数人口丝毫没有获益。在这一点上，信奉进步和功利主义的约翰·斯图亚特·穆勒与对新制度批评得最激烈的约翰·罗斯金不谋而合。不过，技术本身做出了许多具体进步。在古技术时期，不仅发明者和机器制造者改进了工具，实现了整个机器生产流程的精细化，而且科学家和哲学家以及诗人和艺术家通力合作，为一个新文化打下了基础，这个新文化甚至比始技术时期的文化还要温和仁慈。虽然科学应用于工业生产只是零星案例，其中最著名的也许是欧拉和卡姆士对齿轮的改进，但科学始终在稳步发展。科学在 17 世纪取得了巨大进步。到 19 世纪中叶，各个科学领域发生了同样重大的概念重组。在此仅举一些杰出的代表人物：冯·迈尔、门捷列夫、法拉第、克拉克·麦克斯韦、克洛德·贝尔纳（Claude Bernard）、约翰内斯·缪勒（Johannes Müller）、达尔文、孟德尔、威拉德·吉布斯（Willard Gibbs）、马赫（Mach）、凯特尔（Quetelet）、马克思和孔德。技术在科学的助力下进入了新阶段，我们将在下一章审视这个新阶段的特点。科学与技术在各个变化阶段中始终保持着本质上的连续性。

这个时期的技术发展突飞猛进。在这个机器大显身手的时代，工具制造者和机器制造者的能力终于跟上了发明者的要求。在此期间，包括钻机、刨床和车床在内的主要机械工具得到完善；动力车辆诞生，且速度不断加快；轮转印刷机问世；生产、处理和运输大量金属的能力得到加强；许多主要的外科器械，包括听诊器和检眼镜，都是那时发明或完善的，尽管医疗器械最杰出的进步——产钳的使用——是始技术阶段法国的发明。古技术阶段头 100 年左右的情况最清楚地显示了人们做出的巨大进步。铁产量从 1740 年的 1.7 万吨增加到 1850 年的 210 万吨。1804 年，人们发明了用淀粉给经纱上浆以防断纱的机器，动力棉纺机终于变得实际可行。1803 年，霍罗克斯（Horrocks）成功发明了一种织机，并在 1813 年对其进行了改进，棉花产业因之彻底改观。当时劳动力成本很低，据估计，1834 年，仅苏格兰就有 4.5 万 ~5 万名工人，英格兰有大约 20 万名工人，所以动力纺纱推广得较慢。1823 年，全英国只有 1 万台蒸汽织机，到 1865

年，这个数字增加到 40 万台。炼铁和纺织这两个产业是古技术阶段生产力的一个相当准确的指数。

除了衣物的大规模生产和食品的大规模分配，古技术阶段的伟大成就不是终端产品，而是生产中使用的机器以及公用事业。铁的大规模使用特别有代表性。工程师和工人用起铁来得心应手。铁制轮船、铁桥、铁架高塔以及机械工具和机器是他们最大的成就。

铁桥和铁船的历史都不长。达·芬奇和与他同时代的其他意大利人设计出了各种铁桥，但直到 18 世纪末，英国才真正建起了第一座铁桥。在建筑中用铁需要解决从前没有过的问题。工程师在做计算和检验计算结果时固然要借助数学方法，但实际技术的发展领先于数学表达。这是人类发挥聪明才智、大胆实验、勇敢跳出窠臼的一个领域。

在不到一个世纪的时间内，炼铁工人和结构工程师达到了惊人的完美。轮船的体积迅速加大，从长 133 英尺、总重量 60 吨的小轮船"克莱蒙特号"，到 1858 年竣工的"大东方号"那艘游弋在大西洋上的巨兽。"大东方号"的甲板长 691 英尺，总重量 2.25 万吨。它的螺旋桨发动机的功率可达 1 600 马力，明轮发动机的功率可达 1 000 马力。航行频率也增加了。到 1874 年，"切斯特城号"定期航行于大西洋两岸，一次为时 8 天，由连续 8 段航程组成，各段航程所用的时间不等，从 1 小时到超过 12 小时。横渡大西洋的速度从 1819 年"萨凡纳号"的 26 天缩短到 1866 年的 7 天零 20 小时。在接下来的 70 年中，这一增长速度有所放缓，铁路运输也是一样。速度放缓了，体积也不再急速增加，因为大型轮船因其庞大的体积而在港口转动不灵，在安全港内几乎触及水底。"大东方号"的体积是"克莱蒙特号"的五倍，而今天最大的轮船体积不到"大东方号"的两倍。1866年跨大西洋航行的速度比（47年前的）1819年快了两倍有余，但今天的速度比（67年前的）1866年只快了一倍多。许多技术部门都是这个情形。加速、量化和倍增在古技术阶段早期比后来发展得更快。

熟练掌握建造铁制结构的技术也是在古技术阶段早期达到的。英国的水晶宫可能是这个时期最伟大的纪念碑。这座不朽的建筑结合了三个阶段的特点：有发明了玻璃温室的始技术阶段，有建造了玻璃屋顶火车站的古技术阶段，还有再次显示出对阳光、玻璃和轻盈结构的欣赏的新技术阶段。不过，桥梁是更典型的纪念碑。特尔福德在梅奈海峡上建造的铁链悬索桥（1819—1825年）、1869年开始建造的布鲁克林大桥和1867年开工的福斯桥那座伟大的悬臂桥可能是新发展的工业技术最完全的美学表达。材料的数量，甚至是桥的大小都对审美效果有所影响，由此突出体现了任务的困难和解决办法的高明。在这些辉煌的工程中，再也没有马马虎虎的实验性思维习惯和纺织品制造商那种锱铢必较的吝啬节约。在早期铁路事故和早期美国内河轮船发生的灾难中，这些因素难辞其咎，现在，它们终于被剔除了。客观的性能标准得到确立和实现。格拉斯哥的造船商遇到技术难题时会去请教开尔文勋爵。这些机器和建筑物显示了在直面困难和征服难以驾驭的材料时那种发自内心的应有的骄傲。罗斯金对过去木制战列舰的赞扬用在更大的铁制商船上更加贴切，值得在此重复："总的来说，战列舰是人作为群体动物最伟大的发明。作为单独的个体，人在没有帮助的情况下可以做比战列舰更好的事，他可以写诗作画，或者做自己最拿手的其他事。但是，作为群居动物，大家合力共同制造整个群体所需要的东西，这种合作的第一件作品就是战列舰。人对这件作品注入了能够对一个300英尺长、80英尺宽的空间注入的最大的耐心、常识、深谋远虑、实验哲学、自我控制、秩序与服从的习惯、地地道道的辛勤努力、对自然元素的蔑视、奋不顾身的勇气、深思熟虑的爱国精神和对上帝判决的平静以对。我何其有幸生活在这个时代，能够目睹这个过程。"

芝加哥早期的摩天大楼以及埃菲尔建造的大桥和高架桥标志着铁结构方面大胆尝试的高峰。1888年建造的著名的埃菲尔铁塔在高度上拔得头筹，但就工艺的精湛而言却算不上最佳。

此外，造船和建桥业务极为复杂，所需的内部联系与协调几乎任何其他产业都难以企及，可能只有铁路除外。这些结构激发出古技术制度所有潜在的军事美德，并将其用于有益的目的。工人炼铁，捶打和铆接钢材，在狭窄的平台和纤细的横梁上作业，每天都要冒生命危险，却泰然自若。在生产过程中，工程师、工头和普通工人之间几乎没有分别，各自在共同的任务中担负自己的责任，每个人都面临着危险。建造布鲁克林大桥时，第一个测试用来悬挂钢缆的滑动托架的人是总机械师，不是普通工人。威廉·莫里斯洞悉本质，把新轮船称为"工业时代的大教堂"。他说得对。建造轮船所需的艺术与科学的协调比古技术时期任何其他工程都更全面、更充分，最终产品是集紧凑、速度、力量、协调和美学于一身的奇迹。轮船和桥梁是新的钢铁交响乐。奏响它们的是面容严肃的顽强工人，包括工资奴隶和工头。但是，和几千年前的埃及采石工一样，他们尝到了创作的喜悦。相比之下，客厅艺术委顿失色。炼钢炉那充满男性气质的气味比任何贵妇人涂的香水都更好闻。

支持着所有这些努力的是一种新的艺术家：18世纪末19世纪

初英国的工具制造者。这些工具制造者在两个不同行业为满足行业需求应运而生：博尔顿和瓦特的机械厂和约瑟夫·布喇马（Joseph Bramah）的木工作坊。布喇马获得了一种锁的专利后，要寻找工匠制造这种锁，这样找到了在伍尔维奇兵工厂工作的聪敏的年轻机械师亨利·莫兹利。后来，莫兹利不仅成为史上技术最精湛的机械师之一，而且他出于对精益求精的执着，确定了制造机器关键部件，特别是制造机械螺钉的工序。在那以前，螺钉靠手工切割，工艺极难，造价昂贵，所以一般尽量不用。螺钉的螺距或螺纹的形状无章可循。斯迈尔斯说过，每个螺栓和螺母都可以说是独一份。莫兹利的车螺丝车床是具有决定性的标准化装置之一。有了标准化装置，现代机器才成为可能。莫兹利把艺术家精神带入了机器制造的每个环节，实现了标准化，将工艺细化为确切的维度。是莫兹利把内角从 L 形锐角变为圆角。M. I. 布鲁内尔请莫兹利为他制造滑轮机。在莫兹利的作坊里受他的精确方法训练的众多门徒后来都成了著名机械师，有发明了蒸汽锤的内史密斯、完善了步枪和大炮的惠特沃斯，还有罗伯茨、缪尔斯和刘易斯。当时另一位伟大的机械师克莱门特是布喇马训练出来的，后者 1823—1842 年参与了巴贝奇的计算机的制造。罗（Roe）说，这是有史以来最精密、最复杂的机器。

这些机械师对机械工作投入了全部精力。他们力求十全十美，从不卷入与劣等工匠的廉价竞争。当然，美国、法国和德国都有类似的人，但英的工具制造者靠精湛的工艺雄踞国际市场。归根结底，是他们的工作使轮船和铁桥成为可能。莫兹利手下一位老工人的话值得重复："看他操作任何一种工具都赏心悦目，不过，他拿着 18 英寸锉刀的样子简直令人目眩。"这是一位称职的批评家对一位优秀艺术家的称赞。完全属于古技术艺术的最有原创性的例子只能到机器里去找。

16. 古技术之旅

所以，古技术阶段做了两件事。首先，它探索了生活量化概念的死胡同和终极深渊。权力意志是激励它的力量；一个权力单元与另一个权力单元之间的冲突是对它唯一的控制，这样的权力单元可以是个人，可以是阶级，也可以是国家。其次，它通过大规模生产商品表明，仅仅改进机器并不能产生有社会价值的结果，甚至达不到最高的工业效率。

过分强调权力的意识形态和连续不断的斗争最终导致了世界大战。那场毫无意义的冲突在 1914 年爆发，仍在落入机器制度统治下的失意愤懑的各国人民之间进行。这个进程只能以无意义的胜利告终：双方同归于尽，或战胜国消灭敌人后立即自杀。虽然为了方便起见，我讨论古技术阶段时用了过去式，但它其实至今犹存，人类的一大部分仍然遵循着它所产生的思维方法和习惯。如果不去除这些思维方法和习惯，技术的基础就可能受损，我们将重新堕入野蛮状态，堕落的速度与我们所继承的技术的复杂度和精细度成正比。

但是，古技术阶段真正意义重大的部分不在于它生产的东西，而在于它导致的结果。它是一个过渡期，是始技术经济与新技术经济之间一段繁忙、拥挤、脏乱的旅途。制度不仅通过直接作用，而且通过它导致的反作用而对人的生活产生影响。从人的角度来看，古技术阶段是一个灾难性时期。但正是因为它的混乱，人们才加紧了寻求秩序的努力；正是因为它特有的野蛮，人们才看清了生活的目标。作用力与反作用力一样，但方向相反。

第五章　新技术阶段

1.新技术的开端

　　新技术阶段是过去 1 000 年来机器第三个明显的发展时期。它是真正的脱胎换骨。它与古技术阶段几乎有天壤之别，但另一方面，它与始技术阶段又有着成人形态与婴儿形态的关系。

　　在新技术阶段，罗杰·培根、达·芬奇、弗朗西斯·培根、波尔塔、格兰维尔以及当时的其他哲学家和技术家的理念和期望终于得到了落实。15 世纪最初的草图现在变成了细致的施工图。最初的猜想现在经核实而得到了加强。最初的粗陋机器终于靠新时期的精密机械技术而臻于完善，电动机和涡轮机达到了一个世纪前几乎只有时钟才有的精确度。切利尼在浇铸高难度的珀尔修斯塑像时表现了超凡的胆量，米开朗琪罗建造圣彼得大教堂的拱顶是同样大胆的成就。这样的胆量如今让位于一种耐心的合作性实验精神。现在，整个社会都准备投入此前只是个人独自推行的事业。

　　新技术阶段固然在物质意义和社会意义上是一个确定的综合体，

但不能将它作为一个时期来做出界定。一个原因是它尚未发展出自己的形式与组织，另一个原因是我们仍身处这一时期，看不清其中细节的最终关系，还有一个原因是它并未如 18 世纪晚期改造始技术秩序那样迅速而果断地取代过去的制度。源于古技术秩序的新技术机构制度在很多方面对古技术秩序做了妥协和让步，甚至丧失了自己的特征，因为既得利益方继续支持工业时代中期的过时工具和反社会的目标。西方世界的工业和政治仍然主要受古技术理想的支配。阶级斗争和民族斗争仍然如火如荼。虽然始技术时期的做法继续存在于花园、公园、绘画、音乐和戏剧中，发挥着文明教化的作用，但古技术时期的野蛮化影响依然存在。不承认这一点等于沉浸在黄粱美梦中不肯醒来。19 世纪 70 年代，梅尔维尔用不太高明的诗句提出了一个问题，其意义后来变得更加深刻：

> ……
>
> 艺术是工具；
>
> 但他们说，工具属于强者。
>
> 撒旦弱吗？弱就是错吗？
>
> 看不到扭转乾坤的吉兆。
>
> 你们的艺术在信仰的衰败中前进。
>
> 你们不过是在训练新的匈人
>
> 他们的咆哮如今仍令一些人胆寒。

新技术工业没能改造煤铁复合体，没能在全社会为自己更加人道的技术奠定牢靠的基础，还把自己得到加强的力量给了矿业、金融业和军事部门。从上述意义上说，断裂和混乱的可能性反而增加了。

　　尽管如此，新技术阶段的开端仍然可以大致确定。第一个明显的变化是富尔内隆于 1832 年完善了水轮机，把原动机的效率提高了 3~9 倍。这是一系列长期研究的成果。最先是 16 世纪摸索发明的勺轮，后来的研究者前赴后继，继续这方面的科学研究，其中著名的有 18 世纪中叶的欧拉。富尔内隆的师父比尔丹（Burdin）对涡轮式水轮做了一系列改进，这也许是法国的古技术工业相对落后的原因。富尔内隆早在 1832 年就制造出了一台 50 马力的单轮涡轮机。与之相关联的是法拉第在同一个十年间做出的一系列重要科学发现。其中之一是他分离出了苯。有了这种液体，橡胶的商业应用才得以实现。另一个是他对电磁流的研究，这项研究始于他在 1831 年发现导体与磁力线相交时，电势会发生变化。法拉第做出了这项纯科学的发现后不久，收到了一封匿名信，信中建议将这条原则应用于制造伟大的机器。在伏打、伽伐尼、奥斯特、欧姆和安培完成的重要工作的基础上，法拉第对电的研究与同时期约瑟夫·亨利的电磁研究一起，为能量转换和分配，也为新技术时期的大多数决定性发明奠定了新基础。

　　到 1850 年，新阶段的大部分基础科学发现和发明均已做出，包括电池、蓄电池、直流发电机、电动机、电灯、分光镜和能量守恒定律。1875—1900 年，这些发明被应用于工业生产，建起了发电站，发明了电话和无线电报。最后，到 1900 年，留声机、电影、汽油发动机、蒸汽涡轮机和飞机等一系列补充性发明即使没有完善，也至少具备了雏形。这些发明又转而导致了发电厂和工厂的剧变，并为城市设计和整体环境利用提出了新原则。到 1910 年，工业本身开始明确地朝与古技术方法相反的方向发展。

世界大战的爆发以及战后的混乱、恢复和补偿模糊了这个进程的轮廓。虽然现在有了新技术文明的工具，虽然有许多确切的迹象表明正在发生整合，但仍然无法断言某个地区完全拥抱了新技术复合体，更遑论整个西方文明，因为充分实现技术潜力所必需的社会制度和明确的社会目标并不具备。技术进步从来不会自动反映在社会中，而是需要政治上同样灵活的发明和调整适应。不假思索地把机械进步视为实现文化和文明进步的直接工具，这个思维习惯对机器寄予了它无法达到的要求。若没有合作性的社会智慧和善意，即便是最高端的技术，也无法带来社会的改进，正如电灯泡不会给丛林中的一只猴子带来任何好处。

的确，19 世纪产生的工业世界不是在技术上过时，就是在社会上行不通。然而，不幸的是，它那生满蛆虫的尸体上长出的微生物可能会削弱甚至杀死本应取代它的新秩序，也许会令新秩序完全无法运作。要抗击这种灾难性的结果，首先必须认识到，即使在技术层面，机器时代也并非一个连贯和谐的整体；古技术阶段和新技术阶段之间横亘着一条深深的鸿沟；从旧秩序带过来的思维和行动习惯阻碍着发展新秩序的努力。

2. 科学的重要性

撰写蒸汽机、铁路、纺织厂和铁船的详细历史时，可以对当时的科学工作一笔带过，因为那些发明大多是靠经验实践方法实现的。许多人因蒸汽锅炉爆炸而死于非命之后，才普遍采用了安全阀。所有这些发明若是有科学做基础固然更好，但它们大多并未直接得益于科学的助力，而是多亏了矿山、工厂、金工车间和钟表匠及锁匠的作坊里的实干者，或是善于制造材料和设想新工艺的具有探索精神的业余发明家。可能唯一不断地、系统性地影响古技术设计的科学工作是对机械运动本身元素的分析。

新技术阶段凸显了两个特别重要的事实。首先，在数学和物理学方面成就最大的科学方法扩散到了其他领域。生物体和人类社会也成为系统性研究的对象。这些领域的研究虽然因试图使用为孤立的物理世界发展起来的思想范畴、调查模式和特殊的量化抽象方法而受到妨碍，但科学延伸到这些领域对技术产生了特别重要的影响。生理学在19世纪所起的作用恰似力学在17世纪所起的作用。现在不是机械论形成生活模式，而是生物体开始为机械论塑造模式。在古技术时期，矿山占统治地位。在新技术阶段，则是葡萄园、农庄和生理实验室指导许多成果卓著的研究，推动一些最不同凡响的发明和发现。

同样，对秩序和清晰的追求也促进了对人类生活和人类社会的研究。在这方面，古技术阶段的成功只在于它创立了被称为政治经济学的一系列抽象的理性推理和解释。这个学科的学说与生产和消费的实际组织或人类社会的实际需要、兴趣和习惯几乎毫无关系。就连卡尔·马克思在批评这些学说时也落入了其引人误解的文字窠臼。《资本论》虽然充满了伟大的历史直觉，但它对价格和价值的描述还是和李嘉图的理论一样属于前科学时期。经济学的抽象概念不是从现实中抽取或衍生而来的，而是编造的神话。它们唯一的正当理由是能够催人奋进，促人行动。在维科、孔多塞、赫尔德和黑格尔这些历史哲学家之后，孔德、凯特尔和勒普累为社会学这门新科学奠定了基础。跟随自洛克和休谟以来的抽象心理学家的脚步，新一代观察人性的学者，如贝恩、赫尔巴特、达尔文、斯宾塞和费希纳等人将心理学融入生物学，把思维过程作为纯动物性行为的一个功能来研究。

简而言之，此前主要与宇宙性、无机性、"机械性"相关联的科学概念现在被应用到人类经验的每个阶段和生命的每个表象。对物质和运动的分析曾经大大简化了科学原来的任务，现在它已不再是科学界的唯一兴趣。人开始寻求能够解释更复杂的表象的深层秩序和逻辑。很久以前，爱奥尼亚哲学家就略知秩序在宇宙构成中的重要性。但在维多利亚社会明显可见的混乱当中，纽兰兹最先提出名为"八元素律"的元素周期表时遭到拒绝，不是因为它不重要，而是因为人们不相信大自然会以规律性如此之强的横平竖直的模式来安排元素。

在新技术阶段，秩序感的普遍性和深入性大幅增加。用原子的盲目旋转来形容宇宙，哪怕是作为比喻似乎也不再合适。在这个阶段，物质的固有性质发生了变化：它能够被新发现的电脉冲穿透。发现了镭后，就连炼金术士原来关于元素嬗变的猜测都变成了现实。元素的形象从"固体物质"变成了"流动的能量"。

科学方法不仅被更全面地应用于过去它仅点到即止的方面，还直接被应用于技术和生活。新技术阶段主要的首创思想不是来自有独创性的发明家，而是来自确立了一般法则的科学家。发明是科学法则的衍生产品。在实质意义上，发明了电报的是亨利，不是莫尔斯；发明了直流发电机的是法拉第，不是西门子；发明了电动机的是奥斯特，不是雅各比；发明了无线电报的是克拉克·麦克斯韦和赫兹，不是马可尼和德福雷斯特。把科学知识转化为实用工具仅仅是发明过程中的一个偶然事件。尽管仍然有爱迪生、贝克兰（Baekeland）和斯佩里（Sperry）这样的著名个人发明家，但新的发明天才用的是科学提供的材料。

从这个习惯中产生了一个新现象：有意的系统性发明。对于新材料，要解决的问题是为它找到新用途。对于必要的功能，要解决的问题是找到能产生这种功能的理论公式。越洋电缆最终得以铺设，多亏开尔文勋爵对相关问题做了必要的科学分析。轮船的螺旋桨轴最终在没有笨重昂贵的机械装置的情况下加大了推力，全靠米歇尔弄懂了黏性流体的特性。长途电话成为可能，是因为普平和贝尔实验室的其他人员对相关的几个要素做了系统性研究。发明越来越不靠灵光一现和暗中摸索。一系列典型的新技术发明都是先有想法，然后才有发明的意愿。一般情况下，这样的想法都是集思广益的成果。

当然，实际生活的提示与需求对于能独立思考，有理论头脑的人仍然是极大的激励。例如，蒸汽机促使卡诺开展了对热能的研究。化学家路易·巴斯德看到葡萄酒酿制者、啤酒酿制者和养蚕人的困境后，决心研究细菌学。事实是，活跃的科学好奇心在任何时候都与最务实的研究一样宝贵。这种自由、超脱和独自思索与只顾实际成功的心态和立即投入应用的诱惑格格不入。它们产生的想法汇集起来，如同水库里的水，受地心引力的作用，流入实际事务中。对人类生活的影响要看水库的高度，而不是某一刻从水库里流出来的溪流的水压。从一开始，推动科学发展的动力就不仅有秩序意志，还有实际需要和掌握魔力的渴望。但在19世纪，科学制衡着用眼前的利润和成功来衡量一切的热切愿望。法拉第、克拉克-麦克斯韦、吉布斯这样的一流科学家不受实际限制的影响。对他们来说，科学与艺术一样，不仅是探索自然的手段，而且是一种生活方式，不仅能改变外部条件，而且有益于内心状态。

其他文明达到一定的技术高度后就止步不前，只能重复旧有的模式。技术的传统形式无法维持自身的继续成长。科学通过与技术联手，推高了技术成就的天花板，拓宽了技术发展的潜在领域。在对科学的理解和应用中，涌现了一批新人，或者应当说一个老职业重获新生。在工业家、普通工人和科学研究者之间，出现了工程师。

我们已经看到，工程作为一门艺术自古有之。我们也看到，自14世纪以来，由于军事需要，工程师开始成为一个单独的行业，负责设计碉堡、运河和攻击性武器。为培养工程师而建立的第一所伟大的学校是1794年法国大革命期间在巴黎创立的巴黎综合理工学院。圣艾蒂安学院、柏林工业大学和伦斯勒理工学院（1824年）紧随其后。但直到19世纪中叶，南肯辛顿、史蒂文斯、苏黎世和其他学校才建立。新式工程师必须对新机器、新工具的开发以及新能源形式的应用所涉及的一切问题了如指掌。工程师这个职业现在包括各种专业，范围如同过去达·芬奇在其没有细分的原始状态时的涉猎一样宽广。

早在1825年，奥古斯都·孔德就说过：

从目前的科学中很容易看到，有一批与所谓的科学家不同的工程师。理论和实践本来相距甚远，后来彼此接近到能够互为助力的程度，工程师这个重要阶层于是应运而生。正因如此，它的特点至今无法确定。至于适合工程师阶层的特殊原则，其真正性质难以说清，因为目前只有一些基本内容……确定特定的工程师阶层更加重要，因为这个阶层无疑将成为促成科学家和工业家联盟的直接而必要的工具，而只有靠这个联盟才能建立新的社会秩序。（孔德：第四篇论文，1825年）

　　孔德的展望到新技术阶段萌生时才有了落实的可能性。随着精确分析和控制观察法开始渗透到各个领域，工程师的概念扩大为更普遍的技术人员的概念。各种工艺越来越多地采用精确的知识作为基础。从建筑到教育，工作和行动的每个部门都引进了精确的科学方法，这在一定程度上扩大了17世纪建立起来的机械世界观的范围和实力。技术人员一般把物理学家的世界视为经验中最真实的部分，因为那个世界总的来说恰好是最易于测量的，而且他们有时仅满足于表面的调查研究，只要研究过程显现出精确科学的形式就行。工程师受的教育是专门的、片面的、严格以事实为基础的。无论是工程学院的课程，还是毕业后的工作环境，都缺乏人文内容，工程师的局限于是更为加剧。托马斯·曼调侃地给他的小说《魔山》（*The Magic Mountain*）里的半吊子航海工程师堆加的哲学、宗教、政治和爱情这些兴趣在注重实用的世界中并不存在。不过，新技术经济本身的基础比以前更为广阔，这从长远来说必然会产生作用。加州理工学院和史蒂文斯学院恢复人文课程是向修复17世纪出现的断裂迈出的重要一步。新技术经济与完全依靠矿山的古技术经济不同，它在河谷斜面的每个点都适用，它的细菌学之于农民与它的心理学之于教师一样重要。

3. 新能源

　　新技术阶段的第一个标志是对电这种新能源的征服。古希腊人已经知道天然磁石的作用和琥珀受到摩擦后产生的性能，但关于电的第一部现代专著是 1600 年出版的约翰·吉尔伯特的《论磁》。吉尔伯特把摩擦生电与磁力联系了起来。在他之后，做了马德堡半球实验的可敬的马德堡市市长奥托·冯·格里克（Otto von Guericke）注意到了排斥和吸引的现象。莱布尼茨显然首先观察到了电火花。18 世纪发明了莱顿瓶，富兰克林发现闪电和电同为一物，这个领域的实验就此成形。到 1840 年，在奥斯特、欧姆，尤其是法拉第的努力下，初步的科学探索已经完成。1838 年，约瑟夫·亨利甚至在一个莱顿瓶里观察到了远距离诱导效应，这是无线电通信的第一个迹象。

　　技术紧跟科学。1838 年，圣彼得堡的雅各比教授操纵着用"电磁发动机"驱动的小船在涅瓦河上以 4 英里的时速航行。戴维森（Davidson）研制的电动汽车在爱丁堡至格拉斯哥的铁路上达到了同样的速度。1849 年，佩奇（Page）教授研制的电力机车在巴尔的摩至华盛顿的铁路上达到了时速 19 英里。1846 年，电弧灯获得专利，并于 1862 年被应用于英国邓杰内斯角的灯塔上。同时，人们发明了十几种形式的电报。到 1839 年，莫尔斯和施泰因海尔（Steinheil）使用接地线，实现了远距离即时通信。维尔纳·西门子发明的直流发电机（1866 年）和尼古拉·特斯拉发明的交流发电机（1887 年）是电力取代蒸汽动力的两个必要步骤。不久后，爱迪生发明的中央发电站和配电系统（1882 年）发展了起来。

　　电给动力应用带来了翻天覆地的变化。这些变化影响了工业的位置和集中地，也涉及工厂的详细组织以及多种相互联系的服务和制度。冶金工业彻底改观。包括橡胶生产在内的一些工业受到大力推进。让我们来细看一下这种变化的几个例子。

在古技术阶段，工业完全依靠煤矿提供能源。重工业只能安置在煤矿旁，或者靠近运河和铁路这样的廉价运输手段。发电使用的能源却多种多样，不仅可以用煤，还可以利用河流、瀑布和潮汐汹涌的三角洲。在埃及建造的太阳能电池能够利用阳光发电（每英亩电池发电7 000马力）。有了蓄电池后，也可以用风车发电。阿尔卑斯山脉、蒂罗尔山脉、挪威、落基山脉、非洲内陆等人迹罕至的地方第一次成为潜在的能量来源和现代工业的潜在基地。由于水轮机能达到90%左右的超高功率，掌控了水力就开辟了新能源和新的活动区域。与过去时代的谷底和低地相比，这类地区在地形上更加崎岖，在气候上通常更有利于健康。因为对煤层投入的巨大利益，比较廉价的能源并未得到发明者足够的系统性重视。但是，目前农业对太阳能的利用——约占太阳能接收总量的0.13%——向科学工程师提出了挑战。利用热带海域海水上下层温差发电的可能性显示了摆脱对煤炭依赖的另一条道路。

最后，水力发电改变了现代工业在全球各地的潜在分布，削弱了煤铁制度下欧洲和美国特有的工业主导地位。亚洲和南美洲各自拥有超过5 000万马力的水力，几乎和老工业地区一样丰沛。非洲的水力是欧洲或北美的三倍。即使在欧洲和美国，工业重心也在发生转移。在水电的发展中，意大利、法国、挪威、瑞士和瑞典依次站到了前列。在美国同样发生了向两大山脉的转移。煤层不再是唯一的工业能源。

电与长途运输的煤炭或在当地输送的蒸汽不同，它传输起来容易得多，无须耗费大量能源和高额成本。输送高压交流电的电缆可以穿越车辆无法逾越的大山。电力设施建成后，老化速度比较缓慢。另外，电力很容易转化为各种形式：带动机器的电动机、照明的电灯、供暖的电暖器、透视检查用的 X 射线管和紫外线灯，还有用于自动控制的硒光电池。

小型直流发电机不如大型直流发电机效率高，但两者的性能差异远小于大型蒸汽机和小型蒸汽机之间的差异。可以使用水轮机的时候，各种大小和功率的机器都能高效利用电力的优势变得显而易见。如果水流不足以驱动大型交流发电机，仍旧可以利用小溪或小河，用几马力的功率来为农庄这样较小的单位提供出色的服务。即使水流有季节性变化，靠一台辅助性小型汽油发动机也可以保证连续工作。水轮机的一大优势是自动性：一旦安装好，生产成本就几乎为零，因为不需要锅炉工或操作工。大型中央电站还有别的优势。它发的电不必全由当地吸收，多余的电力可以通过一组相互连接的电站系统远距离传输。万一某个发电站出了故障无法运行，仍可利用相连的其他电站来保证足够的电力供应。

4. 无产阶级的失所

古技术时期典型的生产单位以大为特征。它们越来越大，聚集整合，全然不顾规模与效率的匹配。造成这种情况的部分原因是电话出现之前通信系统的落后。高效管理只限于一个工厂之内，因此难以把不同的单位分散到不同地方，无论它们是否有必要聚在一起。另一个原因是用小型蒸汽机生产动能并不经济。于是，工程师一般都尽量把很多生产单元连到同一个驱动轴上，或把它们用管道连接起来，置于蒸汽压力的范围之内。这样的管道都不长，以避免因冷凝导致能量过多损失。若要用一根驱动轴来驱动工厂内的所有机器，就需要把机器安装在轴系旁边，而不是紧密适应工作在地形上的要求。传动带会磨损，密密麻麻的传动带特别容易造成工伤。除了这些缺陷之外，轴系和密集的传动带也妨碍了在厂区从事运输的桥式起重机的行动。

电动机的引进给工厂带来了巨变。有了电动机，工厂设计就有了灵活性，不仅可以把具体单元安置在必要的地方，把它们设计得专门适应所需的具体工作，而且使用电动机直接驱动提高了效率，厂方因此有可能按需改变厂区的布局。安装了电动机，就不再需要那些阻碍光线、降低效率的传动带，可以重新安排各职能单元的机器，而不必操心老式工厂里的驱动轴和过道。每个单位都能以自己的速度运转，根据自己的需要开动或停止，不会因必须跟随整个工厂的运作而发生功率损失。按照一位德国工程师的计算，这使性能的效率提高了50%。对于大型机器，可以轻易地利用桥式起重机进行自动维修。这一切都是在过去40年间发生的。不言而喻，积极采纳这些改进和节约措施的都是比较先进的工厂。

如亨利·福特所说，有了电，小生产单元可以供大行政单元使用，因为高效的行政管理依靠保存记录、制订计划、确定路线和有效沟通，而不一定靠现场监督。总而言之，生产单元的大小不再由当地的蒸汽机或管理人员的需求决定，而是成为生产活动的一项功能。靠当地涡轮机发电或中央发电站供电来驱动的电动机提高了小生产单元的效率，使小规模工业再获新生。在纯技术基础上，这是小规模工业自蒸汽机问世以来第一次能够与大生产单元公平竞争。有了电力，就连家庭生产也再次成为可能。如果从纯机械的角度来看，家庭谷粒磨粉机的效率比不上明尼阿波利斯的大型面粉厂，但它的生产时间与实际需要更加契合，不必因为全麦面粉磨出来的时间距离真正出售食用的时间太久而容易变质，结果只能吃精筛过的白面。要保证效率，小厂不必一刻不停地运转，也不必为遥远的市场生产大量食品和货物。它可以按照当地的供需情况开展生产，可以灵活开工，因为它用于长期工人和设备的经常性开支按比例来说比较少。花在运输上的时间和能量较少是它的优势。通过人与人的当面接触，也可以避免即使是高效率的大工厂也难免的官僚作风。

现在，小工厂作为大规模标准化工业的一分子，为整个大洲的市场制造产品，因而得以生存。如亨利·福特所说，"除非能带来经济效益，否则集中制造没有意义。例如，我们要是把全部生产集中在底特律，就需要雇用大约 600 万人……全国各地都使用的产品应该在全国各地制造，这样才能更平均地分配购买力。多年来，我们遵循的政策是尽量在各地的分厂制造当地所需的所有零部件。可靠的专门制造商会严格控制生产，比分厂更好"。福特又说："我们在最初的实验中……觉得必须把机器生产线和部件组装以及整车组装都放在一处，但随着我们理解的加深，就知道每个零部件的制造都是单独的工作，应该在生产效率最高的地方制造，整车组装线设在什么地方都可以。这是现代生产灵活性的第一个证据，也表明减少不必要的运输可以节约成本。"

即使没有使用电力，小车间也由于上述一些原因在世界各地生存了下来，维多利亚时代早期惊叹于巨型纺织厂的机械效率的经济学家自信满满的期望因此落了空。有了电力，规模优势从任何角度来看都要打个问号，除了炼铁这样的特殊产业。用废铁炼钢时，如果生产规模太小，无法用高炉，可以用电炉这个节约的方法。况且自动生产在机械上最薄弱的环节是为运输做准备所需的费用和人工劳动。当地市场和直接服务剔除了这个环节，也就去掉了一项成本高昂又没有任何技术含量的工作。更大不再自动意味着更好。动力装置的灵活性、手段与目的更加紧密的契合、生产活动在时间上更好的安排，都是高效工业的新标志。如果集中仍然存在，那也主要是市场现象，不是技术现象。精明的金融家推动集中，他们把大型组织作为比较顺手的机制，用来操纵信贷，抬高资本价值，实现垄断控制。

发电厂不仅驱动新技术的发展，它本身可能也是最具时代特征的终端产品之一，因为它显示了完全的自动性。如弗雷德·亨德森（Fred Henderson）和沃尔特·波拉科夫（Walter Polakov）充分表明的，那是我们现代动力生产系统的发展方向。从一个工人操作桥式起重机把煤炭卸下火车车厢或运煤船，到使用机械供煤机给高炉添煤，动力机械取代了人力。工人不再是劳动力，而是成为机器操作的观察者和管理者，是生产的监督者，而不是积极的行动者。的确，对工人的现场直接管理与管理方通过报告和图表监督动力和货物在全厂的流动进行遥控管理在原则上并无不同。

新工人需要具备的素质是保持警醒，反应敏捷，对操作程序了如指掌。简而言之，他必须是多面手机械师，不能只专一门。生产流程只要没有达到完全自动化，对工人就仍有危险。因为到19世纪50年代，英国的纺织厂已经实现了半自动化，但工人的精神却并未因此振奋起来。但是，实现了完全自动化后，原来的工人中负责工厂运转的那一小部分人重获行动自由，也再次调动起主观能动性。顺便提一件有意思的事，一个最重要的节约劳力、免除苦工的装置是锅炉机械点火，它是在古技术的高峰时期——1845 年发明的。但是，这个装置直到 1920 年才在发电厂迅速普及，那时，燃煤锅炉已经开始感到自动油燃烧器的竞争。（同年，即 1845 年又出现了一项伟大的经济发明——用高炉产生的气体做燃料。但它实际应用的时间晚得多。）

在生产完全标准化产品的所有新技术产业中，操作自动化是努力的目标。但正如巴内特（Barnett）所说："在取代人力的能力方面，不同机器差别很大。一个人操作刨石机的产量等于八个人的手工产量。一个人操作半自动制瓶机的产量顶得上四个吹瓶工人的产量。一个人操作莱诺铸排机的产量相当于四个排字工人的产量。使用最新改造过的欧文斯制瓶机，一个操作工能顶 18 个吹瓶工人。"此外，使用了自动电话交换机后，接线员的数量减少了约 80%。在美国纺织厂中，一个工人可以照看 1 200 个纺锤。在许多所谓的先进产业中，仍然存在着一成不变的高频率碎片化劳动最致命的形式，福特汽车的直线组装就是一例。这种落后的劳动形式极不人道，与 18 世纪最恶劣的制造工艺毫无二致。即便如此，真正的新技术产业和生产工艺几乎已经用不着工人。

动力生产和自动机器使得工人在工厂生产中的重要性不断下降。1919—1929 年，美国有 200 万名工人失业，实际产量却不降反增。美国不到 1/10 的人口生产了全国大部分制成品，提供了大部分机械服务。本杰明·富兰克林估计，在他那个时代，由于工作机会增加，有闲阶级被消除，在一年中，每个工人每天工作五个小时就能完成所有必要的生产。即使我们对作为中间环节的机器和水电以及终端产品的消费需求大大增加，新技术产业如果在稳定全时生产的基础上得到高效组织的话，也只需上述时间的一小部分就能满足。

自 1870 年以来，化学与电气和冶金齐头并进。事实上，化工产业在 1870 年后的兴起是新技术秩序的确切标志之一，因为除了蒸馏和制皂等行业使用的古老的经验法，化工的进步受到科学发展速度的限制。从冶金到人造丝制造，化学在工业生产的每个阶段都占了较大的份额。不仅如此，化工产业因其本身的性质，展现新技术特征比机械工业整整早了一代人的时间。马塔雷（Mataré）的数据是近一代人以前的，但仍然意义重大：在先进机械工业中，全体员工中只有 2.8% 是技术人员。在制醋和酿酒这类老式化工产业中，技术人员占比 2.9%。但在相对新兴的化工产业中，如染料厂、淀粉制品厂、煤气厂等等，有 7.1% 的员工是技术人员。同样，化工生产流程通常是自动化的。按比例来说，化工产业雇用的工人甚至比先进的机械工业还少，而掌管生产流程的工人需要拥有与发电站或轮船的操控人员相似的能力。在这里，正如在总的新技术产业中一样，生产的进步增加了实验室里受过训练的技术员的数量，减少了工厂里从事单调劳动的工人的数量。简而言之，除了最终的包装和装箱之外，化工生产的变化显示了所有货真价实的新技术产业的特点：无产阶级的失所。

显然，自动化和动力方面的进步尚未被社会完全吸收，我在最后一章将再次回来讨论这个问题。

5. 新技术材料

说到始技术经济时期的风能和水能，就联想到对木头和玻璃的使用；提及古技术时期的煤，就联想到铁。同样，电也把它自己特有的材料广泛地应用于工业，具体来说有新合金、稀土和轻金属。同时，电还创造了各种新型合成化合物，作为对纸张、玻璃和木头的补充，包括赛璐珞、硫橡胶、酚醛树脂和合成树脂。这些化合物具有抗断裂、阻电、耐酸或有弹性等特性。

在金属当中，电尤其偏爱电导率高的铜和铝。按面积来算，铜的电导率几乎是铝的两倍。但按重量来算，铝优于任何其他金属，甚至比银都好。铁和镍基本上没有用处，除非被当作电阻，比如用于电力取暖。新技术色彩最强烈的金属也许非铝莫属。这种金属于 1825年由丹麦人奥斯特发现。奥斯特是早期成果颇丰的电学实验家之一。但在古技术阶段的鼎盛时期，铝只是实验室里的新奇玩意儿。直到1886年，在发明了电影、发现了赫兹波的那个十年，才有人申请商业制铝的专利。铝的发展步伐缓慢并不奇怪，因为它的商业开采需要大量的电。电解铝矿石的主要成本是提炼 1 磅铝需要消耗 10~12 千瓦时的电能。因此，铝产业必须有廉价的电力来源。

铝是继氧和硅之后地壳中含量第三丰富的元素。不过，目前主要使用铝土矿的含氧化合物来制造铝。也许从黏土中开采铝在商业上尚不可行，但无疑最终会找到有效的办法。所以，铝的供应可以说是用之不竭，尤其是因为铝的氧化速度缓慢，社会因此得以逐渐建起废金属储备。这一切发生在 40 年多一点的时间内，其间建起了中央发电厂，在工厂里安装了众多电动机。在过去 20 年里，铜的产量增加了足足50%，但同期铝的产量增加了316%。从打字机框架到飞机，从厨具到家具，现在一切都可以用铝和更坚固的铝合金来制造。铝确定了新的重量标准。各种形式的动力终于摆脱了沉重的负担。火车有了新的铝制车厢，动力用得少了，跑得反而更快。如果说古技术时期的伟大成就之一是把笨拙的木制机器变成了更坚固、更精确的铁制机器，那么新技术时期的一项主要任务就是把沉重的铁制品换成轻便的铝制品。正如水力和电力技术甚至影响到了发电厂煤炭消耗和蒸汽生产的重组，轻便的铝在更加细致准确的设计上对仍然用钢铁制造的机器和用具提出了挑战。飞机的精密设计不容许超幅扩大标准尺寸，也不容许为未知情况设立过分的安全标准。飞机工程师的计算最终一定会对桥梁、起重机和钢结构建筑物的设计有所影响。事实上，这样的影响已经明显可见。大和重不再是优点，反而成了缺点。轻和小成为新技术时期的新特征。

这个阶段另一个典型的进步是对稀有金属和稀土的使用：电灯用的钽、钨、钍、铈，钢笔笔尖或可摘义齿的附件这类机械接触点用的铱和铂，还有制造合金钢用的镍、钒、钨、锰和铬。电阻与光的强度成反比的硒是和电一起被投入广泛使用的又一种金属。硒的物理属性使得自动计数装置和电动开门器成为可能。

冶金领域有计划有步骤的实验促成了一场革命，可与从蒸汽机到直流发电机的转变相媲美。稀有金属在工业中占据了特殊位置，对它们的精心使用养成了即使在开发比较普通的矿物时也注重俭省的习惯。因此，生产不锈钢能减少钢的锈蚀，增加了值得回收利用的废金属的数量。钢的供应量如此巨大，避免浪费又如此重要，美国平炉炼钢一半以上的原料已经是废金属，而平炉炼钢现在占美国国内钢产量的 80%。大部分稀有元素直到 19 世纪才被发现，现在它们不再被视为罕见的稀奇物，或像黄金一样主要用于装饰或致敬的目的。它们的重要性远超它们的数量。微量是新技术阶段整个冶金和技术领域的特征，生理学和医学领域也是一样。说得夸张一点，古技术阶段只注意小数点左边的数字，而新技术阶段特别关注小数点右边的数字。

新技术复合体还有另一个重要后果。新技术阶段的某些产品，如玻璃、铜和铝，和铁一样数量巨大，但其他的重要材料，包括石棉、云母、钴、镭、铀、钍、氦、铈、钼、钨，却极为稀少，或产地极为有限。例如，云母因其独特的属性，是电力工业不可或缺的材料。它具有规律的解理、高度灵活性、弹性、透明、不传热、不导电和不易分解等特性，因此成为制造无线电电容器、磁发电机、火花塞和其他必要工具的最佳材料。但是，云母虽然分布得相当广泛，地球上有些重要地区却完全没有云母。作为制造硬度钢最重要的合金材料之一的锰主要集中在印度、俄国、巴西和非洲黄金海岸（今加纳）。钨的供应 70% 来自南美洲，9.3% 来自美国。目前铬的供应几乎一半来自南罗得西亚（今津巴布韦），12.6% 来自新喀里多尼亚，10.2% 来自印度。同样，橡胶供应仍限于某些热带或亚热带地区，尤其是巴西和马来群岛。

请注意这些事实在世界商品流动中的重要性。始技术和古技术工业活动都可以在欧洲社会的框架内展开。英国、德国、法国这些主要国家有足够的风能、木头、水、石灰岩和铁矿石，美国亦然。在新技术制度下，这种独立和自给自足不复存在。各国必须组织、保障并保护世界各地的供应来源，否则就可能资源全无，堕入比较原始的低层技术。新工业的物质基础既不是国家范围的，也不是大陆范围的，而是全球范围的。当然，此言同样适用于新工业的技术与科学遗产。位于东京或加尔各答的一个实验室提出的理论或做出的发明也许会完全改变挪威某个渔村的生活。在这种情况下，没有哪个国家和大陆能够在自己周围筑起高墙而不破坏对自身技术来说至关重要的国际基础。新技术经济要生存，除了在全球范围内组织工业和政治以外别无选择。与世隔绝和国家间敌对是蓄意的技术自杀。光是稀土和稀有金属的地理分配就足以证实这一点。

新技术时期一个最伟大的进步是对煤炭的化学利用。煤焦油在古技术时期曾经是蜂窝焦炉产生的无用废料，现在成为重要的财富来源。按 1 吨煤炭来算，"焦炉产生的副产品有大约 1 500 磅焦炭、11.136 万立方英尺煤气、12 加仑煤焦油、25 磅硫酸铵和 4 加仑轻质油"。化学家通过分解煤焦油，制造出了新药、染料、树脂，甚至香水等各种产品。化学的发展和机械化的进步一样，减少了当地条件的限制，也降低了供应故障或大自然的无常变化造成的影响。发生蚕瘟也许会造成天然丝减产，但 19 世纪 80 年代成功制造的人造丝可以填补部分缺口。

化学为自己设定的任务是模仿或重构有机物。讽刺的是，化学的第一个巨大成功是维勒（Wohler）在 1825 年制成了人工合成尿素。同时，某些有机化合物首次成为工业的重要材料。因此，对于桑巴特关于现代工业是用无机材料取代有机材料的说法，需要做严重保留。天然产品中最伟大的是橡胶。早在 16 世纪，亚马孙河流域的印第安人就用橡胶做鞋子、衣服和热水瓶，更不用说球和吸管了。正如西欧的棉纺业与蒸汽机齐头并进，橡胶的发展恰好与电的发展并驾齐驱。因为法拉第分离出了苯，后来又使用了石脑油，才有可能在橡胶产地以外的地方生产橡胶。橡胶有多重用途，能做绝缘材料、唱片、轮胎、鞋底和鞋跟、雨衣、卫生用品、外科医生的手套和游戏用的球。这一切给了橡胶在现代生活中独一无二的地位。由于它有弹性、不透水、不透气、可绝缘，所以它尽管熔点很低，但有时成为能替代纤维、金属和玻璃的宝贵材料。橡胶是一项重要的工业资本货物，据齐默尔曼所说，1925—1930 年，再生胶占美国橡胶总产量的35%~51%。使用玉米和甘蔗秸秆制造合成建材和纸张说明了又一条原则：试图依靠现有能源，而不是依靠树木和矿物这种形式的资本。

这些新应用几乎全部出现在 1850 年后，其中大多数是 1875 年后发明的，而胶体化学的伟大成就到我们这一代才实现。这些材料和资源的出现不仅归功于动力机械，也归功于精密器械和实验室仪器。马克思说机器比器具和用具更能代表一个时代的生产制度，此言显然有误，因为要描述新技术阶段，就不能不提及化学和细菌学方面的各种成就，而机器在这些成就中只起了很小的作用。新技术阶段后期创造的最重要的器械也许是德福雷斯特在弗莱明真空管的基础上发明的三元振荡器，也就是放大器。这个装置里唯一活动的部分是电荷。肢体动作比渗透过程更明显，但两者在人的生活中同等重要。同样，相对静止的化学活动对于技术来说与更显眼的快速运动的引擎同样重要。我们的工业今天从化学中受益良多，明天也许从生理学和生物学中获益更大。事实上，这个趋势已初见端倪。

6. 动力与机动性

就重要性而言，蒸汽机和内燃机的改进仅次于电的发现与利用。18 世纪末，预见了 19 世纪许多科技发现的伊拉斯谟·达尔文医生曾经预言，在解决飞行问题方面，内燃机将比蒸汽机更得力。古人早已发现并使用了石油，美洲印第安人把它当作偏方土药。1859 年，人们开始钻井开采石油，这是近代以来的第一次。在那之后，石油被迅速开采。较轻质的馏分油和用作润滑剂的较重的油都备受珍视。

自 18 世纪以来，人们对燃气发动机开展了众多实验，甚至使用粉状炸药来模拟火炮的射击。最后，1876 年，奥托最终完善了燃气发动机。内燃机得到改善后，开辟了一种丰沛的新动力来源，其重要性丝毫不亚于过去的煤层，即使可能注定消耗得更快。燃料油（后来用于柴油机）和汽油的主要特点是重量轻，易于运输。它们不仅能通过永久性油气输送管道从油井输送到市场，而且因为它们是液体，与煤炭相比，它们的汽化和燃烧留不下多少残余物，所以可以轻易存在放不下煤炭的边角空间中。发动机靠重力或压力输油，不需要司炉。

发电厂和轮船引进液体燃料和机械加煤机之后，做苦役的司炉得到了解放，这些可怜人如同过去划桨的奴隶一样当牛做马，尤金·奥尼尔在他的戏剧《毛猿》(The Hairy Ape) 中恰当地将他们作为受压迫的无产阶级的象征。同时，蒸汽机的效率提高了。帕森于 1884 年发明了汽轮机，把蒸汽机的效率从老式往复式发动机的 10% 或 12% 提高到汽轮机的 30%。后来的汽轮机用汞蒸汽代替水蒸气，把效率进一步提高到 41.5%。效率提高的速度可以根据发电厂的平均煤炭消耗量来判断：煤炭消耗量从 1913 年的每千瓦小时 3.2 磅降到 1928 年的 1.34 磅。有了这些改进，铁路才有可能实现电气化，即使在没有廉价水力的地方也能做到。

蒸汽机与内燃机齐头并进。1892 年，狄塞尔（Diesel）通过压缩空气，采用更加科学的燃烧方式，发明了一种改进的燃油发动机，功率可达到 1.5 万制动马力。汉堡发电厂就安装了这样的发动机。19 世纪 80 年代和 90 年代发展起来的小型内燃机对汽车和飞机的改进起到了同样重要的作用。

新技术运输恰恰需要这种新形式的动力。新发动机中只有燃料，而不是像蒸汽机那样还要额外加水。有了这种新型汽车，动力和运动不再受铁路线的限制。一辆汽车可以和一列火车跑得一样快。同样，小型汽车和大型汽车一样高效。（蒸汽机若是用石油做燃料，能否与内燃机有一拼之力；蒸汽机经改进和简化后能否重新下场竞争——这些技术性问题本书没有涉及。）

汽车和飞机的社会影响到 1910 年左右才广泛显现。1909 年布莱里奥（Blériot）飞越英吉利海峡和亨利·福特批量生产廉价汽车都是意义重大的转折点。

但不幸的是，这种情况也发生在工业生活的几乎每个领域。新机器遵循的不是它们自己的模式，而是从前的经济和技术结构所确立的模式。新型汽车被称为无马马车，其实它除了轮子，其他地方与马车没有一点相似之处。汽车是大功率机车，动力相当于 5~100 匹马的马力。帘布外胎被发明后，安全时速可达 60 英里，日活动半径达到 200~300 英里。这种私人机车却要在为马匹和马车设计的老式土路或柏油碎石公路上行驶。1910 年后，公路拓宽了，路面的轻型材料换成了混凝土，但交通运输线仍然遵循着过去的模式。修建铁路时犯下的所有错误在汽车这种新型机车上又来了一遍。主线公路依照过去的古技术惯例从城镇中心穿过，完全不管这种安排造成的拥堵、摩擦、噪声和危险。发明引进汽车的人仅仅把它作为一个机械体，没有试图提供适当的设施让汽车发挥它的潜在优势。

若是有哪个冷静的人像莫里斯·科恩教授建议的那样问上一句：仅仅在美国，每年就有三万人因车祸丧生，受伤和致残的人数更多；有鉴于此，汽车这种新的交通形式真的值得吗？回答无疑是否定的。但是，商人和工业家在加速把汽车投入市场。他们只注意机械领域的改进，在任何其他层面都缺乏发明天赋。本顿·麦凯（Benton MacKaye）表明，快速交通、车辆行人安全和周密的社区建设是同一进程的不同组成部分。远途交通需要"没有城镇的高速公路"，公路上隔一段距离就要有入口站和出口站，交叉的交通大动脉要有上方和下方的过路通道。同样，地方交通需要"没有高速公路的城镇"，邻里社区不能被交通大动脉一分为二，也不能受过境交通的噪声困扰。

哪怕只从提速的角度来看，解决办法也不能全靠汽车工程师。在规划合宜的道路系统中，一辆时速可达 50 英里的汽车比一辆设计时速可达 100 英里，却陷在老式道路网的混乱和拥堵中，只能以 20 英里的时速前行的汽车更快。未出厂汽车的速度和马力与它的实际效率没有多少关系。简而言之，没有合适的设施，汽车的效率并不高，正如发电厂若使用铁而不是铜作为传导材料，效率同样不会高。发展汽车的社会专注于纯机械问题和纯机械解决办法（而这些又基本上取决于投资阶层获得的收益），所以除了在比较偏僻的乡村地区，汽车从未达到它的潜在效率。汽车价格低廉，批量生产，加之大举重建的仍是老式高速公路系统（新泽西州、密歇根州和纽约州的韦斯特切斯特是几个难得的例外），于是效率越发低下。在美国和英国这种最不假思索、得意扬扬地拥抱汽车的国家中，无论是在拥挤混乱的大都市里，还是在假日期间人们试图逃离城市的路上，交通堵塞造成的损失都大得无法估量。

在过去一代人的时间里，新技术时期交通发展的这个缺点还显现在另一组关系中：人口的地理分布。与普通蒸汽机车相比，汽车和飞机都有一个特殊的优势。飞机可以飞越任何其他交通工具无法通行的地区，汽车可以轻易地爬上普通蒸汽机车上不去的斜坡。高地地区能够以低成本发电，铁路却难以到达。有了汽车，高地地区就能向商业、工业和人口开放。高地地区风景美丽，空气新鲜，适合从爬山、钓鱼到游泳、滑冰等各种娱乐活动，所以经常是最有利于健康的居住地。我必须强调，高地地区是新技术文明的特有生境，正如地势低洼的沿海地区是始技术阶段的生境，河谷谷底和煤层所在地是古技术时期的生境。尽管如此，在许多国家，人口仍继续流向作为工业和金融业中心的大都市，而不是流向上述新的生活中心。汽车不仅没有解决，反而加剧了交通拥堵。此外，因为人口稠密的大城市不断扩张，机场只能建在大城市外缘尚未被开辟成郊区住宅区的地方。结果，若是短途旅行，乘飞机节省的时间经常被从市中心到郊外机场花费的时间所抵消。

7. 通信的悖论

人与人的沟通始于人际接触的生理表现，从婴儿的号哭、呢喃、扭头到比较抽象的手势、示意和声音，最终发展为完整的语言。在历史长河中，随着象形文字、绘画、素描和书写字母的出现，一系列抽象的表达方式深化了人际交流，丰富了交流的内容与含义。从表达到接收的时间差产生的效果是让人停下行动，开始思考。

从电报开始，一系列发明开始缩小远距离通信的时间差。先是电报，然后是电话，再然后是无线电报和无线电话，最后是电视。结果，在机械装置的助力下，通信即将回归最开始人与人之间的即时反应状态。但这样的即时沟通不受空间与时间的限制，唯一的限制是能量是否足够以及通信装置的机械功能与可及性。无线电话有了电视的补充后，通信就与直接交流相差无几，只是无法实现身体上的接触：无法握住对方的手表达同情，也不能一拳打在惹人生气的对话者头上。

这会产生什么结果呢？显然，交际的范围会扩大，联系人会增多，花在交际上的精力和时间会增加。但不幸的是，全球范围内的即时交流不一定能拓宽人的眼界或心胸。与即时通信的便利性相对应，书写、阅读和绘画这些出色的抽象表达方式，这些经过周全思虑的谨慎表达方式会遭到削弱。在有一定距离时，人们往往比面对面接触时更合群，如同野蛮人之间的易货贸易，人与人彼此看不到的时候交流反而更顺畅。个人交往面太广和过于频繁的重复交流是低效社交，这在对电话的滥用上明显可见。十几个五分钟的电话传达的意思常常可以精简为十几张便条，而便条的书写、阅读和答复用不了亲自打电话那么多的时间和精力。有了电话，人的兴趣和注意力不再能自我控制，而是会被任何陌生人拿去用于自己的目的。

一切发明共有的一个危险在此得到了放大，那就是无论是否有必要都要使用新发明这个倾向。因此，我们的祖辈在房屋正面贴上铁皮，尽管铁特别能传热。因此，留声机发明后，人们不再学习小提琴、吉他和钢琴，尽管被动听唱片与主动弹奏乐器不可同日而语。因此，麻醉药的发明提高了外科手术的死亡率，因为许多手术本来是不必要的。消除对人际密切交往的限制在早期与人口流入新地区一样危险：它增加了摩擦的机会。同样，它激起并推动了类似战争前夕出现的那种群体反应，也加大了国际冲突的危险。无视这些事实等于对当前经济粉饰太平、过于乐观。

尽管如此，远距离的即时个人通信仍是新技术阶段的一个显著标志。它在机械上象征着世界范围内思想和感情的交汇，这种交汇最终必须产生，如此我们的整个文明方不致毁灭。新的通信方式具有新技术的典型特征和优势，因为它们除了别的含义外，还意味着使用机械装置来复制并加强有机体的行动。从长远来看，它们不会取代人类，而是会重新确定人的努力方向，扩大人的能力。不过，这个前景附带了一个条件，即个性文化的改善要与机器发展齐头并进。可能无线电通信迄今为止产生的最大社会效果是政治方面的：它恢复了领导者和被领导者之间的直接联系。柏拉图说，一个城市的规模要以人群能听得见演讲人的声音为限。今天，这个限制界定的不是一个城市，而是一个文明。只要有新技术工具，使用同一种语言，就具备了近似曾经在阿提卡最小的城邦中实现的政治统一的因素。这里存在着巨大的行善作恶的可能性。靠声音和图像建立的二手人际接触能加强对大众的严格管理，特别是因为群体中的单个成员在地方会议这类场所与领导者直接互动的机会越来越渺茫。目前，像许多其他新技术进步一样，无线电和有声电影的危害似乎大于裨益。所有具有倍增功能的器械都有一个关键的问题，那就是所倍增的物体的功能和特性。对于这个问题，仅从技术角度找不到令人满意的答案。当然，没有任何迹象表明，即时通信产生的结果像早期的鼓吹者似乎一致认为的那样，会自动对社会有利。

8. 新型永久记录

人类文化的传承依赖永久性记录，如建筑物、纪念碑和铭文。在新技术阶段早期，这个领域发生了巨变，其重要性不亚于 500 年前木板印刷、铜蚀刻和印刷的发明带来的变化。黑白图像、彩色图像、声音和活动的影像变成了永久记录，可以用机械和化学方法复制多份。照相机、留声机和电影的发明再次显示了以前强调过的科学与机械灵巧度的相互作用。

这些永久记录的新形式起初主要是为了娱乐，促成它们的是审美兴趣，不是狭隘的实用目的，但它们在科学上有重要的用途，甚至对人的思想观念产生了作用。首先，摄影是对观察结果的独立客观的核查。科学实验的价值部分地在于它可以重复，因此可以由独立观察者予以核实。不过，以天文观测为例，眼睛看不过来或看不准的可以靠照相机来补充，照片能够重复也许再也观察不到的独一无二的事件。同样，照相机几乎能记录下刹那间的一个历史横断面，捕捉住时间流逝中的各种形象。在建筑领域，机械地把形象留在照片上导致了一个不幸的结果：实际建筑物千篇一律，结果没能丰富人的思想，只是在各处留下了建筑物的静止形象。历史无法重复，唯一能从历史中挽救的是在历史发展的某个时刻记录并保存下来的东西。物体一旦被剥离它所属的时间范畴，就失去了完整的意义，虽然这样可以抓住用别的方法可能观察不到的空间关系。的确，照相机作为复制装置的价值就在于它能够提供用其他方式无法提供的记忆。

在不断变化的世界中，照相机是对抗正常的退化和衰败的手段。它不是靠"复原"或"复制"，而是靠以方便的形式留下人、地点、建筑物和风景的单纯形象，因此成为集体记忆的延伸。电影显示了时间过程中的连续形象，扩大了照相机的范围，从本质上改变了照相机的功能，因为电影可以把成长过程的慢动作压缩，或将跳跃的快动作延长，还可以一直集中于人们不会随时密切注意的事件。此前，记录仅限于某个时刻，若想跟随时间向前推移，就只能诉诸抽象叙述。现在，记录能够表现为事件发生的连续图像。时间的流逝不再由时钟的机械嘀嗒声所代表，与钟表相当的是电影胶片的卷轴，柏格森敏锐地抓住了这个形象。

这些新装置造成的人类行为的改变也许没有想象的那么大，但人类行为的确发生了一些改变。在始技术阶段，人与镜子交流，画出了自己的肖像，写出了内省的传记，而在新技术阶段，人在照相机前摆姿势，甚至在摄影机前表演。这种改变是从内省到行为主义心理，从维特的多愁善感到欧内斯特·海明威不动声色的公众面孔。在饥饿和死亡的威胁下，一个被困在荒野中的飞行员在日记中写道："我又造了一个木筏，这次试划的时候，我脱掉了衣服。我穿着内裤、身背木筏的样子一定不错。"他形单影只，却仍然认为自己是公众人物，在被人注视着。每个人，从偏僻村庄的老妇人到在精心安排的舞台上的政治独裁者，都或多或少地有着同样的心态。造成这种对公共世界持续感知的原因看来至少部分地是照相机和与之一同发展起来的取景器的出现。如果现实中没有对着自己的取景器，人就自己临时想象一个出来。这个变化意义重大：不再自我审视，而是自我暴露；不再是痛苦的自白，而是轻松的开放坦诚；不再是骄傲的灵魂裹着斗篷独自徜徉在半夜的沙滩上，而是讲求实际的灵魂一丝不挂地和一群同样赤身裸体的人一起在沙滩上暴露在正午的日光下。当然，这样的反应没有具体证据。即使照相机的影响肉眼可见，也没有理由认为那是最终结果。难道还需要再次强调吗？创造技术的是人的需求和兴趣，那才是决定性的，技术产生的任何东西都不能与之相比。

在我看来，照相机、电影和留声机无论造成了何种心理反应，它们对用经济的方法管理社会遗产所做出的贡献都是无可置疑的。在它们出现之前，只能用书写形式勉强代表声音。有意思的是，这方面最好的办法之一《可视语言》(*Visible Speech*)的发明者贝尔是发明了电话的贝尔的父亲。除了纸和羊皮纸上的文字、印刷文件和画布上的画，一个逝去的文明能够留下的只有垃圾堆，还有纪念碑、建筑物、雕塑和工程作品。这些都狼犹笨重，都会多多少少地干预同一地方不同生活的自由发展。

新发明的装置可以把这些巨大的实物变为纸张、金属唱片或黑胶唱片，或赛璐珞胶片。这类东西保存起来完整得多，成本也低得多。想在心灵上接触往昔的形态和表达方式，不再需要保存大量历史遗物。所以，新发明的机械装置成为 19 世纪得到普及的另一个新型社会机构——公共博物馆——的绝配。有了它们，现代文明能直接感知过去，可能比任何其他文明都更能准确地了解过去留下的纪念物的意义。这些装置不仅拉近了过去，还加强了现在的历史感，因为它们缩短了事件的发生与将其记录下来的那一刻之间的时间间隔。人们有史以来第一次能够看到死去的人讲话以及已经忘却的场景和行动的影像。浮士德得把灵魂交给魔鬼梅菲斯特，才能换取看到特洛伊的海伦的机会。我们的后代想看到 20 世纪的海伦就容易多了。这导致了一种新形式的永生。维多利亚时代晚期的作家塞缪尔·巴特勒很可能会思考，如果一个已逝的人的音容笑貌能够恢复，仍然能对观众和听众产生直接影响，那他到底算不算完全死亡呢？

起初，新发明的录音和复制装置令人迷惑不解、无所适从。不可否认，对这些装置的使用不够明智，甚至不够有序高效。但是，这些装置显示了行为与记录之间、生活中的活动与对整个生活的记录之间的一种新关系。最重要的是，它们要求我们具备更细腻的敏感性和更高的智力。如果说这些发明迄今一直在拿我们当猴耍，那是因为我们仍然是猴子。

9. 光与生命

新技术时期的世界充满光明。光透过固体，穿越浓雾，从闪亮的镜面和电极反射回来。有了光，颜色鲜明起来，曾经被烟雾遮盖的物体变得纤毫毕现。机械意义上达到完美的威尼斯镜子代表着玻璃技术的第一个高峰，现在的玻璃技术在上百个不同部门再次大获成功，只有石英能与之争锋。

在新技术阶段，望远镜重获重视，过去两个世纪中除了列文虎克和斯帕兰扎尼的非凡工作以外基本上被废弃不用的显微镜尤其再振雄风。此外还有同样利用光作为探索工具的分光镜和 X 射线管。克拉克·麦克斯韦对电与光的结合可以算作这个新阶段的杰出象征。莫奈和其他印象派画家在户外阳光下作的画在颜色的运用上展示出微妙的不同色调。这种微妙的区分在实验室里得到了复制。频谱分析和利用煤焦油生产的各种苯胺染料是新技术时期的特别成就。此前被认为是物质的次要特征而不受重视的颜色现在成为化学分析的一个重要因素。分析发现，每个颜色都有其特有的光谱。此外，新染料在细菌学家的实验室里被用来给样本染色。有些染料，如龙胆紫，还能当消毒剂，另外一些染料可以作为药物治疗某些疾病。

矿工那种暗无天日的机器世界开始消失。热、光、电乃至物质都是能量的表现。随着对物质的分析逐渐深入，原来的固体物质越来越稀薄，直至最后成为电荷，那是构建现代物理学的终极砖石，正如原子之于过去的物理理论。人眼看不见的紫外线和红外线在新的物理世界中成为平常之物。同时，对人类世界中纯外部的理性心理学加上了内心下意识的黑暗力量。可以说，即使是看不见的东西也被照亮，不再不为人知。看不见摸不着的东西也可以被测量并使用。古技术世界用打击和火焰来改变物质，新技术世界知道其他力量在其他环境中同样强大，如电、声音、光以及看不见的射线和射气。居里夫妇分离出镭之后，神秘主义者认为人体有光环的想法如同炼金术士点石成金的梦想一样，有了确切的科学佐证。

身处这些革命性科学发展开端的开普勒十分看重的太阳崇拜再次

出现。人们发现，裸体日光浴能预防佝偻病，治愈结核病。阳光直射能给水消毒，也能减少整个环境中病原菌的数量。巴斯德的发现促进了对微生物的研究，在此基础上发展起来的新知识明白地显示了古技术环境的反生命特质。古技术阶段典型的矿井、工厂和贫民窟住房都既阴暗又潮湿，为细菌滋生提供了理想条件。贫乏的膳食导致人的骨骼发育不良，牙齿不好，抵抗力差。19世纪末英军入伍新兵的体检结果充分显示了这种情况造成的后果。由于英国的高度城市化，这些后果在英国尤其突出，但美国马萨诸塞州的死亡率统计表显示了同样的情况：农民的寿命比产业工人的寿命长得多。由于新技术时期的发明和发现，机器也许第一次直接为生活提供了便利。在新知识的衬托下，以前的错误显得更加荒唐，更加难以置信。

数学般的准确、物理般的简练、化学般的纯粹、外科手术般的清洁，这些都在新制度的属性之列。要记住，它们不限于生活的任何一个领域。记录体温或血细胞计数需要数学般的精确。清洁变成了新技术社会日常仪式的一部分，其严格程度不亚于犹太教或伊斯兰教等早期宗教的禁忌。电暖器的铜部件擦得锃亮，恰似手术室的一尘不染。工厂、学校和住房都安上了疗养院那种宽大的玻璃窗。在过去10年中，在欧洲国家援助建造的较高质量的社区中，房屋具有明显的趋光性，都是朝阳的。

新技术并不止步于机械发明，还从生物科学和心理科学那里获得了助力。例如，对工作效率和疲劳的研究证实，减少工作时间可能会增加单位产量。预防疾病，强调个人卫生以免以后生病求医成为新技术时期医学的一个特点：提倡回归自然，相信有机体是和谐的、自我平衡的单位。在奥斯勒和他的学校的领导下，医生开始利用自然的治疗力量：水、饮食、阳光、空气、娱乐、按摩、换环境，总之依靠均衡养生的环境和自身功能的调节，而不是排除这些条件，只依靠外部的化学和机械辅助。奥斯勒自己大方地承认，在新制度出现的一个多世纪前，哈内曼（Hahnemann）已经直觉地意识到微量疗法和自然疗法的重要作用。一代人以前，弗洛伊德把对功能失调的心理治疗引进了医学，基本上完成了医学的转向，只剩下社会要素尚且缺位。做出了所有这些进步后，去除陈旧的古技术环境，让这种恶劣环境的受害者学会更有利于生命的工作和生活方式就成了新技术要解决的一个主要问题。肮脏拥挤的住房、潮湿窒闷的院子和小巷、破烂的路面、刺鼻的空气、过度程序化和缺乏人性的工厂、严苛训练的学校、二手经验、感官的饥渴、与自然和动物性活动的疏离，这些是需要战胜的敌人。生物体必须有能够维持生命的环境。新技术阶段不是企图用机械手段来代替这样的环境，而是寻求在技术的核心地带确立这种维持生命的条件。

古技术阶段是以对无辜者的屠杀做前导的。首先遭到屠杀的是摇篮里的婴儿，如果他们侥幸活了下来，就在纺织厂和矿井里继续屠杀他们。例如，美国的纺织厂直到 1933 年仍在使用童工。由于妊娠期和围产期照料的改善，加上婴儿保健的加强，五岁以下儿童的死亡率大大降低，特别是因为现代免疫手段较好地控制住了某些典型的儿童疾病。对生命的更大关爱逐渐扩大到成熟的职业中。危险的工业活动引进了安全手段，比如研磨和喷洒时要戴面罩；给容易发生着火和烫伤的工种配置石棉和云母工作服，陶器的釉彩中不再使用铅，消除火柴制作中的磷中毒和表针制作中的镭中毒。当然，提高健康水平不仅要破旧，还要立新。要积极培养保育生命的职业，不鼓励降低预期寿命又不能提高生活质量的工业——这一切都等待着一种比新技术文化更加深切关心生命的文化的来临，因为即使在新技术文化中，对能量的算计仍优先于对生命的考虑。

在外科手术方面，新技术时期的方法同样是对19世纪中期比较粗陋的机械方法的补充。李斯特的消毒法使用石炭酸这种典型的煤焦油防腐剂，这种方法与在他之前已经引入眼科手术的现代外科手术的无菌技术相距甚远。通过使用X射线和微型电灯泡进行探究，加上细菌学实验室的系统性检查，加大了不必开刀即可做出正确诊断的可能性。

新医学的焦点是预防，而非治疗，是健康，而非疾病，于是身心进程的心理方面日益成为科学研究的对象。笛卡儿认为，身体是机械的，被一个叫作灵魂的独立实体统治着。随着理论物理的"物质"越来越细小，这个概念让位于有机体内精神状态与身体状态互相改变的概念。生理学和神经学领域的研究揭示了有机体的组织和功能之间活跃的互相渗透和转换，因此推翻了过去认为死的机械身体属于物质世界，活的超凡灵魂属于精神世界的二元概念。现在，身体和心理成为有机体的不同方面，正如热和光各自是能量的一方面，分别只在于它们所处的状态不同以及所作用的受体不同。这个认知对大量机械活动所依靠的专门化和功能切割提出了怀疑。有机体的完整生活与功能的极端切割格格不入，就连机械效率都会因性焦虑和身体不好而受到严重影响。简单的重复性动作与意志薄弱者的心理素质相契合，这是对分工过细的一个警示。为了生产廉价产品而进行分工过细的大批量生产也许会导致过高的人的代价。有些事机械化程度不够，无法用机器来做，但可能不够契合人性，也不能让人来做。提高效率必须从动员人的全身心开始。增加机械性能的努力一旦威胁到人的身心平衡，就必须停止。

10. 生物学的影响

我们在前面的章节里看到，迈向机器的第一步是与生命反方向的：机械测量的时间代替了时长；机械原动力代替了人力；操练和严格管理代替了自然冲动和合作性合伙模式。在新技术阶段，这种态势发生了深刻改变。对生命世界的研究为机器本身开辟了新的可能性。与生命有关的兴趣和人类古老的愿望对新发明产生了影响。飞行、电话通信、留声机、电影都源自对生物体的更科学的研究。生理学家的研究是对物理学家研究的补充。

对机械飞行的信念直接来自生理学实验室的研究。在达·芬奇之后，直到 J. B. 佩蒂格鲁和 E. J. 马雷在 19 世纪 60 年代的工作之前，对飞行唯一的科学研究出自生理学家博雷利之手，他于 1680 年出版了《动物的运动》（De Motu Animalium）。爱丁堡的病理学家佩蒂格鲁仔细研究了动物的运动后发现，行走、游泳和飞行彼此之间其实仅稍有不同。他发现，"翅膀在休息和扇动的时候都可与航行中的普通螺旋桨叶片相比拟"……而"重量……不是人工飞行的障碍，而是绝对必要的"。佩蒂格鲁根据研究得出结论说，人的飞行是可能的。马雷也独立得出了同样的结论。

在此过程中，使用新材料橡胶做动力的飞行器模型发挥了重要作用。巴黎的佩诺、维也纳的克雷斯以及后来美国的兰利都用过飞行器模型，但稳定飞行所必需的点睛之笔来自两位自行车机械师奥维尔·莱特和威尔伯·莱特。他们研究了海鸥和猎鹰等高空飞行的鸟类，发现它们通过弯曲翅膀尖在空中保持平稳飞行。飞机设计的进一步改进不仅来自机械方面对机翼和电动机的完善，也源于对鸭子及其他鸟类的飞行和水中鱼儿动作的研究。

同样，电影实质上是研究了生物体后得出的各种要素的结合。首先是生理学家普拉托在研究残留影像时发现了产生运动错觉的基础。由于这个发现，极受欢迎的儿童玩具费纳奇镜和活动幻镜得以被发明，其原理就是让一连串画片迅速在眼前经过。下一步是法国人马雷拍摄的运动中的四足动物和人的照片。这项研究始于 1870 年，最后于 1889 年被投射到银幕上。与此同时，爱德华·迈布里奇（Edward Muybridge）和热爱马的利兰·斯坦福（Leland Stanford）打赌，拍摄了一匹马的连续动作，后来又拍摄了一头耕牛、一头野牛、一条灵缇犬、一只鹿和鸟群。1887 年，爱迪生听说了这些实验后，产生了一个想法，要为眼睛做他已经为耳朵做到的事。于是，电影应运而生。这个进步能够做出，多亏 19 世纪 80 年代赛璐珞胶片的发明。

贝尔的电话同样受益于生理学和人的玩乐。冯·肯佩伦（Von Kempelen）在 1778 年发明了一台会说话的自动机。伦敦展出了费伯（Faber）教授发明的一台类似的机器 Euphonia。老贝尔劝说自己的两个儿子，亚历山大和他的弟弟，也发明一台会说话的自动机。他们使用橡胶模仿舌头和喉咙柔软的部分，做出了一台像模像样的会说话的机器。亚历山大的祖父把一生投入了纠正言语缺陷的事业。亚历山大的父亲 A. M. 贝尔发明了一套可视语言系统，对声音的文化深感兴趣。亚历山大自己专门研究发声的科学，在教聋哑人说话方面成果斐然。从这种生理学知识和悲天悯人的兴趣中，在亥姆霍兹的物理研究成果的帮助下，电话诞生了。根据波士顿的一位外科医生 C. J. 布莱克的建议，电话听筒是直接按照人耳的骨骼和隔膜制作的。

对生物体的兴趣不仅限于模仿眼睛或耳朵的特定机器。在有机世界中，还产生了一个对古技术思想来说十分陌生的理念：形状的重要性。

一颗钻石或一块石英被研磨成粉后，虽然失去了自己特有的晶体形状，但粉末依然保留了所有的化学性质和大多数物理性质，至少仍然是碳元素或二氧化硅。但是，有机体被碾碎后就不再是有机体。它不仅会失去生长、更新和繁殖的特性，各部分的化学构成也会改变。就连变形虫这种最松散的有机体形式，也不能说是毫无形状的一堆。在整个古技术阶段，形状在技术上的重要性从未得到重视。除了莫兹利这种伟大的机械工艺师，其他人对机器在审美方面的改进丝毫没有兴趣。即使在审美方面做出了努力，也显得突兀刺眼，如 1830—1860 年增加的多立克式或哥特式装饰。快速帆船这类专门属于始技术时期的装置得到了改进，但除此之外，人们并没有把形状当回事。例如，早在 1874 年，流线型机车就被设计了出来，但《奈特机械艺术词典》（*Knight's Dictionary of the Mechanical Arts*）在描述这个改进时对其嗤之以鼻。词条的作者不屑一顾地写道："没有任何用处。"明明只需改动一下机器的形状就能提高效率，古技术阶段的人却宁可相信增加能耗和扩大规模的办法。

直到飞机等新技术阶段特有的机器开始发展，紧接着又开展了对空气阻力的科学研究后，形状才开始在技术中肩负起新的作用。机器在独立于有机体的发展中形成了自己特有的形状，现在不得不承认大自然在简洁方面更胜一筹。实际试验显示，与人们幼稚的直觉相反，许多鱼类的平头和逐渐变窄的长尾巴是在空气或水中活动时最省力的形状。讲到在陆地上的滑行，乌龟因在泥泞的谷底爬行演变而成的形状对设计师大有启发。设计飞机机身，不用说还有设计机翼的时候，使用了符合空气动力学的曲线。这样无须增加马力就提高了升举力量。同样的原理也适用于机车和汽车，消除了所有的空气阻力点，降低了所需的动力，提高了速度。有了通过飞机从生物形状中吸取的知识，铁路现在又能够与后来者开展公平竞争了。

简而言之，在新技术经济中，机器的总体审美格局成了确保机器效率的最后一步。机器的审美不像画作那么受主观因素的影响，但即便如此，它们的背景还是有一处相同点。我们的情感反应以及我们对效率与美的标准大多来自我们对生命世界的反应，而在生命世界中，通常只有适应得当的形状才得以生存。此前，和艺术家一样注意形状、颜色和健康度的只有养牛人和园艺师，现在金工车间和实验室也开始注意这些东西。评判一部机器可以使用评判一头公牛、一只鸟和一个苹果的某些标准。在牙科学中，对牙齿自然形状的重要生理功能的了解改变了用于牙齿修复的全部技术，过去粗糙的机械技术和更加粗糙的审美观念被厌弃。这种对形式的新兴趣是对前一个时期那种无视形状的意识形态的直接挑战。爱默生的格言可以反过来说：有鉴于新的技术，必要性永远无法与美的上层建筑分离。下面讨论机器的同化时，我还会回来谈这个问题。

还必须指出新技术阶段中另一个把机器与生命世界相捆绑的现象，那就是对微量的尊重。微量过去不被注意或没人看到，有时甚至不在人的意识范围内，如贵金属合金在冶金中的作用、微能量在无线电接收中的作用、激素在人体中的作用、维生素在饮食中的作用、紫外线在生长中的作用，还有细菌和滤过性病毒在疾病中的作用。在新技术阶段，不仅庞大的体积不再是重要性的象征，而且对小数量的重视自然而然地导致了各个领域的进一步精细化。兰利的辐射热计测得出百万分之一摄氏度，而用水银温度计只能测到千分之一摄氏度。用塔克曼应变计来测量用手掰一块砖头造成的砖头的弯曲能测到几百万分之一英寸。博斯的高倍率植物生长显示器能记录每秒十万分之一英寸的生长率。如今各个科学领域都注重微妙、纤细、精密，都尊重有机体错综复杂的特征。造成这种情况的部分原因是技术方法的精细化，而这种情况反过来进一步推进了技术方法的精细化。这个变化反映在生活的各个方面，从心理学对此前未予注意的创痛的重视，到只考虑能量的纯热量饮食让位于包括人体健康所需要的微量碘和铜的均衡饮食。简而言之，原来只重视数量和机械，现在终于开始重视生命。

必须强调，这个反转过程可能刚刚开始。在此过程中，技术将更多地受益于与生活的融合，而不是从生活中抽离。一些重要的发展已经遥遥在望。只举两个例子。1919 年，哈维研究了从希氏弯喉海萤这种甲壳动物身上提取的适当物质在发光反应过程中温度上升的现象。他发现，在发光反应期间，温度的上升还不到 0.001 摄氏度，可能低于 0.000 5 摄氏度。现在我们已经知道，这种冷光的化学成分是萤光素和萤光素酶。目前理论上已经有可能和合成制造这些元素。如果成功，将大大提高光照效率，远超现在用电能够达到的效率。同样，某些鱼类能够有机发电，也许能为发明经济高效的电池提供一条思路。那样的话，新式电动机既不破坏、污染空气，也不会造成升温，将会在所有形式的驱动中大显身手。这种设想距离实现显然并不遥远。与它们显示的技术进步相比，我们目前对马力的粗放利用显得极为浪费，更甚于现代发电厂设计者眼中的古技术工程做法。

11. 从破坏到保护

我们注意到，古技术时期的特征是肆意浪费资源。开发者为了眼前的利润，对周边环境以及自身行动对明天产生的后果毫不在乎。"后代为他们做了什么？"他们急着发财，忙不择路，把钱扔到河里打水漂，让钱化作浓烟飘走，被自己制造的垃圾和脏污绊住了腿，早早地耗尽了作为自己食物和衣物来源的农业用地的地力。

在这一片荒芜中，新技术阶段携更丰富的化学和生物知识初露峥嵘。它在利用自然环境时通常会注意节约和保护，以此取代前一个时期鲁莽的采矿方法。具体来说，保存并利用废金属、废橡胶和矿渣使环境变得更加整洁，古技术时期的垃圾堆从此不再。电为推动这个转变助了一臂之力。古技术工业的烟雾开始消散。用上电后，始技术阶段的晴朗天空和清澈河水再度回归。水流经过涡轮机一尘不染的叶片后依然和之前一样纯净，与洗煤后的污水或老式化工厂的废水不可同日而语。此外，水力发电导致了岩土工程的兴起，如森林植被保护、河流控制，还有水库和水电大坝的建造。

早在 1866 年，乔治·珀金斯·马什（George Perkins Marsh）就在他的经典著作《人与自然》（*Man and Nature*）中指出了森林被毁和随之而来的土壤侵蚀的严重危险。这是最根本性的浪费，浪费的是地球上肥沃地区覆盖的腐殖质丰厚的宝贵可耕土壤。这层土壤一旦丧失，没有几个世纪的时间无法恢复，除非从其他肥沃地区运新土过来。为了给制造业阶层提供廉价的面包和纺织品而损失小麦地和棉花地的土壤，等于自毁基业。这样的做法根深蒂固，即使在美国，也没有采取有效步骤来阻止这样的浪费，直到马什的著作出版后过了一代人的时间。事实上，自发明木浆造纸工艺以来，毁林的步伐愈加迅速。砍伐木材和挖取土壤齐头并进。

但是，19世纪发生的一系列灾难开始让人们注意到，人类对自然的无情侵犯和对野生动物的大肆灭绝必将给自己招致更大的灾祸。达尔文和后来的生物学家开展的生态研究确立了生命之网的概念，证明地质构造、气候、土壤、植物、动物、原生动物和细菌之间存在复杂的相互作用，正是这种相互作用维持着物种与栖息地的和谐平衡。砍伐一片森林，或者引进新树种或外来昆虫，可能会引发未来长时间内的一长串后果。为了维持一个地区的生态平衡，不能再像垦荒的殖民者惯常的那样随心所欲地开发土地，消灭野生动物。简而言之，一个地区具有一个单独有机体的某些特征。它像有机体一样，有各种应付失调和维持平衡的方法，但若是把它变成只生产一种货物的专门机器，无论它是小麦、树木还是煤炭，而忘记它作为有机生命栖息地的多方面潜力，就将最终打乱并危及它最重要的经济功能。

至于土壤本身，新技术阶段采取了重要的保全措施。一个措施是再次把人的粪便用作肥料，而不是不管不顾地将其排入溪流和潮水，造成污染，浪费宝贵的氮化合物。德国的污水处理厂可能对新技术方法应用得最广泛、最有系统。它们不仅避免了对环境的破坏，而且丰富了环境，改善了对环境的保育。污水处理厂是新技术环境的一个突出特点。第二个重要进步是固氮。19 世纪末，智利硝石矿接近枯竭似乎威胁到了农业的生存。不久后，人们发现了各种固氮的方法。电弧法（1903 年）需要廉价的电力，但哈伯（Haber）1910 年提出的合成氨技术让炼焦炉有了新的用武之地。同样典型的新技术是在豌豆、三叶草和大豆等植物的根瘤中发现了能够形成氮的细菌。罗马人和中国人早就用其中一些植物来恢复土壤，不过现在这些植物的固氮功能得到了确认。这个发现一经做出，古技术时期关于土壤耗竭迫在眉睫的噩梦随即消失。这些可供选择的方法体现了新技术时期的又一个事实，即用于解决问题的技术办法未必只有物理或机械手段。电子物理学能提出一个办法，化学能提出另一个办法，细菌学和植物生理学还能提出第三个办法。

显然，与任何加快犁地、耙地、播种、栽培或收获进程的出色机器相比，固氮对农业效率的贡献大得多。这类知识正如关于运动物体理想形状的知识，是新技术阶段的特征。新技术阶段的进步一方面完善了自动化机器，扩大了它们的操作范围，另一方面把复杂的机器清除出不需要它们的地方。为了某种目的，也许会把一条横贯大陆铁路，或旧金山的一个码头，或智利的一个港口、一条铁路和一处矿山改成大豆田，那样当然也就不需要劳动力去架设安装各种相关的机器和装置。这个一般性规律同样适用于农业以外的其他领域。弗雷德里克·泰勒（Frederick Taylor）以科学管理的名义引进的第一批伟大改进之一只是改动了一下壮工搬运铸铁块的动作和工序。同样，若能改善生活规律，更好地规划环境，就不需要太阳灯、健身器械和便秘疗法。人掌握了饮食方面的知识后，除了万般无奈之下，几乎没人再去做曾经风行一时但非常危险的胃部手术。

机器的发展和增多是古技术时期的一个典型特征，而关于新兴的新技术经济，可以有把握地说，它的一个特征是改进、减少，甚至部分地消除机器。机器退回到它作用独特、不可或缺的领域，这是人对机器和机器所处的世界获得更深了解的必然结果。

保护环境还有一个方面也具有典型的新技术色彩，那就是在农业中营造一个适当的人工环境。截至 17 世纪，人类最重要的成就也许是建立了城市。但在 17 世纪期间，人把提高自身生活舒适度的措施应用到了农业上面，建造了玻璃温室。19 世纪，随着玻璃产量的提高和对土壤实际知识的增加，玻璃在蔬果种植中变得重要起来。新技术阶段的农学家不再满足于被动接受自然条件，而是开始探究打算种植的具体作物在土壤、温度、湿度和日照方面的确切要求。阳畦和温室帮助达到了这些要求。

今天，这种有计划、有系统的农业搞得最好的地方可能是荷兰和比利时，此外还有丹麦和美国威斯康星州的奶牛养殖。在现代工业传遍全球的同时，农业也出现了类似的均等化。玻璃和金属框架的生产成本降低了，更不用说还造出了可以让紫外线穿透的合成品，以替代玻璃。借此东风，一部分农业活动终于可以成为全年性活动，这减少了新鲜蔬果的运输，甚至有可能在相对舒适的条件下种植热带水果和蔬菜。在新技术阶段，土壤的量不再重要，土壤的质和使用方式才是关键。

农业实现了部分工业化后，乡村和城市的行业规划必然交织得更加紧密。即便没有温室，人口也因不断发展的新技术工业而逐渐分散到原来人口稀少的地方。工业生产因此有可能根据大自然决定的农业劳动的季节性变化而调整。随着农业的工业化程度越来越高，极端乡村类型和极端工人类型的人都会减少，农业劳动和工业劳动的节奏会彼此趋同，并互相改变。农业摆脱了靠天吃饭的模式和病虫害的荼毒后，变得更有规律。生命过程中时间的有机安排则可能改变工业活动的节奏。机械工业若是在春天田野复苏需要人手之时必须赶工，那可能不仅表示计划不周，而且会被视为实质上悖理逆天的行为。19世纪最睿智的人一直明白城乡结合和工农结合给人带来的收益，虽然当时这样的结合似乎遥不可及。在这一点上，共产主义者马克思、社会保守主义者罗斯金和无政府主义者克鲁泡特金不谋而合。现在，它已成为经济合理规划的明确目标之一。

12. 人口规划

在有序利用资源、系统性整合工业、规划发展人类住区的努力中，中心要素可能是新技术阶段最为重要的发明：对人口的增长与分布的规划。

当然，人自古以来一直在试验各种控制生育的手段，从禁欲到堕胎，从体外射精到雅典人把新生儿扔在露天的风俗。西欧这方面第一个伟大的进步发生在16世纪，是由阿拉伯人传过来的。发现了输卵管的法洛皮奥（Fallopius）描述了子宫帽和避孕套的用途。这个发现如同当时的花园和宫殿一样，显然一直是法国和意大利上层阶级的专属。到19世纪早期，弗朗西斯·普雷斯和他的追随者才开始试图在英国困苦不堪的棉纺厂工人当中推广避孕知识。但是，确定合理的避孕方法和改进避孕装置不仅需要弄明白生殖细胞的确切性质和受精过程，也需要改善技术手段。换言之，有效的一般避孕到古德伊尔和李斯特之后才得以实现。英国出生率第一次大幅下降发生在 1870—1880 年这十年。我们已经看到，这也是燃气发动机、直流发电机、电话和白炽灯得到完善的十年。

基督教社会对性的禁忌由来已久，所以对性的科学研究远远落后于对身体其他功能的研究。即使在今天，有些生理学教科书讲到性功能的时候也是草草带过。因此，这个对人类物种的照料和养育十分重要的问题仍未完全挣脱庸医、愚民，甚至是骗子的控制。但是，绝育，即所谓生育控制的技术也许是 19 世纪实现的所有科技成就中对人类最重要的一项。避孕技术是新技术阶段对西方人口在古技术阶段不负责任地大量繁衍的回答。古技术阶段人口暴增的部分原因也许是引进了新的主食，并扩大了产粮区，加之无论如何压榨工厂工人，都无法剥夺他们享受性交这种艺术和娱乐形式。

避孕产生了多重效果。就个人生活而言，它往往会导致初步的性功能和繁育性的性功能之间的分离，因为性交时如果谨慎行事，就不会马上怀孕。这会延长新婚夫妇的浪漫甜蜜期，给了性求欢和实现性满足的机会，而不致让早孕和反复怀孕减少并很快消磨掉性的乐趣。同样，避孕自然也让人能够发生性关系而不必承担婚姻和为人父母的责任。贞操因此不再珍贵，性爱生活可以遵循自然过程发展到高潮而不必有经济或职业方面的担心。性和感情的发展若受到阻滞，经常会导致紧张和焦虑，避孕在一定程度上降低了这样的危险，因为它使人们有机会享受性交，却又不完全抛弃社会责任。此外，它使人能够在婚前了解性的秘密，所以如果两个人因生理或性格方面的严重障碍而无法婚姻幸福，就可以避免结成永久关系。避孕可能减少了做出悲惨选择的重负。它也能稳定婚姻制度，恰恰是因为它能够把作为父母的社会和情感关系与更加难以把握的性欲分离开来。

避孕在性生活中固然重要，特别是它把充满活力的性活动再次推到了人性中比较中心的位置，但它产生的更广泛的社会效果同样重要。

不管地球上的人口增长有何种限制，都无人质疑限制的确存在：地球的面积是一个限制，可耕地和可捕鱼的水域的面积是另一个限制。在印度这种人口稠密的国家里，人口数量已经逼近粮食供应的极限。尽管中国每英亩的粮食产量远远高于大部分欧美国家，但粮食供应仍旧会紧张。自 18 世纪末以来，欧洲的人口压力开始上升。增加的人口抵消了战争和疾病造成的高死亡率和因向海外移民而损失的人口。此外，从东半球到西半球，从近东到西伯利亚，从中国到日本都发生了大量人员流动。每个人烟稀少的地区都像是气象学上的低压中心，吸引着高压区的人口气旋。若是所有国家的人口都继续自动增加，除非农业产量大为提高，否则只有饿死和病死一途。在盲目竞争和同样盲目的生育压力下，人口流动和大规模战争将永无止境。

然而，普遍实行生育控制后，法国很快就达到了一种至关重要的平衡，现在英国和美国也即将达到这种平衡。这种平衡减少了做计划时必须考虑的变量的数量。在理论上，任何地区的人口规模都可以与该地区用于维持生命的永久性资源联系起来，而不加控制的生育率和高死亡率所造成的浪费、损耗和消耗可以通过同时降低比例两边的数字予以克服。然而，生育控制实行得太晚，无法对全球事务产生可见的影响。除了在最文明的国家中，过去启动的力量在连续两三代人的时间内都会阻碍合理的生育间隔。只有当人口数量从 19 世纪的高点普遍回落后，才有可能实现地球人口向最理想居住地的合理再分配。

但是，现在我们第一次掌握了实现这一变化的技术手段。在这方面，个人利益与社会利益如此高度一致，宗教禁忌恐怕很难抵挡得住。信仰天主教的医生企图找到不会受孕的"安全"期，是在认真想办法绕过教会对人为避孕方法的反复无常的禁令。激励着民族主义这种宗教的力量是施虐性的好大喜功、对宏伟壮丽的偏执妄想和把自己民族的意志强加给其他民族的疯狂愿望，但就连这个宗教，也愿意接受生育控制的技术成就，只要它保留了现代技术的要素。

这是从量的标准转变为质的标准的又一个例子，这种转变标志着逐渐脱离古技术经济的过渡。前一个时期的特征是毫无节制的大肆生产和同样毫无节制的繁殖，两者产生的是机器填料和炮灰，是剩余价值和过剩人口。在新技术阶段，重点开始转移。不在生得多，而在生得好，活下来的可能性更大，健康成长和健康繁育的机会更多，不受病弱、可预防疾病和贫困的折磨，没有工业竞争和国家间战争的荼毒。这些是新时代的新需求。有哪个理性思考的人会怀疑它们的正当性呢？有哪个心怀慈悲的人会阻碍对它们的执行呢？

13. 目前的伪形

至此，我对新技术阶段的讨论主要着重描述事实，没有预测未来，也没有谈及这个时代的潜力。但是，只要谈到新技术，就已经涉及了未来。我准备在本书的最后两章不谈新技术经济的典型技术工具，而是专门讨论它的社会影响和社会后果。

然而，讨论这个阶段还有另一个困难，那就是我们仍处于过渡期。属于新技术经济的科学知识、机器和公共设施、技术方法、生活习惯和人的追求还远未在当今文明中占据支配地位。事实上，在西欧和美国的大工业区以及它们控制下的可开发土地上，古技术阶段依然完好无损，它所有的基本特征仍旧占据统治地位，尽管使用的机器许多是新技术机器，或者经过了新技术方法的改造，比如铁路系统的电气化。在阴魂不散的古技术做法中，机器原有的反生命倾向显而易见，包括强横好斗、金钱至上、遏制生命。分别代表财富及贪婪和用生人献祭的邪恶的神祇仍然被顶礼膜拜，更不用说野蛮到无以复加的部落神祇了。

就连 1929 年发生了世界范围内的经济崩溃后，起初也无人对崩溃的经济制度提出疑问。有些人怯怯地提倡恢复旧秩序，如今却已无望如愿。只有苏维埃俄国做出了宏大努力试图消除"一切向钱看"，但即使在苏俄，新技术阶段的要素也并不明显。尽管列宁根据内心直觉坚称"共产主义等于苏维埃政权加电气化"，但苏俄及后来的苏联在卫生和教育领域实现了理性的新技术成就的同时，仍旧崇拜规模和机械蛮力，并在政府和工业中引进了军事管理方法。一边是工业的科学规划，另一边是如同 19 世纪 70 年代的美国那样的机械化粗放耕作。美国的大型电力中心具有分散为多个花园城市的潜力，苏俄 / 苏联却把重工业引进莫斯科这种已经非常拥挤的老旧都市，还浪费能源建造昂贵的地铁来进一步加剧拥挤。苏俄 / 苏联虽然与非共产主义国家走的是不同的路，却有着与别处一样的混乱和自相矛盾的目的，与别处一样的艰难求存。是什么造成了机器的这种失败？

对此问题的回答牵涉比文化滞后更复杂的因素。我觉得最好的解释是奥斯瓦尔德·斯宾格勒在他的《西方的没落》第二卷中提出的伪形文化（cultural pseudomorph）概念。斯宾格勒谈到了地质学的一个常见现象：一块岩石中的某些成分流失后被完全不同的另一种成分取代，但岩石仍能保持原来的结构。既然岩石的旧结构仍然存在，换了成分的新岩石就被称为伪形。文化也有可能发生类似的变化。新的力量、活动和制度不是独立地确定自己的适当形式，而是慢慢渗入现存文明的结构中。这也许是我们目前局面的本质。作为一个文明，我们尚未进入新技术阶段。如果未来的历史学家使用今天的语汇，他无疑会把目前的过渡定为中间技术时期。用马修·阿诺德的话说，我们仍处于两个世界之间，一个已经死去，另一个无力诞生。

这些伟大的科学发现和发明、这些更有机的兴趣和精细微妙的技术共同产生了怎样的总体结果呢？我们只是用新机器和新能源来推进由资本主义企业和军工企业把持的进程，尚未用它们来征服那些企业，迫使其转而服务于更有利于生命和人类的目的。伪形的例子在各个部门都信手可得。例如，在城市发展中，原来资本主义对煤炭和蒸汽动力的集中导致了拥挤，现在我们用电力和汽油运输工具更加剧了这种拥挤。老旧的大都会效率低下，不利于人的生活，现在用了新手段来进一步扩大这类大都会的面积和人口。同样，建筑物采用钢架结构是为了最大程度地使用玻璃，最充分地利用阳光，但它在美国却被用来增加建筑物的稠密度，遮挡阳光。对人类行为的心理研究被用来诱导大众购买精明的广告商推销的商品。尽管华盛顿的美国国家标准局在科学基础上规定了对商品性能的可衡量、可评级的标准，但人们宁可相信纯粹的主观推断。生产企业的规划和协调如果掌握在私人银行家而不是公务员手里，就成了维护金融特权集团或强大的国家手中的垄断权力的办法。节约劳动力的装置并未让广大民众享受到更多休闲时间，而是成为使更多的人陷入贫困的手段。飞机不仅增多了国与国之间的旅行和交流，也加剧了各国彼此间的恐惧。飞机作为战争工具，加上毒气这种最新的化学武器，能无情地消灭大批人口，这是迄今对害虫或老鼠都无法做到的。新技术阶段对机器的改进如果不与更高尚的社会目的协同进行，只会加大堕落和野蛮的可能性。

遏制新技术经济发展的不仅是过去的技术形式，就连新发明和新装置也经常被用来维持、延长和稳固旧秩序的结构。政治和金融阶层对过时的技术设备有既得利益。如凡勃伦在《企业论》（*The Theory of Business Enterprise*）中的敏锐分析所示，对过时的机器和累赘的设施投入了巨额资本，这加剧了商业利益和工业利益的深层冲突。对金钱的贪婪本来加速了发明，现在却加重了技术惰性。因此，自动电话才迟迟未能引进；因此，汽车设计才继续只顾表面时髦，却不愿利用空气动力学原理来增加舒适度、速度和经济性；因此，垄断集团才不停地购买改进方法的专利权，然后悄悄地将其弃而不用。

这种勉强、抗拒和惰性其来有自。旧事物完全有理由害怕新事物的优势。新技术阶段的工业经过规划整合，其效率为老式工业所望尘莫及。在盈余经济中，适合悭吝经济的机构制度都要改掉，特别是只让一小部分人享受所有权和红利的制度。由于这种制度，一小部分人对工业企业投入过量资金，从而吸收了购买力，也推动了工业的过度扩张。这样的制度与生活必需品有计划的生产和分配格格不入。资本主义制度本来就是资本家为了自身利益而创立的。在这种制度下，主要获益者是私人资本家，这决定了钱财和实物不会惠及整个社会。

银行家、企业家和政客号称掌控着工业社会的命运。他们一直在阻挡过渡，试图限制新技术的发展，竭力避免应在全社会范围内推行的剧烈改变。这种情况不足为奇。在社会和技术的意义上，目前的伪形只能算是三流的。如果新技术文明最终能产生自己的制度形式、控制机制、发展方向和行为模式，它的效率仅为新技术文明应有效率的一个零头。眼下，我们没有努力寻找新的形式，而是用我们的技能和发明延长了前一个时期许多过时的资本主义和军国主义制度。当今秩序最明显的特点是用新技术手段来达到古技术目的。这就是为什么许多号称"新式"、"先进"或"进步"的机器和制度经常是现代战舰的那种新式和先进：它们其实可能是反动的，可能阻碍我们应该追求并创造的工作、艺术和生活的新融合。

第六章　补偿与逆转

1. 社会反作用概述

机器文明三个阶段中的每一个都在社会中留下了沉淀。每个阶段都改变了土地的形貌和城市的布局，都使用某些资源，摒弃另外一些资源，偏重某类商品和某些活动，并修改了共同的技术遗产。这些阶段互相交织缠绕，彼此矛盾，彼此抵消，又互相加强。这一切的总和构成了我们今天的机器文明。这个文明的某些方面已经完全腐朽，有些方面依旧存在，却遭到忽视，还有些方面刚刚萌芽。把这个错综复杂的遗产称作动力时代或机器时代不仅不能说明问题，反而掩盖了事实。如果今天机器看似占据了主导地位，那不过是因为今天的社会比17 世纪时更加混乱。

但是，在使用机器给环境带来积极变化的同时，社会也对机器产生了反作用。尽管文化上做了长时间准备，机器仍然遭遇了惰性和抵制。总的来说，天主教国家接受机器的速度比新教国家慢，农业区采用机器的程度远不如矿区。本质上与机器敌对的生活方式继续存在。

教会制度常常对资本主义卑躬屈膝，却始终与助力机器发展的自然主义和对机械的兴趣格格不入。所以，机器本身在某种程度上因它激起的人的反作用而发生了转向或质变，或者是被迫以某种方式适应人的反应。机器造成的许多社会变化令最初的工业主义哲学家始料未及。他们预想封建主义旧有的社会制度将被新秩序瓦解，却没有料到旧制度可能重新明晰化。

此外，经济人和机器时代的理想形象只存在于经济学教科书里。它们的形象在古技术时期全面铺开之前就已经有了污点。自由竞争从一开始就受到贸易协定和反工会活动的遏制，而沆瀣一气反对工会的正是那些最大声鼓噪自由竞争的工业家。就在功利主义力量最团结、最自信的时刻，出现了由哲学家、诗人和艺术家领头的对机器的逃避。机器的成功使人更加意识到，有些价值是机械论思想中所没有的。那些价值不是来自机器，而是来自生活的其他领域。关于机器对文明的贡献，任何公正的评价都必须考虑到这些抵制和补偿。

2. 机械常规

读者可以想一想机械程序和机械装置在自己生活中的作用，从早上叫醒他的闹钟到他听着入睡的广播节目。我不想把这些一一列举出来，徒增读者的负担，只在此将它们做个总结，并对其后果做出分析。

现代机器文明的第一个特点是时间上的规律性。人从醒来的那一刻起，一天的活动就被时钟定下了节奏。全家人不管多累多乏，无论多么不情不愿，都差不多在确定的时间起床。起晚了意味着吃早饭和赶火车都得特别匆忙，如果总是这样，甚至可能丢掉工作或得不到晋升。早饭、午饭和晚饭都有固定的时间和有限的时长。无数人一日三餐都集中在非常有限的时间内，只有少数人不按这个规律吃饭。随着工业活动规模的扩大，机械制度的准时性和规律性同步提升。时钟自动承担起规范工人上下班时间的功能。如果一个工人只顾在溪流里捕鳟鱼或去盐沼地捉野鸭而没有按时上工，这种行为会像经常醉酒一样遭到白眼。他若想继续捕鱼捉鸭，就只能留在常规化程度不高的务农行业。一个世纪前，尤尔震惊地写到"习惯于不定期劳作的工人那难以驾驭的脾气"，现在这种脾气已经被驯服。

在资本主义制度下，守时不仅是协调并联系各种复杂功能的手段，而且和货币一样，是具有自身价值的独立商品。教师、律师，甚至是有手术安排的医生都按照时间表履行职能，其严格程度不亚于机车司机。以分娩为例：成功顺产的一个首要要求和难产时防止感染的重要保障是耐心，而不是器械。但产科医生因为忙着去照看别的产妇，所以急于采用机械干预手段。这显然是一个重要原因，说明目前在孕妇平安分娩方面，为什么有着最卫生医院设备的美国医生表现得如此差劲，完全比不上助产士，因为助产士从不草率地试图加快自然分娩的过程。进食和排泄等生理机能的规律性可能有利于健康，但在玩乐、性交和其他娱乐中，冲动是突发性的，并不定期发生。在这类活动中，靠时钟或日历养成的习惯可能会导致迟钝和无趣。

因此，机器文明尽管在时间上一切都安排计划得妥妥帖帖，但不一定能在任何意义上保证实现最高效率。计时确立了一个有用的参照点，在没有其他共同活动框架的情况下是协调不同群体和功能的宝贵手段。在个人的工作中，计时的规律性对集中精力和节省力气大有帮助。但是，人为地用计时来统治人的一切机能等于把人的存在降为仅仅是守时，把人的活动过多地置于监狱式的严格管理之下。规律性造成漠无反应和了无生气，这种麻木不仁是修道院生活的大忌，也是军队的大忌。规律性造成的浪费其实不少于导致失序和混乱的不规律。即使从经济角度来讲，利用不可预测的间歇性偶发力量也与利用规律性力量同样必要。若在活动中排除偶发冲动的作用，就是放弃了规律性的某些优势。

简而言之，机械时间不是绝对的。民众若是被训练得牺牲健康、便利和心身幸福，一味坚守机械计时常规，就很可能因这样的纪律性而承受极大的压力，会发现若无最大力度的补偿，日子简直过不下去。对现代城市中各行各业的人来说，性生活只能等到夜里筋疲力尽的时候。这样，工作时间的效率也许提高了，但代价是人际关系和生理关系付出的牺牲过于沉重。在缩短工作时间能够带来的好处中，最重要的一点是人终于能够把此前消耗在机器上的精力用于身体的愉悦。

除了机械规律性，可以看到如今机械活动的相当一部分是为了应对时间和距离的延长所造成的影响。例如，冷藏鸡蛋是为了达到鸡蛋供应间隔的一致性，母鸡自己做不到这一点。用巴氏灭菌法处理牛奶是为了抵消牛奶从挤出来到运到远方用户那里的时长造成的结果。与之配套的机械装置丝毫不能改善产品质量：冷藏不过是阻止了变质的进程，巴氏灭菌法其实消除了牛奶的一些营养价值。如果有可能向住在乡村产区附近的民众配送牛奶、黄油和绿色蔬菜，就能在很大程度上消除用于抵消时间和距离影响的精密机械装置。

这类例子数不胜数，遍及众多领域。它们说明了关于机器的一个事实，那是鼓吹机器资本主义的老脑筋普遍没有认识到的。那些人把所有多用掉的马力和每一个新发明的机械装置都视作效率的自动净提升。凡勃伦在《工艺的本能》里写道，打字机、电话和汽车这些技术成就虽然值得赞扬，但是否"浪费的精力和材料比节约的更多"？是否因增加并加快了实际并不需要的通信和旅行而造成了可观的经济损失？伯特兰·罗素指出，运力每改善一次，人们的旅行距离都会被迫增加。所以，如果一个世纪之前的人需要走半个小时去上班，现在的人上班仍要花半个小时，因为如果他住在原地，新发明本来可以让他节省时间，但新发明把他赶到了更远的居住区，结果是抵消了所节省的时间。

还必须指出更密切的时间协调和即时通信的另一个结果，那就是时间的碎片化和注意力的分散。在 1850 年之前，运输和通信方面的困难起到了自动筛选的作用，不会让人接收到不必要的信息。一定是有急事才会接到长途电话或出门旅行。这种慢运动把交往维持在人与人之间的规模上，是完全可控的。如今，这层筛选消失无踪。远近没有分别，转瞬即逝的和持久不变的一样重要。即时通信加快了生活的步伐，却打乱了生活的节奏。收音机、电话和日报争抢人的注意力。人受到各种各样的刺激，对环境的任何一部分都应接不暇，遑论整个环境。普通人也和学者或大人物一样受到这些干扰，就连每周一日停下工作静心冥思这个西方宗教对个人生活规律的一大贡献也日益难以做到。商业和政治因素促使我们尽可能地充分利用机械手段来提高效率、加强合作、增长智识，但迄今为止，这些手段缺乏管理、乱无章法，反而阻挡了它们号称会达到的目的。我们大量增加了对机器的需求，却并未加深对机器的了解，也未提高对机器做出明智反应的能力。外部世界如此频繁而迫切地要求获得新机器，却丝毫不尊重机器真正的重要性。同时，内心世界变得越来越贫瘠孱弱：不是积极地做出选择，而是消极地吸收，最终沦为维克多·布兰福德（Victor Branford）的妙语所指——"昏庸的主观"。

3. 无目的的物质主义：多余的动力

机器专注于产量，因此一般只关注物质商品的生产。物质生活条件被过分看重。人们为了获得更多的物质财富，不惜牺牲时间和眼前的闲适，因为他们认为，幸福与一个人可能拥有的浴缸、汽车和类似制成品的数量有着紧密的关系。不是为满足生活的物质需要，而是要无限增多生活用品，这个倾向并非机器独有的特点，而是自然而然地发生在处于资本主义发展不同阶段的其他文明中。机器的特点是对物质的向往不再局限于某个阶级，而是得到了普及，至少作为一个理想散播到社会的各个阶层。

机器的这个方面可被称为"无目的的物质主义"，其特有的缺点是对人类所有与物质无关的兴趣和职业都不以为然。具体来说，它谴责对美学和知识的人文兴趣，因为"它们没有用处"。对幼稚地为机器摇旗呐喊的人来说，发明的一大裨益是去除了想象力的必要性。不必在心中遐想与远方朋友的谈话，只要拿起电话就能听到朋友的声音。如果心有所感，不必唱歌或写诗，只要放一张留声机唱片就可以了。说留声机或电话的特殊功能无法取代充满活力和想象力的生活，这并非对它们的贬损。同样，一间额外的浴室无论多么有用，都无法取代一幅画或一个花园。残酷的事实是，我们的文明现在喜欢使用机械器具，因为有了机械器具才有可能从事商业生产，才能行使权力，而所有直接的人际互动或基本不需要机器设备的行当都被视为可有可无。生产产品，无论有无必要；利用发明，无论有无用处；行使权力，无论有无效果——这个习惯遍及当今文明的几乎所有领域。结果，个性的许多方面遭到轻视。有别于单纯适应性行为的目的性行为仅能勉强存在。这种普遍的工具主义阻碍了与机器无法紧密捆绑的生命反应，放大了物质作为智力、能力和远见的象征的重要性，并经常将物质的缺乏定为愚蠢和失败的标志。这种物质主义没有目的，本身就是最终结果。手段就这样被转化为目的。如果物质产品还需要其他理由的话，那就是消费这些产品能使机器得以运转。

缩小空间、节约时间、提高产品质量的设备也是现代动力生产的表现。同样的悖论也适用于动力和动力机械：它们造成的节约由于增加了消费机会，确切地说是增加了消费的必要性而被部分地抵消。很久以前，英国数学家巴贝奇对这种情况做了绝妙的描述。他讲述了法国人雷代莱（Redelet）先生所做的一个实验。在实验中，用一块方形石头来测量挪动它需要多大的力。石头的重量是 1 080 磅。把这块带着粗糙凿痕的石头拉过采石场的地面需要 758 磅的力；拉过木板需要 652 磅的力；拉过在木头平台上铺的木板需要 606 磅的力。给木头平台和木板的摩擦接触面涂上肥皂后再拉需要 182 磅的力。把同一块石头架在直径 3 英寸的滚轮上拉过采石场地面仅需 34 磅的力，而用这些滚轮拉过木头地板更是只要 22 磅的力。

这个简单的例子说明了把动力用于现代生产的两种方式。一种是增加动力，另一种是节省动力。我们在效率方面许多所谓的提高实际上都是使用动力机械来发 758 磅的力，而本来通过仔细规划和准备，只需 22 磅的力就能以同样的效率完成任务。我们自诩优越的幻觉靠的是我们有 736 磅的力可以浪费。这个事实解释了对比今昔效率时一些令人错愕的舛误和错判。一些技术人员把设备和耗能的增加与有效工作量混为一谈。然而，现代生产固然拥有数十亿马力的功率，但要考虑到，它损失的动力甚至比斯图尔特·蔡斯在他杰出的著作《浪费的悲剧》（*The Tragedy of Waste*）里估计的还要多。虽然现代文明的确产生了净收益，但它远没有我们靠只看资产负债表的一边所想象的那么大。

事实是，用复杂的机械组织代替有效的社会组织或良好的生物调适，其效果经常是暂时的，且代价十分昂贵。我们在开始有条理地分析现代社会，并试图控制技术与经济力量无意识的流动之前，就已经发现了分析运动、掌控能量和设计机器的窍门。19 世纪开始使用巧妙的机械方法来修复牙齿，但后来生理学和营养学方面的进步减少了对机械修牙的需求。同样，许多其他的机械成就也仅仅是权宜之计，在社会学会如何更加有效地指导社会制度、生物条件和个人目标的同时，为社会提供服务。换言之，很多机械装置的用途恰似腿受伤后用的拐杖。拐杖虽然不如正常的腿，但在伤腿的骨头和肌肉恢复期可以帮助人走路。常见的错误是以为一个人人都拄着拐杖的社会比大多数人靠两条腿走路的社会效率更高。

人发挥巧思设计了机械装置，以抵消长时间和远距离的效应，增加可用于执行不必要的任务的动力，增加浪费在无谓的表面交往上的时间。但是，我们因为取得了这些成功，反而看不到这些装置本身并不代表效率或明智的社会努力。使用罐装和冷藏的方法来保证有限食品供应的全年分配，或把食品运到距原产地很远的地方，这是真正的收益。另一方面，在新鲜果蔬唾手可得的乡村地区吃罐装食品对健康和社会来说都是个损失。机械化适合大规模工业和金融活动，并与资本主义社会的整个分配机制相一致。因此，上述间接的，且归根结底效率更低的方法常常占上风。然而，如果当地有同样好的食品，却要吃存了好几年或从数千里以外运来的食品，那可一点好处也没有。我们的社会之所以存在这种情况，是因为缺乏合理的分配。可以说动力机器给了社会低效率的许可。虽然整个社会由于误用能量而蒙受了损失，但作为企业家的个人却赚得盆满钵满，于是也就怡然接受社会的低效率。

问题是如今效率被混同于对大规模工厂生产和销售的适应，也就是对目前商业开发方法的适应。但就社会生活而言，机器的许多最夸张的进步其实都是发明繁复的方法来做以很低的成本和很简单的方法就能做到的事。那些复杂的机器先是出现在美国漫画家的作品中，然后由乔·库克先生这样的喜剧演员在舞台上演出。观众看到，创造出一整套复杂的机械操作只是为了吹破一个纸袋或舔湿邮票后面的胶水。这并非美国人的狂想，不过是把生活中到处可见的情况用喜剧形式表现出来。各种消毒剂包装精美、价格昂贵，用花花绿绿的彩画和广告引诱着消费者。但科学常识显示，最常见的矿物之一氯化钠和那些消毒剂一样有效。电动机驱动的吸尘器被迫进入美国家庭，用于清洁一种过时的地板覆盖物——地毯。地毯最初在大篷车里使用，后来它即使没有跟随大篷车一起消失，也因为胶鞋和暖气的发明而不再需要被铺在室内。把这种多此一举的可悲例子算作机器的功劳，好比说通便疗法的增多能证明休闲的益处。

机器工艺和机器环境的第三个重要特征是一致性、标准化和可替代性。手工艺品因出自人手，总有变化和调整，以没有两件产品是一模一样的为骄傲。机器产品则恰好相反，它引以为傲的是按照特定模式生产的第 100 万辆汽车与第一辆分毫不差。总的来说，机器用有限的常量取代了无限的变量。可能性范围的缩小意味着可预测性和可控性范围的加大。

工人操作的一致性若是过了火，会扼杀主动性，降低整个生命体的活力。机器行为的一致性和产品的标准化却恰好相反。那些用衡量生物行为的标准去衡量机器的人实际上高估了标准化产品的危险。那些认为一致性本身就是坏的，变化本身就是好的的人更是添油加醋，夸大其词。单调（一致性）和多样化在现实中是截然相反的两个特点，但两者在生活中都少不得，也不应少。事实上，标准化和重复在我们的社会经济中起到了习惯在人身上所起的作用。它们把人的经验中某些不断出现的因素降至意识层次之下，使人得以把注意力转向非机械的、意料外的、涉及人的东西。（我将在讨论机器文化的同时谈及这个事实在社会和美学意义上的重要性。）

4. 合作对奴工

机械装置和机械标准发展的副产品之一是技能的荒废。发生在工厂内的这种事情也发生在了产品的最终应用上。例如，安全剃刀把剃须这件原本非常危险，最好由专业理发师来做的事变成了即使是最笨的男人也能做的寻常事。汽车把操纵发动机这一原本是机车司机的专业技能变成了数百万业余爱好者的行当。照相机部分地把木刻技师的艺术重现技能变为相对简单的光化学过程，任何人都能掌握至少是相关的基础知识。正如在制造业中，人的功能先是专业化，然后是机械化，最后变为自动化，或至少半自动化。

达到最后阶段时，人的功能再次显示出原有的一些非专业化特点：摄影训练了眼睛，打电话训练了嗓音，听收音机训练了耳朵。同样，汽车恢复了一部分在生活其他领域正被机器废除的手工和操作技能，同时令司机感到自己有力量，能够自主决定方向，那是一种在随时可能发生危险的情况下牢牢把握局势的感觉。在生活的其他领域，机器已经剥夺了人的这种把控感。同样，机械化通过减少对用人的需要，增加了个人的自主能力和对家务事的参与。简而言之，机械化让人有了新的用武之地，其总的效果比古老文明中奴隶和苦工的半自动服务更有助于人的成长。机器只能在一定程度上造成技能的荒废。只有在人完全失去辨别力的情况下，标准化开罐即食的罐头汤才能取代自家做的汤；只有当人把谨慎抛到九霄云外的时候，四轮制动器才能代替好的司机。这类发明扩大了业余爱好者兴趣的范围和种类。随着自动化得到普及，机械化的裨益广泛惠及社会，人会重回伊甸园，过上南太平洋住民那种顺应自然的生活。闲适的习惯将取代劳动的习惯，工作本身将变为一种游戏。事实上，这正是实现了完全机械化和自动化的动力生产系统的理想目标：消除劳动，人人享受闲适。亚里士多德讲到奴隶制时说过，等到梭子能自己编织，琴拨会自己拨弦，工头就不再需要帮手，主人也不再需要奴隶。亚里士多德当时提出此论是为了确立奴隶制的永久有效性，但对今天的我们来说，他其实为机器的存在提供了理由。的确，劳动是人与环境互动的恒定形式，这里的劳动指的是人为维持生命所做的一切努力。不劳动通常意味着出现了残疾或神经症这类功能受损和有机关系崩溃的情况，因此只能采用另外的劳动形式来替代。但是，正如阿尔弗雷德·齐默尔曼先生提醒我们的，雅典人厌恶之极的劳动形式是被迫做苦工或久坐不动，重复同一套动作。这类侮辱性的劳动形式是机器大展身手的领域。现在我们不必把人降为劳动机器，而是可以把大部分负担交给自动化机器。对全体人类来说，这个可能性离真正实现尚且遥远，但它可能是过去 1 000 年来机器发展的最大理由。

从社会的角度来看，必须指出机器还有一个也许是最重要的特点：它使人们不得不致力于集体努力，它也扩大了集体努力的范畴。人摆脱了自然的控制，却必须服从社会的控制。在系统行动中，各部分必须以适当的速度顺畅运作，方可确保整个进程的有效运行。同理，全社会的所有要素必须紧密连接。个人自给自足是技术低下的别名。随着技术日益精进，没有大规模集体合作是不可能操作机器的，而且从长远来说，只有在全球贸易和知识交流的基础上才有可能发展出高级技术。机器打破了手工业时代相对孤立的状态（即使是最原始的社会，也做不到完全孤立），加大了对集体努力和集体秩序的需求。实现集体参与的努力磕磕绊绊，一直在凭经验摸索，所以人们大多知道有必要限制个人自由和主动性，比如在交通拥挤的路口安装自动信号灯，或者规定大型商业组织的繁文缛节。由于机器工艺流程的集体性质，必须加大特定领域的想象力并开展特殊教育，以防止集体需求沦为外部强加的严格管理。如果集体纪律发挥效力，社会各群体组成一个密切互连的组织，那就必须为游离于这种广泛的集体主义之外的孤立流散分子做出特殊规定，对他们视而不见或实行镇压都会带来危险。然而，若是放弃现代技术强加的社会集体主义，就意味着回归自然，听任自然力量的摆布。

时间的正规化、机械动力的增强、货品的增多、时间与空间的压缩、工作和产品的标准化、技能向自动机的转移，以及集体相互依存的加强，这些都是我们机器文明的主要特点。它们构成了使西方文明至少在一定程度上有别于之前各种早期文明的特殊生活形式和表达方式的基础。

然而，机器在把技术进步转化为社会进程期间发生了歪曲。它不是被用作生活的工具，而是经常成为绝对的独立体。权力和社会控制一度主要由征服异族、攫取土地的军事团体掌握。自17世纪起，它们转移到了组织、控制并拥有机器的人手里。机器之所以受到重视，是因为它增加了对机器的使用。使用机器给新统治阶级带来了利润、权力和财富，而这些利益此前只有商人或大地主才有。19世纪期间，为推广机器的使用，人们侵入了丛林和热带岛屿。斯坦利这样的探险家经受了无法想象的折磨和困苦，只是为了给刚果河流域难以进入的地区带去机器之便。日本这样与世隔绝的国家被大炮轰开国门，让商人长驱直入。非洲和美洲的土著人被压上虚假债务或苛捐杂税的沉重负担，为的是逼着他们像在机器社会里那样去工作和消费，以此为美国和欧洲的商品找到出路，或确保橡胶和紫胶的稳定供应。

在拥有机器的人和自身财产及社会地位依靠机器的人看来，使用机器是绝对的必要。于是，工人背上了消费机器产品的特殊负担，制造商和工程师则担起了发明安全剃须刀片或美国的普通毛纺织品这类质量低劣的产品的责任，以便快速换新。若是信任一种会减少这种为机器服务的制度、行为习惯或思想体系，那是对机器严重的离经叛道。因为在资本主义的指导下，机器的目的不是节约劳动力，而是消除一切劳动，只留下能够在工厂产生利润的劳动。

起初，机器是为了在生活中用数量取代价值。克兰哈尔斯（Krannhals）指出，机器从构想到使用漏掉了一个必要的心理和社会环节，即评估阶段。所以，汽轮机固然能提供数千马力的功率，快艇固然能高速行驶，它们也许令工程师满意，却不一定能够融入社会。铁路可能比运河船走得快，煤气灯可能比蜡烛更明亮，但速度或亮度只有从人的需求来看，只有涉及人和社会的价值体系时才有意义。若想欣赏风景，也许慢悠悠的运河船比快速行驶的汽车更好；若想探索天然洞穴的神秘幽深和奇怪形状，最好拿着手电筒或灯笼试探着一步步走进洞穴，而不是像在弗吉尼亚州那些著名的洞穴里那样，乘电梯直达洞底，也不应在洞穴里搞灯光秀，把本来的神秘性一扫而空。这种商业化排场将洞穴的景色降到了蹩脚游乐园的水平。

18 世纪和 19 世纪，发展机器的人基本没有评估过机器的社会影响，结果机器如同一台无人操作的引擎，常常出现轴承过热、效率降低的情况，却没有任何对应的收益。评价机器的任务留给了在机器环境之外的人。可惜那些人经常对机器不够了解，提出的批评意见也就不够中肯。

需要记住，没有对机器做出评价，没有将机器融入整个社会，其原因不仅仅是收入分配方面的缺陷、管理上的失误以及工业巨子的贪婪和狭隘，也在于新技术和新发明借以立身的整套哲学理念的一个弱点。当时的领导者和企业家认为没有必要提出新的价值，自动记录在利润和价格里面的价值就够了。他们相信，可以通过制造大量物品来绕过物品公平分配方面的问题。只需使大劲，不必操心用巧劲。简而言之，迄今困扰人类的各种困难大多能通过数学或机械的方法，也就是量化的方法来解决。新价值体系的内容就是无需价值。机器的反对者念兹在兹的价值与现实生活脱节。与此同时，现实生活完全依靠产量和现金收益作为存在的理由。当全社会的机器超速运转，购买力却跟不上过度投资和巨额牟利的要求时，整个机器就会突然倒转，损坏齿轮，完全停摆，结果是耻辱的失败和惨重的社会损失。

事实是，机器有利有弊。它既是解放的工具，也是镇压的手段。它节省了人的精力，也将其引向了错误的方向。它树立了广泛的秩序框架，也造成了迷惑和混乱。它为人追求的目标提供了出色的服务，也歪曲和否定了人的目标。在更详细地讨论机器得到有效吸收，产生了良好效果的那些方面之前，我准备先谈谈机器产生的抵抗和补偿。新型机器文明及其理想并非无人质疑，人的精神并未完全臣服于机器。机器在它发展的每个阶段都激起了人的厌恶、不满和反对。这样的反对有的软弱无力、歇斯底里、毫无道理，但也有的合情合理，在思索机器的未来时不能不予以考虑。同样，以克服或减轻新的生活与工作惯例为目的的补偿突出了目前机器仅部分融入社会这一情况所蕴含的危险。

5. 对机器的直接攻击

机器在征服西方文明的过程中，遭遇了与机械组织格格不入的制度、习惯和冲动的顽强抵抗。从一开始，机器就激起了补偿性或敌对的反应。在思想的世界中，浪漫主义与功利主义并存。莎士比亚推崇个人英雄，强调民族主义。与他同时期的培根坚持务实精神。卫斯理创立的循道宗的激情在受新工厂制度压迫而满腔愤恨的阶级当中如烈火遇到干柴般迅速传开。机器的直接效果是让人变得唯物和理性，间接作用却经常是使人过度情绪化和失去理性。不幸的是，新工业秩序的许多批评者一般都无视第二种作用，因为它与机器自称的效果在逻辑上不相符合。即使是凡勃伦，也不能免俗。

对机械改进的抵制多种多样。最直接、最简单的形式是把可恶的机器砸碎，或杀死发明机器的人。

巴特勒的"埃瑞洪"[1]通过破坏机器和禁止发明给社会带来了巨大的改善。欧洲的工人阶级本来也会这样做，但两个事实阻止了他们。第一，直接对机器发起的战争不是势均力敌的战争，因为金融和军方势力站在坚决使用机器的阶级一边。到紧要关头，用新机械武装起来的军人只需一阵步枪扫射就能击垮手工工人的抵抗。如果发明是零星做出的，直接攻击可以轻易地推迟某种新机器的引进。可一旦一种机器得到了广泛的一致使用，仅仅地方性的反叛就只能暂时阻挡它前进的步伐。需要一定程度的组织才能成功对机器发起挑战，但工人阶级恰恰缺乏组织，至今依然如此。

第二点同样重要：起初，机器代表着生机勃勃、精力旺盛和大胆进取。手工业给人的联想是一成不变、因循固定、老旧过时、日薄西山，对思想的新发展和新现实的磨难明显避之唯恐不及。机器意味着新的启示和新行动的可能性，它带来了革命的激情。青年站在机器一

---

[1] "埃瑞洪"（Erewhon），英国作家塞缪尔·巴特勒的同名反乌托邦小说中的国家。

边。机器的反对派一心想维持旧方法，在这场斗争中节节败退。即使他们宣扬有机性，反对机械性，他们也是站在已经死亡的事物一边。

机器在实际生活中一旦占据主导地位，唯一能对机器发动攻击或抵抗的领域就只剩操作机器的人的态度和兴趣。自 17 世纪以来，尽管机器稳步获得社会的接受，但非机械性的思想理念蓬勃发展，这部分地反映了机器所激起的直接或间接的抵抗。

6. 浪漫主义者与功利主义者

机器造成的最大的思想分化是浪漫主义思想与功利主义思想之分。功利主义者受时代的工业和商业理想的激励，与时代的目标相一致。他信仰科学与发明、利润与权力、机械与进步、金钱与舒适。他相信应该通过自由贸易把这些理想传播到其他社会，也应该让一部分利益从有产阶级手中下渗到被剥削阶级，即如今被婉转地称为"弱势"阶级的群体，但要做得谨慎，要让下层阶级继续浑浑噩噩、俯首帖耳、辛勤工作。

在功利主义者看来，机器产品光是"新"这一点就保证了它的价值。功利主义者的社会由毫无约束地大肆赚钱的个人组成，他希望自己的社会离封建和集体社会的理念越远越好，因为那些理念宣扬传统、忠诚和情感，是对改变和机械进步的阻碍。对一座老房子的感情可能会妨碍对房子下面的矿藏的开发。过去家长式制度中的主仆关系经常包含情感因素，这可能妨碍在市场疲软之时看清自身利益，果断解雇工人。阻碍资本主义思想和机械理想大获全胜的最明显的因素是古老的制度和思维习惯，例如相信荣誉可能比金钱更重要，或友谊和同志情谊作为生活中的强大动力丝毫不亚于谋利，或眼前的身体健康比未来的物质财富更宝贵。简而言之，相信整体的人值得维护，哪怕会有损于经济人的最终成功和力量。的确，对新机器信条的一些最尖锐的批评恰恰来自英国、法国和美国南部各州的保守党贵族。

从莎士比亚到威廉·莫里斯，从歌德和格林兄弟到尼采，从卢梭和夏多布里昂到雨果，浪漫主义的所有不同表现都试图把人类生活中必不可少的活动重新推到新制度的中心位置，不肯接受机器是中心，也不认为机器的所有价值都是绝对的终极价值。

浪漫主义的主导精神是对的。它代表着被有意从科学概念和早期技术方法中剔除的富有生命意义、历史意义和有机意义的属性，并提供了必要的补偿渠道。由于历史的偶然而失去的生活中的重要部分首先至少要在想象中得到恢复，算是实际重建的预演。有时，精神病是除了完全的破坏和死亡以外的唯一选项。不幸的是，浪漫主义运动对于在社会中活动的各股力量理解不够。它对随机器而来的无情破坏痛心疾首，结果对有损生命和有利于生命的力量不做区分，将它们混为一谈，一律拒斥。为找到办法补救工业社会的严重缺陷和扭曲，浪漫主义避开了唯一有可能创造一种更完全的生活模式的力量，那就是集中在科学技术中和广大新机器工人身上的力量。浪漫主义运动眷恋旧时、自我设限、伤感重情。一句话，它追求的是回归过去。它减轻了新秩序的冲击，但它更多的是一种逃避运动。

这并非说浪漫主义运动不重要或不合理。恰恰相反，要理解新文明的典型困境，必须明白反对新文明的浪漫主义运动的原因和道理，必须看到把浪漫主义态度中的积极因素引入新的社会综合体是多么必要。作为机器的替代品，浪漫主义已死；事实上，它从来没有活过。但是，被浪漫主义用老式过时的方法表现的力量和思想却是新文明的必要成分。今天要做的是把这些力量和思想变为直接的社会表达方式，而不是让它们像过去那样，表现为有意或无意地向着仅存在于幻想之中的往昔的倒退。

浪漫主义的反应有多种形式，这里只谈三个主导形式。历史和民族主义崇拜、自然崇拜和原始崇拜。在同一历史时期，还有离群索居的时尚。以往的神学、神智学和超自然主义也风行一时。导致这些思潮出现的原因和它们的主要力量来源无疑是否认与空虚，与促成浪漫主义思潮复兴的因素别无二致。但是，几乎不可能把对宗教始终存在的兴趣与宗教在现代的复兴明确区分开来，所以，我的分析只限于浪漫主义的反应本身，因为它显然与新形势相伴而来，而且很可能是从新形势中产生的。

7. 往昔崇拜

往昔崇拜不是在机器出现后立即发展起来的。在意大利，它是企图恢复古典文明的思想与规矩的努力。在文艺复兴时期，往昔崇拜其实是机器的秘密盟友。它不是和机器一样，对哲学和日常生活中现存传统的合理性提出了疑问吗？它不是认为古代作者的手稿，从亚历山大的希罗的物理学著作，到维特鲁威的建筑学著作，再到科卢梅拉（Columella）关于农业的著作，都比现存的传统和当代大师的做法更有权威性吗？它与刚刚过去的历史决裂，不就是鼓励未来与现在决裂吗？

文艺复兴时期重拾古典传统造成了西欧历史进程的断裂。教育和形式艺术领域出现了缺口，机器立即趁虚而入。到18世纪，文艺复兴文化本身失去了生气，变得迂腐不堪、格式僵化，一心只顾恢复和复制已死的形式。虽然普桑或皮拉内西这样的艺术家能够给这些形式注入活力，略显15世纪末期人的才华和信心，但新古典力量与机械力量互相加强。说到脱离生活，新古典力量甚至比机器更加机械化。凡尔赛和圣彼得堡的宫殿远远看去有现代工厂建筑之风，这也许并非完全偶然。往昔崇拜再次兴起时，针对的既是18世纪枯燥的人文主义，也是机器时代同样枯燥的去人文主义。威廉·布莱克以他惯常的敏锐直觉看出了其中的根本分别，对乔舒亚·雷诺兹爵士和艾萨克·牛顿爵士发起了同样激烈的攻击。

18世纪，受过良好教育的人熟读希腊文和拉丁文经典；开明的人认为地球上任何地方，只要法律公正、执法公平，都适合人类居住；有品味的人知道，建筑、雕塑和绘画的比例和审美标准已经由古典先例永久确立了下来。保留下来的风俗和传统、乡土建筑、民俗和民间故事、巴黎和伦敦以外的人说的俚语和方言，这一切在18世纪的绅士眼中都是愚蠢和野蛮的。启蒙和进步意味着伦敦、巴黎、维也纳、柏林、马德里和圣彼得堡的文化不断向外扩张。

在机器的主导下，在书籍和刺刀、印花布和传教士的手帕、仿制珠宝以及刀叉和珠子的推动下，这个文明薄薄的一层开始像油花一样在地球上散开。机器纺织品取代了手工纺织品，苯胺染料最终取代了当地生产的植物染料。印花布裙子和大礼帽甚至传到了遥远的波利尼西亚，当地土著人有了羞耻感，把原来骄傲地裸露着的身体遮盖起来。同时，和《圣经》一起传入的梅毒和朗姆酒为他们的堕落增添了一种特殊的肉体上的恐怖。在这层油花所到之处，鱼被毒死，它们肿胀的身体浮上水面，腐烂的恶臭与油花的气味混在一起。新的机械文明既不尊重地点，也不尊重过去。结果，在它激起的反作用中，地点和过去就成为被过分强调的两个方面。

这个反作用明确现身之际正值 18 世纪古技术革命的开始。它起初的表现是试图接续被文艺复兴摒弃的旧生活，所以它是对中世纪的回归和对中世纪意义的重新解读。各人的解读不同，沃波尔荒唐，罗伯特·亚当冷静，司各特生动，冯·舍费尔忠实，歌德和布莱克唯美，普金和牛津运动[1] 的成员虔敬，卡莱尔和罗斯金偏重道德，维克多·雨果想象力丰富。这些诗人、建筑师和批评者再次揭示了以往欧洲各地生活的丰富和趣味。他们显示了抛弃哥特式建筑、采用更加简单的梁柱式古典建筑在工程上是多大的损失，也表明了文学因大肆推崇古典形式与主题、装腔作势地引经据典而变得多么空洞，最直击心扉的感情只能到尚存于乡村的民谣中去找。

机器文明进程推动集中化，注重开发，不受地区限制，而上述的"哥特式"复兴对这种文明稍稍产生了制动的作用。地方的民间故事和童话故事被格林兄弟这样的学者和司各特这样对历史感兴趣的小说家收集起来；地方的考古遗迹得到维护；在有些地方，中世纪和文艺复兴早期教堂那瑰丽的彩色玻璃窗和壁画从镶玻璃工人和泥水匠手下被抢救出来，那些工匠正在以进步和高品味的名义准备抹去这些"哥特式野蛮"的残余。地方传说也得到收集。事实上，浪漫主义运动

---

[1] 牛津运动，19 世纪中叶牛津大学的神职人员发起的天主教复兴运动。

最杰出的一首诗《汤姆·奥桑特》(*Tam O'Shanter*，苏格兰诗人罗伯特·彭斯)其实是描绘阿洛韦那个地方一座闹鬼的教堂的一幅画作的配文。最重要的是，濒死的地方语言和方言被用于文学，并重新焕发了生机。

民族主义运动抓住这些新的文化兴趣，试图用它们来巩固统一的民族国家的政治权力。民族国家是维持经济现状，对弱小民族推行帝国主义侵略政策的强大机器。德国和意大利这种原本无定形的实体靠这个办法生出了民族自我意识，实现了一定程度的政治自给自足。但是，新的文化兴趣和文化复兴对人内心的触及比政治民族主义深远得多，作用范围也更加集中。此外，它们涉及的是生活中权力政治和权力经济都漠不关心的那些方面。民族国家的创立本质上是一场抗议运动，矛头所指是在没有被统治者的同意和参与的情况下前来耀武扬威的外来政治力量，是王朝时代人为武断的政治分界。但是，国家一旦独立，就马上开始引进煤炭工业主义，推行与没有独立建国的地方一样的去区域化进程。只有当更强烈、更具自我意识的区域主义兴起后，去区域化进程才开始逆转。

对地方和当地语言的兴趣再次燃起，聚焦于以新的眼光看待地区历史，这成为 19 世纪文化的一个明确特征。这种新兴的区域主义起初并未得到认真评价，也未受到足够重视，因为它与当时最重要的经济思想中的世界性自由贸易帝国主义背道而驰(在那个时期，政治经济学因其有用的神话特征而在社会科学中地位卓越)。即使到了现在，区域主义仍经常被视为奇怪的异常现象，因为它与工业征服世界的信条或"进步"的理念显然并不完全吻合。虽然浪漫主义者做了宝贵的前期工作，但区域主义运动直到 19 世纪中叶才终于确定成形。它并未因机器的日益普及而消失，反而发展的速度和力度都有所增加。先在法国，然后在丹麦，现在整个世界都至少感到了区域主义反向冲击的微震，有时甚至是剧震。

19世纪的机械统一和政治统一威胁到了一些历史地区的生存，区域主义的最初动力就来自这些地区。这场运动的启动时间十分确切：1854年。那年，菲列布里什派[1]首次召开会议，立志恢复普罗旺斯的语言和自主的文化生活。在阿尔比十字军讨伐中，普罗旺斯语几乎被消灭。普罗旺斯成了被教会征服的一个省。教会利用世俗机构实行严厉镇压，大大削弱了普罗旺斯。虽然图卢兹七诗人在1324年曾试图重振普罗旺斯语，但未能成功。龙萨（Ronsard）和拉辛（Racine）的语言最终获胜。以弗雷德里克·米斯特拉尔（Frédérick Mistral）为首的一群文学家意识到，他们能够使用语言作为手段来确立并帮助营造他们自己和他们所属地区的共同身份，于是开始推动区域主义运动。

这场运动遍及多地，包括丹麦、挪威、爱尔兰、加泰罗尼亚、布列塔尼、威尔士、苏格兰、巴勒斯坦，在每一处经历的阶段都大致相同。北美各地区也出现了类似的迹象。如茹尔丹先生所说，起初是诗歌周期，其间民间语言和民间文学得以复苏，并试图用传统表现形式来表达当代思想。然后是散文周期，其间对语言的兴趣导致了对社区整体生活和历史的兴趣，把这场运动直接推上了当代舞台。最后是行动周期，其间区域主义不是恭顺地全面复古，而是在传统的主干上嫁接新力量的枝条，在这些新力量融合的基础上形成自己在政治、经

---

[1] 菲列布里什派（Félibrigistes），法国普罗旺斯出现的诗歌和文学协会。

济、公民和文化等领域的新目标。区域主义的自我意识只有在德国的城市和各州不那么强烈。那些地方刚被极权国家集中统一起来不久，之前一直存在着自治和有效的地方生活。

区域主义挥之不去的弱点在于它部分地是对外部环境和外来干扰的盲目反应。在挟新型发动机汹汹而来的外部世界的动乱喧嚣面前，它企图躲进旧时的壳里寻求庇护。简而言之，它是一种对现实的逃避，而不是争取未来的努力。在纯粹受感情因素驱动的区域主义者心中，过去代表着绝对真理。他希望固定过去的某个具体时刻，把生活永远定格在那个时刻，保持其实只是某个世纪的时尚的"原有"地区服饰，维护其实只是文化和技术发展史上某个时刻最方便、最美观的建筑风格的地区建筑形式。他寻求把这些"原有"的风俗习惯和兴趣基本上永远固定在同一个模子里。那是一种神经质的退缩。在这个意义上，区域主义显然是反历史、反生命的，因为它不承认变化的事实，也不承认变化能产生价值。

尽管掩盖这个弱点是不诚实的，但必须结合产生这个弱点的环境来理解它。当时，在19世纪抽象的进步思想影响下，社区生活的传统和历史被弃之如敝屣，区域主义的上述弱点是对这种现象的直接反应。在新工业主义者看来，"历史就是胡说八道"。面对这种轻蔑和无知，新区域主义者反应过度，把过去的老古董当成宝贝难道有什么奇怪的吗？区域主义者的错处不是他们的兴趣，而是他们采用的方法。在机器面前，区域主义者如同游泳的人面对汹涌而来的大潮。他若试图面对巨浪站立不动，会被巨浪拍倒；他若想靠自身力量退回岸边的安全之地，会被退潮的水下暗流绊住，无法到达陆地，也无法站稳脚跟。他唯一的办法是自信地迎着潮水而上，在浪头卷起的那一刻扎进水中，如此来把自己试图逃脱的力量拿来为己所用。丹麦的格伦特维（Grundtvig）主教采用的就是这种方法。他不仅重振了往昔的歌谣，而且创办了合作性的农业运动，这些构成了充满活力的区域主义的基础。

无论如何，事实是地方语言和地区文化发展的直接原因虽然可能是一种反潮流的冲动，但它们并非否定一切，它们与现代生活中加强地区间纽带、传播西方文明共同利益的潮流也不是格格不入，而是对那些潮流的补充。被飞机、无线电和电缆在物理上连在一起的世界如果想增进合作，最终必须设计出一种共同的语言来处理所有的实际事务，包括发布新闻稿，开展商业通信，进行国际广播和满足旅行者相对简单的需求和好奇心。正是因为机械交往扩张到了全世界，所以才必须有一种世界性语言来代替哪怕是最有影响力的国家的语言。从这个角度来看，对国际主义最沉重的打击之一来自文艺复兴时期的学究，他们出于对古典文化的崇拜，抛弃了知识阶层通用的拉丁语。

在为了务实的原因发展共同语言的同时，还需要一种更亲密的语言来进行更深层次的合作和交流。从19世纪中叶开始，能达到这个特殊文化目的各种语言在西欧各地经历了自然而然的发展或复兴。威尔士语、盖尔语、希伯来语、加泰罗尼亚语、佛兰芒语、捷克语、挪威语、兰茨莫尔语和南非荷兰语等语言要么是新的，要么是最近被重新发掘出来予以普及，以便用于白话和文学。旅行和交流的增加无疑会导致方言的整合，比如把印度的300多种语言减少为少数几种主要语言，但是已经出现了重新分化的反向发展。英语和美语的差别现在已经远大于诺亚·韦伯斯特把稍微更古旧一点的美语的形式与发音编为字典的时候。

没有理由认为现在哪个民族的语言能够统治世界，这曾经是法国人以及后来英国人的梦想。除非能够把一种国际语言固定下来，不让其进一步发展，否则它会像拉丁语一样发生巴别塔式的分化。更有可能的是双语变得普及，即一种纯粹人为安排的世界语言用于实际和科学用途，另一种文化语言用于地方交流。

文化语言和文学的复兴以及它们对地方生活的刺激必须被视为社会为抵挡机器文明的自动进程所采取的最有效的措施之一。全面彻底标准化的梦想就是期盼伦敦东区土腔传遍世界，一条名叫托特纳姆法院路或百老汇的长街蜿蜒绕过地球，所有地方、所有场合都讲同一种语言。与这个现已过时的梦想相对立的是文化的重新个人化。这种重新个人化固然经常是盲目和武断的，但它并不比它试图阻止的"向前看"运动更加盲目和武断。支撑着它的是人控制机器的需要，如果控制不了源头，那么就控制机器的应用。

8. 回归自然

区域主义的历史复兴得到了另一个运动，即回归自然运动的助力。

18世纪，为自然而培育自然，追求乡村生活方式，欣赏乡间环境，成为逃离账房和机器的主要办法之一。乡村的地位至高无上之时，自然崇拜没有意义，因为自然就是生活的一部分，没有必要特别去关注它。只有当城镇居民在一板一眼的城市常规生活中感觉压抑，在新的城市环境中看不到天空、草地和树木的时候，才会清楚地意识到乡村的价值。在此之前，偶尔会有探险者为了培育自己的灵魂而特意去山中孤独自处，但在 18 世纪，让-雅克·卢梭通过宣扬农民的智慧和简单务农劳动的精神健康，带领一代又一代的人走出了城门。那些人在园子里干活，爬山，唱乡村歌曲，在月光下游泳，帮助收获庄稼，有财力的还为自己建造乡间别墅。这股重新投入自然的冲动对整个环境养护和城市发展产生了有力的影响，不过这个问题要放到另一本书中讨论。

必须看到，在生活日益受限、日益惯例化的同时，人类的原始冲动找到了一个出色的安全阀：可以去探索美洲和非洲这两个未经探索的相对荒凉的原始地区，还有不那么令人生畏的南太平洋岛屿。最重要的是，海洋这个始终不变的原始环境对心怀不满和勇于冒险的人打开了大门。心性坚毅、价值感敏锐的人不接受被发明者和工业家确定的命运，不欢迎文明生活的舒适与方便，不认同占统治地位的资产阶级对这种舒适与方便的重视。这样的人可以逃脱机器的掌控。在新世界的森林里和草原上，他们可以靠种田谋生；在海上，他们可以直面风和水的自然力量。同样，那些太过软弱而无法面对机器的人在这些地方也可以暂避一时。

这个解决办法几乎太完美了。新来的定居者和拓荒者不仅满足了自己的精神需求，而且在地球上人烟稀少的地方扎下了根。他们为新工业提供了原材料，为制成品提供了市场，还为机器的最终引入铺平了道路。社会不同群体的内心冲动很少像这样与社会成功的外部条件如此契合。社会状况很少像这样能够令这么多不同性格和不同行业的人满意。在短短 100 年间——北美是大约 1790—1890 年，南美也许稍早一点，非洲稍晚一点——土地拓荒者和工业拓荒者结成了紧密的伙伴关系。俭省节约、积极进取、遵守常规的人建起工厂，对工人实行严格管理。不怕吃苦、乐观向上、精神饱满、不用机器的人同土著人作战，清理土地，在森林中寻找猎物，用犁铧开垦处女地。即使把旧习惯和旧关系抛到了一边，对过去的先例弃之不顾，但如果仍觉得新的农业活动太平淡、太正经，还可以去潘帕斯草原上用套索套马，去宾夕法尼亚州开采石油，去加利福尼亚州和澳大利亚找金矿，去东方种植橡胶和茶树。白人第一次可以踏足非洲闷热的腹地或北极寒冷的处女地去寻找食物、知识、冒险经历，或在心理上远离自己的同类。

在新土地被完全占领和开发之后，机器才入场，开始对那些既没有勇气，又没有运气，也没有机智去开发自然的人实施机器专有的统治。对数百万男男女女来说，新土地使他们得以暂且推迟被迫屈服的时刻。他们通过接受自然的束缚，暂时避开了机器文明错综复杂的互相依存关系。怀有慈悲之心或追求梦想的人集合起来甚至可以试图实现自己对至善社会或人间天堂的梦想，尽管这样的努力也只是昙花一现。从震颤派教徒在新英格兰建立的殖民地到犹他州的摩门派教徒，少数完美主义者在试图躲避大自然漫无目的的残酷和人类目的明确的残酷。

从 17 世纪到 20 世纪，像人口移徙这样庞大而复杂的运动当然不是一个原因或一种环境就能交代清楚的。人口增长的压力不足以提供解释，因为人口移徙发生在人口增长之前。不仅如此，事实上，去往新大陆的移民潮速度加快之时，欧洲由于引进了马铃薯，改良了被用作牲畜越冬饲料的庄稼，推翻了三田制，人口压力已经大为减轻。也不能纯从政治角度将人口移徙解释为企图逃离腐朽的教会和政治制度，或希望呼吸共和制度那自由清新的空气。实现回归自然的愿望同样不是足够的理由，尽管卢梭显然影响了那些可能从未听说过他的名字，但言论和行动都与他不谋而合的人。其实，所有上述动机都存在。有摆脱社会压迫的愿望，有实现经济安全的愿望，有回归自然的愿望。这些愿望彼此加强。在新的机器文明步步逼近西方世界之际，这些愿望提供了逃离机器文明的借口和动机。射击、下捕兽夹、砍树、把犁、探矿、采矿，所有这些作为技术源头的原始职业，所有这些因技术进步而关闭或固定了的职业现在都向拓荒者敞开了大门。他可能有时打猎，有时捕鱼，有时采矿，有时伐木，有时种田。通过从事这些活动，人们能暂时摆脱循规蹈矩的生活中的各种责任，恢复作为男人和女人的简单动物性活力。

在短短一个世纪内，这场猛烈的回归田园运动就基本上偃旗息鼓了。工业拓荒者追上了土地拓荒者，后者只能在舞台上重现他们的祖辈因生活所迫而做的那些事情。但是，只要未开垦的土地上还有机会，人们仍旧蜂拥而至。如果一个井然有序、重在谋利的机械化文明真像鼓吹进步的人认为并宣扬的那么好，那么这种情形实在令人错愕。数百万人选择了危险四伏、奋斗苦干、艰难困苦的生活。他们宁可与大自然的力量抗争，也不肯接受新的工业社会为胜者和败者规定的生活。11 世纪和 12 世纪发生了有组织的大规模行动。从欧洲的一端到另一端，森林被清除，一座座城市拔地而起。回归自然的运动部分地是对那场行动的逆转。它倾向于向外分散，从封闭的、系统的、注重修养的生活中逃离出来，进入一种开放的、相对野蛮的生活。

剩余的无主土地被占领后，现代人口大迁徙逐渐减少，我们的机器文明失去了一个主要的安全阀。对机器的恐惧激起的人类最简单的反应——逃走——不再可能，因为那样就会生活无着。在上一代人的时间里，机器大获全胜。在美国每到节假日就出现的大出行中，人们本要逃离机器，却开着汽车，带着留声机或收音机到野外去。所以，拓荒者的反作用虽然很快找到了切合实际的表达渠道，但说到底，其效力远不及仅仅在人们心中创造了更符合人性的生活理想的浪漫主义诗人、建筑师和画家。

然而，比较原始的生活条件作为机器的替代物仍然相当诱人。理性操纵机器需要一定程度的社会控制，有些人对此避之不及，开始积极计划抛弃机器，建立只从事次级农业和次级制造业的孤立的小型乌托邦，重回仅够温饱的生活水平。提倡这些回归原始之举的人却忘了一个事实：他们建议的不是冒险，而是七零八落的后退；不是解放，而是承认自己的完败。他们说要回归拓荒者当年的物质条件，却没有拓荒者那种不畏艰难奋力苦干的积极向上的精神。这种失败主义如果广泛传播，那就不止意味着机器的崩溃，还意味着西方文明目前这个周期的完结。

9. 有机与机械之两极

在卢梭之后的一个半世纪里，原始崇拜显示出多种形式。它与另有起源的历史浪漫主义结合起来，在想象力层面上表现为对民间艺术和原始人群的产品的兴趣。原始人群的产品不再因粗陋和野蛮而遭到嗤笑，反而恰恰是因为这些品质而受到珍视，因为比较发达的社会经常缺乏这样的品质。原始崇拜在我们这个世纪的表现之一是对非洲黑人艺术的兴趣，倡导者是最衷心欢迎新机器形式的同一群巴黎画家。

这并非偶然。刚果保持了汽车制造厂和地铁的平衡。

不过，在个人行为这个更广泛的平台上，原始性在20世纪表现为性的反叛。在西方文明中，城市居民被机器训练得循规蹈矩，现在波利尼西亚人的性感舞蹈和非洲黑人部落的性感音乐抓住了他们的兴趣，成为他们最主要的娱乐方式。在最坚定不移推进机械装置和机械常规的美国，这种性感舞蹈和音乐发展得最迅速。过去，醉酒是男性主要的放松方式，现在加上了异性间的放松方式，即跳舞和暧昧的拥抱。性行为的这两个阶段现在可以公开进行了。每日千篇一律的生活造成的外部限制越大，反作用就越大。但是，这些补偿措施并未丰富色情生活，提供更深层次的感官满足，只是长期维持着性刺激，甚至到了恼人的地步。对性兴奋的刺激不仅遍及娱乐界，而且成了生意的一部分。办公室和广告中都有它的身影，提醒并诱惑着受众，却不提供足够的机会让人发泄欲望。

性表达可以是一种生活方式，也可以是单调拘束的生活中的一种补偿因素，两者必须做出区分，尽管这个区别难以界定。无须说，性的这两种形式在这一时期同时存在。至于此事的积极方面及其众多丰饶深远的后果，我打算另做长篇论述。不过，补偿性因素的极端形式容易辨认，因为它的抽象和疏离的特点正是从大众亟欲逃离的环境中衍生而来的。这类原始的补偿效用不大，具体表现是流行笑话中人工痕迹显著的淫秽内容、银幕上电影明星的拥抱那种可望而不可即的魅力、舞台上舞者柔若无骨的舞姿、通过流行歌曲的下流歌词得来的二手或三手经验，或更真实一点，在下车前或在办公室、工厂劳累了一天下班时的匆忙偷情。若是不想受这种小动作造成的焦虑或沮丧的影响，就只能靠酒精来麻痹自己的高级神经中枢，或依靠某种化学品获得心理麻醉，弄得自己人不人，鬼不鬼。

简而言之，性补偿大多是可悲的幻想，而当性被接受为一种重要的生活方式的时候，情人就会拒绝性补偿这种无力的次等替代品，把心思和精力投入求爱和表白。这些是实现性的强化、丰富和升华的必要步骤，而正是这样的强化、丰富和升华维持着物种繁衍，活跃了文化遗产。如果性仅仅是借以逃离一个低级工业城镇的污秽环境和压抑单调的手段，那是性的堕落；但如果性真正因其本身而得到尊重和歌颂，那它会给人带来狂喜。矿工的儿子 D. H. 劳伦斯对性的这两种表现做了最明确的区分。

性倒退回原始状态的不妥与用运动来代替对身体的全面培育不无相似。激发这类行为的冲动是真实而合理的，但这类行为的表现形式并不能改变原有的状态，而是成为一种机制，用以把原有状态修复到得以继续存在的程度。性在对机器本能的反作用中为自己谋得了一席之地，但它在生活中的作用不止于此。

随着机器向规律性和完全自动化倾斜，把它与男男女女的身体连在一起的脐带终于被切断，机器因此变成了独立的存在。这就是塞缪尔·巴特勒在《埃瑞洪》里以玩笑的方式预言的危险，即人可能变为一种手段，被机器用来维持自身地位，扩大统治范围。逃离机器这个绝对独立体，就进入了一个同样贫瘠的范畴——有机的绝对独立体，也就是真正的原始状态。有机进程被机器压得抬不起头，为恢复原来的地位做出了激烈的反应。机器刻薄地拒绝肉欲，有机进程就用肉欲来与它抗衡。人类所有文化发展中的理性、明智的内容和有序的行为，即使是从有机体中直接衍生出来的文化发展中的这类内容和行为都遭到否认。认为机械从生命体那里学不到任何东西的谬见让位于认为生命体从机械那里学不到任何东西的同样的谬见。一边是用来生产小报的巨大印刷机这个精确复印的奇迹；另一边是小报的内容，里面记录着最粗糙、最基本的情绪、感觉和几乎不成形的思想。一边是与人无关的、合作性的、客观的机器；与之相对的是有限的、主观的、难以驾驭的暴烈自我，充满了仇恨、恐惧、盲目的狂热和简单的破坏冲动。机械器具有可能成为实现人的理性目标的手段，但如果它们被用来把村里白痴的胡言乱语和恶棍的劣迹每天都传播给 100 万人，就很难算是好事。

对绝对原始的回归和许多其他临时堵漏的神经质适应方法一样，自身也造成了压力。这种压力一般会进一步加大生活的两面之间的距离。这个距离限制了补偿性反作用的效率，最终会毁掉试图用单纯的原始性来平衡单纯的机械性的文明。这个文明最广泛的范围包括科学家、技术人员、艺术家、哲学家在文化方面的兴趣、情感和赞赏。这些兴趣、情感和赞赏支撑着他们的工作，即使它们并不直接表现在某个具体作品当中。如此广泛的文明是不可能被野蛮人统管的。毛猿掌管锅炉舱是严重的危险信号，毛猿控制驾驶台意味着很快会发生沉船。政治独裁者企图用有计划的残酷和暴行来达到他们因缺乏智慧和宽厚而无法通过仁慈的领导来达成的目标，他们这种毛猿的出现表明目前机器的基础岌岌可危。野蛮人会捣毁机器，但更糟糕的是，他可能会让人丧失原动力或改变努力方向，压制思想的合作进程和不为私利的研究，而我们的重大技术成就都是出自这样的合作和研究。

赫伯特·斯宾塞在生命接近尽头时，对 20 世纪初他亲眼看到的帝国主义、军国主义和奴性遵从的兴起感到警惕。事实上，他的预感很有道理。但问题是，这些力量不单纯是机器未能消灭的古老残余，而是人的深层本性。正是因为机器作为人类生活中一支绝对的、无条件的力量取得了胜利，这些本性才被唤醒，懵里懵懂地开始活动。机器尽管在新技术阶段有了进步，但仍未让有机力量在社会生活中发挥足够的作用，结果为有机力量回归原始性这种狭隘的有害形式开辟了道路。在关键问题上，西方社会倒退到前文明时代的思想、感情和行动模式，因为它通过资本主义剥削和军事征服，过于轻易地默认了社会的非人道化。总之，退回原始状态是一种可怜的企图，想避免更加根本且极为困难的改变，那就是从历史上资本主义的各种形式和机器最初同样有局限的形式过渡到以生命为中心的经济。对于这样的改变，我们的思想家、领导人和实干家不敢坦率面对，也没有策划的智慧和执行的意志。

10. 体育与“财富女神”

历次浪漫主义运动是对机器的重要矫正，因为它们让人注意到了在生活中至关重要，却被机械世界观排除在外的因素。它们也为建立内容更加丰富的综合体准备了一些材料。但是，现代文明有一系列补偿性功能，这些功能无法促成更好的整合，只能帮助稳定现有状态，并且最终会变为它们所反抗的严格管理的一部分。这类制度中首要的也许是大众体育。大众体育可以被界定为一种有组织的比赛形式，在这些比赛中，观众比运动员更重要，如若仅仅为了比赛而比赛，就会失去大部分意义。大众体育的首要功能是演出。

大众体育有别于游戏，它的主要成分通常包括死伤的危险。但是，与爬山这类运动中自然发生伤亡的情形不同，大众体育中的这种危险必须遵守比赛规则，必须在观众开始感到无聊时加大危险。每个社会和许多动物种都有这样或那样的游戏。但是，当民众被操练、管理和压制到一定程度，需要至少间接地参与展示力量、技巧或勇气的壮举来维持日渐衰落的生命意识的时候，才会出现以大规模表演为形式，而且有死亡作为潜在的兴奋添加剂的体育。喜欢看热闹场面，看温和的表演不过瘾，要看施加痛苦的行为，最后要见血——这些现象标志着文明正在失控。这类文明有恺撒治下的罗马、蒙特祖马时期的墨西哥，还有纳粹统治下的德国。这些替代性男子汉气概和强悍的表现形式最确切地显示出集体的无力感和普遍的求死欲。在今天的机器文明中，到处可见顶着大众体育名号的这种终极衰退的危险征象。

体育新形式的发明和把游戏变为体育是 19 世纪的两个显著特点。前者的例子是棒球，后者的例子是网球和高尔夫球。它们就是在我们这个时代变成了观者如云的锦标赛。体育赛事与游戏不同，它最抽象的形式也能表现在我们的机器文明中。不在现场观赛的人会挤在城里的计分板旁注意比分的变化。人们即使不能亲眼看到飞行家环绕世界的壮举，也会从收音机里聆听他驾驶飞机着陆的报道和现场观众发狂般的欢呼。主角若不想出席大型欢迎会和游行，会被认为是骗子。在赛马这样的运动中，要素可以被简化为名字和赌注。只要有赢的机会，通过看报纸和到下注点去下注就能参与。在工业中，机械程序的主要目标是减少发生偶然的可能性，而在体育赛事中，偶然和意外是受到赞美和称颂的。在这里，被机器排挤的因素带着长期积累的激情重归生活。在航空比赛和赛车这些最新形式的大众体育中，由于随时可能发生死亡或致命重伤，场面更加令人兴奋。赛车翻车或飞机坠毁时人群的惊骇叫喊不是出于震惊，而是因为期望成真。此类赛事之所以举行，而且观众人山人海，根本原因难道不就是它会激起观众的嗜血心态吗？这样令人兴奋的大场面被拍成电影，在世界各地千千万万个电影院里重复上演，就像在每周的新闻报道中出现的一个事件一样。就这样，随着机器的普及，人们逐渐习惯了流血、表演式谋杀和自杀的情景。看腻了较为温和的此类场面后，又生出观看更大型、更剧烈的野蛮行为的要求。

体育赛事有三个要素：壮观的场面、竞赛和竞赛者的个性。场面代表着古技术工业环境中常付之阙如的美学要素。赛跑或球赛在体育场看台上坐得满满的观众的注视下进行，自始至终有观众的叫声、歌声和欢呼声相随。观众实际上在新的机器戏剧中扮演着希腊合唱团的角色：宣布即将发生的事情，强调正在进行的竞争。观者作为合唱团的成员，找到了特别的宣泄口。他在平时工作中通常没有与别人密切接触的机会，现在成为一个无差别原始群体的一分子。他的肌肉随着比赛的进行而收缩或放松，他的呼吸急促或放缓，他的叫喊提升了激动的情绪，令他内心的兴奋感倍增。他情绪狂热时会拍打邻座的背部或拥抱人家。观者感觉自己在场为己方的胜利出了一把力，有时他可能的确对比赛产生了可见的影响，不过主要是通过表达对敌方的敌意，而非对己方的鼓励。在工作中，人接受指令，自动执行，通过降低"我"的存在，提高"它"的分量来遵守规矩。观赛是从这种被动角色中的短暂解脱，因为在体育场上，观者处于自己被完全动员起来发挥了作用的幻觉之中。此外，对于不懂任何其他文化形式的人来说，体育赛事是机器文明为人提供的审美意义上的最大满足之一。观者如同画家了解大师特有的线条或配色一样，熟知自己最喜欢的竞赛者的风格。对于掷球手、投球手、赌马人、发球人和飞行员等人，他注意的不仅是得分，还有美的展示。这一点在斗牛中表现得尤为突出，当然也适用于每一种体育运动。尽管如此，希望看到技巧的展示和希望看到一个或者多个竞赛者受伤或丧命的残酷结局之间依然是相互抵触的。

在体育竞赛中，两个要素互相冲突：偶然性和创纪录。偶然性是调味酱，令观赛者兴奋，让他更忘乎所以地投入赌博。赛狗和赛马在这方面和需要更多技巧的比赛同样有效。但是，机械制度的习惯在体育运动中和在性行为领域中一样难以抵挡。所以，对创纪录的抽象兴趣成为一个主要关注点。这是现代体育运动最重要的要素之一。赛跑中比原来少用了五分之一秒；横渡英吉利海峡比另一个选手快 20 分钟；比对手在空中多停留一个小时：这些兴趣掺杂在比赛中，把本来纯粹的人与人的竞争变成了与原来纪录的竞争。时间取代了看得见的对手。舞蹈马拉松或蹲旗杆这类比赛创造的纪录代表着毫无意义的耐力，那些是最无趣、最乏味的比赛，不值得看。因为追求创纪录，所以专业技能不断提高，结果偶然性大为减少。体育赛事本来是戏剧，现在变成了展览。专业一旦达到这个水平，就会尽量把整个表演安排得让最受喜爱的选手得胜。其他参赛者可以说被扔给了狮子，任其自生自灭。体育比赛的规矩不再是"公平竞争"，而是"不惜一切代价取得成功"。

最后，除了宏大的场面和竞赛之外，还有一个将体育与游戏区分开来的因素：职业运动员这种受民众欢迎的新型英雄。他和军人或歌剧演员一样，是专业人士。他代表着男子气概、勇气、顽强等在新的机器制度下没有用武之地的锻炼和掌控身体的才能。如果英雄是女性，她一定具有亚马孙人的品质。体育英雄代表的是玛尔斯体现的男性美德，正如著名电影女演员或参加泳装大赛的选手代表着维纳斯。体育英雄展示了业余爱好者渴望获得的完美技能。这个新英雄因为身体能力的完美，不是被视为卑下之人，而是像苏格拉底时代的雅典人眼中的专业运动员和舞者那样，代表着业余爱好者为之努力的顶峰。这个顶峰非关玩乐，是效率的顶峰。英雄付出努力后获得丰厚的报酬，还赢得赞誉无数，因此恢复了体育与商业的联系，进而使这种联系正当化，但人转向体育原本是为了摆脱商业生活，稍事喘息的。少数几个抵制这种庸俗化的英雄——著名的有林德伯格——失去了民众或至少是记者的喜爱，因为这些英雄只扮演游戏中不那么重要的角色。真正成功的体育英雄要满足大众的需要，必须扮演介于皮条客和娼妓之间的角色。

所以，在这个机械化的社会中，体育运动不再仅仅是一种除了比赛之外没有其他任何回报的游戏，而是成为有利可图的生意。对体育场馆、体育设备和运动员的投资数以百万计，体育运动的管理变得与任何其他盈利机制的管理一样重要。大众体育的技术也传到了其他领域。科学考察和地理探索的开展方式如同极速特技或职业拳击赛——而且是出于同样的原因。无论是作为生意，还是作为娱乐，或是作为大众景观，体育运动从来都只是一种手段。即使它被压缩为在体育场内举行的盛大体育和军事演习，它的目的也是聚集起人数空前的表演者和观众，以此来证明它所代表的东西的成功或重要性。所以，体育运动最初可能是自然兴起的对机器的反作用，后来却演变为机器时代的一项大众责任。为了私人利益或民族主义功绩，人们对生活实行了全面的严格管理，体育运动成为这种生活的一部分。它激起的兴奋为人们提供了暂时的、仅仅是表面的宣泄。简而言之，作为对机器的反作用，体育运动是最无效的一个。就最终结果而言，只有一个反作用不如它有效。那个反作用野心最大，也为祸最烈。我指的是战争。

11. 死亡崇拜

冲突在人类社会中司空见惯，其中战争是专门化的制度性和戏剧性活动。社会只要达到一定程度的分化，冲突即不可避免。毫无冲突的一致仅存在于连接胎儿和母亲的胎盘中。希望实现这种一致是极权国家和其他较小规模的暴政最明显的逆历史而动的特征之一。

但战争是一种特殊形式的冲突。它的目标不是解决分歧，而是在肉体上消灭持反对意见的对手，或用武力迫使对方屈服。在任何活跃的合作体系中，冲突都不可避免，也值得欢迎，因为它带来了有益的多样性和改变，而战争显然是冲突的一种专门化的扭曲形式，可能是捕猎群体遗留下来的。战争与同类相食或杀婴现象一样，并非群体生活中永恒的必然现象。

战争的规模、意图、致命性和频率依社会类型的区别而有所不同，从许多原始社会主要的仪式性战争到成吉思汗这样的野蛮征服者有时发动的残暴的大屠杀，再到现在"先进""和平"的工业化国家投入大量时间与精力的国家间系统性作战。毁灭的冲动显然并未随着手段的进步而降低。甚至有一定理由认为，我们以采集和找寻食物为生的远古祖先在发明武器用于狩猎之前，生活习惯比更文明的后代更加和平。随着战争的破坏性越来越大，名誉的因素越来越不重要。传说古代的一位征服者拒绝用夜间突袭的方法攻城，因为那样胜之不武，有损荣光。今天，组织良好的军队先用炮火消灭敌人，然后再抢占阵地。

然而，战争的几乎所有表现形式显示的都是再也无法忍受群体生活约束的人的幼稚心理，因为群体生活需要妥协、交换、宽容、理解和同情，需要做出复杂的调整。这些人想用刀枪来解开社会生活中的结。不过，虽然今天的国家战争实质上是一种集体竞争，只不过是用战场取代了市场，但战争动员起全体人民的忠诚和热情的能力部分地在于它所激起的特殊心理反应。战争提供了情绪的发泄口。如布莱克所说，"艺术被贬低，想象力被剥夺，战争成为国家的主人"。

战争是一个完全机械化的社会的终极戏剧，它靠一个优势远远超过其他模仿战争态度的大众体育运动形式：战争是真实的，而所有其他大众体育都有假装的因素。除了比赛的兴奋和赌博的输赢之外，谁获胜其实并不重要。在战争中，现实清清楚楚：即使战胜了，也肯定和战败一样会有死亡，哪怕是最遥远的旁观者，也可能和位于国家间巨大角斗场中心的角斗士一样丧命。

不过，对于亲身参加战斗的人来说，战争是一种解脱。他们得以把在包括体育在内的各种形式的工商业中占主导地位的谋利和自私等卑下的动机扔到一边，投入充满戏剧性的战斗行动。战争是促进机械发展的主力之一，军队的操练和严格管理活脱脱是老式工业活动的模式，但战争为这种乏味的例常提供的补偿远远大于体育赛场。士兵的训练、阅兵式、锃亮的武器和帅气的军装、大批军人整齐划一的行动、嘹亮的军号、整齐的鼓点、行军的节奏，最后是实际战役中轰炸和冲锋的爆发性力量，为战争赋予了美学和道德的崇高色彩。阵亡或伤残为战争大戏注入了悲剧性的牺牲因素，这是许多原始宗教仪式的基础要素。屠杀的规模给了战争正当性，并加剧了战争的烈度。对于丧失了文化价值观、对文化象征不再感兴趣或不再了解的人们来说，战争大大助长了抛弃整个文化、回归原始信念和非理性教条的进程。即使实际上没有敌人，也必须创造出敌人来，以便进一步推动这个进程。

所以，战争集生产资料的机械化和与之相对的生命力强烈爆发于一身，打破了机械化社会的单调乏味，使社会得以摆脱日常生活的烦琐和谨慎。战争使原始力量得到最大的展示，同时把机器奉若神明。在现代战争中，最原始的力量与钟表般精密的机械力量合为一体。

战争的最终产品是死的、残的、精神失常的人，被夷为废墟的地区，损耗严重的资源，道德的败坏，反社会的仇恨和流氓行径。有鉴于此，战争作为社会被压抑的冲动的宣泄口为祸最烈。随着作战要素机械化程度的提高，战争的罪恶以及它给人造成的痛苦也日益加剧。化学战不仅对军队，而且对平民百姓构成了威胁，它为世界各国的军队提供了过去只有最残暴的征服者才会使用的残酷手段。在马拉松平原上拿着剑和盾作战的雅典人与用坦克、大炮、火焰喷射器、毒气和手榴弹武装起来在西线对峙的士兵之间的区别是舞蹈仪式与屠宰场日常工作之间的区别。一个是在可能死亡的情况下展示出技能与勇气；另一个是展示致死的艺术，其间技能与勇气几乎是偶然的副产品。但是，被压抑、被管控的人在死亡中第一次瞥见了自己在生活中的力量。死亡崇拜标志着他们对有缺陷的原始状态的回归。

作为对机器的反作用，战争还不如大众体育。它扩大了冲突的范围，却没有阻止机器的前进。不过，只要机器依然是绝对的独立体，战争对于我们的社会来说就代表着机器的全部价值和补偿。战争令人回归现实，让人与大自然的力量抗争，释放人本性中的蛮力，放松社会生活中的正常约束，准许人在思想和情感上回归原始。战争还要求盲目服从，这等于是准许幼稚的行为，如同在典型的父子关系中，儿子不需要像负责任、有自主权的人一样行事。我们看到野蛮行为，通常会联想到尚未开化的社会，但野蛮行为也是机械文明过于发达的社会的一种逆反性模式。有时，促成反作用的是强制性道德准则或严格的社会管制，对西方人来说则是一说到机器就会联想到的过于严格的管制环境。战争像一种神经症，对于有机体的冲动和使这些冲动无法得到满足的守则与环境之间难以忍受的紧张和冲突，它提供了毁灭性的解决办法。

　　机械化与野蛮的原始力量这种破坏性结合可能会替代能够指导机器去提高公共和个人生活质量的人道化的成熟文化。如果我们的生活是一个有机的整体，就不会出现这种分裂和反常，因为我们现在通过机器体现的秩序本应在我们的个人生活中体现得更加充分，我们现在通过过度注重机械装置来转移或压制的原始冲动也会以适当的文化形式得到自然的释放。然而，在这样的文化得以实现之前，战争可能仍然会与机器如影随形，包括国家军队间的战争、帮派间的战争、阶级间的战争，而这些战争靠的是操练和宣传等持续不断的准备活动。一个失去了自身生命价值的社会通常会把死亡奉为宗教，营造死亡崇拜。这样的宗教同样受欢迎，因为它满足了一个混乱的社会必然产生的越来越多的偏执狂和施虐狂的需求。

12. 小型减震器

审视过所有形式的抵抗和补偿后，可以清楚地看到，机器的引进并非一帆风顺，它典型的生活习惯也并非毫无争议。若非旧的思想习惯和旧的生活方式依然存在，机器引发的反作用可能会更多、更大。旧的思想习惯和生活方式将老与新连到一起，使机器无法像控制工业活动那样统治整个生活。这些现存的制度虽然稳定了社会，却也部分地阻碍了社会对从机器衍生而来的文化要素进行吸收并做出反应。因此，它们在减轻机器的不良影响的同时，也削弱了机器的良性作用。

除了令社会稳定的惰性和企图用思想及机构制度来抗击机器的多方努力，其他一些反作用也起到了缓冲和减震器的作用。它们没有阻止机器或破坏纯粹的机械进程，但可能减轻了机器所造成的压力。功利主义者最初自信满满地开创局面时，恨不得把旧有文化的纪念物尽数摧毁，但恰恰是在最积极参与这个努力的阶层中出现了古物崇拜。

崇古派并不狂热地坚信过去的某个时代至高无上，他们只是认为几乎所有老的东西因为是老的就一定是珍贵的或美丽的，无论是一座罗马雕塑的碎片、一个 15 世纪圣徒的木雕像，还是一个铁门环。崇古者试图创造一个自己的环境，里面没有一丝机器的影子。他们在诺曼式别墅的开放式壁炉里烧木柴，其实别墅取暖用的是蒸汽，别墅本身是根据照片和精确的图纸设计的。建筑师如果对自己的设计能力或使用的建材不太放心，还会用隐藏的钢梁提供支撑。如果无法从颓败的老房子里偷来手工艺品，就雇人花大力气制造仿制品。对这类仿制品的需求向下渗透到中产阶级后，仿制用上了动力机械，做出来的产品只能骗有眼无珠、愚昧无知的人，等于双重欺骗。

人对于机械环境既无法掌控，又没能将其人道化，也欣赏不了它的美。在机械环境的压迫下，统治阶级和对他们亦步亦趋的小资产阶级从工厂或写字楼退回伪造的非机械环境。他们要复古，但加上了物质上的舒适，例如，冬天室内温暖如春，沙发、躺椅和床铺都安了弹簧和软垫。成功人士个个都打造出自己特有的复古环境——一个私人的世界。

住在市郊住宅或富丽堂皇的乡间别墅里的人享受着这个私人世界。按照任何客观标准，这个世界都与一个以为自己是伟大的洛伦佐或路易十四的疯子的世界无甚分别。两者都是通过永久或暂时缩入私人空间的办法来应对在困难或敌对的外部世界保持心境平衡的难题。这种私人空间不受公共生活与活动的大部分规定的影响。自 18 世纪以来，成功的资产阶级成员的家居摆设一直时兴复古风格，只在古技术阶段高峰期有过一段小插曲，其间家居用品理直气壮地以丑为时髦。严格从心理学角度来解释，那些复古家居是囚室，添加的各种"舒适"将其变为了墙上装护垫的囚室。住在里面的人是稳定、"正常"、"适应形势"的人。与他们工作、思考和生活的整体环境相比，他们只是表现得好像处于一种精神崩溃的状态，好像他们的内心与他们帮助创建的机械环境有着深刻的矛盾，好像他们无法把自己的各种活动纳入一个统一的模式。

与这种品味上因循保守、拒绝承认自然变化的态度形成对立的是为变而变，加快推进机器进程的趋势。改变一个物体的式样，对它的外部形状或颜色做出改动，却不做真正的改进，这在现代社会中司空见惯。之所以如此，就是因为没有自然的变化，生活没有新意。过分严格管理导致的反应是对新鲜事物永无餍足的需求。从长远来说，不停的变化与一成不变同样乏味。不确定性和选择同时存在才能真正提振精神。仅仅因为外部原因造成了样式的改变就放弃选择，就等于放弃了真正的进步。改变和新颖并不比稳定和单调更神圣或更有害。但是，由于无目的的物质主义和愚蠢的生产管理，做出的改变没有意义，消费缺乏真正的刺激和有效的调整。抵抗行为不仅没有解决困难，反而令其加剧。急于求变、急于行动和急于求新的心态遍及整个生产和消费系统，将其与亟须制定的真正标准和规范分离开来。工作和日常活动多种多样的时候，人们安居乐业；生活变得千篇一律的时候，人们就感到需要搬离。他们迁移得越快，所到的环境就越千篇一律，令人避无可避。生活各个领域均是如此。

在没有足够的物质能力逃离生活的情况下，纯粹的幻想蓬勃兴起。这样的幻想除了文字或图画之外，没有任何其他外部手段。19世纪，轮转印刷机、照相机、照相制版法和电影降低了生产成本，于是文字和图画有了共同的机械化基础。随着识字率的提高，各个等级和水平的文学形成了一个半公开的世界，对生活不满的人可以避入这个世界，跟随旅行者和探险家的回忆录去冒险的生活，通过参与杜宾（爱伦·坡小说中的主角）或夏洛克·福尔摩斯的犯罪和调查进入危险行动和敏锐观察的生活，或阅读自18世纪以来人人爱看的爱情故事和色情小说，借以过有情人终成眷属的生活。当然，这些白日梦和私密幻想大多早已有之，但现在它们成了逃离生活的一个巨型集体机制的一部分。通俗文学作为逃避手段的功能十分重要，许多现代心理学家甚至把整个文学都看作借以逃离严峻的生活现实的工具。他们忘记了这样一个事实，即一流的文学远非单纯给人带来愉悦，而是直面并反映全部现实的崇高努力。与这个努力相比，繁忙工作的生活在格局上显得狭隘，代表着部分的退缩。

19世纪，庸俗文学在很大程度上取代了宗教的神话结构。宗教神圣严肃、无所不包、道德规范细致严谨，与人们试图逃离的机器简直如出一辙。从1910年起，电影极大地强化了向幻想中的逃避，而电影的出现恰恰是在来自机器的压力越来越难以抵挡之时。电影显示了财富、华丽、冒险、打破常规和随性而为这些大众梦想。银幕上蔑视秩序的罪犯和公开色诱他人的妓女成为观众认同的对象。这些在机器的帮助下被创造出来投射到银幕上的幻想几乎连青少年的水平都够不上，但有了这些幻想，由机器主导的生活对世界上广大的城市居民及受城市化影响的人口来说才不至于难以忍受。不过，这些梦想不再深藏于人们心中。不仅如此，它们也不再是自然产生的免费梦想，而是作为"娱乐业"被迅速投入大量资本，成为一种既得利益。若要创造一种无需这类麻醉剂的比较开明的生活，就会威胁到建立在始终不变的沉闷、无聊和挫败基础上的投资的安全。

由于太迟钝而不想思考，可以读书；由于太疲惫而不想读书，可以去看电影；没法去电影院，可以打开收音机。无论如何，他们都可以逃避行动。替代的情人、替代的男女英雄、替代的财富填满了人们虚弱贫瘠的生活，给人们带来不现实的美景。机器越来越积极主动，日益拟人化，甚至能复制眼睛和耳朵的有机功能。结果，用机器寻求逃避的人变得更加被动、更加机械。人对自己的声音没有信心，唱歌跑调，哪怕去野餐都要带上留声机或收音机。人害怕单独思考，害怕面对自己头脑的一无所有和懒惰被动，所以收音机总是开着，吃饭、谈话和睡觉时都有外部世界的刺激相伴，一会儿是乐队演奏，一会儿是宣传，一会儿是被称为新闻的公共流言。就连穷苦人的那一点自主思想，像灰姑娘的两个姐姐去了舞会，剩下她独自向往白马王子的那种憧憬，也在这种机械环境中消失无踪。今天的灰姑娘无论得到什么补偿，都必须通过机器来实现。我们机械化的民众靠机器来逃离机器，等于从热煎锅跳进更热的火坑。减震器与环境同一性质。电影故意美化黑帮的冷酷和嗜血。新闻短片每周展示最新式的武器，伴以国歌的激励，培养观众做好打仗的准备。这些装置本是为了缓解心理紧张，实际却加剧了最终的紧张感，为更灾难性的发泄做着准备。人在银幕上千百次看过无情的死亡之后，在实际生活中就不再反感强奸、私刑、谋杀或战争。人开始厌倦从电影和收音机那里得到的替代性兴奋时，就感觉需要真正见血。简而言之，减震器帮人准备好迎接新的冲击。

13. 抵抗与适应

在所有这些攻击、抵抗或逃避机器的努力中，观察者很容易只注意到 W. F. 奥格本教授所谓的"文化滞后"或"文化堕距"现象。不"适应"也许被归因于艺术、道德和宗教的变化速度跟不上机器，变化的方向也与机器不同。

我认为，这个解释失于浮浅。首先，如果机器的发展在没有补偿的情况下会导致人的状况的恶化和崩溃，那么就确保适应而言，与机器方向相反的变化就可能和与机器方向相同的变化一样重要。另外，这个解释把机器视为独立的结构，认为机器变化的方向和速度是一种规范，人类生活的所有其他方面都必须与之相符。事实上，有机体与环境的互动是双向的。依照孔子的道德观认为战争机器是愚蠢的没有错，但相反的立场也同样正确。索尔斯坦·凡勃伦在《工艺的本能》中小心地避开了关于适应的片面的概念。但是，后来的经济学家和社会学家有时视野却比较狭隘。他们把机器视为不可改变的存在，好像机器并不是人性某一方面的投射。

人类所有艺术和制度的权威都来自人类生活的性质，无论绘画还是技术均是如此。特定的经济或技术制度也许会否认这个性质，有的社会习俗，如妇女缠足或强制女性保持贞洁，可能违背生理学和解剖学的明显事实。但这类错误的观点和做法并不能消除它们所否认的事实。无论如何，技术只靠体量、力量和普及性并不能证明它对人的价值或它在一个明智的人类社会的经济中所占的地位。恰恰在技术大获成功的时候，出现了抵抗、逆转和复古的现象，即使在财富和权力主要依靠机器成功的阶层中也不例外。这个事实本身就令人对机器迄今确立的整个生活体系是否有效、是否能满足要求产生怀疑。今天，谁还会天真地以为对机器的不适应只要通过引进更多的机器就能解决呢？

显然，如果人类生活的全部只是适应占优势的自然环境和社会环境，人就会与大多数其他物种一样，在世界上留不下一点痕迹，也不会发明机器。人特有的能力包括为自己制定标准和目标，而不是完全受外部世界摆布。人在与环境合作发挥自己的本性时创造了第三个领域，即艺术领域。在艺术领域中，人性与环境和谐有序，被赋予了意义。在人所属的自然中，因果关系在适当条件下可能会让位于最终定局，目标会决定手段。有时，人的标准怪诞而武断。人若是没有确切的知识，对自己的局限没有正确的认知，就可能为追求对美的野蛮憧憬而歪曲人体结构，或者为物化自己的恐惧或扭曲的欲望而诉诸活人献祭的可怕做法。但是，即使在这些变态的情况中也可以看到，人在自身生活状况的形成中起到了部分作用，不只是无力地受制于环境。

如果人对自然是这个态度，他面对机器时为什么要战战兢兢呢？人发现了机器的物理定律；人创造了机器；人通过对自己生活的严格管理，早已实行了机器的节奏。认为我们必须继续接受资产阶级过于专注权力和实际成功，特别是舒适的态度，或者认为我们必须被动地吸纳机器的所有新产品，不加区分，也不做选择（选择意味着在必要时予以拒绝），这样的想法是荒谬的。认为我们的生活和思维方式必须向陈旧的意识形态体系看齐同样是愚蠢的。那样的意识形态体系在机器发展之初帮助创造了众多绝妙的捷径，现在却已经过时。摆在我们面前的真正问题是：这些工具是否能够增进生活，是否能够提高生活的价值？我在下一章会讲到，机器的有些结果非常可贵，远超发明者、工业家和功利主义者的想象，但其他方面却无足轻重，还有的方面，如现代机械化战争，是故意与人类的所有理想背道而驰的，甚至违背了曾经冒着生命危险投入一对一拼斗的战士的老式理想。在后一种情况下，我们要解决的问题是：除非我们希望自己被消灭，否则就必须消灭或制服机器。危险的不是自动化、标准化和秩序，而是对它们全盘接受所带来的生活上的限制。都是人创造的东西，对机器就要恭恭敬敬，对绘画或诗歌则斥之为"不真实"，这是什么莫名其妙的逻辑？机器和诗歌一样，也是思想的产物；诗歌和机器一样，也是事实。生活中需要直接做出反应或需要应用人文艺术却使用机器，等于为了学习烘烤面包而去钻研形而上学，完全没有效率可言。面对具体情况需要考虑的问题是：什么是适当的生命反应？这种或那种工具能够在多大程度上帮助满足生物需求或推动生活的理想目标？

如帕特里克·格迪斯所言，每一种生命形式都不仅适应环境，也对环境发起反叛。它既是造物，也是造物者；既受命运的摆布，也是命运的主人。它在生存中既接受统治，也发挥统治作用。这样的反叛在人类身上达到顶峰，通过艺术得到了也许是最完整的表达。艺术的动态表现和最终作品将梦想与现实、想象力与局限、理想与手段融合在一起。人是有社会传承的生物，他所属的世界有过去，也有未来。在这个世界中，人可以通过自己的选择创造出超越眼前形势的路线和目的，改变他周围毫无意义的力量盲目乱窜的情况。

认识到这些事实也许是理性对待机器的第一步。必须放弃不动脑用蛮力或依靠麻醉药和减震器来抵制机器等徒劳的可悲伎俩。这类做法也许能暂时缓解紧张，但终究弊大于利。另一方面，最客观的机器鼓吹者必须承认，从人的角度来看，浪漫主义运动对机器的抗议具有深层的合理性。最初体现在浪漫主义文学和艺术中的要素是人类遗产至关重要的部分，不能忽视，也不容轻视。它们指向的综合体比通过机器发展起来的综合体更加全面。如果创造不出这个综合体，不能将其纳入我们的个人和公共生活，机器的进一步发展就只能靠减震器来缓解影响，而减震器证实了机器最恶劣的特性；要不就是由残酷野蛮的力量做出补偿性调整，而那很有可能会毁掉我们文明的整个结构。

第七章　对机器的吸收

1. 新文化价值

在人类历史上大部分时间里，人使用的工具和器具基本都是自身机能的延伸。工具和器具不是独立的存在。更重要的是，它们看起来也不是独立的存在。工人的劳动离不开工具，但工具根据工人的能力发挥作用，如提高他的视力，改善他的技能，教他在使用原材料时尊重原材料的性质。工具使人与环境更加和谐，不仅因为人使用工具改变环境，而且因为工具使人认识到自身能力的局限性。人在梦里力大无比，在现实中却不得不承认石头很重，所以切割石头以搬得动为准。智慧之书中有木匠、铁匠、陶匠和农民各自写的内容，虽然没有他们的签名。在这个意义上，技术在每个时代都是纪律和教育的工具。也许某个地方有某个原始人因车子陷在泥中怒而打碎车轮，正如他会鞭打一头不肯动窝的驴子。但是，至少在有文字记录的时代，广大人类已经明白，对环境的某些部分，威胁哄诱不起作用。要控制那些部分，必须了解它们的运作法则，而不是蛮横地把自己的意愿强加给它们。所以，技术的传说和传统无论多么依赖过去的经验，通常都显得是客观现实。这在维多利亚时代给科学下的定义中部分地得到了反映，那个定义说科学是"有组织的常识"。

机器因为有独立的动力源，即使比较原始的形式也是半自动运行，所以似乎是独立于使用者的。手工艺主要是边干边学，而机器的知识含量基本上都在投产前的设计中。因此，机器工艺只有负责设计和操作的机械师和技术人员才懂。随着生产的机械化程度不断提高，工厂的纪律越来越没有人情味，除了工作中必要的少许社交机会，工作给人的满足感日益减少。这一切导致人们的注意力更多地集中于产品。人们重视机器是因为它生产的产品，看它纺出了多少码的布，或者看它载人走了多少英里。机器似乎成了纯粹用来征服环境的外在工具。产品的实际形态、创造产品过程中的协作配合和聪明才智、这种客观合作本身可能对人产生的教益，所有这些要素都被忽略不计。我们接受了物品，却没有吸收制造那些物品的精神，而且我们不仅不尊重这种精神，反而一次又一次地试图把物品打扮成并非机器产品的样子。我们不期望机器产生美，正如我们不期望实验室能产生更高的道德标准。然而，事实是，若想寻求19世纪期间新的审美或更高尚的道德的真正范例，也许在技术和科学中最容易找到。

正是务实的人阻碍了我们，让我们看不到机器的意义不止于它的实际成就。按照发明者和工业家的看法，机器仅限于工厂和市场，除非作为做事的手段，否则不会进入人类生活的其他领域。积极为机器摇旗呐喊的人完全想不到，技术已经成为一支由它自己的发展势头带动前进的创造性力量；技术在迅速形成一种新环境，并且正在自然和人文艺术之间产生第三个领域；技术不仅能更快捷地实现老目标，而且能有效地提出新目标——简而言之，机器促进了一种新的生活模式。工业家和工程师不相信机器有质的方面和文化的方面。他们对这些方面的漠视表明他们和浪漫主义者一样，对机器的性质并不了解。只不过浪漫主义者从生活的角度评判机器所看到的缺陷却被实用主义者作为优点来吹嘘。对功利主义者来说，没有艺术因素是实用性的保证。

如果机器真的没有文化价值，浪漫主义者就是对的，他们无奈之下不惜到已经消逝的往昔中去寻求这些价值也就情有可原。对事实和实用的兴趣被工业家视为获取聪明才智的唯一钥匙，但它们只是新技术发展带来的一系列新价值中的两个。在以往的文明中，有闲阶级高高在上，对事实和实用不屑一顾，好像命题的逻辑排序是比机器运作更高级的技术成就。对实用感兴趣表明人们开始进入更宽广、更容易理解的世界。在这样的世界里，对事件和经历的态度不再固守阶级和阶层的禁忌。资本主义和技术像溶剂一样溶解了这些偏见和知识混乱的凝块，所以它们起初是生活中重要的解放力量。

的确，机器最持久的成就从来不是很快就过时的器械本身，也不是很快被消费掉的产品，而是机器所促成的生活方式。被捆在机器上牢骚满腹的工人也是这种生活方式的传授者。机器固然令脾气驯顺的人更加服从，但也会给个性飞扬的人带来更大的解放。它比以前任何技术体系都更有力地对思想和行为提出了挑战。一旦机器表明秩序、系统和才智能够在多大程度上胜过事物的本性，环境的任何部分和任何社会常规就都不能被视为理所当然。

机器的永久性贡献代代相传。这样的贡献包括机器培育的思想和行动的合作方法、机器形式的卓越美学以及材料与力量之间的微妙逻辑，该逻辑给艺术增添了一个新原则——机器原则。可能最为重要的是，通过加强和加深对机器这类新型社会工具的敏感和理解，通过在文化上对它们的有意吸收，人变得更加客观。我们通过把人类性格的一方面投射到机器具体形式中，创造了一个影响到性格所有其他方面的独立环境。

过去，生活中非理性的邪恶方面侵入了它们不该到的地方。造成牛奶结块变质的是细菌，不是小精灵；比起巫婆的扫把，气冷式电动机是更有效的快速长途交通工具。这些发现是向前迈出的一步。这种秩序的胜利遍及各个领域。它使人在追求目的时有了信心，如同一个久经操练的步兵团在齐步前进。机器创造出无往不胜的幻象，实际上增加了人能够行使的力量。有了科学和技术，我们的士气更加坚定。科学技术严谨而又自制，遵守科技规则的性格因此身价看涨。科学和技术对幼稚的恐惧、幼稚的猜测和同样幼稚的断言嗤之以鼻。通过机器，人以一种具体而客观的外部形式表达了对秩序的渴望，从而以一种微妙的方式为自己的个人生活和对生活的态度制定了新标准。除非他比机器高明，否则他就会沦为和机器一样：愚笨、奴性、卑下，是直接条件反射和不加选择的被动回应的产物。

工业主义吹嘘的许多成就一文不值。机器生产的许多产品质量低劣，不能持久。但是，机器的美学、逻辑和实际技术仍然是一个持久的贡献，可跻身人类最高成就之列。机器产生的实际成果也许令人赞叹，也许使人怀疑，但它所用的方法除了立即产生的后果之外，对人类发展具有永久性意义。机器给制造产品的简单工具和手工方法增添了一整套工艺，为有教养的人开辟了一个新的工作、感知和思考的环境。同样，机器扩展了人类器官的力量和范围，揭示了新的审美和新的世界。有机器相助的精确工艺有自己专门的标准，以自己特有的方式令人的精神得到满足。这样的工艺与过去的工艺虽然技法不同，但来源是一样的。至于机器本身，我必须反复强调，它是人造产品，它的抽象恰恰使它在某种意义上比偶尔逼真地模仿自然的人文艺术更确切地具有人的特点。

这就是机器发明出来后除了立即产生的作用以外的重大贡献。如果一个人蠢笨无脑，对虚假新闻、错误建议以及报刊上和学校里对他灌输的偏见照单全收，自诩为进步与文明的终极象征而大肆宣扬狭隘群体的主张，发泄原始的欲望，那么即使他有相当于240个奴隶的力量做帮手，又有什么用呢？把一根雷管交给一个孩子并不能让那个孩子强大，只会增加他不负责任的危险。人类如果一直处于孩童状态，那他们用一块黏土和一件老式建模工具反而能行使更多的有效力量。但是，如果机器是人为了进一步发展智力并达到成熟状态而创造的一个助力，如果人把强大的自动机视为自己发展过程中的挑战，如果机器培育的精确艺术能有助于人的思想发展，并帮助对经验进行有序提炼，那么机器的这些贡献就是至关重要的。机器在西方文明中占据了如此压倒性的地位，部分原因是它所来自的文化是混乱的、一边倒的。尽管如此，机器还是可以帮助扩大文化的范围，建立一个更大的综合体。那样的话，它就会带有对它本身毒素的抗体。那么，让我们把机器作为一种文化工具来细审，看一看我们在过去的一个世纪中是如何开始吸收机器的。

2. 秩序的中性

在机器普及之前，秩序是诸神和绝对君主的专属权。可惜神和他在地上的代表所做的裁决高深莫测，行使权力经常反复无常、残酷暴虐。在人的层面上，这种秩序表现为奴隶制。统治者拥有绝对决定权，被统治者要完全服从，不准质疑，也无须理解。诸神和绝对君主后面是严酷的大自然，充满了恶魔、神怪、山精和巨人，他们在争夺众神的统治。意外和宇宙偶发的恶意阻挠着人的目的，打乱了自然的可见规律。即使仅作为象征，绝对君主也不是秩序的有力维护者。他的军队也许步调一致，绝对服从，但就像安徒生的童话故事所显示的，一只小蚊子就可能把他制服。

随着科学的发展和机器进入实际生活，秩序从绝对统治者个人掌控之下转到了与人无关的宇宙和我们称之为机器的物体和习惯那个特别的群体之中。皇家表达目的的说法"朕将"变为科学的因果用语"它必然"。科学用客观的好奇和求知欲部分地取代了实现个人统治的粗鄙欲望，因此为更加有效地征服外部环境，最终更加有效地控制人这个执行征服行动的行为者铺平了道路。宇宙秩序中有一部分是人的贡献，人的作用和兴趣对科学研究施加的限制通常会产生有序的、可以用数学分析的结果。这些事实无损于宇宙系统的神奇和美丽，反而为宇宙赋予了艺术品的某些特点。承认科学施加的限制，使意愿服从于事实，从观察到的关系中寻求新兴的秩序，而不是把秩序视为从外部强加给那些关系的制度——这些是新的生活观做出的巨大贡献。科学揭示了规律性和反复出现的事物，因而扩大了确定性、可预见性和控制的范围。

科学通过有意排除人的个性中的某些阶段，如内心感觉、私人感情和个人看法这些鲜活的东西，帮助营造了一个更加公共的世界，用可及性弥补了深度上的损失。按照专门制定的机械度量标准来测量重量、距离和电荷，这个做法限制了发生误解的可能性，排除了人在本身经验和经历上的不同。抽象和限制的程度越高，参照系统就越准确。科学通过提取出简单的系统和简单的因果顺序，使人相信在生活的每个方面都有可能找到类似的秩序。正是因为科学在无机领域中的成功，我们才有理由相信能够在更复杂的生命领域实现类似的理解和控制。

自然科学起初步子迈得并不大。在有机体的行为中，一组刺激中的任何一个都会造成同样的反应，但同一个刺激在不同的条件下会造成几种不同的反应；发生反应和变化的不仅是被研究的部分，而且是整个有机体。与有机体的反应相比，哪怕是最复杂的物理反应，都简单得令人高兴。重要的是，自然科学发展出了体现在技术中的分析方法和工具，利用它们创造了一些用于研究生物和社会的必要的初步工具。一切测量都是将一个复杂现象的某些部分与一个比较简单，特点相对独立、固定、可计算的现象相对照。整体个性无法用来研究有限的机械现象。缺乏批判能力的个性同样不能用来研究有机系统，无论是动物有机体，还是社会群体。科学通过把整体分解成部分，创造了一种更有用的秩序，一种存在于自身之外的秩序。从长远来看，这种特别的限制强化了自我，也许甚于任何其他思想成就。

虽然对科学方法应用得最多的是技术领域，但是，通过科学方法得到满足并重新激起的兴趣以及科学方法所表达的对秩序的渴望也表现在其他领域。研究事实、查找文献、精确计算，这些越来越成为发表观点之前的预备工作。的确，对数量的尊重成为此前一直只是粗略的品质判断的新条件。决定好与坏、美与丑的不仅是事物的性质，而且有事物在任何特定情况下的数量。仔细思考数量可以更准确地认识事物的基本性质和实际功能：微量的砒霜是补品，成盎司的砒霜却是毒药。可以说，一种质的量、具体构成以及与环境的关系和它作为质的原有体现同样重要。因此，相当多的人本能地抛弃了一整套道德特质，因为那些特质的基础是纯粹而绝对的质的概念，完全不考虑量。塞缪尔·巴特勒有句名言，说每一项美德都应该夹杂一点儿与它相反的东西，暗指质会因量的变化而发生改变。此言似乎非常接近问题的核心。这种对量的尊重被一些死脑筋的学究严重夸大。他们企图用数学手段消除复杂的社会与审美情况的质的方面，但我们不应因为他们的错误而看不到量化技术在显然与机器风马牛不相及的领域所做出的特殊贡献。

自然崇拜是人类表达的一项标准，必须把它与科学精神的总的影响区分开来。关于前者，虽然笃信科学的美学家罗斯金拒绝在装饰中采用希腊回纹饰，因为没有与之对应的花卉、矿物或动物，但在今天的我们看来，自然不再是绝对的独立体，或者应该说，我们不再认为自然与人没有牵涉，或人对自然的改动不算是人所处的自然秩序的一部分。即使在强调机器的客观性的时候，也不能忘记，在将自然视为客观冷漠的存在这个概念形成之前，人早已对自然进行了大量干预。在人使用的所有工具中，眼睛视野有限，对紫外线和红外线不敏感；手一次只能掌握和操纵有限的几个物件；头脑一般只能想两三件事，若不经过强化训练，像钢琴家记住多个音符那样一次想到许多主意对脑力造成的压力太大；另外还有他看微小东西的能力和平衡能力——

这些都既带有物理环境造成的一般性特点，也显示出人自身的特点。人只能靠推理和推断来确立自然这个中性领域，而推理过程本身难免受人自身立场的影响。对于自然，可以人为地将其界定为人的经历中不受人的欲望和兴趣影响的那个部分。但是，怀有欲望与兴趣的人是由自然形成的，他的化学构成就更不用说。所以，人不可避免地是自然系统的一部分。人一旦在这个领域像在科学领域一样做出选择，就产生了艺术，那是他的艺术，当然也就不再处于自然状态。

自然崇拜丰富了人的经历，使人得以进入此前未经探索的环境，还在实验室里分离出新的物质，从而做出更多发现。在这个意义上，自然崇拜是好事。人在星辰当中应当像在自家壁炉旁一样自在。然而，虽然新的秩序准则在智识和美学上都具有深刻意义，但作为外部环境的自然并不具有决定性的独立权威。它作为人的集体经验而存在。人还会利用科学、技术和人文艺术等手段随时对它进行改造。

新秩序的好处在于，它为人设想出一个外部世界，帮他把内心自然生成的欲望转移到这个外部世界中。但是，这个新秩序，这个新的客观性仅仅是从整体个性中转出来的一点点，它原来是人的一部分，后来才被切割出来，被赋予独立的背景和独立的根系。对这个非人格的"外部"技术世界的理解和改造是过去三个世纪画家、艺术家和诗人揭示的一大事实。艺术是现实的再现。艺术体现的现实经过纯化，摆脱了束缚和不相干的偶然事件，不受混淆本质的物质环境的约束。机器进入艺术领域，这本身就是一种释放的信号，它显示硬性的实际需要和对眼下抗争的关注已经过去，也显示思想再次得以自由自在地去观察和思考，从而扩大并加深机器带来的所有实际裨益。

除了机器是绝对独立体的概念之外，科学对艺术还有别的贡献。

它通过对发明和机械化所产生的作用，为环境带来了一种新型秩序。在这个秩序中，权力、经济、客观性和集体意志将发挥比过去更加关键的作用，即使是埃及或巴比伦的皇家祭司（以及工程师）的那种绝对统治，也无法与之相比。敏锐地感知这个新环境，再次动员起人性的全部，从人的喜爱和情感的角度来诠释它——这些成为艺术家使命的一部分。最先全面拥抱这个新环境的19世纪大师们将这个使命牢记在心。透纳和丁尼生、艾米莉·狄金森和梭罗、惠特曼和爱默生都对机车这个西方社会新秩序的象征称赞有加。他们意识到，新工具正在改变人类经历的维度，因此在一定程度上也在改变人类经历的质量。对于这些事实，梭罗和塞缪尔·斯迈尔斯一样清楚，吉卜林和H. G. 威尔斯一样清楚。电报线，机车，远洋轮船，传送、引导和控制这种新力量的机轴、活塞和开关能让人激情满怀，与竖琴和战马相比毫不逊色。控制着油门或开关的手与曾经握着权杖的手一样高贵。

科学态度的第二个贡献是有限的。它帮助打消了关于希腊女神和基督教英雄及圣徒的残存的神话，或者应该说，它阻止人们幼稚地一再使用这些象征。但与此同时，它带来了新的普遍性象征，并扩大了象征的范围。这个进程发生在所有艺术中，对诗歌和建筑学都有影响。然而，追求科学的过程中又产生了新的神话。从马洛笔下到歌德笔下，中世纪民间传说中的浮士德博士发生了变化，他投身于建造运河，疏浚沼泽，并在纯粹的活动中找到了生命的意义。普罗米修斯的神话在梅尔维尔的《白鲸》中也改头换面。这些改变证明的不是神话被无可辩驳的知识打破，而是神话的更深层含义。此处我只能重复我在另一个地方说过的话："科学精神实现了发挥想象力的更精致的方式，比一个怀有权力和统治幻想的婴儿的自闭式愿望精致得多。法拉第想象磁场中磁力线的能力与想象仙女围成一圈跳舞的能力同样伟大。A. N. 怀特海先生表明，赞同这种新型想象力的诗人，如雪莱、华兹华斯、惠特曼、梅尔维尔，并不觉得自己专有的力量被剥夺了，而是认为自己的力量得到了扩大和重振。

"惠特曼的诗作《从这永不停息地摇摆着的摇篮里》是 19 世纪最美的爱情诗之一，诗中的形象是达尔文或奥杜邦可能会用到的，如果科学家能够像记录'外部'事件一样表达内心感受的话。诗人在海边徜徉，看小鸟交配，日复一日地观察它们的生活，这在 19 世纪之前是几乎不可能发生的。17 世纪早期，这样的诗人会待在花园里描写夜莺这个文学的幽灵，却不会去描写实际存在的一对小鸟。在蒲柏的时代，诗人只是坐在图书馆里描写女士扇子上画的鸟儿。19 世纪所有重要的作品几乎都采取了惠特曼诗作的模式，显示出想象力的新天地。那些作品尊重事实，充满了对生活的观察。它们投射的理想境界脱胎于实际风景，并非超越现实。《巴黎圣母院》可以出自历史学家笔下，《战争与和平》几乎像是社会学家写的，《白痴》可以是精神病学家创作的，《萨朗波》完全可以是考古学家的作品。我不是说这些作品被有意写成科学著作，也不是说用科学著作取代它们不是巨大的损失。那完全不是我的意思。我只想指出，上述文学作品和科学著作本着同样的精神，属于同一个意识层面。"

一旦象征有了焦点，实际艺术的任务就更加目标明确。科学给艺术家和技术员规定了新目标，要求他们切合机器功能的本性，不要悄悄地用不合适的手法把自己的人性强加于客观材料。树木的木头性、玻璃的玻璃性、钢铁的金属性、动作的运动性，这些属性经过了彻底的化学和物理分析，尊重它们就是懂得和顺应新环境。与功能无关的装饰和人身上的文身一样野蛮。赤裸的物体无论是什么，都有自己的美。揭示这样的美使该物体更有人性，比任何巧妙的装饰都更接近人的新个性。例如，17世纪的荷兰园丁经常把女贞树和黄杨盆景修剪成动物的样子和各种想象的形状，而20世纪的新式园艺却尊重自然的生态关系，不仅让植物长成自然的形状，而且努力搞清楚不同植物之间的自然关系。科学知识间接帮助形成了这种审美乐趣。这个改变象征着所有艺术一直在发生的时快时慢的变化。归根结底，尽管大自然本身不是绝对的独立体，尽管外部自然世界的事实并非艺术家唯一的素材，艺术家对自然的忠实模仿也不能保证他在美学上的成功，但科学仍旧能为艺术家提供一个部分独立的领域，为他确定他自己力量的界限。艺术家在融合内心和外部世界，把激情与热爱倾注于实际事物中时，不必被动地受自己神经质的反复无常和幻视幻听的摆布。所以，即使他背离了某个外部物体的实际形状或某些约定俗成的规矩，他仍然有一个共同的标准来衡量自己背离的程度。机械艺术固然比人文艺术更加强调物体的决定性（这是我自创的短语），但两个领域都有一条有约束力的主线。

技术员和艺术家部分出于习惯，部分通过日常工作，部分因系统性科学训练的延伸，在智识上吸收了机器，与之相对应的是对新环境在美学和情感上的理解。让我们来细究这个方面。

3. 机器的审美体验

机器在20世纪臻于成熟，大致类似历史上11世纪到13世纪甚至以后修建的城堡、要塞和桥梁。图尔奈的大桥或吕贝克圣母教堂的砖结构和拱顶等最早的实用建筑与最新式的谷物升运机或钢制起重机一样精细。但是，如今这些新的特点几乎遍及生活的每一个领域。可以看看夜色中不远处一艘现代轮船上的吊杆式起重机、缆绳、支柱和梯子，能看到硬实的黑色暗影与硬实的白色形状模糊交错。这是一种新的审美体验，必须以同样硬实的手法来描绘。在这里寻找层次和气氛就错失了由于使用机械形式和机械照明方式而出现的新鲜品质。可以站在寂然无人的地铁站台上想象隧道变成一个黑色的圆盘，随着火车向车站轰鸣而来，两个绿色的圆圈从两个小点扩大为车号的标牌。可以让视线追随现代摩天大楼连绵不断的细长线条，看它们勾勒出一个个空无一人的方块。在机锯横梁出现之前，就连用木材都无法达到这种效果。可以经过汉堡这种地方的水边，看叉开两腿的钢制巨鸟为港口内船只装货卸货。巨鸟两腿间的距离、它长长的脖颈、这个巨大机器的运转、它轻盈的体态与在工作中显示的巨大力量相结合给人带来的那种特别的愉悦——这些在任何其他环境中都从未以这么大的规模出现过。与这些起重机相比，埃及的金字塔只能算是泥团子。可以把眼睛凑到显微镜的目镜上，把高倍显微镜的镜头对准一根线、一根头发、一片叶子的一部分、一滴血：这个世界中物体的形状和颜色与深海生物一样多样而神秘。可以站在仓库里看看一排浴缸、一排虹吸管，或一排瓶子，它们的大小、形状和颜色一模一样，绵延1/4英里。重复构型造成的特殊视觉效果曾经只有在宏伟的庙宇或集结的大军中才能看到，如今在机械环境中比比皆是。有独一无二和不可重复的美，也有单位和系列的美。

上述审美经历大多没有物体表面的灵动，光影的微妙转换，颜色、情调和气氛的细微差别，人体及明确的有机背景展现的错综复杂的和谐，这些品质属于传统层面的经历和没有条理的自然世界。但是，在表面坚硬、体量固定、形状简洁的新机器和新工具面前，人产生了新的观念，获得了新的愉悦。对此做出诠释成了艺术的一项新任务。上述新品质虽然是机械工业的事实，但它们的价值要等到画家和雕塑家做出诠释之后才得到普遍承认。所以，在一个多世纪的时间里，这些品质默默无闻。有时新形状受到欣赏可能是因为它被视为进步的象征，但艺术得到重视是因为它本身，不是因为它所表明的东西。欣赏艺术所需的那种注意力在19世纪的工业环境中基本上付之阙如。除了像埃菲尔这样难得的卓越工程师的作品，其他的都被投以深刻怀疑的眼光。

在对工业主义的赞美达到顶峰之时，机器的环境却被视为天生丑陋，再加多少垃圾、废物、矿渣堆、废金属或脏土也不会再丑到哪里去。正如瓦特那个时代的人要求蒸汽机的噪声更大一些，好显示机器的力量一样，古技术时期通常把机器的丑陋当作得意之事。

立体主义也许是第一个克服了把丑陋与机械联系起来的艺术流派。立体主义艺术家不仅认为可以通过机器产生美，而且指出机器已经产生了美。最早的立体主义作品其实可以追溯到17世纪。1624年，让·巴蒂斯特·布拉塞耶创作了一系列描绘机械人的稀奇古怪的画作，画面的构想完全是立体主义的。这些画作在艺术上如同格兰维尔在科学上所做的，预示了后来的兴趣和发明。现代立体派艺术家做了什么呢？他们从有机环境中提取出可以用抽象的几何符号表示的元素。他们如同发明者任意重新调整有机功能一样，对视觉内容进行任意的变换和调整。他们甚至在画布上或用金属创作了与有机体对等的机械体。莱热画的人物看上去好像是用车床车出来的；杜尚-维永雕塑的马好似一架机器。构成主义艺术家进一步推进了用抽象的机械形状做的理性实验。格拉博和莫霍利-纳吉等艺术家把玻璃、金属片、弹簧和木头拼凑到一起组成抽象雕塑。这些材料对非功利主义者来说就等于物理学家用的实验室仪器。这些艺术家用形状来显示产生了如今新环境的数学方程和物理公式，试图在这种新的雕塑中反映出物理的平衡法则，或通过让雕塑的一部分在空间中旋转来使过去固定的雕塑显示出动态。

这些努力的终极价值可能不在于艺术本身，因为机器和器械的原物经常与它们的对等物一样能够刺激想象力，新式雕塑也和机器一样有局限性。这些努力的价值在于提高了理解并欣赏这门艺术的人对机械环境的敏感度。这个审美实验的重要性可与科学实验相比。它试图利用某种实际器具来分离出经验中的一个现象，并确定某些关系的价值。这个实验是一种思想指南和行动方法。像布拉克、毕加索、莱热和康定斯基的抽象画一样，构成主义的实验加强了对于作为审美客体的机器的反应。这些实验通过借助简单的结构来分析所产生的效果，显示了应该在艺术品中寻找什么，以及应该指望某件作品有什么价值。计算、发明和数学组织在机器产生的新视觉效果中发挥着特殊作用，而由于有了电力而始终被照亮的雕塑和油画造成了视觉关系的深刻改变。在蒙德里安这样的画家笔下，新绘画通过抽象过程终于接近了纯几何公式，视觉内容所剩无几。

对机器能力最卓越也最全面的解释也许是布朗库西的雕塑，因为他把形式、方法和象征全部展现了出来。在布朗库西的作品中，观者首先注意到的是材料的重要性，包括重量、形状、质地、颜色和表面处理。布朗库西用木头造模时努力保留树木原有的形状，突出而非减少大自然赋予的特征；他用大理石造模时则采用最平滑、最像鸡蛋的形状，以充分展示大理石那缎子般细腻的质地。对材料的尊重延伸到了对主题的构想。如同在科学中一样，个体并入了类别。布朗库西不是用大理石雕出母与子的头部，而是把两块大理石并排放在一起，表面只浅浅削掉一层，以显示脸部特征。他用体量关系来表示母与子的一般性概念，这是这个概念最脆弱的形式。布朗库西在他著名的鸟雕塑中，把黄铜制模的雕塑当作引擎的活塞来处理：雕塑逐渐变细的形状和活塞一样精致，打磨得和活塞一样锃亮，好像要被安装在最复杂的机器里面，哪怕是几粒微尘都会影响它的完美运行。看着这座鸟雕塑，会想到鱼雷的外壳。至于鸟雕塑本身，它不再是任何一只具体的鸟，而是笼统的鸟，显示着鸟的最大特征——会飞。布朗库西用金属或大理石雕塑的鱼也活像航空实验室里建造的实验模型，浮在无瑕的镜面上。这是艺术与我们周边机械世界的对等。象征得到进一步完善。锃亮的金属形状既反映出世界，也反映出观者本人。过去主体与客体的分别就这样象征性地被消除了。蠢笨的美国海关官员想把布朗库西的雕塑归类为机械或管道系统，这其实是对他的雕塑的赞美。在布朗库西的雕塑中，机器的概念被物化，被吸收入了对等的艺术作品。

新的画家和雕塑家把机器看作艺术的来源，并做出了明白的显示，使艺术摆脱了浪漫主义关于机器必然与情感世界相敌对的偏见。同时，他们开始对当今时代有别于文艺复兴时期的新时空观念做出本能的解释。这个发展的轨迹也许在摄影和电影中显示得最清楚，这两项都是机器的特殊艺术。

4. 作为手段与象征的摄影

从照相机及其产品照片的历史中，看得出机器在发展中以及应用于有审美价值的物体时遇到的典型困境。机器的特殊成就和可能发生的扭曲都显露无遗。

起初，照相机的局限性反而保障了对它的明智使用。那时的摄影师仍要应付困难的光化学和光学问题，并不试图从摄影中提取除了摄影技术立即产生的价值以外的任何其他价值。结果，一些早期摄影师拍摄的严肃的肖像照，特别是爱丁堡的戴维·奥克塔维厄斯·希尔（David Octavius Hill）的作品极为出色。事实上，后来的作品鲜有能出其右者。随着技术问题一个个得到解决，有了更好的镜头和更敏感的感光乳剂，新质地的相纸取代了发亮的达盖尔银版照片，于是摄影师开始更加注意眼前物体的美学构图。他没有进一步发扬摄影照片的审美，而是怯懦地回归了绘画法则，努力使自己照的照片符合一种先入为主的审美观，即古典画作的那种美。摄影师不是自豪地展示照相机的机械眼所看到的生活中细微纷乱的景象，而是自19世纪80年代起开始试图使用柔焦镜来营造雾气朦胧的印象主义作品的效果，或通过布景和灯光来模仿荷尔拜因和庚斯博罗画中人物的姿态，有时连服装也要模仿。有些摄影师甚至试着在洗印照片时模仿炭笔那模糊的效果或木刻那利落的线条。这种从纯粹的机械进程向艺术性模仿的倒退毁了整整一代人的摄影。家具制作技术也发生了同样的倒退，使用现代机械模仿古老的手工艺产品业已消亡的式样。这种做法究其深层原因，是没有明白新的机械装置因其特殊的可能性而固有的美学意义。

每张照片，无论摄影师观察得多么仔细或实际曝光多长时间，本质上都是对某个时刻的记录。一天中有成千上万个模糊的、无关紧要的偶然构图，照片试图从它们当中捕捉住独一无二的美的刹那。摄影师不能按照自己的意愿重新安排素材，他只能接受眼中的世界，至多改变一下位置，或改动照明的方向和亮度，或调整焦距。他必须尊重并了解日照、大气、一天中的时间、一年中的季节、机器的能力和化学洗相的过程。照相机这个机械装置不是自动运作的，所以摄影师工作的成果取决于美的那一刻与适当的物理手段之间确切的相互关系。绘画和摄影受同样的基础技术的影响，因为画家也必须尊重颜料的化学组成和使颜料持久鲜亮的物理条件，但摄影与其他平面艺术的不同之处在于摄影过程的每个阶段都由当时的外部条件决定。摄影师内心的冲动不能发展为主观想象，而是必须永远与外部环境相一致。至于各种蒙太奇摄影，它们其实根本不是摄影，而是一种绘画，是使用照片来组成马赛克拼图，如同用一块块布头缝制百衲被。蒙太奇的任何价值都来自绘画，而不是照相机。

一流的绘画固然罕见，一流的摄影作品可能更是凤毛麟角。美国的阿尔弗雷德·斯蒂格利茨（Alfred Stieglitz）拍摄的照片中显示的情感与意义的范围之广，鲜有能望其项背者。斯蒂格利茨的作品之所以出类拔萃，一半原因是他严格尊重机器的局限，以及他把拍摄的图像落在相纸上的微妙手法。他不掉花枪，不装模作样，甚至不摆出不动感情的样子，因为生活和物体有柔软的时刻和温柔的一面。照片的使命是清晰地表现物体。这种物化和清晰化是思想本身的重要发展。也许它是我们对机器的理性吸收所产生的首要心理。看任何事物都如同初见，无论是一船移民、麦迪逊广场公园的一棵树、一个女人的乳房，还是压在黑色山顶上方的一片云。做到这一点需要耐心和理解。我们通常忽略这些物体，将其图式化，把它们与某些实际需要相关联，或用它们达成某个眼前的愿望。摄影使我们得以认识它们由光线、色度和阴影形成的独立形式。所以，好的摄影是教人全面感知现实的最好的老师之一。摄影使专注于抽象印刷文字的眼睛重新受到物体本身的刺激，包括形状、颜色和质地，让眼睛再次享受光和影的景象。这个机器过程本身抵消了当今机械环境的一些最糟糕的缺陷。纯形式崇拜试图逃避赋予万物形状和意义的世界，摄影则是纯形式崇拜那柔弱和割裂的审美观的对立面。

19世纪80年代，摄影迎来初次大爆发，但带着一些感伤情调。到我们这个时代，摄影再次流行起来。这可能是因为我们如同大病初愈，对于活着，对于自己看到的、摸到的、感受到的生出了新的欣悦，因为在乡村环境或新技术环境中，阳光和清新的空气使得这样的欣悦成为可能，也因为我们至少学到了惠特曼教给我们的，怀着新的尊敬之心看待我们指关节的奇迹或一片草叶的现实。摄影能特别有效地显示此类终极的简单。因为摄影无法达到埃尔·格列柯、伦勃朗或丁托列托的成就而对它嗤之以鼻，这好比因为科学对世界的看法与普罗提诺的想法或印度教的神话不同就不把科学放在眼里。摄影的好处恰恰是它征服了现实中另一个非常不同的领域，因为摄影终于把转瞬即逝的东西永久保留了下来。也许唯有摄影才能应付并充分展示我们现代环境错综复杂、相互关联的各个方面。就记载当今时代的人间喜剧来说，阿杰（Atget）在巴黎和斯蒂格利茨在纽约拍摄的照片作为戏剧和文件都是独一无二的。他们的作品不仅向我们传达了现代环境的形状和触觉，而且通过取景角度和拍摄的时刻间接揭示了我们的内心生活、我们的希望、我们的价值观和我们的心情。在所有艺术中，摄影艺术也许应用得最为广泛，享受的人最多。业余爱好者、专家、新闻摄影记者和普通人都参与了这种令人眼界大开的体验，并发现了其中的美。美是所有体验的共性。从不受控制的梦境到野蛮的行动和理性的思想，各个层次的经历都有美的时刻。

以上关于摄影的论述放在电影上甚至更加贴切。最初的电影突出了它独特的品质：能够提取并复制运动中的物体。早期电影以简单的赛跑和追逐为题材，把这门艺术指向了正确的方向。但是，电影在后来的商业发展中遭到了一定的贬低，被用来上演短篇小说、小说或戏剧，可那不过是用视觉艺术来模仿完全不同的艺术。所以必须区分两种电影，一种是并不出色的复制手段，在很多方面比不上舞台上的直接演出，而另一种电影本身就是艺术。电影的伟大成就是展现历史或自然史，显示事情发展的先后次序，或表现对内心幻想的诠释，如查理·卓别林、雷内·克莱尔和沃尔特·迪士尼的纯喜剧。电影不同于摄影，它集极端的主观与求实于一身。《北方的纳努克》《象》《战舰波将金号》这些电影产生的戏剧性效果来自对一种切身经历的解释，也因为它们扩大了从现实中得到的愉悦。它们的异国情调完全是偶然因素。如果眼光足够敏锐，从地铁保安或工厂工人一天的例行活动中也能提取出同样意义重大的事件。的确，最有意思的电影从来都是新闻短片，尽管画外解说常常乏味得令人难以忍受。

电影这种新的动态构图安排的关键不是过去戏剧意义上的情节，而是历史和地理顺序，是物体、有机体和梦中景象经过时空的运动。这门艺术被商业需求带偏，严重背离它应有的功能，转而为感情空虚的都市化居民创作渲染感情的影片，让观众仿佛身临其境，随着自己崇拜的偶像接吻、喝鸡尾酒、犯罪、纵欲和杀人。这是个不幸的社会事故，在技术的许多部门都有发生。电影比任何传统艺术都更能象征并表达现代世界的状况和数百万人的基本时空观念，那些人的时空观念并非经过系统性思考得来，他们更是连爱因斯坦、玻尔、柏格森或亚历山大的名字都没听说过。

在哥特式绘画中，时间和空间有先有后，互不相干。眼下和永恒、近前和遥远都混在一起。中世纪编年史者对事件的描述杂乱无章，分不出哪些是道听途说，哪些是实际观察，也说不清哪些是事实，哪些是臆测。这些损害了他们对时间顺序的忠实记录。在文艺复兴时期，空间和时间被归入了同一个坐标系，但事件的轴心可以说仍旧固定在与观察者相隔一段距离的框架中，观察者相对于时空系统的存在被天真地认为理所当然。今天，在代表着我们的实际看法和感情的电影中，时间和空间不但在自己的坐标轴上彼此协调，也与观者相协调。观者的位置部分地决定了画面，而且他不再是固定的，也能够运动。电影有特写镜头和同步视图；电影中事态的一切发展变化无不在摄影机的镜头之下；电影的空间内容总是通过时间来显示；电影能够显示物体的互相贯穿，把相距遥远的场景并置对比，如同即时通信一样；最后，电影能够显示主观因素、对现实的歪曲和幻觉。由于所有上述特征，当今唯有电影艺术能够以具体方式表现我们的文化与以前文化不同的新世界观。

哪怕主题渺小琐碎，电影艺术仍然能够抓住观众的兴趣，捕捉住传统艺术没有触及的价值。此前只有音乐能够跨越时间，但电影不仅能跨越时间，还能穿越空间。正因为电影可以将视觉图像与声音相协调，将这两个因素从空间的限制和固定位置中释放出来，所以它给我们看到的世界增了色，直接经历反而没有如此鲜活。电影利用我们坐火车和乘汽车的日常运动经历，以符号的形式重新创造了一个我们直接观察不到或领悟不到的世界。电影并不有意达到某个目的，只是向我们呈现一个由相互渗透、相互影响的有机体组成的世界，让我们能够对那个世界有更加具体的印象。这是文化吸收的一大成就。电影虽然遭到如此愚蠢的误用，但依然成为新技术阶段的一门主要艺术。机器为我们提供了新手段，让我们借以理解我们帮助创造的这个世界。

但在艺术中，机器这个工具显然有着多种相互冲突的可能性。可以用它来在自身不动的情况下代替亲身经历，可以用它来仿制以前的艺术形式，也可以完全用它来提炼、加强并表达新的经验形式。作为亲身经历的替代品，机器毫无价值，反而会削弱人的力量。恰似假如自己视力不好，用显微镜也没有用，艺术中所有机械装置的成功都取决于能否培养出使用这些装置所需的机体、生理和精神上的适当能力。机器不能被用作逃避亲身经历的捷径。沃尔多·弗兰克先生说得好："艺术除非付诸实践，否则不能成为一种语言，也就不能成为一种经历。会演奏乐器的人也许很喜欢对音乐的机械复制，因为他已经有了对音乐的体会供他吸收。但是，一旦复制成为常态，所余寥寥的音乐家将茕茕孑立、才思枯竭，体会音乐的能力将会消失。电影、舞蹈，甚至体育运动也都一样。"

在工业中，人被降为自动机后，机器就完全可以取代人；而在艺术中，机器却只能延展和加深人原有的功能和直觉。摄影和收音机消除了人歌唱的冲动，照相机消除了人观察的冲动，汽车消除了人走路的冲动。在这些方面，机器导致人的功能衰退，离瘫痪只有一步之遥。不过，在把机械器具用于艺术时，我们要害怕的不是机器本身。主要的危险在于不能把艺术与我们的全部生活经验相融合。精神一旦退却，机器就自动占据它本不该占的上风。有意识地吸收机器是一个办法，可以减少机器的无所不能。卡尔·布彻尔（Karl Buecher）所言有理，我们不能"放弃希望，应该相信仍有可能在技术与艺术之间实现更高的步调一致，那将使精神回归可喜的平静，使身体恢复到在原始人身上表现得最明显的和谐发展"。机器并未毁掉这个希望。恰恰相反，通过更有意识地培养机器艺术，通过更精心地选择使用机器艺术，这个希望可以在整个文明中得到更广泛的实现。培养机器艺术必须以直接体验生活为基础。首先要直接观察、感觉、触摸、操纵、唱歌、跳舞和沟通，然后才能从机器中汲取更多的生活养分。我们若是内心空空，机器只会加重空虚；我们若是消极无力，机器只会加剧虚弱。

5. 功能主义的发展

现代技术，即使不算它所培育的特别艺术，本身也对文化做出了贡献。正如科学强调了对事实的尊重，技术则突出了功能的重要性。在这个领域，如爱默生指出的，美建立在必要性这个基础之上。要最清楚地显示现代技术对文化的贡献的性质，也许应该讲一讲对机器设计中的问题起初是如何应付的，后来是如何规避的，最后是如何解决的。

机器的最初产品包括机器本身。正如在第一批工厂的组织中一样，纯粹的实际问题是首要考虑，人性的所有其他需求都被断然推到一边。机器的功能直接由它自己表现出来。第一门加农炮、第一把十字弓、第一台蒸汽机都明显是为了行动而造的。但是，一俟组织和运行方面的首要难题解决完毕，就得设法把此前被排除在外的人的因素重新包括进来。这种形式上更加充分的融合过去只是在手工业中自然发生过。对早期大炮、桥梁和机器那不完整的、仅仅部分成形的形式加上了一些华而不实的装饰。这是过去遗留下来的习惯，那时每个手工制品上面都画着或雕着欢乐的半魔幻图景。可能是由于始技术时期把能量全部投注在了解决技术难题上，所以那个时期从设计的角度来看非常干净直接。生活中的实用物品加上了各种各样的装饰，经常毫无用处、夸张繁复，但人们在阿格里科拉、贝松或意大利工程师描绘的机器上却找不到任何饰品。它们就像10—13世纪的建筑一样朴素直白。

古技术时期的工程师最糟糕，是最明显的感伤主义者。他们不计后果地摧毁整个环境，同时又试图通过给他们制造的新机器加上装饰花样来弥补自己的恶行。他们给蒸汽机加上多立克柱，或者用哥特式花格把机器部分地掩盖起来。他们用铸铁的蔓藤花纹装饰印刷机和自动机器的外框。从纽约大都会博物馆老楼的桁架到巴黎埃菲尔铁塔的基座，这些新建筑物的铁框架上都被他们打出装饰性的孔洞。这种对艺术的虚伪致敬到处可见，无论是最初的蒸汽散热器，还是老式打字机上的花卉图案，或者猎枪和缝纫机上至今犹存的老古董似的平庸装饰，尽管这类装饰最终从收银机和火车卧车车厢上消失了。很久以前，在新技术初现的不确定之中，盔甲和弩也显出了同样的分化。

机器设计的第二阶段是个妥协。设计中把对象一分为二，一部分的设计完全以机械效率为目标，另一部分的设计则是为了外观。对工作部分的设计奉行功利主义，对表面的设计则根据审美的需要，在不严重削弱物体本身或使其功能失效的条件下加上一些无关紧要的图案、奇幻的花朵和精美无用的花纹。这类设计在利用机器的机械功能的同时，可耻地企图掩盖机器的原貌，因为机器仍然被认为是低下卑微的。工程师如暴发户般笨拙无措，也和暴发户一样竭力想模仿比自己身份高的人那些最古老的样式。

很快发展到了下一个阶段。功利主义者和唯美主义者再次退回各自的领域。唯美主义者合理地坚持认为机器的结构与装饰应为一体，认为艺术不像蛋糕师用来装饰蛋糕的糖霜那样仅是表面文章，而是具有更根本的意义。他们企图通过改变结构的性质来让过去的装饰重新焕发生机。他们担起工匠的角色，开始重新起用织工、细木工和印刷工的纯手工方法，这些手艺大多存在于游客和商业旅行者尚未踏足的比较落后的地区。旧的作坊和工作室在19世纪已经日薄西山，逐渐消亡，特别是在进步的英国和美国。与此同时，新的作坊和工作室层出不穷，例如英国的威廉·德·摩根、美国的约翰·拉法吉和法国的拉利克（Lalique）专门烧制玻璃的工作室，或英国的威廉·莫里斯那从事各种手工艺的作坊和工作室。它们现身说法，证明过去的工艺艺术可以存活下来。工业制造商被排除在这场运动之外，但也受到了影响。他们对这场运动心存轻蔑，又半信半疑，试图机械地照抄在博物馆看到的已死的形式，力争挽回颓势。但是，这样做不仅没有使他们从手工艺运动中受益，反而失去了原来的设计因熟知生产方法和原材料而具有的些微优点。

最初的手工艺运动有一个弱点：它以为工业唯一的重要变化是没有灵魂的机器的入侵。然而，事实是，一切都变了，因此技术采用的所有形状和格式也必然发生改变。人们心中幻想的世界与促使中世纪的石匠把创世故事或圣徒生平雕刻在大教堂的门楣之上或在自家大门上方雕刻某个快乐形象的世界截然不同。手工艺这种艺术建立在阶级分化和把艺术分为三六九等的基础之上。在经历过法国大革命，许诺给予人们大致平等的世界中，这样的艺术是生存不下去的。现代手工艺本想把工人从粗制滥造的机器生产的桎梏下解救出来，结果却只是让富人享受到新的物件，而那些物件与主导的社会环境完全脱节，正如遭到古文物艺术商和收藏家劫掠的宫殿和修道院。工艺美术运动的教育目标值得钦佩。在赋予业余爱好者勇气，增强他的理解力方面，这场运动成功了。它即使没有产生足够多的高质量手工艺品，也至少去除了相当多的伪艺术。威廉·莫里斯说，人不应该拥有任何他不觉得美或不知道其用途的东西。在他身处的浅薄炫耀的资产阶级世界中，这句格言是革命性的。

但是，工艺美术运动产生的社会成果却与新形势的需要不相符合。1908年，弗兰克·劳埃德·赖特先生在赫尔馆发表的令人难忘的演讲中指出，在艺术家手中，机器与简单的工具和器具一样，都是艺术工具。在机器和工具之间设置社会壁垒其实是接受了新工业家的错误观念，那些人一心要利用自己手中的机器，对也许仍由独立工人掌握的工具心怀嫉妒，于是为机器赋予了特有的神圣性和魅力。其实，机器是盛名之下，其实难副。唯美主义者没有勇气把机器用作创造的工具，也无法适应新目标和新标准，当然只能回归中世纪的意识形态，将其用来为他们反机器的偏见提供社会支撑。简而言之，工艺美术运动没弄明白一个事实：新技术通过扩大机器的作用，改变了手工与生产之间的全部关系，机器的精确工艺不一定与手工艺和精湛的手艺相敌对。现代形式的手工艺已经不能发挥它过去作为一个严格的阶层行业所发挥的作用。手工艺要存活，就必须适应业余爱好者的需要。哪怕是纯手工，也必定采取精简的形式，而精简正是机器声称自己独具的功能。人在思考、动手和观察中也在适应这样的形式。在这个重新整合的过程中，某些"永恒"的形式将会得到恢复。有些手工艺形式源远流长，功能发挥得极好，再怎么计算或实验都无法把它们改得更好。这些典型形态在不同文明中不断出现。即使手工艺没有发现这样的形态，机器也必然会将其发明出来。

事实上，新手工艺不久就从机器那里学到了重要的一课。机器产品一旦不再寻求在外貌上模仿过去的手工产品，就更加接近业余爱好者能够做到的水平，而不是过去的手工艺引以为豪的形式，如别致的榫卯、精细的镶嵌、相配的木纹、带孔珠子和雕刻，以及繁复的金属装饰。机器在工厂里经常只是用来仿制手工艺品，但在业余爱好者的车间里却可以反向而动，并产生真正的益处：简洁的机器形式让业余爱好者得到了解放。他用机器技术做出简化和纯化的形状，不需要尊重并模仿过去繁复到变态程度的图案。造成那些图案如此复杂的原因部分是挥霍浪费，部分是技术上的精益求精，部分是当时的感觉与今不同。但是，要使手工艺重新成为令人欣赏的形态，成为对杂乱无章的生活的有效缓解，首先必须处理好作为社会工具和审美工具的机器。所以，对艺术的主要贡献归根结底还是坚持推进机器发展的工业家做出的。

机器设计进入第三阶段后，发生了变化。想象力不是在实际设计完成后再投射到机器上，而是注入了机器的每一个开发阶段。人的头脑通过机器这个媒介直接发挥作用，尊重施加给机器的各种条件，并因不满足于量方面的粗略近似而争取达到更高的审美水平。我们不能将这个变化与认为机械装置只要有效，就必然有美学价值的教条混为一谈。造成该荒谬教条的原因显而易见。在许多情况中，我们的眼睛的确习惯于辨识自然中的美，而且我们特别偏爱某些兽类和鸟类。飞机采取海鸥的形状，就是得益于这种长期的联想。我们恰当地把美与机械适用性视为一体，因为海鸥的飞翔姿态和俯冲体现了它身体结构的美。我们对于乳草属植物的种子没有此等联想，所以看到按相似法则飞上天空的旋转翼飞机就不觉得美。就供使用的器具而言，它真正的美必然总是与机械适用性相连，因此必然涉及一定程度的智力上的认知与评价。美与机械适用性的关系并不简单，两者同源，却非同样。

在一种机器或机器产品的构思阶段的某个点，可以为了节俭的原因决定在尚未达到最高美学标准时就停手。此时，可能所有机械要素均已齐备，之所以感到不完整，是因为没有考虑到人的因素。审美的含义是在若干同样可用的机械方法之间做出选择。审美意识需要在设计过程中贯穿始终，连抛光度、精细度和整齐度这等小事都不略过，否则最后的设计成果在审美上就不会成功。形式随功能而来，起强调、明确和解释的作用，让人真切地看到功能的存在。凑合和近似的设计在形式上是不完整的，例如过去那种累赘不合用的电话，或装满了支杆、电线和额外支撑的旧式飞机，它们都显示着一种想掩饰无数未知因素或不确定因素的焦虑。又例如过去的汽车，在有效机制上加上了一个又一个部件，却没有将那些部件融入整体设计。再例如炼钢厂建得庞大无比，是因为我们使用廉价材料大手大脚，也因为我们不想花钱做出精确计算，并使用必要的劳动力将计算的结果付诸实施。创造完整的机械物体的冲动很像创造一件美的物品的冲动。若要把这两者在设计过程的每个阶段都融合为一，需要整个环境的推动。谁能判断古技术环境的邋遢和混乱在多大程度上破坏了好的设计，或者像鹿特丹的范内尔设计工厂那样的新技术工厂的秩序和美感最终会有助于设计的提高呢？审美趣味不能突然从外部引入，必须始终发挥作用，一直清楚可见。

通过机器做出表达意味着承认新的美学标准：精确无误、深思熟虑、完美无瑕、简单明了、俭省节约。这些受新形式重视的品质与为手工艺平添趣味的品质不同。新形式的成功在于去除所有非必要的东西，而不是像手工艺那样，由工人一时兴起随意加上多余的装饰。数学方程的优雅、一系列物理相互关系的必然性、材料本身显而易见的品质、整体的紧密逻辑，这些是机器设计的要素，专为机器生产而设计的产品也包括这些要素。手工艺代表的是工人，机器设计反映的是工作。手工艺强调个人特点，工人和工具的痕迹均不可避免。机器产品完全没有人的印记。如果工人在操作中留下了任何泄露他的作用的证据，那个产品就是废品或次品。所以，机器设计的责任是制定原有模式。试验的开展、对错误的发现和纠正以及整个创造进程都是在这个阶段进行的。一旦确定了总模式，其余的就都是例常程序。至于不断为大众市场生产的商品，它们一旦出了设计室和实验室，就不再有选择和个人表现的机会。所以，除了可以自动生产的商品之外，要实现合理的工业生产，必须扩大设计室和实验室的职责范围，缩减生产规模，让工厂的设计部门和业务部门之间的沟通更加顺畅。

是谁发现了机器设计的这些新原则？许多工程师和机械工人一定早已默默感知了这些原则，并向其靠拢。的确，这些原则在很早的机械器具中已初见端倪。经过几个世纪多少有些盲目杂乱的努力之后，这些原则终于在 19 世纪接近尾声时比较完整地显示在伟大的工程师，特别是美国的罗布林父子和法国的埃菲尔的工作中。在那之后，德国的里德勒（Riedler）和迈尔这样的理论家把这些原则正式确定了下来。我在前面说过，新美学的普及要等后印象派画家来推行。他们的贡献是脱离了纯粹联想性艺术的价值观，打消了过分在意用自然物体作为画家关注的基础的概念。如果说一方面这导致了更加彻底的主观主义，那么另一方面它则趋向于承认机器既是形式，也是符号。作为向同一方向的努力的一个例子，后印象主义运动的领导人之一马塞尔·杜尚收集了一批机器生产的廉价成品，突出了这些物品在美学上的完整性和充足性。在许多情况下，最精妙的设计在有意识地追求美学标准之前已经达成。后来商业化的设计师企图在本就是艺术的产品上再加上"艺术"，结果经常是画蛇添足。柯达照相机、浴室固定装置和蒸汽散热器就是按照这个路子改个不停，却多是昏招。如今这种情况屡见不鲜。

以新的眼光欣赏机器，将其作为新的审美形式的来源，此中的关键是机器首要的审美原则——简约原则。当然，这条原则也存在于艺术的其他阶段，但它在机器形态中始终占据控制地位，而且它现在有更加精确的计算和测量相助。合理设计的目标是，对一个物体，无论是一辆汽车还是一套瓷器或一个房间，要去除它的所有细节、所有装饰、所有表面的花样和所有额外的部分，只留下有助于物体有效运作的部分。我们的机械习惯和下意识的冲动都倾向于这条原则的落实。在审美并非最大考虑因素的部门，我们的品味经常无懈可击、稳定可靠。勒·柯布西耶慧眼独具，能在随处可见反而不被注意的物品中发现有多种用途的物品，机械形式的优秀在它们身上得到了平实稳定的表现。以烟斗为例，它不再被雕刻成人头的形状，也不再带有纹章，除了大学生用的烟斗。烟斗成为彻底的无名之物，不过是一个用来把一团慢烧的植物的烟输送到人嘴里的装置。再来看廉价饭馆里普通的玻璃水杯，它不再被雕刻成特殊的图案，顶多杯口部分稍大一些，以防杯子摞起来时卡住。玻璃杯和高压电瓷一样干净好用。也可以看一看今天的手表及其外壳，将其与 16 世纪或 17 世纪的手工艺人运用机巧、品味和联想制造的表做个比较。我们环境中所有的普通物件都本能地遵循机器原则，就连最怀旧的汽车制造商，也没有把汽车漆成华托式轿子的样子，虽然他家里的家具和装潢会采用那种返古式样。

这种剥离所有装饰，只留下必不可少的基本功能的情况发生在使用机器的所有部门，影响到生活的每个方面。它是向着机器与人的需求和愿望更加完全的结合迈出的第一步。这样的结合是新技术阶段的标志，更是已经出现在地平线上的生物技术时期的标志。如同社会从古技术秩序到新技术秩序的过渡一样，机器要更加充分地发展，首要障碍是品味和时尚与浪费和商业牟利的关联。要理性地制定以功能和性能为基础的真正的技术标准，就只能大规模降低当今生产系统所依靠的资产阶级文明体制的价值。

资本主义和战争一道，大力刺激了技术的发展，现在却又和战争一道，成为技术改进的主要障碍。原因不言自明。机器降低了稀有品的价值。它不是生产一件独一无二的物品，而是能按照母模生产 100 万件彼此间分毫不差的物品。机器也降低了年代的价值，因为年代代表着另一种稀有，而机器强调适合和适应性，它引以为傲的是崭新，而不是古老。机器并不在铁锈、灰尘、蛛网和颤抖不稳的零部件当中因自己货真价实而自得，而是以平滑光洁这些相反的品质而自豪。机器还降低了古老品味的价值，因为资产阶级意义上的品味不过是有钱的别名，而机器针对这个标准确立了功能和适用的标准。从纯粹的审美角度来看，最新、最便宜、最普通的物品也许比最稀有、最昂贵、最古老的东西优越得多。我说这些只是为了强调，现代技术因其本性对审美进行了高度纯化，也就是说，它从物品中剥离了所有引发联想的附属物和所有与美毫无关系的感情和金钱价值，将注意力聚焦在了物品本身。

对机器的恰当使用和欣赏降低了阶层在社会中的重要性。这一点与物品在此过程中简化到基本形式同样重要。在过去 10 年间，这方面一个最令人高兴的迹象就是在首饰制作中使用廉价的普通材料，我认为拉利克是始作俑者。这意味着承认美的形式即使在人体装饰上也与稀有性或费用没有任何关系，而是颜色、形状、线条、质地、适合性和象征性的问题。香奈儿及其模仿者用廉价的棉布做长裙是战后的另一种现象，同样令人高兴地承认了我们新经济的根本价值。它终于把我们的文明放在了原始文明的同一水平之上，哪怕仅仅是暂时的。原始人群高高兴兴地用皮毛和象牙换取白人的彩色玻璃珠；"野蛮人"艺术家对玻璃珠的巧妙使用让任何客观的观察者都能看到，与白人愚蠢的自满相反，"野蛮人"在买卖中其实是占便宜的一方。女性裙装在大都会社会中发挥着特别的补偿性作用，它更容易显示缺少的东西，而不是提醒已经存在的东西，因此真正美学的胜利只能是暂时的。但是，裙装和首饰的这些形式都指向机器生产这个目标。根据这个目标，每件物品的价值除了金钱价值、势利的阶层意识或没有生机的仿古情绪之外，还要看它本身的机械功能、生命功能和社会功能。

合理的机器美学与凡勃伦所谓"金钱方面的名声的需要"之间的

战争还有另外一面。现代技术由于其内部组织，产生了一种集体经济，其典型产品是集体产品。无论一个国家的政治如何，机器都是共产主义者。所以，自18世纪末以来，机械工业中深刻的矛盾与冲突接连不断。在技术发展的每个阶段，所完成的工作都是无数人利用巨大且不断分支的技术遗产开展协作的结果。最聪明巧思的发明家、最才华横溢的科学家、最高超熟练的设计师都只能对最终结果做出部分贡献。产品本身也必然带有与人无关的特点。它要么能用，要么不能用，但都与人无关。同一度数的电灯泡无论是穷人用还是富人用，都不可能有质量上的分别来显示使用者在社会中不同的经济地位，虽然在煤气灯和电灯问世之前，农民用的灯芯草或呛鼻的脂油烛与上层阶级用的蜡烛或鲸蜡油差别巨大。

在机器经济中，金钱上的差别所能起的作用只是改变规模，却无法在如今的生产中改变种类。电灯泡的道理同样适用于汽车，也适用于每一种装置或公共设施。美国的广告公司和"设计师"使出浑身解数宣扬机制物品的时髦，主要是企图扭转机器进程，维持阶层和金钱上的显耀。在金钱至上的社会里，人注意的是扑克筹码，而不是经济和美学现实。这样的社会竭力掩盖的一个事实是，机器实际上达成了一种新的集体经济，在这样的经济中，拥有物品的荣耀没有意义，因为机器可以生产出一切高质量必需品供所有人使用，不管是正直的人还是邪恶的人，聪明的人还是愚蠢的人，正如下雨时，所有人都会被淋到。

结论显而易见：我们若是聪明的话，在接受机器实际好处的同时，也必须接受机器的道德规则和审美形式。否则，我们自己和我们的社会都将陷入难以承受的分裂。创造了机器秩序的一套目标将会与琐碎卑下的个人冲动处于经常性对抗中，那些冲动其实是在以隐蔽的方式发泄我们的心理弱点。因为总的来说，我们没有对机器做出理性接受，所以我们失去了机器的一大部分实际好处，只是零散地取得了模糊的美学效果。然而，现代技术真正的社会成就是它能消除社会差别。它的直接目标是有效工作。它的手段是标准化，即强调共性和典型性，简而言之，突出经济性。它的最终目的是休闲，也就是释放其他有机能力。

这个社会进程有强大的美学方面，但貌似务实的金钱利益进入了技术，遮蔽了美学方面，也挤入了合法目标的行列。不过，尽管出现了这样的干扰，我们终于还是开始落实这些新价值、新形式和新的表达方式。现在我们所处的是一个新环境，是人对环境进行密切观察、分析和提取之后，根据所做的发现对自然的延伸。这个新环境的要素干脆利落：钢架桥、混凝土道路、涡轮机和交流发电机、玻璃幕墙。在表面背后是一排排机器在纺织棉布、运输煤炭、收集食物、印刷书籍。那些机器装着钢铁的手指和精瘦有力的手臂，反应非常灵敏，有时甚至装着电子眼。与它们一起的还有新用具，如炼焦炉、变压器、染槽，它们以化学方式与机械工艺合作，生产出新的化合物和化学材料。整体环境的每一个有效部分都代表着扩展秩序、控制和供应的集体努力。在此，得到完善的形式终于开始引起人对于它们的实际性能以外的兴趣，因为这些完善的形式能带来内心的镇定与平衡，达成内心冲动与外部环境之间的平衡感，而这正是艺术作品的标志之一。机器即使本身不是艺术作品，也扩展了我们活动的基础，确认了我们建立秩序的内心冲动，因此成为艺术的基础，正如大自然是艺术的基础，而艺术就是经过组织的感知和感情。经济、客观和集体等原则最终融入有机体的新概念；这些明显可辨的标志说明，我们在吸收机器时不仅将它作为实际行动的工具，而且将它作为一种宝贵的生活模式。

6. 环境的简化

　　作为一种实用工具，机器大大增加了环境的复杂性。比较一下18世纪房子的外壳和现代房子里密如蛛网的水管、燃气管、电线、下水道、天线、通风机以及供暖和冷却系统，或者把在泥土上直接铺设鹅卵石的老式道路与地下深沟里埋藏着电缆、管道和地铁系统的沥青路相比较，就会对现代生活中的机械复杂性深信不疑。

　　不过，正是因为实物如此之多，因为我们环境中如此多的部分不断地竞相争夺我们的注意力，我们才需要防止在执行众多任务时疲于应付或过于兴奋。因此，简化机械世界的外部环境几乎成了应对它内部复杂情况的前提条件。要减少接踵而来的各种刺激，必须尽量实现环境的中性化。这又在一定程度上与许多手工艺秉持的原则背道而驰。手工艺的目的是吸引视线，给头脑提供思索的素材，引起观者的特别注意。节约的原则和对功能的尊重若不是植根于现代技术，就一定来自我们对机器的心理反应。只有在审美上遵守这些原则，才能理顺各种刺激造成的混乱，便于有效吸收。

　　若是没有标准化，没有重复，没有习惯成自然，那么机械环境的速度和不停的冲击力很可能过于令人生畏，在不够简化的部门更是让人难以忍受。因此，机器的美学表现产生的效果类似于平常的礼貌在社交中的作用：它消除了接触和适应的压力。行为举止的标准化是一种心理减震器。有了它，个人之间和群体之间可以开展交际，无须做出达到最终适应的必要准备，如初步的试探和了解。在美学领域，这样的简化还有另一个用途：一些脱离流行规范的小小差异让人心理上感觉新鲜。如果变化是常态，标准化是例外，则需要大得多的变化才能使人产生这种新鲜感。A. N. 怀特海先生指出，我们文学的一大罪孽是对历史和未来以上下千年来计算，而要真正体验过去与未来的有机性质，应该以秒或几分之一秒作为时间单位。我们的审美观念也是一样。对机器的标准化啧有怨言的人习惯于一想到变化，就认为是格式和结构的巨大变化，像是在截然不同的文化或世代之间发生的那种巨变。而理性享受机器和机制环境的标志之一是关注微小得多的差别，并做出敏感的反应。

如果能感知两种主要类型的窗户在光线分散比例方面的些微不同，而不是只有当一个窗户是钢框，另一个窗户上方装有缺口三角楣饰的时候才知道两者的分别的话，那就标志着我们的新兴文化中出现了精致的美学意识。好手艺人总是有一些这种精致的形式感，但这种形式感被文艺复兴时期宫廷生活中出现的势利品味和关于文学形式的武断标准搅乱了。随着环境不同部分的标准化日益加强，我们的感觉也必定更加敏锐、更加精细。差一根发丝的宽度，有一点灰尘，表面稍有不平都会令我们难受，正如安徒生童话里的公主被豌豆硌得生疼。同样，精细微妙的适用会给人带来愉悦，现在大多数人对此都习以为常。当我们心有别虑时，标准化节省了我们的注意力。我们在一些方面刻意追求审美满足时，起码的依靠就是标准化。

我们创造机器，确立了丝毫与人无关的完美标准。无论在什么场合，机器形式得看似不是出自人手才算成功。在为此做出的努力中，在这样的夸耀中，在这方面取得的成就中，人的作用以最狡黠的方式得到了也许是最巧妙的表现。不过，最后的点睛之笔归根结底还要靠人。哪怕是最精细的复制品，也仍然比原画少了点什么。用尽机械手段生产的最精美的瓷器也达不到伟大的中国制瓷工人的精湛水平。最好的机器印刷也无法像使用慢速方法和打湿的纸张的手工印刷那样做到黑与白的完全融合。机器生产经常仅仅为了生产的方便就放弃最好的流程。若以同样的高标准来衡量，机器在与手工产品的竞争中经常只能勉强支撑。手工艺达到的巅峰确立了一个标准，机器必须不断向着这个标准努力。同时，我们也必须认识到，在许多部门，因为有了机器，需要具备超级技能和精细度才能生产的产品已不再稀有。这种美学的精炼扩展到生活的各个层面，无论是外科手术、牙医，还是房屋、桥梁和高压电力线的设计。这些技术对设计师、工人和操作者产生的直接影响不容低估。不管占主导地位的教育体制给机器贴上什么标签，不管这样的教育体制如何泥古不化、咬文嚼字，在感情和智识上如何使坏，机器的教育作用始终不容忽视。如果说机器在古技术时期加剧了矿井的野蛮和残酷，那么在新技术阶段，如果我们聪明地利用机器，它就有可能恢复有机体的精致和敏感。

7. 客观个性

在有了新工具，新环境，新的观念、感觉和标准，新常例和新审美反应的情况下，现代技术会造就什么样的人？有一次，勒普累问审计人员，矿井最重要的出产是什么。一个人说是煤炭，另一个人说是铁，第三个人说是黄金。他答道：不，矿井最重要的出产是矿工。此言适用于每一个职业。今天，所有类型的工作都免不了受机器的影响。

我已经讨论过以自己的局限和克己影响了现代机械化的那类人：修士、军人、矿工和金融家。但是，机器更充分的使用不一定导致原有模式的重复，虽然有很多证据表明军人和金融家在当今世界的地位比过去任何时候都高。这几种人的原型通过借助机器来自我表达，能力和个性都发生了改变。另外，大胆的开拓者过去的创新现在成了广大民众例常的做法。他们接受了开拓者确立的习惯，却丝毫没有初始的热情，许多民众甚至可能对机器并无特别的喜爱。对于如此普遍的影响很难做出分析，因为起作用的不止一个因素，也无法判定某个反应是否完全由机器引起。身处机器环境中的我们深受机器影响，一直在吸收并适应机器，因此不可能测量它造成的偏差，更无法估计机器及其代表的一切对其他规范的偏离。唯一能做出部分纠正的办法是像斯图尔特·蔡斯试图做的那样，研究一个比较原始的环境。但即使这样也无法纠正我们的求知方向和整套价值观在与机器打交道的过程中发生的改变。

然而，对比 10 世纪技术不成熟的环境中最有效的个性和今天的有效个性，可以说前者由主观塑造，后者更直接受客观影响。无论如何，这似乎是大趋势。这两种个性都有外部的参照标准，但中世纪的人判断现实看的是它在多大程度上与一套复杂的信仰相符合，现代人则总是以事实作为最终判断标准，所有正常的有机体都同样可以充分借鉴那些事实。对不接受这个共同基础的人，既不可能与他们开展理性争论，也不可能与他们进行理性合作。此外，无论关于某件事情的推论理由有多强大，内心有多肯定，兴趣有多高涨，只要未经事实核实，在现代人心中就算不得明确的现实。一个天使和一道高频波都是大多数人看不见的，但号称看到过天使踪迹的报告只来自有限的几个人，而任何称职的人都能使用适当的装置来检查并核实发送站和接收站之间的高频波通信。

构成中性世界的是事实，不是直接感受。创造这个世界的方法是现代分析科学做出的伟大贡献。这个贡献可能仅次于人类最初语言概念的发展。语言使用树或人这样的共同符号，建立起并分辨出人在直接经验中遇到的树和人的众多杂乱片段的方面。然而，创立中性世界的方法依靠一种特殊的集体道德，即对其他人的工作怀有理性的信心；忠于自己的感觉，无论那些感觉是否合自己的意；愿意接受对于结果做出的合格的、不带偏见的解释。诉诸一个中立的判决者和一套确立的法则，这个思想上的发展是后来才形成的，可与之相比的是各执一词的人之间的盲目冲突被民事诉讼程序取代后，道德随之发生的变化。集体过程中即使会出现各种错误和中性工具无意识的偏差，也比个人做出的最直率、主观上最令人满意的判断具有更大的确定性。

一个不受人的行为影响、对人的活动不感兴趣、对人的希望和祈求无动于衷的中性世界的概念是人的想象力的一大成就，它本身就代表着人的一种新价值观。在毕达哥拉斯之前，有科学头脑的人一定已经直觉地想象到了这个世界，但直到科学方法和机器技术普及之后，这个思想习惯才得以广为传播。事实上，它到19世纪才明确现身。对这个新秩序的认知是新客观性的要素之一。它体现在一个常见的短语中：今天的人遇到飞机油箱漏油或火车晚点这类自己无法控制的事故或故障时都会说，"已经这样了"。这种对机器故障冷静客观的态度开始延伸到人为疏忽的后果或人的任性行为，例如做菜做砸了，或爱人和别人私奔了。这类事情自然经常激起狂暴而无法控制的情绪反应，但我们一般不会给这种情绪的爆发火上浇油，而是会去分析发生的事情和所做反应的前因后果。在工业系统本身被扰乱的时候，被机器训练出来的民众表现得相对被动，这种被动有时与乡村人口的行为形成了对比，这可能是同样的客观性不太好的一面。

在任何对个性的全面分析中，"客观的"个性和"浪漫的"个性一样，都是抽象概念。我们一般把符合科学技术的倾向和态度称为客观。不过，我们固然要当心不把客观或理智的个性与整体个性混为一谈，但客观理性的个性在整体个性中所占比例显然增加了，哪怕只是因为这是操作机器所必需的一种适应。这种适应又产生了进一步的影响。态度平和，就事论事，通情达理，确信存在一个中性领域，在这个领域中，即使是无法抚平最顽固难解的分歧，也至少可以弄明白分歧在哪里——这些是新出现的个性的标志。尖声厉喝、暴力相向、大喊大叫、纯动物性的龇牙跺脚、一味自恋和不加控制的仇恨的突然发作，所有这些古老的品质一度是领导者及其模仿者的特点，现在却与我们的时代格格不入。最近这些品质被重新翻出来予以美化，这不过是我之前略微提及的回归原始状态的一种返祖征兆。今天人们看到这些野蛮品质，感觉好似在看乳齿象一样的落后生物，或在目击一个疯子的表演。在如此低级的火与机器代表的冰之间，只能选择冰。所幸我们的选择没有这样狭隘。人的个性发展达到了与技术发展类似的程度，能够利用科学技术最全面的发展再次趋向有机化。但在这方面，我们超越机器的能力取决于我们吸收机器的力量。除非我们领会了现实、客观和中性等机械范畴内的教示，否则我们不可能向更丰富的有机性和更深刻的人性迈进。

第八章　今后的方向

1."机器"的腐朽

我们看到，就其最终结果而言，所谓的"机器"不是在技术的发展过程中作为区区副产品靠小机巧和小改进发展起来，最后扩张到整个社会的。恰恰相反，机械纪律和许多初级发明都是有意为之，目的是实现一种机械的生活方式。这样做的动机不是实现技术效率，而是把技术推上神坛，或获取对他人的权力。机器在发展过程中扩大了这些目标，并为实现这些目标提供了实际手段。

现在，机械意识形态将人的思想导向机器生产，这种意识形态源自特殊的环境以及特殊的选择、兴趣和愿望。在三四千年的时间内，其他价值观占据首位，那时欧洲的技术保持了相对的稳定和平衡。人制造机器的一个原因是寻求摆脱行动上和思想上令人迷惑的复杂和混乱，另一个原因是权力欲受到他人狂野暴力的挫败，于是转向了纯物质的中性世界。其他文明曾经通过操练、严格管理、僵化的社会规则、阶层和习俗的约束等方式一次又一次地寻求建立秩序。17 世纪以后，寻求秩序的努力转向一系列外部工具和动力。西欧人设想出了机器，因为他想要规律、秩序和确定性，因为他想把人的运动和环境的行为归拢到一个更加确定的、可估计的基础之上。但是，机器不只是实际适应的工具。自1750年起，它本身成了欲望的对象。机器虽然名义上是为改善生活而设计的，其实却被企业家、发明者和所有参与合作的群体当成了目的。在一个不断变化、混乱无序的世界里，至少机器是实实在在的。

在过去的两个世纪中，如果说有什么得到了至少是领导者和社会统治阶级的无条件信任和膜拜，那就是机器。通过数学和物理学公式，机器与宇宙连到了一起。信奉机器是信仰和宗教的主要表现，是催人行动的主要动机，也是大多数人类财富的来源。只有把机器奉为宗教，才能解释为何发展机器的欲望如此迫切，以至于丝毫不顾这样做对人际关系产生的实际后果。即使在机械化显然会造成极大破坏的领域，最讲道理的机器辩护士仍然坚持说，"机器会永远在这里"。此话的意思不是说历史不可逆转，而是说机器本身不可改变。

今天，这种对机器的盲目信仰发生了严重动摇。机器的绝对有效性变成了有条件的有效性。斯宾格勒敦促他的同代人当工程师，做务实的人，但就连他也认为，从事那个职业相当于荣誉自杀。他希望有一天机器文明的纪念碑将变成一堆堆乱七八糟的锈铁和空空如也的混凝土外壳。对于我们当中对人与机器的最终命运抱有较大希望的人来说，机器不再是进步的杰出典范和人类愿望的终极表达，而不过是一堆工具。如果它们能服务于生活，我们就用；如果它们干扰了生活或只是为了支持资本主义这个外来结构，我们就减少使用。

这种绝对信仰的衰落有多种原因。其中一个是在金工车间和化学实验室里巧妙地设计出来的破坏工具在野蛮残暴的人手中变成了对有组织社会的长期生存威胁。用作军备和进攻武器的机械器具因恐惧而生，又转而把恐惧扩散到世界各国人民当中。我们本来是要摆脱自然环境的不安全感，却发现如今要面临凶残的权力狂人带来的不安全感；这个代价未免太大了。如果我们沦为肆无忌惮的凶徒所代表的自然的受害者，那征服自然还有什么用呢？如果安全的粮食供应和出色的组织能力最终只是服务于扭曲人性的病态冲动，那么让人类掌握运输、建筑和通信的强大力量又有什么用呢？

在中性的、不涉及价值观的科学世界里，在机器的适应性和工具性的发展中，人类粗野和利己的心性控制了技术造就的巨大力量和动力。我们在改善机器的路上走得太快，太不经心，结果没能吸收消化机器，实现机器与人类能力和人类需求的协调。由于我们在社会上的落后，由于我们盲目地相信机器产生的问题可以使用单纯的机械手段来解决，结果弄巧成拙。如果从机器的明显裨益中减去用于备战的全部精力、心力、时间和资源，且不说还有过去战争遗留下来的负担，会看到净收益少得令人丧气，而且这个收益随着更高效的致死手段的发展还在不断缩小。我们在这方面的失败是个重要的例证，说明了我们一直以来的共同失败。

然而，机械信仰的衰落还有另一个原因，那就是人们认识到，说机器好用指的是它过去对资本主义企业来说好用。现在我们正进入资本主义与技术脱钩的阶段，开始明白索尔斯坦·凡勃伦所言，这两者各自的利益远非一致，而是经常冲突，技术给人带来的益处因金钱经济利益的扭曲而丧失殆尽。另外我们也看到，资本主义号称它成功实现了生产力的特殊收益，但那些收益中有许多其实是其他力量造成的，如集体思考、合作行动和整体的秩序习惯。这些美德与资本主义活动没有必然的联系。完善并扩大机器的范围，却不完善社会行动和社会控制的机构并给予它们人性的指导，这样会给社会结构造成危险的压力。资本主义为了多赚钱，过度使用，过度扩张，过度开发机器。我已经指出，要想使机器融入社会，不仅社会机构需要与机器同步，也要改变机器的性质和节奏来适应社会的实际需要。过去物理科学囊括了一流人才，现在是生物科学、社会科学以及制定工业规划、区域规划和社区规划的政治艺术最需要人才。这些学科一旦开始蓬勃发展，就会唤醒新的兴趣，为技术专家提出新的课题。但是，今天若还认为机器造成的社会困境只要发明更多的机器就能破解，那是近乎招摇撞骗的半吊子想法。

机器尤其得到了战争、采矿和金融的极大助力，因此出现的社会危险和衰败的各种征兆削弱了人们在机器发展早期对它的绝对信心。

同时，当今技术发展到了一个节点，即有机体开始支配机器。始技术阶段和古技术阶段的伟大发明都旨在简化有机体，使之成为易懂的机械体。现在我们却反其道而行之，开始增加机械体的复杂性，使之变得更加有机，因而更加有效，与我们的生活环境更加和谐。如果总是重复同样的动作和其他类似儿戏的低能行为，我们通过操纵机器练出来的技能就会没有用武之地。现在有了分析方法和在创造机器的过程中发展起来的技能的支持，我们可以着手推动建立更大的综合体。简而言之，机器在新技术阶段成为思想与社会生活重新融合的独立切入点。

过去，机器面临着诸多阻碍，包括它的历史遗产有限，它的意识形态不足，以及它通常会否定生命体和有机体。但现在，它超越了这些局限。的确，随着机器和装置日益精巧，借助它们获取的知识也日益精细深刻。现在的科学家对于过去的物理学家对宇宙所做的简单机械性分析不再感兴趣。机械世界观正在解体。一度促使机器迅速发展的知识方法正在改变，应用机器的社会环境也在同步发生改变。这两个变化均未形成主导态势，也均非自动发生或不可避免。不过，现在可以肯定地说，在生命的一边出现了新的力量蓄积，这是50年前没有的情况。曾经只有浪漫主义者和比较守旧的社会群体和社会机构为生命发声，现在技术本身的核心也开始有了生命的影子。让我们来探究一下这一事实的一些含义。

2. 建立有机的意识形态

在第一个机械进步时期，科学家通过把简单的机械类比应用于复杂的有机现象，为包括生命表现在内的总体经验建立了一个简单的框架。从这个角度来看，"真实的"是可以测量和准确界定的。其实，现实可能是模糊、复杂、无法界定的，永远难以捉摸，且在不断变化。但是，这个概念与机器那稳定的咔嗒声和可靠的运行不相匹配。

今天，这个抽象框架正在重组。暂时来讲，在科学中说一个简单的要素是一种有限的有机体，就好比过去说一个有机体是一种复杂的机器一样有用。A. N. 怀特海教授在《观念的历险》一书中说："牛顿物理学的基础是每一个物体的独立特性。每块石头都被认为完全可以描述，不用参照任何其他石头。它可以是宇宙中的独一份，是统一空间中的唯一物体。而且，对这块石头的充分描述不必提及过去或未来。应当把它设想为此刻一个完全的整体。"牛顿物理学的这些独立的固体可能会移动，彼此会接触、碰撞，甚至可以想象它们能远距离发挥作用，但它们是无法渗透的，除了光对半透明物质的有限穿透。

在这个世界中，物体各自独立，不受历史事件或地理位置的影响。然而，从法拉第和冯·迈尔，到克拉克-麦克斯韦、威拉德·吉布斯和厄内斯特·马赫，再到普朗克和爱因斯坦，发展出了关于物质和能量的新概念，世界因之发生了深刻变化。固体、液体和气体是所有物质在不同阶段的形态，这个发现修改了物质的概念。电、光和热被确定为同一种不断变化的能量的不同方面，"固体"物质最终会分解为这种根本能量的粒子。这不仅缩小了物理世界不同方面之间的差距，也缩小了机械体与有机体之间的差距。原始状态的物质和更有组织、能够自我维持的有机体都可以被称为能量体系，处于或多或少稳定而复杂的平衡状态。

在 17 世纪，人们想象的世界是一系列独立系统。第一，是没有生命的物理世界，那是物质和运动的世界，能够用数学方式来准确表达。第二，从事实分析的角度来看，低一等的是生物体的世界，这个世界没有清晰的界定，时时受到生命力这个神秘实体的扰乱。第三，是人的世界，人这种奇怪的东西在物理世界中是机械自动机，但在神学家眼中是最终能上天堂的独立体。今天的世界不再是这样的一系列平行系统，而是在概念上变成了一个单一的系统。如果说这个系统仍未能被归入一个单一的公式，那么，如果不假定有一个贯穿它所有表象的深层秩序，这个系统就更加难以想象。现实中可以被简化为明显的秩序、法则和量化表达的部分并不比模糊隐晦、令人迷惑的部分更真实或更确切。事实上，确切的描述如果被用在错误的时刻、错误的地方或错误的环境中，也许会加大理解上的错误。

所有真正的原始数据都是社会数据和生命数据。人以生命为开端；人所知的生活并非处于自然状态，而是存在于人类社会中，使用的是社会在过去的历史中发展起来的工具，如言语、符号、语法和逻辑，简而言之，是交流的整套方法。最抽象的知识和最客观的方法都从这个价值分社会等级的世界衍生而来。劳伦斯·亨德森（Lawrence Henderson）教授说过，我们必须抛弃人在一个盲目且无意义的宇宙中挣扎图存这个维多利亚时代的神话，代之以互相帮助、彼此扶持的图景。在这个图景中，物质的物理结构以及元素在地壳中的分布，它们的数量、溶解度、比重、分布和化学组合都有促进生命和维持生命的作用。即使是对生命的物理基础最严谨的科学表述，也显示了它内在的目的论倾向。

概念上的转变要有分量或有影响力，须伴以个人习惯和社会制度各自基本上独立发生的变化。机械时间变得重要，是因为它得到了资本主义财会制度的支持。进步作为信条变得重要，是因为机器的迅速改进明显可见。今天，有机方法之所以重要，是因为我们开始在有些地方按照这种方法行事，即使没有意识到它在概念上的含义。这在建筑设计领域一直有所反映，从沙利文和弗兰克·劳埃德·赖特到欧洲的新派建筑师，从城市设计的欧文、埃比尼泽·霍华德和帕特里克·格迪斯到在荷兰、德国和瑞士开始以新鲜的方式清晰地表现整个新技术环境的社区规划者。过去几十年，医生和心理学家以及建筑师、卫生学者和社区规划者等行业实行的人文艺术开始占据机械艺术曾经在我们的经济和生活中享有的中心位置。形式、模式、组成、有机体、历史起源和生态关系等概念都按不同等级被纳入了科学范畴。原来的科学只要分离出初级物理性质就够了，现在美学结构和社会关系也成了实实在在的性质。这个概念之变是一场广泛的运动，遍及社会的方方面面。造成这场运动的部分原因是生命力量的重兴，如对儿童的关爱、性文化、回归自然以及太阳崇拜的再度兴起，而概念的变化又转而为这些自然发生的运动和活动提供了智识上的支撑。我在描述新技术阶段时曾指出，机器本身的构造反映了对生命体的兴趣。我们现在认识到，机器顶多是对生物体的拙劣模仿。最好的飞机对会飞的鸭子也只能模仿个大概，最好的电灯也比不上萤火虫的发光效率，最复杂的自动电话交换机与人体神经系统相比就像儿童玩具。

对生命体和有机体的兴趣在各个领域都开始重新觉醒，撼动了纯机械体的权威。过去一直受摆布的生命现在开始发挥主导作用。我们如同罗伯特·弗罗斯特的诗里在铁轨附近发现了一窝海龟蛋的旅行者，做好了战斗的准备：

> 下一列轰然经过的火车
> 会在闪亮的黄铜件上溅满蛋浆。

但是，现在我们不是只能感觉这种为表示反抗而毁灭生命的愤怒，而是可以直接利用机器的性质创造出另一种机器，使之更有效地适应环境，更符合生活的需要。在这里，我们需要超越桑巴特迄今为止的杰出分析。桑巴特提出了一个长长的单子，把生产和发明做了对照。他指出，现代技术的诀窍是用人为和机械的东西取代有机和活着的东西。在技术内部，这个进程在许多领域正在逆转。我们正在回归有机。无论如何，我们不再认为机械无所不包、无所不能。

一旦有机形象取代了机械形象，人们就可以自信地预言，研究、机械发明和社会变化的节奏将会放缓，因为连贯的综合进步必然比仅是一个方面的单独进步慢得多。早期的机械世界可以用跳棋来比喻，同样的棋子采取类似的一系列行动，在质量上也是类似的。新世界则应被比作象棋，各个棋子的地位不同，价值不同，功能也不同。这种游戏更慢，要求也更严格。然而正因如此，新世界在技术和社会中产生的结果比古技术时期的科学自我吹嘘的成果更加牢靠。事实是，古技术秩序的各个方面，从工人居住的贫民窟到知识分子处身的抽象高塔，无不偷工减料，都是为了眼前的利润和眼前的成功匆忙拼凑而成，完全不顾更大的后果和影响。未来的重点不能放在速度和眼前的所得上面，而应该放在彻底性、互联性和整合性上面。技术努力的协调需要做到类似生物体生理学的那种协调和适应。那种协调远远优于某些方面飞速进步，其他方面却严重滞后的情况，因为后者会导致各部分之间灾难性的失衡和失调。

实际上，部分由于机器的缘故，我们现在瞥见了一个更大的世界，一个更全面的知识综合体。它远胜于原来的机械意识形态勾勒的世界。现在可以清楚地看到，力量、工作和规律性只有与符合人文精神的生活安排相结合，才算是合格的行动准则。我们能够确立的任何机械秩序都必须嵌入生活这个更大的秩序。科学和技术领域已经开始了必要的知识重建，此外还必须在社会各行业和对个性的规范中建立更加有机的信仰和行动中心。这需要在远超技术领域的范围内重新定向。这些事情涉及社区的建设、群体的行为、交流与表达艺术的发展、教育和人格的健康。关于它们，我将另有著述。此处我只想讨论坐标的调整，这在技术和工业领域得到了明确表示，而且已经有一部分得到了完成。

3. 社会能量学的要素

让我们来看一看机器本身在新技术阶段的发展对我们的经济目标、劳动组织、工业方向和消费目标以及文明的这个阶段中新出现的社会目标可能产生的影响。

首先来看经济目标。

机器和机器方法在 15 世纪和 16 世纪得到普及，资本主义随之兴起。在此过程中，工业的重点从手工业行会转移到商人行会、同业公会或商业冒险家的公司，要么就是转移到利用专利垄断的特殊组织。交换手段篡夺了被交换物品的功能和意义。货币本身成了商品，赚钱成为一种专业活动。在资本主义制度下，利润是主要的经济目标，也成为所有工业企业的决定性因素。可能带来利润的发明和能够产生利润的工业得到大力扶植。获得资本即便不是对生产企业的第一要求，也是主要的要求，为消费者服务和给工人支持则完全是次要考虑。我写作此书时，资本主义正处于经济危机和经济崩溃之中，但即使在这种时候，在工厂经常亏损运营，或大批工人被解雇，面临挨饿的命运的时候，它仍然从过去的积累中把红利源源不断地送入食利阶层的口袋。有时，营利的办法是降低成本和多卖产品，但如果只靠像卖假药或给工资微薄的工人建造劣质房屋这种提供伪劣商品的方法来获利，那就是为营利而牺牲了健康和福祉。社会生产商品和服务，却没有收取足额回报，而是允许把一部分产品转到地主和资本家手中，供他们私自享受。地主和资本家有法律和所有政府工具的支持，完全按照利润原则私自决定生产什么，生产多少，在哪里生产，如何生产，由谁生产，以及按照何种条件生产。

在对建立在这个基础上的社会开展的经济分析中，工业活动的三个主要术语是生产、分配和消费。增加利润的方法是降低生产成本，扩大并增多分配，稳步提高消费支出水平，还有扩大消费者市场——有时用以代替消费支出的提升，有时与之相伴而来。从资本家的角度来说，增加利润主要有两个手段，一个是节约劳动力，另一个是依靠讨价还价中的优势降低劳动力成本，而获取这种优势的办法是扣留劳动者的土地和垄断新的生产工具。通过合理化措施节约劳动力是真正的进步，它改善了一切，唯独没有改善劳动者的地位。刺激商品需求是提高周转率的主要手段，所以，资本主义的难题从根本上说不是满足需要，而是创造需求。试图把这个扩大私人利益和阶级优势的过程说成是自然发生的对社会有利的过程也许是 19 世纪政治经济学家的主业。

从利用能量和为人类生活服务的角度来看经济活动，会发现生产和消费的整个资本结构其实主要建立在迷信的基础之上。这个结构的底层是农民和佃农。因为他们增加了粮食供应，工业革命才成为可能，但在整个工业革命期间，他们生产的产品几乎从未得到足够的回报，至少按照作为社会圭臬的金钱标准来看是这样。再者，资本主义经济学所谓的收益从社会能量学的角度来看经常是损失。而真正的收益，即支撑着生活、文明和文化的所有活动的收益却要么被算作损失，要么遭到无视，因为它们不在商业会计制度之内。

那么，经济进程关系到能量和生命的基本要素是什么？基本的过程是转换、生产、消费和创造。在头两个阶段中，能量被吸取，预备用于维持生命。在第三阶段，生命得到支持和更新，好振作精神在思想和文化上更上一层楼，而不至于马上短路，退回前面的预备功能。正常的人类社会具备经济进程的所有这四个阶段，但它们的绝对数量和所占比例因社会环境而异。

转换是把环境作为一种能量来利用。从低级微生物到最先进的人类文化，所有经济活动的首要事实都是对太阳能的转换。这个转换依靠大气层的保温性能，依靠地壳提升、表层侵蚀和土壤形成的地质进程，依靠气候条件和具体的地形，最重要的是依靠植物的绿叶反应。这种对能量的吸取是我们所有收益的最初来源。如果从纯能量的角度来解释这个进程，那么在这一步之后发生的一切都是能量的消耗。这个消耗可以延迟，可以封堵，可以用人的聪明才智令其暂时转向，但从长远来说是无法避免的。人类文化的所有永久性纪念碑都是企图使用单薄的物理手段来维持和传输这种能量，以避免它的最终枯竭。对能量最重要的征服是人最初对火的发现和使用。在那之后，谷物蔬菜种植和动物驯养是对环境最重要的改变。的确，19世纪初，人口在机器给农业带来任何可观的改变之前就开始暴增，原因是开辟了大片无主土地用于种粮食、养牲畜和种植过冬饲料。另外，工业社会人口的膳食还增加了三种新的能源作物——甘蔗、甜菜和马铃薯。

用机械手段转换能量在重要性方面次于有机转换。但是，在技术发展过程中，水轮、水轮机、蒸汽机和燃气发动机的发明大大增加了人能够利用的能量，比人从为自己和家畜种植的食物中获得的能量多好多倍。若非这些原动力使人得以增加自己掌握的能量，生产和运输装置就不可能达到 19 世纪那种庞大的规模。经济进程中所有后来的步骤都依赖最初的转换行为。后来的成就永远无法高过最初转换的能量水平。正如太阳的能量只有一小部分得到了转换利用，转换而来的能量也只有一小部分最终用在了消费和创造上面。

能量在被转换的那一刻达到顶峰。从那时起，能量一直在消耗，被用来收集和加工原材料，运输供应品和产品，推动消费进程。直到经济进程达到创造阶段，也就是直到它给人提供的能量多于人的生存需要，直到其他能量转变为艺术、科学和哲学等更持久的媒质，如书籍、建筑物和符号象征的时候，才能有任何东西能够被称为收益，即使那也只是在有限的一段时间内。这个进程的一端是大自然免费能量的转换，变为可用于农业和技术的形态，另一端是中间的预备性产品转换为人的生存和泽被子孙后代的文化形态。

进程的最后阶段还剩下多少能量取决于两个事实：农业和技术最初转换了多少能量；那些能量在传输过程中有多少得到了有效应用和保存。即使最落后的社会，也有一定的盈余。但在资本主义制度下，这些盈余的主要用途是作为利润。利润刺激资本投资，资本投资又转而增加生产。于是出现了现代资本主义的两大长期事实：第一，工厂和设备的大规模过度扩张。例如，消除工业浪费的胡佛委员会发现，美国的制衣厂超出实际需要 45% 左右；印刷设备比实际需要多出 50%~150%；制鞋业的产能是实际产量的两倍。第二，过多的能量和人力被投入促销和分销。1870 年，美国只有 10% 的劳动人口从事商品的运输和分销。到 1920 年，这个比例上升到了 25%。慈善事业的文化和教育遗赠这类其他使用盈余的方法为个人和工业社会解除了毫无意义的浪费造成的一部分负担，但在资本主义理论中，凡是企业就得盈利，凡是商品就能消费。慈善家的功能是次要的，在制度里排不上号。然而，显而易见的是，随着社会在技术上趋于成熟，变得更加文明，盈余面必然越来越大，会比在资本主义制度下或比较原始的非资本主义文明中更大。至于后者，拉达卡玛尔·穆克吉意味深长地表明，资本主义经济学完全无法对其做出充分描述。

整个经济进程产生的永久收益是文化中相对非物质的要素，包括社会遗产、艺术与科学，还有技术传统与进程。永久收益也直接存在于生活中，体现为对生活真正的充实，而这样的充实来自在思想、行动、情感体验、游戏、冒险、戏剧和个人发展中对有机能量毫不拘束的利用。这些永久收益除了被人享受，还能存留在记忆中，并流传下去。简而言之，如约翰·罗斯金所说，生命是唯一的财富。我们所谓的财富，实际上只有标志着潜在或实际生命力的那部分才算得上财富。

如果一个经济进程没有产生用于休闲、享受、吸收、创造性活动、沟通和传输的盈余，那么它对人就完全没有意义，与人完全不相干。当然，人类历史上发生过饥荒、洪灾、地震和战争，其间人徒然地与环境抗争，连活命都无法保证。有些时候，整个社会进程被野蛮地切断。不过，即使在最反常、最堕落的生活形态中，仍然有一个方面在生命和心理意义上与"创造"相对应。即使像古技术阶段流行的那种最差劲的生产形式，也仍然有未被工业霸占的盈余。至于这个盈余是用来给预备过程加力，还是用在创造上面，这不是个自动的决定。资本主义社会倾向于赶快把盈余投入预备过程，并努力提高消费，以增加生产。这个事实只是进一步说明了资本主义社会缺乏社会标准。

从社会角度来说，机器的真正意义不在于增加商品，或增加需求，无论是实际的还是虚幻的需求。它的意义在于通过增加转换、高效生产、平衡消费和社会化创造来获得能量上的收益。因此，经济是否成功不能光看工业进程，不能用转换了多少马力或一个用户掌握了多少马力来衡量，因为这方面的重要因素不是数量，而是比例，即商业努力相对于社会和文化结果的比例。如果在一个社会中，生产和消费完全抵消了转换带来的收益，人们工作只是为了活着，活着只是为了工作，那么它就是一个低效的社会，即使全体人民都有工作，有饭吃，有衣穿，有房住。

一个高效经济的终极测试是生产资料与达成的目标之间的比例。所以，在人的意义上，一个转换少但创造多的社会优于一个拥有大量转换者，创造者却为数寥寥、不敷使用的社会。罗马帝国通过无情劫掠亚洲和非洲的产粮区，侵占的能量比膳食俭省、生活水平低的希腊多得多。但是，罗马没有产生能与奥德赛、帕台农神庙、公元前6世纪和公元5世纪雕塑家的作品以及毕达哥拉斯、欧几里得、阿基米德和希罗的科学相比的诗歌、雕塑、原创建筑、科学成就和哲学。所以，尽管罗马人的工程造诣无与伦比，但他们在数量上的恢宏、奢华和强大一直意义不大。就连对技术的持续发展来说，也是希腊数学家和物理学家的工作更加重要。

因此，机器生产的理念不能只基于工作的信条，更不能以盲目相信必须不断增加消费为基础。现在，我们有幸掌握了巨大的能量。要想有目的、高质量地利用这些能量，必须仔细研究最终能带我们达到闲适、自在和创造的境界的进程。由于这些进程中的舛误和管理不善，我们尚未达到想要的目标。由于我们没能确立一套全面的目标，我们在准备工作中连社会效率的边都还没摸到。

前面说到的盈余如何取得？取得后如何应用？这里涉及的不仅是技术问题，还有政治和道德问题。机器的性质和技术人员所受的训练都无法提供充分的解决办法。我们当然会需要技术人员的帮助，但技术人员也需要技术领域以外其他方面的帮助。

4. 增加转换！

现代技术始于西方文明，其转换能力不断增强。虽然社会面临着迫在眉睫的石油短缺和可能发生的天然气短缺，虽然按照目前的消耗率，世界上已探明的煤矿只能再保证生命延续 3 000 年，但是，只要我们充分利用科学资源，就没有用现有设备解决不了的严重能源问题。除了掌握原子能这个尚不确定的可能性之外，还有现实得多的可能性，如使用太阳能转换器直接利用太阳能，或利用热带海洋深水和洋面的温差。还有一个可能性是广泛使用转子这样的新型风力机。事实上，一旦有了高效蓄电池，只靠风能就很可能满足任何合理的能源需求。

在发展风电和水电这些可再生能源的同时，还必须使用设在矿井口附近的新型焦炉来对煤进行分解蒸馏。这样不光能节约现在为了把煤从挖出来的地方运到使用它的地方所花费的大量能源，还能保存现在从浪费严重的高炉散逸到空气中的宝贵化合物。然而，在理论上，这种对能源的节约只会导致消费的增加，结果我们本来想保存的东西反而用得更快。因此，有必要对所有这类原材料和资源实行社会化垄断。私人垄断煤矿和油井这种不合时宜的行为无法容忍，正如对阳光、空气和流水的垄断一样不可容忍。在这方面，价格经济和社会经济的目标无法调和。对于转换能量的手段，从河流发源的林木茂密的山区到天涯海角的油井，唯有共同拥有才能保障对它们的有效使用和保护。若想彻底消除最繁重的劳动，只能增加现有能源供应，如果能源有限，则要在使用能源时更加精打细算。

机械动力生产的这个情况同样适用于有机形式的动力生产，例如种植粮食和从土壤中提取原材料。在这方面，资本主义社会把所有权和保有权的安全与劳动的连续性混为一谈。它在维持投机性市场的同时推进所有权，结果摧毁了保有权的安全。保有权的安全是保护性农业活动的必需。除非社区能够掌握土地，否则农民的处境会很艰难。纽约州已经开始处理土地社会化消极的一面，把只能造林，不适合其他用途的贫瘠土地购买下来。但积极的一面尚待完成，还需要接管良田，做出适当规划，以最充分地开展耕作，获得丰收。

这种社区拥有和社区规划不一定意味着大规模耕作，因为高效的经济单位因耕作类型的不同而异。适合在大草原上种植小麦的大型机械化单位其实并不适合其他类型的耕作。合理化体系也并不必然导致小型家庭农场的消亡。家庭农场拥有的技能、主观能动性和才智是农民相对于过度专门化的老式工厂中工人的优势。但是，把某些地区永久定为某类农业的专用地，以及决定某个具体地区或地块适合种植哪种作物这类问题不能靠凭空猜测、偶然机会或个人蛮干。恰恰相反，它们是复杂的技术问题，是有可能找到客观答案的。在人类长期居住的地区，如法国的各种葡萄酒产区，如果开展土壤利用情况的调查，其结果也许只会确认现行做法的正确。但若需要在不同的利用方法之间做选择，相关决定就不能靠个人的偶然利益。迈向农业合理化的第一步是土地公有制。在欧洲某些地区，这种所有制的特有形式一直持续到19世纪，所以它的恢复完全不违背乡村生活的本质基础。

私人占有并开发土地只是资本主义制度下特有的一种过渡状态，处于传统的地方农业和配给性的世界农业之间，前者基于小型地方社区的共同需要，后者基于全球的合作性资源，可以算是地区间联盟，这个联盟内的各地区已经达成了自己的内部平衡。除颗粒无收的情况外，谷贱伤农的事实突出强调了为农业生产建立更稳定基础的必要性。这个基础不能依靠农民个人的猜想，也不能依靠无常的大自然，更不能依靠世界市场的投机性浮动。在任何给定时期，价格一般都与货物的数量反向而行。农业领域和任何其他领域一样，生命价值和能量的上升会导致货币价值下跌至零。所以才需要配给，需要庄稼稳产，需要一套全新的确定价格和适销性的制度。我下面会谈到这最后一点。在此只需指出，随着各地区的经济日益平衡，农业生产将与稳定的地方市场建立联系，因向远方的集散中心运输而产生的突发性过剩和短缺将不复存在。为了进一步确保生产秩序，对一大部分娇贵作物将实行小单位生产，可能像荷兰那样，在消费者近旁用温室生产。

所以，加大转换不是简单地挖更多煤或制造更多直流发电机。它需要对自然资源实行全社会所有，需要重新规划农业，还需要最大限度地利用阳光、风和水流资源丰富的地区，因为这样的资源能够转化为动能。这些资源的社会化是对它们开展有目的的高效利用的一个条件。

5. 节约生产！

将动能应用于生产，使用快速的、相对不会疲倦的机器来做手工劳动，组织快速运输，把工作集中在工厂里——这些是 19 世纪为增加商品数量所采取的主要手段。工厂内这些活动的目标是尽可能地在所有部门完全用非人力取代人力，用机械技能取代人的技能，用自动机取代工人。如果缺乏人在感情或智力上的投入不会导致劣质产品，那么这个目标就是合理的。

生产中机械要素的合理化远比人的要素的合理化来得迅速。事实上，几乎可以说人的要素反而越来越不合理。工作因为被分成小块，不再能给人带来愉悦。结果，刺激生产的各种因素，如人与人的情谊、团队精神、精益求精的愿望和对整个工作过程的了解，都被削弱或完全消除了。对生产只剩下金钱方面的兴趣，而大多数人与冲到工业顶层的那些贪得无厌、野心勃勃的人不同，他们显然对金钱的刺激无动于衷。结果，统治阶级只能靠饥饿的鞭子而不是餍足的满意来驱使他们到机器旁去劳动。

创造出了集体生产的工具，也将其付诸使用，却没有产生集体意志和集体利益。这首先严重妨碍了生产效率。工人不愿意把力气花在机器上，干活时半心半意，只要能逃过工头或监工的眼睛，就消极怠工，力求花最少的力气拿最多的工资。在企业家这边，他们不是试图处理这些效率低下的源头问题，而是解除工人在工作中本应担负的自主权和责任，为降低成本坚持加快生产速度，而不顾工艺精湛与否，对工业的管理完全以获得最大的现金回报为目的。这种做法等于准许工人劳动的低效率。每个工业部门都有例外，但例外不是主流。

集体忠诚、集体利益和强大的共同动力能提升生产效率，但工业大亨看不到这一点，他们竭力压制工人的任何这类初期表现。雇主通过停工关厂、无情镇压工人罢工、强硬压低工人工资、在经济疲软时期狠心解雇工人等典型的愚蠢做法极大地降低了工人的劳动效率，妨碍了生产的进行。这类招数大大提高了劳动力流动率，因而拉低了生产活动的内部效率。福特在底特律只是稍稍改进了一下工资等级，就明显减少了这方面的损失。但是，据波拉科夫说，在上个十年开始时，美国的罢工和停工平均每年造成5 400万个人工日的损失。这样一个生产制度有什么效率可言呢？未能营造一种合作性人际关系模式来作为对机械工业模式的补充，因此造成的损失和低效无法估计。不过，资本主义制度中偶尔会出现变异，如伯恩维尔的吉百利可可工厂、吉斯的戈丁钢厂——它采用了傅立叶的合作性法伦斯泰尔制度，还有马萨诸塞州弗雷明汉的丹尼森造纸厂。这些工厂都略微表明，在引进机器的同时实现社会关系合理化将产生何等的总体效率。无论如何，我们在机械上的熟练高效在相当大的程度上被社会摩擦、浪费和毫无必要的人际消耗抵消了。产业工程师自己提供了这方面的证明。

19世纪末，工厂内部出现了解决生产效率问题的新一波努力。也许并非偶然，发起这一波努力的著名工程师还和别人共同发明了一种新型高速工具钢，这是典型的新技术进步。泰勒不把机器作为一个孤立的单位来研究，而是把工人作为一个生产要素纳入研究。通过仔细研究工人的动作，泰勒得以增加人均劳动产出却不增加工人的体力负担。由于系列工艺的发展和自动化的进步，泰勒及其追随者发明的时间与动作研究现在有些过时了，但这一研究的重要性在于把工业进程视为整体，把工人视为其中不可或缺的一部分。它的缺点是把资本主义生产的目标接受为固定不变的，因此只能使用计件工资和奖金这些狭隘的金钱刺激措施来实现机械方面可能获得的收益。

朝真正的工业合理化迈出的下一步是扩大对生产的兴趣，增加对生产的社会刺激因素。这意味着减少琐碎的和有辱人格的劳动形式，也意味着消除没有真正社会用途的产品，因为对一个理性的人来说，最残酷的做法莫过于让他生产对人没有价值的产品，拣麻絮与之相比都更有意义。另外，在工业进程内部鼓励发明和主动性，依靠团体活动和亲密的群体认可，寓教于劳，把工厂生产提供的集体互动的机会变为政治行动的有效形式——这些都能推动实现由人实施控制和有效领导的工业生产。不过，这些举措要等到非资本主义企业模式出现后才能落实。泰勒主义的方法虽然含有工业变革的种子，但在除了俄国以外的几乎所有国家都只被当作一种次级工具。然而，要实现最有效的节约，恰恰需要理顺工人对工业的政治和心理关系。埃尔顿·梅奥教授描述的在西屋公司的一个工厂里展开的实验出色地表明了这一点。通过重视工作条件和提供工间休息，一组工人的工作效率稳步提高。实验进行了一段时间后，那组工人回到了原来没有工间休息的工作条件中，但他们的产出仍然比原来高。发生了什么？据一位观察者说，工人觉得，"更高的产出与显然更愉快、更自由、更快乐的工作条件有一定关系"。这比泰勒最初的机械性动作研究向前迈出了一大步。它显示出在社会化工业中提高效率的一个因素，那就是工人得到充分尊重，这是连最开明的资本主义也无法做到的。（在大型工业没有垄断优势的情况下，小型工业之所以经常与大型工业有一争之力，除了管理费用较低，人的因素不也是原因之一吗？）

与此同时，现代生产在未增一马力动力、未添一台机器、未加一个工人的情况下极大地提升了产出。它用了什么办法？一方面，工厂内部的机械对接以及对原材料、运输、储存和工厂生产的更紧密的组织带来了巨大收益。工程师通过把握时机、安排经济上最合算的工艺顺序、确立有序的劳动模式，也对集体产出贡献匪浅。工程师把动力从人体转为机器，减少了可变因素，整合了全部生产进程。这些是组织和行政管理方面的收益。另一组收益是通过标准化和成批生产实现的。彼此间的差异不涉及根本性质的不同物品被压缩为有限的几类。一旦确定了类型，设计出了对它们进行加工制造的合适机器，生产进程就越来越接近自动化。这方面的危险在于过早的标准化。像汽车这类组装产品完全实现标准化后，再想有所改进，就得把整个工厂拆掉重改。福特的 T 型车就犯了这个代价昂贵的错误。不过，在有可能实现典型化的所有物品的生产中，只用标准化的办法就能在生产中实现大量节约。

让我们回来看巴贝奇原来提出的示例。若是不用技巧或有组织的努力，搬动石头需要 758 磅的力，但如果适当地改动环境的每个部分，只需 22 磅的力就能搬动它。粗放阶段的工业使用大量动力和机械，并以此为傲。发展到先进阶段的工业则依靠合理组织、社会控制以及对生理和心理的了解。在粗放阶段，工业在政治关系中依靠从外部行使权力。事实上，它以能够克服它的超级无能所制造的摩擦而自豪。在先进阶段，任何工作都可能遭到批评，受到理性标准的衡量。此时的目标不再是按照私人企业、私人利润和金钱激励的准则尽量增加生产，而是为满足社会需求进行高效生产，无论这需要多么彻底地修改或消除以前的神圣准则。

简而言之，节约生产不能只注意实体机器和用具，高效生产也不能限于单个工厂或单个行业。这个进程要求把工人、产业职能和产品整合起来,正如它需要进一步协调供应来源和最终的消费渠道。在现今的生产制度中,通过组织和社会控制所产生的潜在能量几乎没有得到利用,顶多在个别地方刚刚开始看到这种效率的体现。

对人的潜在能量的利用才刚开始。同样,产业的地理分布迄今完全由偶然的选择和机会决定,尚未根据世界的资源分布和世界人口向人类宜居地区的迁徙做出合理安排。在这方面,经济区域主义会带来一系列新的节约。

了解新的供应来源和新的市场分布后,原制造地或原资源地这些偶然因素就不能继续作为增长的指导性因素。此外,新技术时期的权力分配有利于经济区域主义:人口集中在煤矿城镇和港口城镇说明劳动力的供应杂乱随意,也标志着煤炭运输的高昂成本。这方面实现节约的一大可能是废除横向运输这个大家熟知的向纽卡斯尔运煤的过程。拉大生产者和最终消费者之间在空间和时间上的距离只会让贸易商和中间商得利。在合理规划的工业布局下,这种靠运输获利的寄生行为会减到最少。曾经只有少数国家,特别是 19 世纪的英国,在技能、组织和科学领域享有特殊优势。随着现代技术知识的传播,这些优势逐渐成为全人类的共同财产,因为思想不是关税壁垒或运价能够阻挡得了的。在知识和技能广为传播的现代世界,运输货物的需求减少了:在圣路易斯制作的鞋子和在新英格兰制作的一样好,法国的纺织品不比英国的逊色。在平衡的经济中,普通商品的区域生产成为合理生产,区域间交流是从有盈余的地区把过剩商品出售到存在紧缺的地区,或者用来交换特殊的材料和技术,如钨、锰、细瓷和镜片等并非世界各地都有或都出产的东西。但即使在这方面,某个地方享有的优势可能也仅是暂时的。虽然美国和德国的卡芒贝尔奶酪比法国货仍差得远，但威斯康星州的格鲁耶尔奶酪不次于瑞士产品。随着经济区域主义的发展，现代工业优势的扩大不再像 19 世纪那样主要靠运输，而是靠地方的发展。

迄今为止，有意识的经济区域主义的主要例子来自爱尔兰和丹麦这样的国家，或威斯康星州这样的州。这些地区以农业为主业，经济生活的繁荣依靠对地区所有资源的明智开发。但经济区域主义的目标不是完全的自给自足。即使在最原始的条件下，也没有哪个地区在经济的每个方面都能自给自足。经济区域主义旨在与过度专业化的弊病做斗争，因为无论这种专业化暂时能带来何种商业优势，一般都会导致地区文化生活的贫瘠，而且把所有鸡蛋放在同一个篮子里，最终将危及本地区的经济生存。正如每个地区都具有达成动植物平衡的可能性，每个地区也有可能达成工业与农业、城市与乡村、建筑空间与开放空间之间潜在的社会平衡。假如一个地区只靠一种资源，或全域建满了房屋和街道，那么无论它的贸易在短时间内多么兴旺，它的环境都是有缺陷的。经济区域主义不仅要提供平衡的经济，还要提供多样的社会生活。

19 世纪因现代世界的活动、商业和力量而满腔自豪，但它们相当一部分显然是混乱、无知、低效和社会无能的结果。然而，技术知识、标准化方法和用科学方法控制的操作得到推广后，运输的需求随之减少。在新经济中，区域过度专业化的老办法将不再普及，而是会成为例外。即使在今日，英国就已不再是世界工厂，新英格兰也不再是美国的工厂。随着机械工业合理化的程度更高，与环境契合得更为紧密，每个人类自然居住区都有可能发展出多样化和多方面的工业生活。

要实现所有这些可能的生产收益，需要远远超越某一个工厂或产业，超越管理人员或工程师目前的任务范畴。它需要地理学家及区域规划者、心理学家、教育工作者、社会学家和娴熟的政治管理者等各色人等的努力。目前，也许只有苏联的根本性机构制度具有这方面规划的必要框架。但其他国家出于在目前的混乱无序中创造秩序的必要，在不同程度上也在向着同样的方向迈进。荷兰的须德海填海造地工程是一个例子，它体现了工业和农业的多重合理化，也建立了前面所说的区域经济单位。

过去的生产模式仅仅开发了能够实现机械化，从外部控制的浅层进程，而更大胆的社会经济将触及工业复合体的每一个方面。在全社会处于无知状态，没有确定章程，对习俗不分青红皂白全盘接受的情况下，把机械因素全部组织起来是资本主义企业发展早期的方法。如今，这个方法已经过时。它只实现了生产潜力的一小部分，而过去原始的机器时代如果能够去除总是妨碍着货物从源头流向用户的各种摩擦、矛盾和舛误的话，也完全能达到它的水平。过去，提高效率的努力常常适得其反，如同卡莱尔那个著名的困境：让一群盗贼共同行动达成诚实的结果。在细节上，我们肯定会延续资本主义许多值得钦佩的做法和合理安排。但是，资本主义社会的不和谐如此深刻，摩擦如此不可避免，以至于我们是否会全盘延续资本主义社会值得高度怀疑。从人性的角度来说，资本主义社会已不再受欢迎。我们需要一个新制度。这个制度要比由狭隘的、一边倒的金融经济创立的制度更安全、更灵活，适应性更强，更利于维持生命。目前经济的效率只有真正效率的一小部分。它大手大脚浪费动力，不能真正代替秩序。它极力增加生产力，但各种损失、浪费和阻碍触目惊心，与真正能充分利用现代技术的高效经济相距甚远。

6. 消费正常化！

为了获得额外的能量以满足现有需求，并做好应对不时之需的准备，我们必须尽量扩大能量转换，但不一定非要像现在这样尽量扩大生产。事实上，盲目扩大生产是资本主义在应用现代技术时的典型弊病。因为资本主义没有确立规范，所以对生产既没有清楚的衡量标准，也不可能制定目标，只以惯常的习俗和偶然出现的欲望为准。

在过去的两个世纪中，增加需求的信条伴随着机器的扩张。工业的努力方向不只是增加物品的数量和种类，还要增加对物品的需求。我们从需求经济转为获取经济。机械化生产推动的物欲高涨与生产力的提高齐头并进，并部分中和了生产力的增加。需求不再清楚直接。若要按照资本主义的标准恰当地满足需求，只能通过有利可图的销售渠道间接予以满足。什么都有价格，直接收获供自己享用反而成为粗俗之事。到了最后，在生产肉类蔬果卖给市场，然后再花钱买肉食加工厂和罐头厂生产的劣质产品的人面前，自给自足的农民反而有点自惭形秽。这是夸大其词吗？恰恰相反，它尚且言不尽意。在生活的每一个方面，从艺术和教育到婚姻和宗教，金钱都成了体面消费的象征。

马克斯·韦伯指出，工业主义的新信条惊人地背离了大多数人在过去比较节俭的生产制度下养成的习惯。传统工业的目的不是增加需求，而是达到某个阶级的标准。这些过去的习惯与魔法及原始医药的遗存一起，至今仍保留在穷人当中。工人工资增加后，不是把多得的钱用于提高消费水平，而是有时会用来躲懒旷工，或者用于大肆挥霍，这对工人的健康和社会状况没有丝毫好处。靠金钱摆脱自己的阶级，高调花钱以显示自己的成功，这个想法到资本主义发展后期才在社会中出现，虽然它在现代制度成形之初就在上层阶级中有所表现。

增加需求的信条与工业主义和民主的众多其他信条一样，最初出现在账房和宫廷，然后逐渐渗透到社会的其他部分。当表现为黄金或纸币的抽象数字成为权力和财富的象征时，人开始珍视一种实际上没有自然限制的商品形式。正常获取标准的缺失最先显示在成功的银行家和商人的行为中，但即使在他们身上，正常获取标准的遗存也一直持续到进入 19 世纪后很久，表现为赚到足以维持舒适生活的钱（即达到了阶级的标准）就退休的概念。宫廷的穷奢极侈最明显地表现出约定俗成的消费规范的缺失。为满足对权力、财富和特权的欲望，文艺复兴时期的王公一掷千金购买私人奢侈品，出手豪奢。他们除非是从商人阶层爬上来的，否则自己赚不到这些钱，结果就只能靠求告、借贷、勒索、偷窃或抢劫。事实上，所有这些手法，他们都无所不用其极。一旦机器开始提高工业的赚钱能力，这方面的限制就会得到放松，全社会的消费水平随之提高。我已经指出，资本主义的这个阶段发生了社会制度的大面积崩溃。所以，个人经常用自私自利的获取和花费来补偿集体制度和集体目标的缺失。国家的财富专门用来供私人享受；机器促成的集体努力和合作的奇迹反而使社会更加贫穷。

大规模生产具有天然的平等主义倾向，但不同经济阶层之间依然差距巨大。用维多利亚时代的经济学术语来说，这种差距被轻描淡写地解释为必需品、舒适品和奢侈品之间的区别。广大工人只能得到起码的生活必需品。中产阶级除了生活必需品比工人多之外，还能享受到舒适品。富人在这一切之上还拥有奢侈品，因此成为幸运儿。然而，这里有个矛盾。按照增加需求的信条，所有人都应该把达到王公般的消费水平作为最终目标。要求更大数量、更多种类的商品简直成了一项道德义务。对这项义务的唯一限制是资本主义制造商坚持不肯从产业收入中分给工人足够的份额，以创造有效需求。（在美国上一波金融扩张大潮的高峰期，资本家试图通过贷款促进消费的办法，即分期付款法，来解决这个矛盾。这样就不必提高工资、降低物价或减少资本家自己在国民收入中所占的过大比例。17 世纪更冷静的阿巴贡 [1] 永远也不会想到这个办法。）

　　人的历史性错误如果体现为能够用几个口号表达的正式信条，就最看似合理，也最危险。把增加需求奉为信条，把消费分为必需品、舒适品和奢侈品三个层次，说经济进程会扩大机器制品方面更昂贵的消费标准——所有这些观点基本上都无人质疑，就连许多反对资本主义经济制度明显的不公平和严重不平等的人也是如此。胡佛委员会题为《美国当前经济变迁》（*Recent Economic Changes in the United States*）的报告以典型的愚昧和决然阐述了相关教条。报告说："调查决定性地证明了理论上早已认定的一点，即需求几乎永无餍足，一个需求引来另一个需求。由此达成的结论是，我们的经济前景无限，新需求得到满足后，立即会出现更新的需求，永无止境。"

　　如果放弃消费的阶级标准，从支持生命进程的角度来审视事实，

---

[1]　阿巴贡，莫里哀的喜剧《吝啬鬼》中的人物。

会发现这些信条中没有一个要素站得住脚。

首先，生命的所有需求都必然是有限的。有机体长到它所属物种的正常标准后就不再继续生长，正常标准上下浮动的余地也相对较小。同样，生命的任何功能都没有无限的需求。人体每天只需要一定数量的热量。一日三餐足以保证身体的运作，一日九餐并不会让人强壮或能干三倍。恰恰相反，人很可能会患上消化不良和便秘。在马戏团表演中，跳三个圈也许比跳一个圈好看三倍，但几乎没有其他情况能适用这一条。数量的增多以及到一定程度后类别的无穷无尽并不能提高各种刺激和兴趣的价值。履行类似职能的各类产品如同膳食的多样性，是有用的安全因素。但是，这不能改变欲望与需求不会大幅起伏这个根本事实。东方的帝王也许因后宫佳丽三千而脸上有光，但有哪个帝王天赋异禀，能满足后宫的所有嫔妃呢？

健康的活动需要变化、多样和试新，但也需要限制、单调和重复。富人在生活中如同一个玩具太多、恼怒无聊的孩子。因为富人想做什么都没有金钱上的掣肘，所以除非个性特别坚强，否则不能长久专注于一件事，无法从对其深入彻底的钻研中受益。20世纪的人使用的收音机、留声机和电话等在其他文明中没有，但这些商品的数量本身是有限的。如果家具没用几年就散架，或即使没有发生这种创造新需求的好事，也"不时兴"了，那就算不上过得好。如果衣服质量如此差劲，穿了一季就破，那就算不上穿得好。恰恰相反，如此快速的消费令生产不堪重负，会把机器导致的生产力进步消除殆尽。人们若是发展出个人及审美兴趣，就不为款式的微小改变所动，不屑于助长这种低下的需求。此外，如 J. A. 霍布森先生睿智地指出的，"如果把过度的个性投入对食品和服装等的生产和消费，以及对这方面品味有意识的、精细的培养，那么工作和生活中更高形式的个人表达就会被忽视"。

生命需求的第二个特点是它们不能只限于起码的需求，如仅仅有饭吃以不致挨饿，仅仅有衣穿、有房住以保持体面，不致冻死。生命从诞生之时起，就需要通常被归为"奢侈品"的商品和服务。歌曲、故事、音乐、绘画、雕刻、玩耍、戏剧——所有这些都在生理必需品的范畴之外，但它们不能等到填饱肚子之后再考虑，它们是人必须具备的机能，哪怕只是为了填饱肚子，更不用说还需要它们来满足情感、智力和想象力的需要了。把这些机能推迟到以后，变成生活中争取的目标，或者只接受它们当中能够导入机器制品，然后出售获利的那部分，这样做是对机器潜力和生命性质的误读。

事实上，生命的每一条标准都有自己必需的奢侈品。不包括这些奢侈品的工资不是基本生活工资，仅仅维持生命也不是真正的生活。另一方面，把有钱有势的人那种愚蠢的消费标准定为普遍经济努力的目标，或至少将其作为诱惑来引诱人，那不过是在驴子头前吊一根木制胡萝卜。驴子够不着胡萝卜，够着了也从中得不到营养。高消费与高生活水平完全没有实质性关系。过多的机器制品也与高生活水平没有实质性关系，因为美好生活最基本的要素之一是愉快、令人振奋的自然环境，无论是人工培育的还是原始的，而这样的环境并非由机器制造。高消费意味着好生活的概念是商人捏造出来的。至于所谓的舒适，它的一个重要内容是不用体力，大量倚仗机械和人的服务，但这实际上会导致人体功能的萎缩，所以这个理想最多是体弱多病之人的愿望。依靠松软的枕头、加了衬垫装饰的家具、糖果和柔软的纺织品等没有生命的物品来获得感官的愉悦，是资产阶级清教主义者的一个办法。他们假装拒绝肉欲，惩罚肉体，其实不过是把注意力从有生命的男女身体上转移到刺激身体的物品上，是对肉欲最堕落的形式的承认。文艺复兴运动赞美充满活力的感官生活，在200年的时间里，几乎没有做出一把舒服的椅子。但是，只要看一看委罗内塞和鲁本斯画的女人，就明白没有生命的家具装饰是多么没有必要。

随着机械方法的生产力日益增加，消费的胃口应该更大的观念出现。产生这个观念的是担心机器的高生产力会造成市场供应过剩的焦虑。发展节约劳动力的装置不是因为它们实际节约了劳动力，而是因为它们能增加消费。显然，只有当消费标准保持相对稳定时，才能节约劳动力，这样，能量转换和生产能力的增加才能转化为休闲时间的增加。可惜资本主义工业体系的兴旺靠的是否定这个条件，靠的是刺激需求，而不是限制和满足需求。把满足需求作为目标等于给生产踩刹车，减少获利的机会。

严格来说，形式与风格的变化是不成熟的表现，是过渡期的标志。资本主义作为一个主义的错误在于它企图把这个过渡期永久化。一个装置达到了技术上的完美状态后，就没有借口以提高效率为由来换掉它，于是只能生产样式时髦但工艺拙劣、浪费严重的装置。浪费性消费与低劣工艺总是紧密相连，所以如果我们重视机械系统的周密、完整和效率，就必须实现消费方面的相应稳定。

在最广义上，这意味着一旦机械进程满足了人类的主要需求，对工厂生产的组织就不应旨在不断扩大生产，只需每年定期更新产品即可，而且不能通过偷工减料和煽惑消费者任性的欲望来推动过早的产品更新。这里还要引用J. A. 霍布森先生的话："事情很简单。物质消费种类的增加能够缓解物质世界对人的限制，因为种类的多样使人能够利用物质总量的更大部分。但是，如果在种类增多的同时再适当地注重欣赏人的技能对物质做出的改动，也就是我们所谓的艺术，那么我们就超越了物质的限制，不再是田亩大小和土地收益递减率的奴隶。"换言之，一旦生命的物理需求得到满足，真正的标准通常就会改变消费的层次，因而在相当大的程度上限制机械生产的进一步发展。

但是，要注意资本主义生产的恶性悖论。虽然工厂体系的基础是扩大需求的信条和消费者的不断增加，但它在任何方面都没能满足人类的正常需求。资本主义对有限的、正常化的需求这种"乌托邦式"概念深恶痛绝。它骄傲地宣称，恰恰相反，需求是永无餍足的。但资本主义连正常化消费的最起码标准都远远未能满足。对广大劳动人民来说，资本主义好像一个乞丐在炫耀手上戴得满满的珠宝，其中有一两个是真的，但这个衣衫褴褛的乞丐冻得发抖，正伸手去抓一块面包皮。这个乞丐也许在银行里有存款，但这并不能让他过得更好。这一点已经在对"先进"工业社会的现实进行的各项研究中得到了清楚的显现，从查尔斯·布思（Charles Booth）那经典的伦敦调查到详尽无遗的匹兹堡调查。罗伯特·林德（Robert Lynd）对"米德尔敦"那颇具代表性的社区开展的研究提供了更多依据。研究发现了什么呢？米德尔敦较穷的居民大多拥有一辆汽车或一台收音机，可他们的日子虽然看似红火，住房却经常连普通的卫生厕所设施都没有，而且房屋状况和总体环境说实话与贫民窟无异。

说必须抛弃增加需求的信条，实现消费标准的正常化，并不是说要收缩目前的工业设施。相反，很多部门急需扩大。事实是，虽然对进步和机械成就的吹嘘不绝于耳，虽然对产品过剩和供过于求各种担心害怕，但即使在技术最先进、经济最繁荣的国家里，广大人民也从来没有过健康的饮食，只有农村人口除外。人民也没有适当的卫生设施、体面的住房以及获得教育和娱乐的足够手段和机会。其实，说到生命的正常需要，就连富人的错误消费标准同样缺少上述各项。例如，在大多数大城市中，上层阶级的住房缺乏阳光和开阔的空间，几乎和赤贫阶级的住房一样差。所以，他们如果过上正常化的生活，会在许多方面比现在更健康、更快乐，即使他们不再有成功、权力和名望的幻想。

实现消费正常化需要确立一个标准，它是今天任何阶级，无论其消费开支多少都没有达到的标准。不过，这个标准不能用武断的金钱数额来表示，如贝拉米在19世纪80年代建议的每人每年5 000美元，或一群技术官僚最近提出的每人每年2万美元，因为今天一个人用5 000美元或2万美元买到的东西不一定能达到这个标准在生命方面更严格的要求。确实，生命标准越高，就越不能通过金钱来充分表达，就越需要表现为休闲、健康、生物活动和审美愉悦等等，因此也就越倾向于表现为机器生产以外的物品以及环境的改善。

同时，正常化消费的概念承认，财源滚滚、有权有势、声色犬马的资本主义豪华美梦已经终结，社会的主人拥有的这些条件曾让谄媚者和模仿者感到与有荣焉。我们的目标不是增加消费，而是达到一种生命的标准：少一些预备性手段，更多地注重目的；少一些机械装置，更多地注重有机体的充分发展。如果有了这样的规范，判断生活中是否成功的标准就不再是我们产生的垃圾堆的大小，而是看我们学会了享受哪些非物质和非消费品，看我们作为情人、配偶、父母在生物意义上达到的成就，看我们作为有思想、有感情的男男女女的个人成就。卓越和个性展现在它们所属的人的性格当中，而不是取决于我们住的房子有多大，服饰有多贵，或能任意使用多少劳动力。健美的身体、周密的头脑、朴素的生活、高尚的思想、敏锐的观察、敏感的情感反应，还有促成并加强上述各项的群体生活——这些是正常化标准的一些目标。

机器扩张完全由功利因素驱动，但由此产生的经济结果却恰好相反，和过去的奴隶文明一样，拥有大量闲适时间。这种闲适如果没有因为自作聪明或为了虚荣的消费而误用在轻率地生产更多机器产品上面，也许最终能创造一种非功利主义的社会形式，更充分地投入玩耍、思考、社交和所有使生活更有意义的冒险和追求。最大限度的机械应用和组织、最大限度的舒适和奢侈、最大限度的消费未必意味着最大限度的生活效率或生活表达。之所以误以为前者意味着后者，是因为把舒适、安全、没有病痛、物品丰饶视为文明最大的善，相信随着这些善的增加，生活中的恶会减少甚至消失。但是，舒适和安全不是没有条件的，它们能够像困苦和不确定一样彻底打败生命。认为艺术、友谊、爱情、育儿等所有其他兴趣都必须臣服于舒适品和奢侈品的增产，这个观念不过是一切向钱看的功利社会的迷信之一。

功利主义者接受了这个迷信，把必须为生命提供物质基础这个起码的生存条件变成了目的。结果，我们被机器统治的社会只注重"物"。社会成员什么都有，就是没有自我。难怪梭罗观察到，即使在商业和工业相对无害的早期，民众也生活在安静的绝望之中。工业和金融业领导者把生意置于生命的所有其他表现之上，忽视了生命的主业，即成长、繁衍、发展和表达。他们全神贯注于孵化器的发明和完善，却忘记了被孵化的卵及其存在的原因。

7. 基本共产主义

正常化消费模式是合理化生产模式的基础。如果把生产本身作为目的，那么机器系统或价格系统就根本无法保证重要商品的充足供应。资本主义经济企图依靠人的私利在利润驱动下自动运作，借以避免树立真正的生活标准。低价买入，销往需求最大、供应最少的地方，这种商业行为本来必然会带来生产的一切必要收益，并导致商品售价的降低。个人购买者若是对自身利益有明智的认识，就能保证在正确的时间按正确的订单生产正确的商品。

资本主义制度没有任何管理收入分配的标准，只看付出的劳动力总额和使工人能够每天回来上工的起码生存需要。所以，资本主义制度即使在最好的时候，哪怕是按照它自己的方式，也从未成功过。资本主义的历史是大量生产、过度扩张的历史。私人为了将来获得更多的收入，贪婪地实行过度资本化，牺牲工人和除资本家以外广大消费者的利益去攫取利润和红利，接着就是大量商品充斥市场，卖不出去，经济崩溃，企业破产，通货紧缩，愤恨沮丧的工人阶级不得不忍饥挨饿，而他们买不起自己制造的商品从来都是经济崩溃的主要因素——这些现象反复出现，构成一轮又一轮的循环。

这个制度在它自己的前提下必然是不可行的，除非它采取机器出现之前的生产模式。按照资本主义的规则，任何商品的价格基本上都与某个时候该商品的现有数量成反比。这意味着，随着生产趋于无限，一件商品的价格必然相应地趋于零。在一定程度上，价格下降扩大了市场，但过了那个程度，社会真正财富的增加就意味着制造商的单位利润逐渐下降。如果价格保持不变，而实际工资却没有增长，就会出现商品过剩。如果价格降得足够低，制造商的营业额无论多大，都无法产生足够的利润。假如生活必需品像空气一样唾手可得，那么全人类的财富都会增加。但早在达到这个理想境界之前，价格体系就会发生灾难性崩盘。所以，如凡勃伦尖锐地指出的那样，价格体系下生产方面的进步必定因金融家和商人的蓄意破坏而减少，或者被完全抵消。但是，他们这个策略只是暂时有效，因为债务负担，尤其是当债务以人口和市场的预期增长为基础进行资本重组后，最终会超过已经缩减的生产能力，使之不堪重负。

能量转换和机械化生产的首要意义在于它们创造了一种过剩经济，也就是一个与价格体系不相适应的经济。在目前的价格体系下，随着自动机器承担起越来越多的工作，用机器代替产业工人等于剥夺了工人的消费者资格，因为工人与拥有股票、债券和抵押贷款的人不同，按照资本主义的规矩，他们除了劳动所得，无权从产业中获益。说这个或那个产业能暂时吸收劳动力纯属空谈。与分配相关的产业吸收的部分劳动力不过是增加了管理费用和浪费。此外，资本主义制度下的劳动力失去了讨价还价的能力，也失去了谋生的能力。替代产业有时能延缓个人最终命运的来临，但无法避免工人阶级作为集体的最终命运。失业工人买不起生活必需品，他们的困境也影响到仍有工作的工人。不久，整个架构就轰然倒塌，就连金融家、企业家和经理人也被卷入他们自己的贪婪、短视和愚蠢所造成的旋涡中。所有这些情况屡见不鲜，但它们不像太阳黑子那样由某种深奥的无法控制的法则造成，而是因为我们没有做好充足的社会准备，没能从机械化生产的新进程中获益。

这个问题亟须解决，不过在某种意义上，它已经得到了解决。在将近 1 000 年的时间里，寡妇、孤儿和精明的不事劳作的人一直过得很自在。他们购买食物、饮料和住房，却不为社会做任何事情。他们持有的股份和保险金是对产业的优先索偿。只要还在生产商品，只要目前的法律常规继续维持，他们就不愁生计。没有一个资本家说这个制度会令靠它养活的人意气消沉或丧失自尊。事实上，食利阶层得到的小小收入显然对受益者的艺术和科学事业有所帮助：弥尔顿、雪莱、达尔文、罗斯金等人都靠吃利息生活。甚至也许能够表明这样的小笔收入比更活跃的资本家的巨额财富对社会更加有益。另一方面，小笔固定收入虽然使人不致遭受最难熬的经济困苦，却也满足不了所有的经济需求。所以，年轻人和有抱负的人即使不必挨饿，也愿意去赚钱谋职。

这个制度扩展到全社会，就是我所谓的基本共产主义。在当今时代，最早认真提出这个主意的是爱德华·贝拉米。他在小说《回顾》（*Looking Backward*）中描述了一个有些专断的乌托邦。在过去 50 年间，人们可以清楚地看到，只有这样才能使高效的机械化生产体系为全人类服务。在动力生产臻于完善之际，把工人在生产中占的份额当作他生计的唯一基础——就连马克思在他采用的亚当·斯密的劳动价值论中也持此观点——等于损害工人的根本。实际上，一个人有获得生计的权利，因为他是社会的一分子，就像一个家庭里的孩子一样。社会的能量、技术知识和社会遗产由每个成员平等拥有，因为从全局来说，个人的贡献和差异微不足道。

[早在欧文和马克思之前，柏拉图和摩尔就描述了这样一种普遍分配基本生活资料的制度。这个制度的经典名称是共产主

义，我在这里保留了这个名称。不过我要强调，这个共产主义是后马克思主义的共产主义，因为它所依靠的事实和价值观已经不再是马克思提出政策和纲领时所依据的古技术时期的事实和价值观了。所以，我在这里所说的共产主义不是19世纪出现的那个意识形态，不是弥塞亚式的绝对主义或执政党狭隘的尚武手段，也没有全盘照抄苏俄政治方法和社会制度的意思，无论那种方法和制度的勇气和纪律性多么令人钦佩。]

只有在生命本身的安全和连续性得到保证后，才能在生产和消费中考虑区别、偏好和特殊刺激。在有些地方，我们在提供饮水、教育和书籍方面建立了一种初步的基本共产主义。在达到消费的正常标准之前，没有任何合理的理由半途而废。正常消费非关个人能力和美德。一个六口之家需要的物品大约是一个两口之家的三倍，虽然前者也许只有一个人挣钱，而后者两个人都挣钱。对于很可能损害了社会利益的罪犯，我们至少给他们提供起码的食物、住处和医疗，那我们为什么要拒绝给懒人和固执的人提供这些东西呢？若假定广大人类都四体不勤、冥顽不化，就是忘记了更加充实丰富的生活的积极乐趣。

此外，在科学的经济中，粮食、水果、肉类、牛奶、纺织品、金属和原材料的数量与每年需要替换的住房和因人口增多而加建的房屋数量一样，可以在实际生产之前就计入总额。只要保证消费，生产记录就会越来越准确。一旦确立了标准，超额的收益就是全社会的红利。这样的收益不会像现在这样令工厂陷入停顿，而是能起到润滑的作用，不仅不会使机器运转不灵，反而会减轻全社会的负担，增加用于生活方式而不是生活资料的时间或能量。

说要推行"计划经济",却没有基本的消费标准和执行这一标准的政治手段,就是误把大规模资本主义工业的垄断性破坏当成聪明的社会控制。

我再说一遍,这个分配制度的基础已经存在。每个大型居民中心都使用全社区的资源来维持学校、图书馆、医院、大学、博物馆、公共浴室、公寓和体育馆等设施。同样,警察和消防服务也是按需要而不是按支付能力提供的。道路、运河、桥梁、公园和游乐场都是公有的,在阿姆斯特丹,甚至连轮渡服务也包括在内。另外,提供失业保险和养老保险的国家实行的是最不成熟、最勉强的基本共产主义形式。不过,养老保险被当作救济手段,而不是实现生产合理化和全社会消费标准正常化的值得称道的积极机制。

基本共产主义意味着有义务参与社会为奠定它的基础所需的劳动,但不意味着涵盖所有进程和完全满足计划生产体系中的每一项需求。细心的工程师计算出,现今社会的所有工作只需每个工人每周工作不到 20 小时就可以完成。如果实现全线合理化,消除重复劳动和寄生现象,可能工人每周工作不到 20 小时就能生产出比现在多得多的商品。这样,大约 1 500 万产业工人就能满足美国 1.2 亿居民的需要。如果把定量生产和公共消费限于基本需求,会进一步减少强制性劳动。在这样的情况下,技术造成的失业反而是好事。

基本共产主义适用于社会可计算的经济需要。它涉及的货物和服务可以标准化,可以称重、测量,或者进行统计计算。达到这个标准之后,休闲的欲望会与获得更多货物的欲望互相竞争,也许时尚、任性、非理性选择、发明和特殊愿望仍有发挥的余地。这些因素在资本主义制度下极度膨胀,不过它们在任何想象得到的经济制度中都会留有痕迹，都需要予以满足。但在基本共产主义制度下，这些特殊需求不会活跃到扰乱生产、瘫痪分配的地步。至于基本商品，无论收入多少都完全能够保证获得。随着消费逐渐正常化，基本服务大概率会满足越来越多的社会需求。只有在这一基础上（迄今我没有看到任何其他基础），生产力的提升和人类劳动的逐步让位才能造福社会。若不采取基本共产主义，就只能忍受混乱。或者是定期关闭生产工厂，销毁必需品还美其名曰维持价格，加之不时发动帝国主义征服战争以打开外国市场；或者是完全远离机器，转为亚农业（温饱型农业）和在各方面都远低于 18 世纪手工业成就的亚工业（自给性制造业）。我们若想保有机器的裨益，就不能再否认机器的首要社会意义，也就是基本共产主义。

基本共产主义的一大优势是它能给工业发展踩刹车。但这样的刹车不是资本主义的人为破坏，也不是商业危机令人震惊的混乱，而是逐渐放缓各部分的速度，使整个工业进入稳定的生产常规。J. A. 霍布森先生谈到这个问题时再次表现出他一贯的洞察力和智慧。"工业进步，"他说，"无疑在国家控制下会速度较慢，因为这种控制的目的就是把人更多的才智和努力从这些事情（预备性生产）上转移，用于生产更高形式的财富。然而，不应假设国有工业不会做出技术进步。进步会慢一些，本身也会带有常规的特征——是生产与分配机制对于社会缓慢变化的需求的一种缓慢的、持续不断的调整和适应。"无论这样的前景对旧式企业家来说有多可怕，从人的角度说，它都是一个巨大的收益。

8. 创造社会化！

在新石器时代以来的很长一段人类历史中，艺术、哲学、文学、技术、科学和宗教方面的最高成就都仅为一小群人所有。增多这些成就的技术手段，无论是埃及人的象形文字，还是巴比伦的烧制泥板，甚至是后来莎草纸或羊皮纸上的手写字母，都十分累赘麻烦。要想掌握思想和表达的工具，需要大半辈子的努力。干体力活的人除了本行，被自动排除在大部分创造活动以外，虽然他们也许最终会借二手或三手经验享受到创造的成果。耶数·便西拉自负却现实地辩称，陶匠或铁匠的生活令其不适合创造性生活。

在中世纪，这种阶层垄断被严重打破，部分是因为基督教本来就是被践踏的卑贱者的宗教。不仅每个人都值得拯救，而且修道院、教堂和大学不断从社会各阶层招收修士和学生。对于创造性活动中与观察和思考互补的动手和实验，原本存在着古老的严重偏见。强大的本笃会把体力劳动定为修行的一项义务，因而打破了这种偏见。手工业行会中发生了同样的进程，却是朝着相反的方向：学徒出师成为合格的工匠后，不仅有机会以批评的眼光看待其他城市的手艺水平和成就，鼓励他把本行业枯燥机械的劳动上升到审美的高度，而且工人通过恪守行业的神秘规定和道德要求，参与了全社会的审美和宗教生活。事实上，在这样的社会中，像但丁这样的作家只有成为行会成员，才有政治地位。

人文主义运动强调对文本的学术研究，注重研究已死的语言，这加强了被资本主义制度拉大的阶级差距。工人得不到必要的预备性训练，结果被排除在欧洲的高等文化之外。即使是艺术家这种最高级的始技术工人，即使这些艺术家中最骄傲的人物之一达·芬奇，也觉得有必要在自己的私人笔记中为自己辩护，反驳仅会识文断字的人把他对绘画和科学的兴趣贬低为低级趣味的言论。

这种文化对工人的基本生活漠不关心，它主要是作为阶级权力的工具发展起来的，在造福全人类方面的作用微弱且不重要。在过去三个世纪中，头脑最卓越的人在他们最活跃的创造中一直在为社会的主人那种不公不义和倒行逆施辩护。桑代克在他的《15 世纪科学和医学史》（*History of Science and Medicine in the Fifteenth Century*）中注意到，彼特拉克年轻时所熟悉的自由城市被外来军队征服后，因遭受奴役而堕落，思想被扼杀。马基雅维利、霍布斯、莱布尼茨和黑格尔也都发表过同样的意见。这种思想倾向的一个高潮是误用马尔萨斯—达尔文的生存竞争理论来为战争、日耳曼种族和资产阶级的统治地位做辩护。

这个新文化人文的一面强调个性和阶级，且明显偏向有产阶级，它科学的一面却正好相反。正是因为科学知识的增长，所以不可能像过去的文明对待天文学那样，把它作为小圈子内的秘密。不仅如此，科学通过系统性利用艺术家和医生的实际解剖知识以及矿工和冶金者的实际化学知识，与社会的劳动生活保持着接触。不正是葡萄酒酿制者、啤酒酿制者和养蚕人的困境促使巴斯德研究细菌学，并取得了丰硕成果吗？即使科学距离人比较遥远，它的本性决定它比较深奥，但它并不势利。科学的方法是社会性的，范围是国际性的，动力是客观中立的。正因为科学不需要立见成效，所以它才取得了一些最冒险、成果最丰硕的思想成就。就这样，科学在缓慢地营造一个大宇宙，这个工程的完成只欠东风——最后场景中的旁观者和实验者。

不幸的是，劳动分工和工厂生活的枯燥常例不可避免地使人头脑迟钝和消沉，这硬生生划出了一条鸿沟，一边是科学技术，另一边是惯例和机器系统之外的所有行业。工人退回到过去文化的糟粕之中，固守传统和记忆。他们坚持宗教的迷信形式，这使他们在感情上紧紧依附于剥削他们的势力，要么就完全放弃真正的宗教给生活带来的强大的感情和道德推动力。艺术也是如此。中世纪的农民和手工工人与在他们的教堂和公共大厅里雕刻绘画的艺术家是平等的。那时最高级的艺术对普通人来说并非高不可攀，而且除了矫揉造作的宫廷诗之外，艺术的受众也没有少数和多数之分。各种艺术都有水平的高低，但这种区分不由地位或金钱决定。

　　然而，在过去的几个世纪中，通俗意味着"庸俗"，而"庸俗"不是指简单的大众，而是有下等、愚钝和有点欠缺人性的意思。简而言之，我们没有推广社会的创造性活动，只是大规模推广了创造性活动的低级仿制品，那些仿制品令思想变得狭隘和迟钝。米勒、凡·高、杜米埃、惠特曼和托尔斯泰自然而然地与劳动阶级打成一片，但让他们得以生存，给他们酬劳，欣赏他们作品的主要是他们厌恶其做派、想摆脱其赞助的资产阶级。另一方面，1830—1860年，美国西部仍有大片无主土地的时候，新英格兰和纽约的情况显示了一个基本上无阶级的社会在被等级文化白眼以对的职业的滋养下能够产生多么丰硕的成果。《白鲸》这部史诗的作者是个普通水手，《瓦尔登湖》是个铅笔匠和测量员写的，《草叶集》出自一个印刷工和木匠之手。这些都不是偶然的。只有当我们能够从经验、思想和行动的一个方面自由地转到另一个方面的时候，思想才有充分发挥的空间。分工和专门化，包括职业的专门化和思想的专门化，只作为暂时的权宜之计才说得过去。除此之外，如克鲁泡特金所说，就必须实现劳动力的整合，恢复它与生活的统一。

所以，我们需要认识到，创造性生活的所有表现都必定是社会产品。助力这种产品发展的是由社会维持的传统和由社会传播的技术。无论是传统还是产品，都不只属于科学家、艺术家或哲学家，更不只属于按照资本主义的惯例为他们提供主要支持的特权群体。与丰厚的历史遗产相比，个人，哪怕是一代人对这个遗产的贡献都微不足道，包括歌德在内的伟大的创造性艺术家都对自己个人的重要性表现出应有的谦卑。若把创造性活动作为自私的享受或个人的财产，就贬低了它的重要性，因为事实是，创造性活动最终是人类唯一重要的事业，是人在地球上存在的主要理由和最持久的成果。一切明智的经济活动的根本任务是造成一种局面，使创造贯穿于一切经历，不能以干粗活或教育不足为由剥夺任何群体依照自己的个人能力充分参与社会文化生活的机会。除非我们把创造普及到全社会，除非我们让生产服从于教育，否则机械化生产体系无论效率多高，都只会僵化为一种奴性的、错综复杂的例行公事，只能靠面包和马戏作为调剂。

9. 自动机和业余爱好者的工作

一个理性经济社会的标志不是工作，不是为了生产而生产，或为了隐秘不明的利润而生产，而是为了生活而生产。工作是自律生活的正常表达。这样的社会有着各种选择和可能性。但是，只要认为工作并非必要，劳动的主要动力是利润或对挨饿的恐惧，就基本不存在任何选择和可能性。

自 17 世纪起，机械化的趋势就是实现工艺流程的标准化，以适应机器操作。在有自动加煤机的发电厂里，在先进的纺织厂里，在冲压厂里，在各种化工厂里，工人基本不直接参与生产过程。可以说，他是机器放牧人，照看着一群从事实际工作的机器。他最多是给机器加料、上油，在机器出故障时修理，而工作本身不是他的职责范围，正如让羊长肉的消化系统不是牧羊人管的事。

照看机器需要时刻保持警惕，没有重复动作，还要聪明机灵。我在讨论新技术的时候指出，在发展到这个水平的产业中，工人恢复了一定的自由和自主，而在不够完全的机械化进程中，工人不是机械师和监工，只是起了机器尚未发展出来的手或眼的作用，没有自由和自主可言。但在其他生产进程中，例如汽车制造厂的直线组装，工人是生产进程的一部分，却只用到了一小部分个人功能。这样的劳动必然是服从性的。无论怎么辩解，无论用什么心理解释，都无法改变这个事实。社会对产品的需要并不能为产品的生产进程开脱。

我们对工作本身的质量，对工作作为至关重要的教育过程的漠视积习难改，社会甚至很少有这方面的要求。但是，当决定是否要建造一座桥梁或一条隧道时，人的因素显然应该比降低成本或机械可行性更受重视。需要考虑实际建造中有多少人丧生，或者让一批人成天在地下监督隧道交通是否可取。一旦我们的思想不再自动受矿井制约，这类问题就变得重要起来。同样，在真丝和人造丝之间做出社会选择并不能简单地根据生产成本的不同，或两种料子的质量差异。做决定时还要考虑养蚕和生产人造丝在劳动乐趣方面的差别。产品给劳动者带来的感受与工人对产品投入的劳动同样重要。为了给工人的日常劳动增添乐趣，管理良好的社会可能会损失一定的速度和成本来改变组装汽车的方法。同样，这样的社会或者会给干法水泥厂配备除尘器，或者不用水泥，改用害处较小的替代品。若没有替代方法，则会大量减少对水泥的需求，减到尽可能低的水平。

如果工业把科学研究和机械设计的准备过程，不用说还有深层的政治组织都包括进来，这样一个整体可能会成为宝贵的教育工具。卡尔·马克思最早强调了这个论点，海伦·马罗特（Helen Marot）对此做了出色的阐述。她说："工业为创造提供了机会，而创造的过程与目的都是社会性的。生产的创新并不止于对产品的拥有，它的中心不是产品或某个人的技能，而是商业和技术进程的发展，以及对世界的了解和领悟的演变。现代机械、劳动分工、银行系统和通信方式使得真正的联系成为可能。但是，要建立真正的联系，相关进程必须开放，让工业从业者共同参与，获得了解，做出判断；工业的动力必须从开发利用转向共同的创造欲；工业自身的特点必须让位于社会努力的发展。"

工业的目标一旦不再放在营利上，谋取私利、赤裸裸的剥削、难以避免的单调和限制就都会降至次要地位，因为整个工业生产过程都将实现人道化。这意味着，通过工业内部的调整来对工业日常活动中的压迫性因素做出补偿，而不是任其积累起来，最终在社会其他领域爆发为灾难性的破坏事件。如果认为这样一种非图利的制度不可能存在，就是忘记了人类在数千年的时间里一直奉行这种制度。新的需求型经济一旦取代了资本主义的获取型经济，就会为旧经济那些受到各种限制的公司和社群提供更广阔、更合理的社会化基础，但说到底，新经济利用和引导的是与以前类似的冲动。迄今为止，这可能是苏联给人带来的主要希望，尽管这个国家的表现有好有坏，内部矛盾众多。

只要工业仍然必须把人当机器用，工作时间就必须缩短。我们必须把每周无趣的例常工作的时长限制在人能够忍受的范围之内。超出这个范围，人的头脑和精神就会明显萎靡。没有任何选择或变化的纯粹重复性工作似乎很适合白痴，这足以成为警示，使我们注意到这种工作对智力较高的人构成的危险。但是，有些职业本身还是有趣的、吸引人的，只要不是为了表面的效率而对它们管得太严太细。这样的职业有使用机器工艺的，也有使用手工工艺的。人在力图实现生产方法的合理化和标准化的时候，必须斟酌如下两个办法中哪个产生的社会收益更大：一个是使用自动化机械增加生产，但工人的参与度和满足感会因此减少；另一个是生产率稍低，但工人参与的机会更多。不惜代价降低产品成本是浅薄的技术主义。如果产品有社会价值，生产完全不需要工人，那么就应该采取自动化方法。但若达不到这样的条件，做出实现自动化的决定就要慎之又慎，因为生产的收益无论多大，都不足以成为消除符合人性的工作的理由，除非为工作提供其他的补偿。金钱、物品和无所事事的闲暇不可能抵得上毕生工作的丧失，但按照现在抽象的成功标准，金钱和物质显然恰恰被当作毕生的追求。

以有机的方式合理化安排工业意味着通盘考虑整个社会的状况，考虑工人的全部生物能力，而不只是关注简单的劳动产品和机械效率这个不相干的追求。一旦我们开始这样做，工人以及他受到的教育和身处的环境就变得与他生产的商品同等重要。这条原则已经得到了反面的承认，例如我们禁止制陶业使用廉价的铅釉，因为它危害工人的健康。但是，这条原则也可以被正面应用。我们不仅应该禁止有害健康的工作，还应该促进有益健康的工作。因此，原来被机器吸入不断扩张的城市的人口有一部分可能很快会回流到农业和乡村地区。

从在园子里挖土到绘制星图，劳动本身是生活中永久的乐趣之一。H. G. 威尔斯在《时间机器》(*The Time Machine*)里描写过让人得到空虚琐碎的闲暇时间的机器经济，它是资本主义社会中大部分城市居民不得不接受的命运，特别是在失业期间。这样的机器不值得润滑保养。如此空虚、如此无聊、如此消磨精力的无所事事根本不能算是收益。若能合理利用机器的可能性，首要的益处绝对不是消除劳动，而是消除奴性劳动或奴隶制，消除那些造成身体畸形、头脑呆滞、精神迟钝的劳动。在整个古代，被压迫、被践踏的人一直遭到剥削，始技术阶段发展起来的动力经济第一次对此提出了大规模挑战，用机器取代了对人力的剥削。

完成了对机器的组织后，就可以恢复劳动的固有价值。在资本主义制度下，金钱至上的观念和阶级仇恨剥夺了劳动的这种价值。工人原来是奴隶，当然被排除在机械生产之外，现在他作为指导者强势回归。若管理工作满足不了他的工匠本能，他可以靠现有的权力和闲暇获得一个新身份，成为生产中的业余爱好者。他因此获得的自由是对于机器生产的压力和胁迫，对于这种生产的客观性、匿名性和集体一致性的直接补偿。

在生产的基本需求之外，在正常的，因此也是符合道德的生活标准之外，在我提出的消费方面的基本共产主义之外，还有一些需求是个人或群体无权向社会索取的。在社会这边，只要个人的此类需求没有剥削的动机，社会就不需要予以限制或武断的镇压。人也许可以直接动手满足自己的这些需求。手工编织衣服，自己打制需要的家具，以未获官方批准的方法试着制造一架飞机——这些都是个人、家庭和小群体可以在正规生产渠道以外从事的职业。同样，小麦、玉米、猪肉和牛肉这些农业主产品一般由大型合作社生产，但绿色蔬菜和花卉可以由个人种植，其规模在土地被私人占有、广大工人挤在由房屋和人行道组成的密集居住区时是不可想象的。

随着基本生产日益与人无关，变得例行化，辅助性生产很可能变得与人的关系更加紧密、实验性更强、更个性化。这种情形在过去的手工业制度下不可能发生，它只有在新技术阶段用电力作为能源对机器做了改进之后才成为可能。在手工业制度下获取高效生产的技能是个单调乏味的过程。重要行业中的手工操作节奏缓慢，所以没有足够的时间在其他行当里有所建树。或者应该说，闲暇时间是靠把工人阶级置于从属地位，提高人数很少的有闲阶级的地位来实现的。工人和业余爱好者代表了两个不同层次。有了电力，一个小金工车间就可以具备一个世纪前只有大工厂才买得起的所有必要装置和机械工具，除了专门的自动机器外。这样，即使在机械行业中，工人也可以重获被自动化程度不断提高的机器夺走的大部分乐趣。每个社区的公共设施都应该包括这种与学校有关的车间。

自动化生产与人无关，严守标准，采取大批量生产方式。对于这样的方法和产品，业余爱好者的劳动是必要的矫正，但也是为机器工艺做准备的必不可少的教育。机器的一切伟大进步都建立在手工操作或科学思想的基础上，而科学思想本身又依靠被称为实验的小型手工操作的辅助和纠正。随着"技术细化"日益加深，需要把手工知识和技能作为一种教育模式来传播，既用以保障安全，也能够推动深入研究，做出发现和发明。机器无法比设计或操纵它的人的眼睛、双手和头脑知道得更多或做得更多。只要了解了根本性操作，就有可能重建世界上任何一种机器。不过，这样的知识只要错过一代人，所有复杂的派生产品就都成了垃圾。如果零部件坏了或生了锈却没有立即更换，整个系统都会垮掉。重视作为次级生产的家庭手工业和机器制造业还有另外一个理由。在所有形式的工业生产中，为了安全和灵活性，我们都必须学会轻装前进。专业化的自动机器正是因为高度专业化，所以不能适应新的生产形式。需求的改变和模式的改变会导致非常昂贵的设备全部报废。如果对产品的需求并不确定或常有变化，那么从长远来说，使用非专业化的机器比较节约。这样可以减少白费力气和空置的机器设备所造成的负担。机器如此，工人亦然。就更好地为突破陈旧常规和应对紧急情况做准备而言，全面能力比高度专业化的技能更有用。

基本的技能、基本的手工操作、基本的发现和基本的方法必须代代相传。只维持上层建筑，却任由基础部分发霉腐朽不仅会危及我们复杂文明的生存，而且会影响到文明的进一步发展和完善。机器和有机体一样，关键的改变和调整不是源自分门别类的专门化器械，而是源自比较通用的古老用具，例如瓦特的蒸汽机就是使用脚踏板传输动力的。自动化机器尽可在基本生产领域不断攻城略地，但必须发展用于教育、娱乐和实验的手工艺和机器工艺与之相抵。没有后者，自动化最终将损害社会，终致自身难保。

10. 政治控制

　　计划和秩序潜存于现代工业的一切生产过程中，无论是工程绘图，还是初期计算、组织图、时间表，以及发电厂使用的那种追踪每日甚至每小时生产状况的曲线图。这个用图像显示的井然有序的程序源自土木工程师、建筑师、机械工程师、护林员和其他类型的技术人员各自的工作方法，在新技术产业中表现得尤为明显。（贝尔电话公司准备建立或扩大服务时开展的细致复杂的经济和社会调查即是一例。）现在缺的是把这些方法从产业转用于社会秩序。迄今为止建立的秩序地方色彩太浓，无法在全社会有效推广。除了苏联之外，社会机构不是像在"民主"国家中那样陈旧过时，就是像在更落后的法西斯国家中那样被改造成了古老的形式。简而言之，我们的政治组织不是古技术时期的，就是前技术时期的，因此出现了机械成就与社会结果的脱节。现在，我们必须详细制定一个新的政治和社会秩序。由于我们掌握的知识，新的秩序将与现存的任何秩序都迥然不同。这个秩序将是科学思想和人文想象力的产物，所以它将为社会中非理性的、本能的、传统的因素留有一席之地。过去一个世纪盛行的狭隘的理性主义对这些因素不屑一顾，最终却自食其果。

　　要改变工人在产业中的地位，必须建立一种三重控制系统：在产业内部进行功能性政治组织；把消费者组织成为能合理表达集体需求的活跃的自治群体；把不同产业组织起来，形成国家政治框架内的单位。

　　产业内部的组织意味着工会要从一个除了维护产业或整个工人阶级的权利以外还寻求其他特权的讨价还价的组织转变为一个生产性组

织，致力于建立一套生产标准、一套人性化的管理制度和一套集体准则，涵盖所有成员，从学徒这种非熟练工人到管理人员和工程师。19世纪，广大工人胆怯无措，没有受过教育，不知道如何合作，所以很乐意让资本家负责财务管理和生产。他们的工会主要负责为工人争取更多收入和较好的劳动条件。

在企业家这边，他把对企业的管理视为自己作为老板天经地义的权利，认为自己有权决定是雇用还是解雇，是停工还是开工，是建造还是摧毁。这些特殊的权利是工人和政府都不能侵犯的。他们制定了限制劳动时间和规定最低卫生条件的法律，确立了对重要公用事业的公共控制，并在政府监督下建起了卡特尔和半垄断性质的贸易组织——这些措施打破了制造商的独立性。不过，虽然这些措施是工人奋勇抗争的结果，但它们并未促进工人对产业管理的积极参与。在巴尔的摩与俄亥俄铁路的金工车间和美国制衣业的某些部门，人们采取了一些步骤来推动劳工的参与，但在大多数企业中，工人除了自己的具体工作外，不承担别的责任。

除非工人摆脱无精打采的依赖状态，否则无论是集体效率还是社会方向，都不会有多大进步。自治的性质决定了它不能自上而下地给予。要对产业进行功能性组织，必须有集体纪律、集体效率，最重要的是要有集体责任。同时，还必须有意识地在工人当中培养工程、科学和管理人才，也要调动他们当中更加适应社会的成员。这些人在精神上已经发展得足够强大，不再受限于他们所依附的金融系统的诱惑和机会。如果不在工厂内建立起有效的工作单位，那么无论政治制度表面上属于何种性质，工人都必然处于朝不保夕、低下屈从的境地，因为机械化的增加削弱了他讨价还价的能力，失业大军的扩大会自动压低他的工资，工业的定期性混乱抵消了他也许在短期内获得的任何微小收益。显然，控制自己的命运、增强自治是需要经过一番斗争才能实现的，既要通过内心努力来训练自己，获得知识，也要进行对外斗争，以抵制过去传下来的武器和工具。从长远来说，这场斗争不仅是针对工会内部僵化的行政官僚机构的斗争，更重要的是，它是对资本主义的卫道士发起的战斗。幸运的是，资本主义制度的道德破产既是障碍，也是机会。一个腐朽的制度尽管比一个健康的制度更会给人带来危险，但拆除起来也更容易。这场斗争的目标不是战胜有产阶级，那不过是在为工业建立一个坚固的一体化和社会化基础的过程中必然发生的事情。争夺权力的斗争无论谁获胜，都是徒劳的，除非指导斗争的是功能意志。法西斯主义在意大利和德国消除了工人推翻资本主义制度的企图，因为归根结底，工人没有在抗争之后把战斗继续下去的计划。

然而，要记住，要操作并改变现代技术，需要的不是物理意义上的力量。现代工业的整体组织错综复杂，依靠彼此相连的众多专业技能，也依靠人在互换服务、数据和计算结果中表现的诚意和善意。若是没有内聚力，无论怎么监督，都无法保证不会出现欺诈和不合作的行为。管理社会不能用野蛮的武力或有武力撑腰的狗仗人势的蛮横，这种行为习惯从长远来说适得其反。功能性自治和功能性责任的原则必须在每个阶段都得到遵守，与之相反的以特权地位为基础的阶级统治原则——无论那个阶级是贵族阶级还是无产阶级——在技术上和社会上效率都不高。此外，技术与科学需要自主和自控，也就是思想领域中的自由。像早期基督徒那样企图通过树立特别的信条来限制这种功能性自主会使思想方法变得粗略，不利于技术和现代文明的根本基础。

随着工业机械化的推进，必须在工业之外发展出比以前所需的更大的政治力量。为了抗衡产业的遥控和在产业中墨守成规的倾向，必须成立消费者的集体组织，以控制产品的种类、数量和分配。除了所有产业都面临的消极制约，也就是不同商品之间的生存竞争，还必须有一种积极的监管模式，以确保生产有用的商品。没有这样的组织，我们的商业制度即使具有一定的竞争性，在适应需求方面也反应迟缓。它虽然每月每年都改变产品的表面样式，但它对引进新想法百般抵制，例如美国的家具业就一直顽固拒绝非仿古式家具。如果工业以一种更加稳定的非竞争方式来组织，负责制定和提出要求的消费者群体对于合理化生产就更加重要。没有这样的群体，任何决定生产线和生产配额的中心机构必然是武断和低效的。与此同时，对消费者来说，产业合理化自然产生的一个附带结果是确立对产品性能和质量的科学衡量标准。这样，商品的售价将根据它的实际价值和用处而定，而不是靠巧妙的包装和精明的广告。没有使用美国国家标准局这种确定标准的机构来帮助消费者群体，是资本主义制度下对知识最粗鲁的弃用。

政治控制的第三个必要因素在于对土地、资本、信用和机器的拥有。在机械进步和金融组织方面都高度发达的美国，近50%的工业投资和40%以上的国民收入集中于200家大公司。这些公司如此庞大，资本股份如此众多，没有一个人能控制其中任何一家5%以上的资本。换言之，小企业中的管理与所有权是自然的从属关系，但在大工业中，二者几乎完全脱节。（银行家和美国工业管理人在过去20年中精明地利用了这个情况，例如他们通过资本重组和发放奖金这种系统性掠夺过程，把绝大部分收入塞进了自己的腰包。）既然如今持有工业股票的股东已经被资本主义的阴谋诡计剥夺了财产，那么为工业体系建立一个理性的基础就不会引起多大的震动。建立理性基础包括把银行职能直接置于国家管理之下，直接从工业盈利中征收资本，而不是通过贪婪的个人绕个弯子。那些个人对社区需求的了解只根据个人经历，并不科学，而且他们有私心，甚至有彻头彻尾的反社会情绪，这削弱了他们对公共事务的关心。我们主要生产工具的金融结构发生这样的变化，是实现机器人道化的必要前奏。当然，这是一场革命。它是温和还是血腥，是聪明还是野蛮，是能够顺利完成还是会带来一系列暴力冲击、震荡和灾难，在很大程度上取决于当前的工业管理人及其对手的思想素质和道德高度。

在资本主义社会业已破产的结构内部，实现这种改变的必要冲动已经显而易见。资本主义社会陷入瘫痪时公开乞求国家下场救它一命，帮它再次站起来。一旦把狼赶走，资本主义就又神气起来。但在过去一个世纪中，它的生存几乎一直靠国家补贴、特权和关税，更不用说还有劳资双方爆发公开战争时国家对工人的镇压和监管。事实上，资本主义只有在无需国家帮助也过得很好的少数时间才大肆宣扬自由放任主义。但是，在资本主义进入帝国主义阶段后，最不想要的就是自由放任主义。这个口号的意思不是"别碰工业"，而是"别碰利润"。桑巴特对资本主义做过一次意义重大的研究，他在研究的结论部分把 1914 年视为资本主义的一个转折点。变化的迹象是资本主义生存模式中出现了越来越多的规范性主张：不再把谋利作为工业关系定向的唯一条件；通过互相谅解来给私人竞争釜底抽薪；为工业企业建立有章程的组织。这些进程在资本主义制度下已经开启，只要让它们遵照自身发展的逻辑走到底，就能使我们摆脱资本主义秩序。若没有社会对整个过程的政治控制，合理化、标准化，特别是足以把全社会消费水平提升至维持生命所需标准的定量生产和消费都不可能达到必要的规模。

如果建立这种控制得不到现有工业管理人的合作和明智的帮助，就必须推翻他们，另请高明。过去 30 年，从保守的伦敦到推行共产主义的莫斯科，欧洲各国政府对于工人住房这类新消费标准的适用给予了被动的支持，有时会从税收中拨款作为补贴。但是，建设工人住区虽然挑战并补充了资本主义的做法，但仅仅显示了事态发展的趋势。在根据人的需要对整个环境进行相应规模的重新规划和组织之前，首先必须大刀阔斧地修改生产制度的道德、法律和政治基础。除非做出这样的修改，否则资本主义会从内部垮掉。企图通过帝国主义征服来自救的国家彼此间将展开殊死搏斗，国家内部不同阶级之间也会爆发激烈的权力之争。这个权力随着社会对生产机制把控的削弱，将变形为赤裸裸的武力。

11. 机器的弱化

由于机器的成功，目前关于未来的想象大多基于一个概念，即认为我们的机械环境将变得更普遍、更具压迫性。在过去一代人的时间里，这个想法似乎颇有道理。H. G. 威尔斯先生早期的作品《星际战争》和《当睡者醒来时》预言了大大小小的可怕事件，从浩大的空中作战到野心勃勃的新教教堂公然为救赎做广告。这些事件几乎在他尚未说出口时已经成真。

统计解读中的一个低级错误是认为过去历史的发展弧线将来会一丝不差地重演。这个错误更加深了关于机器统治会更加强大的信念。持此看法的人不仅认为社会不会发生质变，还暗示社会的方向、行动，甚至匀加速度都是一致的，其实这只适用于社会中的简单事件，而且仅发生在很短的时间内。事实是，依靠以往的经验去预言未来的社会永远是回顾性的，并不触及真正的未来。这种预言时常能够自圆其说是由于另一个事实，那就是在约翰·杜威教授所谓的实践判断中，假设本身变成了事件发展的决定因素之一。如果根据假设采取行动，事态就会朝着假设的方向发展。机械进步的信条在 19 世纪无疑起到了这样的作用。

我们有什么理由相信机器会以过去的速度继续无限增加，会在它已经征服的领域之外继续开疆拓土呢？社会发展固然惯性巨大，但另一种解读更符合事实。机械生产原来的所有部门的增长率实际上都在稳步下降。巴塞特·琼斯先生甚至认为，自 1910 年以来，一切产业均是如此。在时至 1870 年已经成熟的机械工业部门，如铁路和纺织厂，关键的发明也出现了减速。从那以后，西方文明的领土扩张和人口暴增这两个促成并加速了早期增长的条件不是一直在减弱吗？

此外，某些机器的发展已到极限，某些领域的科学研究已经完成。例如，印刷机发明后，在一个世纪内达到完善。后来从轮转印刷机到莱诺铸排机（整行铸排机）和莫诺铸排机（单字铸排机）的一连串发明虽然提高了生产速度，但并未改进原来的产品。今天能够生产的最高质量的印刷品并不比 16 世纪印刷工人的产品更精美。水轮机的效率现已达到 90%；无论如何，我们都不可能把它的效率提高

10%以上。电话传输，哪怕是长途电话的传输都已臻完善，工程师现在能做的顶多是扩大电线的容量，增加连线的数量。远距离语音和影像的传输速度不可能比今天通过电力传输的速度快，我们能够做出的进步是降低价格，实现普及。简而言之，物理世界的性质决定了机械进步是有界限的。只有无视这些限制条件的人才会相信机器能不可避免地自动无限扩张。

人们对机器的兴趣有所减弱，对物理科学以外领域中已验证的知识的兴趣却普遍增加，隐有大幅削减机械操作和机器工具之势。对机器形成挑战的不是避世潜修不问俗务，而是对一些现象更加全面的了解。对于这些现象，机械装置只是不全面且不奏效的回应。工程学领域出现了一种日益增强的趋势，力图通过改善各部分之间的关系来提高精度和效率。同样，在整个大环境中，机器的地盘开始缩小。当我们的思考和行动从有机整体出发，而不是以抽象概念为根据的时候，当我们关注生活的全方位表现，而不仅是其中争取支配地位、纯粹靠机械系统来表现的那一小部分的时候，我们就不再只到机器那里去寻找本应通过对生活各方面的多方调整来获得的东西。对生理学有了更深的了解后，医生不再相信有些药物和秘方，将机械技术表现得登峰造极的外科手术也在数量和范围上有所缩减。所以，虽然技术的精进增加了可以手术的病例，但称职的医生一般都会先用自然的办法，实在不行才走机械捷径。总的来说，人们开始怀着新的坚定信念用希波克拉底的古典方法取代莫里哀在《无病呻吟》里描述的可笑药水和梅尔维尔的《白外套》里角质层医生的野蛮手法。同样，对人体有了更透彻的了解后，维多利亚时代晚期体操训练用的大部分举重设施都被扔进了垃圾堆。在过去10年间，人们习惯了不戴帽子，不穿衬裙和紧身内衣，结果生产这些产品的产业陷入了无所事事的状态。泳衣制造业也面临同样的命运，因为人们对裸体的态度更加坦然。最后，我们在过去100年间修建了大量公共设施，如铁路、电力线、船坞、港口设施、汽车和混凝土道路，现在只需对它们进行修理和更换就可以了。随着我们的生产更加合理化，随着人口的转移和重组，与产业和娱乐形成了更好的关系，符合人的需求的新社区正在建立。这个运动在过去一代人的时间里在欧洲兴起，究其根源是一个多世纪期间从罗伯特·欧文到埃比尼泽·霍华德等先驱者的筚路蓝缕。新社区建起后，将不再需要为应付超大城市的杂乱无章而建造地铁这种耗资巨大的机械设施。

总而言之，随着社会生活更加成熟，机器在社会上不再有用武之地，这种情况将和目前人因为技术而失业同样显著。陆军和海军用来致人死命的巧妙复杂的机械标志着国际上的无政府状态和令人痛心的集体精神失常。同样，目前我们的许多机器是贫困、愚昧和混乱的反映。机器不是现有文明中人类力量和秩序的象征，反而经常是无能和社会瘫痪的表现。现在，通过电影、小报、收音机和书籍等渠道提供的虚假的机械产品被用来代替知识和经验。如果能在教育和文化领域做出可观的改进，就不需要那么多机器用于生产这类产品。同样，更好的营养、更健康的住房、更健全的娱乐形式、更多享受自然生活的机会能明显改善人的身体，这将减少机械装置在挽救破败的身体和破损的心灵方面所发挥的作用。人在自身和谐平衡方面任何可观的进步都会表现为对补偿性商品和服务的需求的减少。过去西方世界普遍存在的对机器的被动依赖实际上是对生活的放弃。我们一旦开始直接培养生活的艺术，机械常规和机械器具所占的比例就会缩小。

有些人为掩盖自己的无力感而崇拜机械文明的外在力量。但与他们的想法相反，我们的机械文明并非绝对的独立体。它所有的机械装置都依赖人的目标和欲望，而许多目标和欲望的强烈程度与我们在实现理性的社会合作和建立完整人格方面的失败直接成正比。所以，我们不必为了去除大量无用的机器和累赘的常规而完全放弃机器，回归手工业，只需在与机器打交道的时候发挥想象力，运用聪明才智和社会纪律。在过去一两个世纪的社会混乱中，我们过于相信机器，以为机器无所不能。我们就像一个没人看管的孩子，拿着油漆刷子在没上漆的木头上、漆得发亮的家具上、桌布上、自己的玩具上和自己脸上一通乱涂。等到我们有了更多的知识和更强的判断力，才发现机器的有些用途是不合适的，有些是没必要的，还有些是对至关重要的调整的低效替代。于是，我们会把机器收缩回它能直接作为工具来为人的目的服务的领域。显然这个领域非常广阔，但可能比机器目前占据的地盘要小。不分青红皂白大量使用机器的实验期有一个用处，那就是揭露了原本没有意识到的社会中的弱点。机器如同一个老派的仆人，它的傲慢与主人的孱弱和愚蠢成正比。一旦人的向往从物质征服、财富和权力转变为生活、文化和表达，机器就像是仆人换了更自信的新主人，又回到自己合适的位置，成为我们的仆人，而不再是统治我们的暴君。

　　所以，将来我们可能不会像过去生产迅速扩张的时候那样注重产量。我们使用的机械器具可能也会比现在少，不过我们的选择会多得多，机械装置也会比现在设计得更巧妙、校准得更精确、更节约、更可靠。如果现在的技术发展继续下去，那么未来的机器将如同希腊帕台农神庙强过新石器时代的棚屋一样远胜于今日的机器，变得既耐久又精致。生产不再以满足贪婪的生活为宗旨。这将推动高层次的技术保守主义，而不是低层次的浮华的实验主义。

但是，这个改变也将伴以兴趣上的质变，一般来说，是从对机器的兴趣转为对生命、心理和社会的兴趣。关于机器未来的预言一般都对这个潜在的兴趣改变避而不谈。然而，一旦人们明白了这个改变的重要性，所有纯量化的预言显然就会随之改变，因为那些预言依靠的假设是连续三个世纪主要以机械为对象的兴趣将永远维持下去。其实恰恰相反，在诗人、画家和生物科学家工作的表面下，在歌德、惠特曼、冯·穆勒、达尔文和贝尔纳工作的深层，正在发生注意力从机械领域向生命和社会领域的稳步转移，那里将日益成为冒险和令人兴奋的工作所在，机械领域已经进入后继乏力阶段。

这样的转移会改变机器的使用范围，也会深刻改变机器在人类的全部思想和活动中的地位。萧伯纳在《千岁人》中把这个改变放在了遥远的未来。尽管这种性质的预言风险不小，但在我看来，它可能已经暗中动了起来。明显可以看出，若没有在无机领域的长期准备，这样的转变就不可能发生，肯定不会发生在科学领域和科学的技术应用上面。原来机械抽象的相对简单使得我们发展出了技术和信心，这才能着手应对更复杂的现象。不过，这场向有机方向发展的运动固然多亏了机器的铺垫，但它不会任由机器独大。机器在扩大对人类思想和行为的统治中，反而在很大程度上消灭了自己。机器的完善造成了它在一定程度上的消失。例如，社区供水系统一旦建成，它的日常照管和每年更新的费用就会比照管 10 万口家用水井和水泵的费用少得多。这是幸运的，因为无须像塞缪尔·巴特勒在《埃瑞洪》里讽刺地描述的那样去强行消灭过去机器时代危险的野人。一部分老机器会像恐龙灭绝一样消亡，被更小、更快、更聪明、适应性更强的有机体取代。这种有机体适应的不是矿山、战场和工厂，而是积极的生活环境。

12. 走向动态平衡

19世纪之所以发生沧桑巨变，主要理由是变化本身。无论新发明对人的生活和社会关系有何影响，人们都认为它是导向更多发明的好事。社会如同一台履带式拖拉机盲目前行，在刨开旧路的同时留下自己碾出的新路。机器应该能突破运动和增长的限制。机器会变得更大，发动机会更有力，速度会更快，大规模生产会翻倍扩大。人口也会继续无限增长，直到最后超出粮食供应的能力或耗尽土壤里的氮。这就是19世纪的神话。

今天，没有目标、没有限制的直线进步概念也许看似一个非常狭隘的世纪中最狭隘的想法。现在人们普遍意识到思想和行动的限制以及增长和发展的标准，而赫伯特·斯宾塞时代的人对此毫无概念。技术方面当然还有无数的改进需要做出，无疑还有众多新领域尚未开发，但是，即使就纯粹的机械成就而言，我们也已接近自然的极限。究其原因，不是人不够大胆，或缺乏资源，或技术不成熟，而是相关要素的性质所致。在19世纪，探索和各自为政的零散进展被认为体现了新经济的根本特点，但这个时代正在迅速走向终结。我们现在面对的是整合和系统性消化时期。换言之，整个西方文明都落入了美国这种新的拓荒式国家的处境：无主的土地都被占领，主要的交通和通信线路都已布好，现在必须定下心来，最大限度地利用现有的条件。

我们的机械系统开始接近内部平衡的状态。开放时代的标志是动态平衡，不是无限进步；是平衡，不是快速的片面进步；是保护，不是不计后果的掠夺。在这一点上，新石器时代和新技术时期也有相似之处。新石器时代得到巩固的主要进步成果持续了 2 500~3 500 年，仅在大格局中做了一些微调。我们一旦总体达到一个新的技术水平，就会在那个水平上维持数千年，其间只有小幅起伏。即将到来的平衡会有哪些可能的影响呢？

第一是环境的平衡。先要恢复人与自然的平衡。要保持和恢复土壤，在合适可行的地方植树造林，既给野生动物提供庇护所，也为人保留原生态用于娱乐休闲。随着人类文化遗产日益精致，在原始环境中的休闲变得更加重要。要尽可能用林木作物替代一年生作物，依靠太阳、瀑布和风提供的动能，而不是依靠有限的资本供应。要保护矿物和金属，更多使用废金属。要把环境本身作为资源来保护，把人的需要嵌入整个地区形成的模式中。伦敦和纽约等过度城市化的大都会这类失衡地区就是这样逐渐恢复平衡的。这一切都标志着矿工经济即将终结，这一点还需要说明吗？新秩序的口号不是挖了矿就走，而是留下来深耕。在使用金属方面，节约使用现有供应会降低矿山相对于自然环境其他部分的重要性，这一点还需要强调吗？

第二是工业和农业的平衡。在过去两代人的时间里，随着现代技术从英国传到美国和欧洲其他国家，又从这些国家传到非洲和亚洲，这样的平衡已经在快速实现。现代工业不再只有一个中心或集中点。最好的高速运动摄影是在日本做到的，最惊人的廉价大规模生产发生在捷克斯洛伐克的巴塔制鞋厂。机械工业若能基本上平均分配到地球各地，会给每个地区带来平衡的工业生活，最终也会在地球上实现平衡。农业需要普及类似的进步。有了汽车和航空运输，又有巨大的动能，人口得以分散到新的中心。土壤栽培和农作进程使用科学方法，就像今天的比利时和荷兰采取的可喜做法，因此不同农业地区之间也趋于获得同等优势。由于经济区域主义的发展，受科学饮食法青睐的市场果蔬业和混合农业会进一步扩张，面向出口的专门化农业一般会收缩，除了像在工业中一样，有些地区的特产难以在其他地区复制。

一旦工业和农业之间确立了全面地区平衡的所有细节，工农业生产就有了更稳定的基础。这种稳定是我前面谈到的消费正常化的技术方面。因为谋利的动机说到底是由不确定性和投机催生并推动的，所以专门化资本主义过去的稳定靠的是它推动和利用改变的能力。它的安全靠的是不断实现生产资料变革，促进新的人口迁移，并从投机性混乱中获利。换言之，资本主义的平衡是混乱的平衡。反观推动消费正常化、有计划定量生产、资源保护和人口计划分配的力量，把它们的本质方法与过去的方法相对比，可以看到它们与资本主义截然相反。因此，它们代表的新技术与占统治地位的资本主义开发方法从根本上是互相冲突的。随着我们日益接近工业和农业的平衡，资本主义存在的理由有一部分将消失无踪。

第三是人口的平衡。西方世界有些地方达到了出生和死亡人数的大致平衡。这样的国家有法国、英国、美国和斯堪的纳维亚国家，它们大多处于较高的技术和文化发展水平。盲目的动物性繁殖压力是造成 19 世纪经济发展中许多最糟糕情况的原因，如今它主要存在于政治或技术不够发达的落后国家中。如果 20 世纪能够在这些落后国家中达到平衡，也许全球人口会合理地去往最宜居的地区定居。这样，有计划的再殖民将取代任意且徒劳的征服，那样的征服从 16 世纪西班牙人和葡萄牙人对世界的探索开始，直到最近日本人的劫掠，其间没有任何实质性改变。前面说的合理迁居已经在许多国家展开：工业迁入英国南部；法国阿尔卑斯地区的发展；新农民在巴勒斯坦和西伯利亚扎根。这些是向平衡状态迈出的第一步。出生率和死亡率持平，乡村和城市环境达成平衡，完全扫除过去遗留下来的疮痍满目的工业区——这些都是一体化进程的一部分。

地区、工业、农业和社区的这种平衡与均衡将在机器领域造成又一个改变：速度的改变。亨利·亚当斯在审视从 12 世纪的单一到 20 世纪的多样的进步时注意到了一个显著的事实，即速度的不断加快，后来又加上了纯粹对于改变和速度的信仰。但这将不再是我们社会的特点。机械系统某个部分的绝对速度并不能代表效率。全系统各部分在实现维持并发展人的生命这一目的的努力中，彼此的相对速度才是重要的。哪怕只是在技术层面上，效率也意味着各部分协作，以提供正确及可预测的动力、商品、服务和便利。要实现这样的效率，也许需要降低速度，而不是增加这个或那个部门的速度。而且因为我们的休闲时间增多，工作时间减少，因为我们的思考更注重综合性和相关性，而不是抽象性和实用性，因为我们不再只专注于力量因素，而是注意全人格的培养，这一切可能会导致我们生活节奏放慢，同时我们也许会寻求减少不必要的外部刺激。H. G. 威尔斯先生把即将到来的时期称作"重建时代"。我们的生活、思想和环境无一能逃脱重建的必要性和义务。

速度的问题、均衡的问题、有机平衡的问题以及它们背后人的满足和文化成就的问题现在都成为现代文明至关重要的问题。面对这些问题，制定出适当的社会目标，并为积极实现这些目标发明出适当的社会和政治工具，最后将其付诸行动——这些是社会才智、社会能量和社会善意的新的用武之地。

13. 总结与展望

我们研究了现代技术的起源、进步、成就、过失和未来的希望。我们观察到，西欧人为了创造机器，并将其表现为独立于人的意志的物体，为自己设置了重重限制。我们注意到，机器通过其发展过程中的偶然事件对人施加了限制。我们看到机器因对有机体和生命体的否认而兴起，也留意到有机体和生命体对机器的反作用。这个反作用有两种形式。一个是使用机械手段回归原始，这是思想和情感上的倒退，最终将导致机器本身以及构思机器时所投入的生命高级形式的毁坏。另一个形式是重建个人性格和集体群组，并把一切形式的思想和社会行动重新导向生活。这第二种反作用有可能改造我们机械环境的性质和功能，为人类社会奠定更广阔、更坚实、更安全的基础。反作用会以哪种形式出现尚不可知，结果也不确定。我在本章中做出了预言，但我深知，尽管我指出的所有趋势和运动都真实存在，但它们远未占据最高地位。所以我说"将会"的时候，我的意思是"我们必须"。

在对现代技术的讨论中，我们一直尽可能地把机械文明当作一个孤立的系统。现在，我们开始协同发展新的文化、地区、社会和人的格局。改变技术导向的下一步是在技术与这些格局之间建立更大的和谐。对于技术造成的所有问题，只在技术领域里寻求答案是缘木求鱼，因为乐器只能部分地决定交响乐的特点或听众的反应，作曲家、音乐家和听众的因素也必须被考虑进来。

对已经写成的音乐该如何评说呢？回顾现代技术的历史，会注意到自 10 世纪以来，乐器一直在奏响。在乐池的灯光亮起前，新成员一个接一个地加入管弦乐队，努力辨识着乐谱。到 17 世纪，弦乐器和木管乐器已经齐备，用高亢的乐声演奏着机械科学和发明这部伟大歌剧的序曲。18 世纪，铜管乐器加入了管弦乐队，金属乐器对木制乐器形成压倒之势的开幕大合奏响彻西方世界的每一个大厅。最后，在 19 世纪，此前静默无闻的人声透过乐曲系统性的不协和和弦怯怯地传了出来，这时又恰逢震动人心的打击乐器问世。我们听完了整部作品吗？还差得远呢。迄今发生的一切不过是一次排练。我们最终认识到歌唱者和合唱团的重要性后，就必须重写乐谱，减少奏个不停的铜管乐器和铜鼓的声音，更加突出小提琴和人的声音。不过，若果真如此，我们的任务会更加艰难，因为我们只能一边演奏一边改写乐谱，在重新谱写最重要的篇章的同时更换首席演奏家，并重组管弦乐队。不可能做到吗？非也，因为现代科学技术无论距离实现本身的潜力多远，都至少教给了人类一点：没有什么是不可能的。

发　明

1. 导言

这里列举的发明绝非详尽无遗，只是为前面的社会解读提供一个技术性事实的历史框架。虽然我试图选出最重要的发明和工艺，但无疑挂一漏万。这方面最全面的指南是达姆施泰特和费尔德豪斯做的汇编，但我参考了若干不同的资料来源。搞技术的人都知道，许多发明的日期和发明者只能武断地确定。发明与新生儿不同，经常说不好是哪一天诞生的。有的发明刚面世时看似死胎，几年后却可能起死回生，这种事常有发生。另外，发明的血统经常难以确定。W. F. 奥格本和多萝西·S. 托马斯显示，发明经常几乎同时发生，是共同遗产和共同需要的结果。我在给出发明的日期和推断的发明者的名字时努力做到准确公正，但读者要记住，这些数据只是为了方便进一步查询。经常不是一个单独的日期，而是一连串日期标志着从纯粹的想象逐渐发展为资本主义习俗最能接受的具体形式——商业成功——的过程。由于这样的习俗，人们通常太过于注重个人为"自己的"发明获取专利权，借以把发明这一社会进程据为己有。不过要注意，一项发明经常在获得专利很久之后才能实际应用。另一方面，在发明可以被使用后，工业企业经常会过很久才愿意利用。因为现代科学技术是西方文明共同财产的一部分，所以我没有把发明归于某一个国家，也尽量避免在开列单子时下意识地偏向我自己的国家。相信我的以身作则能够让那些任由自己最幼稚的冲动表露无遗的学者感到羞愧。如果仍存在偏见或舛误，欢迎指正。

2. 发明清单

对 10 世纪之前技术的总结。 火：在熔炉、烤炉和窑炉中的应用。简单的机器：斜面板和螺钉等。线、绳、索。纺织。先进农业，包括灌溉、梯田耕作和土壤再生（欧洲北部没有做到）。繁殖牲畜，把马匹用于运输。玻璃制作、陶器制作和筐篮制作。采矿、冶金和锻造，包括铁的加工。动力机械：水磨、帆船，可能还有风车。机械工具：弓钻和车床。装有回火金属刀刃的手工工具。纸。水钟。天文学、数学、物理学和传统科学。欧洲北部存在罗马打下了基础的分散的、已现衰败之象的技术传统，但在南方和东方，从西班牙到中国，先进活跃的技术思想正通过商人、学者和士兵逐渐渗入西方和北方。

10 世纪

水钟和水磨开始使用。铁制马蹄铁和更好的挽具。用在牛身上的多套轭。可能还发明了机械钟。

999 年：英国的彩绘玻璃窗

11 世纪

1041—1049 年：活字印刷术（毕昇）

1050 年：第一个真正的透镜（海桑）

1065 年：马姆斯伯里的奥利弗尝试飞行

1080 年：十进制（阿扎切尔）

12 世纪

火药在中国被用于军事。中国人在公元前 1160 年就已经使用的磁罗盘通过阿拉伯人传入欧洲。

1088 年：博洛尼亚大学

1105 年：欧洲最早有记载的风车（法国）

1118 年：摩尔人使用大炮

1144 年：纸（西班牙）

1147 年：用木刻刻写大写字母（恩格尔贝格的本笃会修道院）

1180 年：固定方向舵

1188 年：阿维尼翁桥

1190 年：造纸厂（法国埃罗）

1195 年：欧洲的磁罗盘（英文引证）

13 世纪

发明了机械钟。

1232 年：热气球（中国）

1247 年：用于塞维利亚防御的大炮

1269 年：旋转磁罗盘（彼得吕斯·佩雷格里努斯）

1270 年：透镜论（威特罗）

复合透镜（罗杰·培根）

1272 年：缫丝机（博洛尼亚）

1280 年：《田园考》（克雷申齐）

1285—1299 年：眼镜

1289 年：雕版印刷（拉韦纳）

1290 年：造纸厂（拉芬斯堡）

1298 年：纺车

14 世纪

机械钟得到普及。利用水力为高炉送风，使铸铁成为可能。脚踏织机（发明者不详）。发明了舵，开始修建运河。玻璃制造得到改善。

1300 年：木活字（中亚地区）

1315 年：解剖人体开启了科学解剖学（博洛尼亚的蒙迪诺）

1320 年：水力驱动的炼铁厂（在多布里卢格附近）

1322 年：奥格斯堡的锯木厂

1324 年：大炮［火药发明于 846 年（马格努斯·格雷库斯）］

1330 年：吕讷堡的起重机

1338 年：枪支

1345 年：把小时和分钟分为 60 单位

1350 年：拔丝机（纽伦堡的鲁道夫）

1370 年：完善的机械钟（冯·维克）

1382 年：巨型大炮（长 4.86 米）

1390 年：金属活字（朝鲜）

1390 年：造纸厂

15 世纪

使用风车给土地排水。发明了转塔式风车。针织面世。用于给大炮钻孔的铁钻头。杵锤。双桅和三桅帆船。

1402 年：油画（凡·艾克兄弟）

1405 年：潜水服（康拉德·基斯尔·冯·艾希施塔特）

1405 年：诡雷（康拉德·基斯尔·冯·艾希施塔特）

1409 年：用活字印刷术印刷了第一本书（朝鲜）

1410 年：设计出了明轮船

1418 年：真正的木刻

1420 年：撒马尔罕天文台

1420 年：马德拉锯木厂

1420 年：脚踏车（丰塔纳）

1420 年：战车（丰塔纳）

1423 年：第一幅欧洲木版画

1430 年：转塔式风车

1436 年：科学制图学（班柯）

1438 年：风力机（马里亚诺）

1440 年：透视法（阿尔伯蒂）

1446 年：铜版雕刻

1440—1460 年：现代印刷术（谷登堡和舍费尔）

1457 年：重新发现荷马说过的弹簧马车

1470 年：三角学奠基（J. 米勒·雷吉奥蒙塔努斯）

1471 年：铁炮弹

1472 年：伯纳德·瓦尔特在纽伦堡建立天文台

1472—1519 年：列奥纳多·达·芬奇做出了以下发明：

   离心泵

   修建运河用的采砂船

   带外围工事的多边形堡垒

   后膛装大炮

   带来复线的火器

   减摩滚子轴承

   万向接头

   圆锥形螺杆

   绳带式传动装置

   链条

   潜艇

   锥齿轮

   螺旋齿轮

   比例项和抛物面

   罗盘

   并丝络丝装置

纺锤和飞梭

降落伞

灯罩

航海日志

标准化批量生产的房屋

1481 年：运河船闸（迪奥尼西奥和彼得罗·多梅尼科）

1483 年：铜蚀刻（文策斯劳斯·冯·奥尔努兹）

1492 年：第一个地球仪（马丁·贝海姆）

16 世纪

镀锡防铁锈。10 马力的风车得到普及。采矿业做出了长足的技术进步，实现了机械化，高炉和铁铸模开始推广。时钟走入家庭。

1500 年：使用铁制主簧的第一块便携式手表（彼得·亨莱因）

1500 年：机械农用钻机（卡瓦利纳）

1500—1650 年：精巧复杂的教堂大钟登峰造极

1508 年：彩色木版画

1511 年：充气床（韦格提乌斯）

1518 年：消防车（普拉特纳）

1524 年：饲料切割机（普拉特纳）

1528 年：重新发明了载客马车的计价器

1530 年：脚踏式纺车（于尔根）

1534 年：明轮船（布拉斯科·德加雷）

1535 年：潜水钟（弗朗切斯科·德尔·马尔基）

1539 年：第一幅天文图（亚历山德罗·皮科洛米尼）

1544 年：《宇宙图志》（塞巴斯蒂安·明斯特尔）

1544 年：制定了代数符号（施蒂费尔）

1545 年：现代外科学（安布鲁瓦兹·帕雷）

1546 年：德国矿山铁路

1548 年：用水泵供水（奥格斯堡）

1550 年：西欧已知的第一座悬索桥（帕拉第奥）

1552 年：轧钢机（布律列尔）

1558 年：军用坦克

1558 年：带镜头和光圈的照相机（达尼埃洛·巴尔巴罗）

1560 年：自然奥秘科学院在那不勒斯创立（第一个科学学会）

1565 年：铅笔（格斯纳）

1569 年：在纽伦堡市政厅举办第一次工业展览会

1575 年：希罗的《歌剧》（翻译）

1578 年：螺丝车床（雅克·贝松）

1579 年：但泽的自动织带机

1582 年：修改格里历

1582 年：伦敦的潮汐动力泵（莫里斯）

1585 年：十进制（西蒙·斯泰芬）

1589 年：针织机（威廉·李）

1589 年：由人力驱动的车（吉勒斯·德博姆）

1590 年：复显微镜（扬森）

1594 年：用时钟来确定经度

1595 年：金属桥梁的设计——桥拱和悬索（威朗兹欧）

1595 年：风轮机（威朗兹欧）

1597 年：旋转剧场舞台

17 世纪

20 马力水轮机面世，使用往复杆把动力传输到四分之一英里以外。开始使用玻璃温室。奠定了现代科学方法的基础。物理学迅速发展。

1600 年：点播小麦，以增加产量（普拉特）

1600 年：关于地磁和电学的论文（吉尔伯特）

1600 年：钟摆（伽利略）

1603 年：林琴科学院在罗马成立

1605 年：望远镜（李普希）

1609 年：第一运动定律（伽利略）

1610 年：气体的发现（范·海尔蒙特）

1613 年：使用火药进行采矿爆破

1614 年：约翰·纳皮尔发明对数

1615 年：维勒布罗德·斯内尔·范·罗延（1581—1626）使用三角测量系统进行测量

1617 年：第一份对数表（亨利·布里格斯）

1618 年：用于犁地、施肥和播种的机器（拉姆齐和维尔古斯）

1619 年：高炉不用木炭，而用焦炭（达德利）

1619 年：制瓦机

1620 年：加算机（纳皮尔）

1624 年：潜艇（科尼利厄斯·德雷贝尔）。测试时从威斯敏斯特到格林尼治走了两英里

1624 年：第一部保护发明的专利法（英国）

1628 年：蒸汽机（伍斯特在 1663 年做了描述）

1630 年：蒸汽机获得专利（戴维·拉姆齐）

1635 年：发现了微生物（列文虎克）

1636 年：无穷小微积分（费马）

1636 年：钢笔（施文泰尔）

1636 年：脱粒机（范伯格）

1637 年：潜望镜（海维尔、丹齐希）

1643 年：气压计（托里拆利）

1647 年：计算了所有镜片的焦距

1650 年：计算器（帕斯卡）

1650 年：幻灯（珂雪）

1652 年：气泵（冯·格里克）

1654 年：概率论（帕斯卡）

1657 年：摆钟（惠更斯）

1658 年：时钟的摆轮游丝（胡克）

1658 年：血液中的红细胞（施瓦莫丹）

1660 年：把概率论应用于保险（扬·德维特）

1665 年：蒸汽汽车模型（耶稣会传教士南怀仁）

1666 年：反射望远镜（牛顿）

1667 年：植物的蜂窝结构（胡克）

1667 年：巴黎天文台建立

1669 年：播种机（沃利奇）

1671 年：传音筒（莫兰）

1673 年：新型碉堡（沃邦）

1675 年：初次确定光速（罗默）

1675 年：格林尼治天文台建立

1677 年：阿什莫林博物馆创立

1678 年：动力织机（德热纳）

1679—1681 年：第一条现代交通隧道，长 515 英尺，位于朗格多克运河

1680 年：第一台动力疏浚机（科利尼厄斯·迈尔）

1680 年：微分学（莱布尼茨）

1680 年：使用火药的燃气发动机（惠更斯）

1682 年：万有引力定律（牛顿）

1682 年：在马尔利使用了 100 马力的抽水机（兰内更）

1683 年：在巴黎举办第二次工业展览会

1684 年：水力饲料切割机（德拉巴第）

1685 年：科学产科学的创立（范·德文特）

1687 年：牛顿出版《自然哲学的数学原理》

1688 年：从煤中提取燃气（克莱顿）

1695 年：常压蒸汽机（帕潘）

18 世纪

采矿机械和纺织机械迅速改进。确立了现代化学。

1700 年：水力用于大规模生产（普尔海姆）

1705 年：常压蒸汽机（纽科门）

1707 年：医生用的有秒针的脉搏表（约翰·弗洛格尔）

1708 年：湿砂铸铁法（达比）

1709 年：在高炉中使用焦炭（达比）

1710 年：第一块铅版（范·德梅伊和米勒）

1711 年：缝纫机（卡姆士）

1714 年：水银温度计（华伦海特）

1714 年：打字机（亨利·米尔）

1716 年：包可锻铸铁板的木头轨道

1719 年：铜版三色印刷（勒布朗德）

1727 年：第一次精确测量血压（斯蒂芬·黑尔斯）

1727 年：铅版的发明（格德）

1727 年：硝酸银的光反应（舒尔兹）

1730 年：铅版制版法（戈德史密斯）

1733 年：飞梭（凯）

1733 年：滚筒纺纱（怀亚特和保罗）

1736 年：精确的天文钟（哈里森）

1736 年：硫酸的商业生产（沃德）

1738 年：有轨车铸铁轨道（英国怀特黑文）

1740 年：铸钢（亨茨曼）

1745 年：第一所与军事工程分开的技术学校，设在不伦瑞克

1749 年：船舶水阻力的科学计算（欧拉）

1755 年：运煤车用上了铁轮子

1756 年：水泥制造（斯密顿）

1761 年：气缸；用水轮带动活塞。高炉的产量增加了两倍多（斯密顿）

1763 年：现代天文钟（勒罗伊）

1763 年：首届工业艺术展览会，巴黎

1763 年：滑动刀架（法国百科全书）

1765—1769 年：通过另装冷凝器改良了蒸汽泵发动机（瓦特）

1767 年：科尔布鲁克代尔的铸铁轨道

1767 年：珍妮纺纱机（哈格里夫斯）

1769 年：蒸汽客车（屈尼奥）

1770 年：履带（埃奇沃思）

1772 年：对滚珠轴承的描述（纳尔洛）

1774 年：镗床（威尔金森）

1775 年：带轮往复运动机

1776 年：反射炉（克兰格兄弟）

1778 年：现代抽水马桶（布喇马）

1778 年：会说话的自动机（冯·肯佩伦）

1779 年：桥梁铸铁部分（达比和威尔金森）

1781—1786 年：蒸汽机被用作原动机（瓦特）

1781 年：轮船（茹弗鲁瓦）

1781 年：耧犁（普鲁德，巴比伦人在公元前 1700—前 1200 年也用过）

1782 年：气球（J. M. 蒙戈尔菲耶和 J. E. 蒙戈尔菲耶）。最初是中国人发明的。

1784 年：普德林法——反射炉（科特）

1784 年：纺纱机（克朗普顿）

1785 年：火枪的通用零件（勒勃朗）

1785 年：帕珀威克建起第一座蒸汽纺纱厂

1785 年：动力织机（卡特莱特）

1785 年：氯被用作漂白剂（贝托莱）

1785 年：螺旋桨（布喇马）

1787 年：铁船（威尔金森）

1787 年：螺旋桨轮船（菲奇）

1788 年：脱粒机（米克尔）

1790 年：吕布兰制碱法（吕布兰）

1790 年：缝纫机首次获得专利（托马斯·塞因特，英国）

1791 年：燃气发动机（巴克）

1792 年：煤气用于家庭照明（默多克）

1793 年：轧棉机（惠特尼）

1793 年：信号电报（克劳德·沙普）

1794 年：巴黎综合理工学院创立

1795—1809 年：食品罐头出现（阿珀特）

1796 年：平版印刷术（塞内费尔德）

1796 年：天然水泥（J. 帕克）

1796 年：玩具直升机（凯利）

1796 年：液压机（布喇马）

1797 年：车螺丝车床、对滑座金属车床的改善（莫兹利）

1799 年：汉弗莱·戴维演示了氧化亚氮的麻醉特性

1799 年：法国国立工艺学院创立（巴黎）

1799 年：人造漂白粉（坦南特）

19 世纪

能量转换做出巨大进步。纺织品、铁、钢、机械均投入大规模生产。铁路建设时代。现代生物学和社会学奠基。

1800 年：原电池（伏打）

1801 年：使用马车的公共铁路线——英国旺兹沃思到克罗伊登

1801 年："夏洛特·邓达斯号"轮船（赛明顿）

1801—1802 年：蒸汽客车（特里维西克）

1802 年：棉经整修机（对动力编织很有必要）

1802 年：刨床（布喇马）

1803 年：侧桨轮船（富尔顿）

1804 年：雅卡尔发明提花织机

1804 年：奥利弗·埃文斯两栖蒸汽客车

1805 年：双螺旋桨（史蒂文斯）

1807 年：煤气驱动汽车首次获得专利（伊萨克·德里瓦兹）

1807 年：记纹器（扬）

1813 年：动力织机（霍罗克斯）

1814 年：翻草机（萨尔蒙）

1814 年：蒸汽印刷机（柯尼希）

1817 年：自行车（德莱斯）

1818 年：铣床（惠特尼）

1818 年：听诊器（拉埃内克）

1820 年：曲木（萨金特）

1820 年：白炽灯（德·拉·鲁）

1820 年：现代飞机（乔治·伦尼）

1821 年：铁制轮船（A. 曼比）

1822 年：第一届科学大会在莱比锡召开

1822 年：合金钢（法拉第）

1823 年：电动机原理（法拉第）

1823—1843 年：计算机（巴贝奇）

1824 年：硅酸盐水泥（阿斯普登）

1825 年：电磁铁（威廉·斯特金）

1825 年：斯托克顿—达灵顿铁路

1825—1843 年：泰晤士河隧道（马克·I. 布鲁内尔）

1826 年：收割机（贝尔）。最先在罗马使用，普林尼做过描述

1827 年：蒸汽汽车（汉考克）

1827 年：高压蒸汽锅炉——1 400 磅（雅各布·珀金斯）

1827 年：彩色平版印刷（萨恩）

1828 年：热风炼铁法（J. B. 尼尔森）

1828 年：机制钢笔（吉洛特）

1829 年：盲文（布拉耶）

1829 年：水过滤装置（切尔西水厂，伦敦）

1829 年：利物浦—曼彻斯特铁路

1829 年：缝纫机（蒂莫尼耶）

1829 年：纸型铅版（热努）

1830 年：压缩空气用于水下竖井和隧道（托马斯·科克伦）

1830 年：提升机（工厂用）

1831 年：收割机（麦考密克）

1831 年：直流发电机（法拉第）

1831 年：氯仿

1832 年：水轮机（富尔内隆）

1833 年：磁力电报机（高斯和韦伯）

1833 年：电解定律（法拉第）

1834 年：机动船用的电池（M. H. 雅各比）

1834 年：从煤焦油中提取苯胺染料（伦格）

1834 年：可行的液体制冷机（雅各布·珀金斯）

1835 年：将统计方法应用于社会现象（凯特尔）

1835 年：直流发电机换向器

1835 年：电力电报机

1835 年：电动汽车（达文波特）

1836 年：电报首次应用于铁路（罗伯特·斯蒂芬森）

1837 年：电动机（达文波特）

1837 年：针式电报机（惠特斯通）

1838 年：电磁电报机（莫尔斯）

1838 年：单线接地电路（施泰因海尔）

1838 年：蒸汽锤（内史密斯）

1838 年：双循环双作用燃气发动机（巴内特）

1838 年：螺旋桨轮船（埃里克森，见 1805 年）

1838 年：由电动机驱动的船（雅各比）

1839 年：锰钢（希思）

1839 年：电铸版（雅各比）

1839 年：珂罗版（塔尔博特）

1839 年：达盖尔照相法（涅普斯和达盖尔）

1839年：橡胶的硫化反应（古德伊尔）

1840年：格罗夫的白炽灯

1840年：瓦楞铁皮屋顶——东郡火车站

1840年：微距摄影（多恩）

1840年：第一座钢缆悬索桥，匹兹堡（罗布林）

1841年：摄影用相纸（塔尔博特）

1842年：电动发动机（戴维森）

1842年：能量守恒定律（罗伯特·冯·迈尔）

1843年：航空器（亨森）

1843年：打字机（瑟伯）

1843年：频谱分析（米勒）

1843年：古塔波胶（蒙哥马利）

1844年：碳弧灯（普科尔）

1844年：氧化亚氮的应用（霍拉斯·威尔斯医生，见1799年）

1844年：实用的木浆纸（凯勒）

1844年：软木和橡胶油毡（加洛韦）

1845年：电弧获得专利（赖特）

1845年：现代高速缝纫机（伊莱亚斯·豪）

1845年：充气轮胎（汤姆森）

1845年：机械加煤机

1846年：轮转印刷机（霍）

1846年：乙醚（沃伦和莫顿）

1846年：硝化甘油（索布雷罗）

1846年：棉火药（C.F. 舍恩拜因）

1847 年：氯仿麻醉剂（J. Y. 辛普森）

1847 年：电力机车（M. G. 法默）

1847 年：铁制建筑（博加德斯）

1848 年：现代安全火柴（R. C. 伯特格尔）

1848 年：旋转式风扇（劳埃德）

1849 年：电力机车（佩奇）

1850 年：旋转式通风机（法布里）

1850 年：检眼镜

1851 年：水晶宫。第一届世界博览会（约瑟夫·帕克斯顿）

1851 年：电动车（佩奇）

1851 年：电磁钟（谢泼德）

1851 年：收割机（麦考密克）

1853 年：科学博物馆（伦敦）

1853 年："大东方号"轮船长 680 英尺，船舱都是水密舱

1853 年：机械航船日志（威廉·塞门斯）

1853 年：批量生产手表（丹尼森、霍华德和柯蒂斯）

1853 年：单线多台电报机（金特尔）

1854 年：自动电文记录器（休斯）

1855 年：铝的商业化生产（德维尔）

1855 年：巴黎的 800 马力水轮机

1855 年：电视（卡塞尔）

1855 年：铁甲炮艇

1855 年：保险栓（耶尔）

1856 年：平炉（西门子）

1856 年：贝塞麦转炉（贝塞麦）

1856 年：彩色摄影（森克尔）

1858 年：语声描记器（斯科特）

1859 年：挖井和钻井开采石油（德雷克）

1859 年：蓄电池（普朗泰）

1860 年：氨制冷（卡尔）

1860 年：沥青路面

1860—1863 年：伦敦"地下铁路"

1861—1864 年：电动直流发电机（帕奇诺蒂）

1861 年：机枪（加特林）

1862 年：监视器（埃里克松）

1863 年：燃气发动机（勒努瓦）

1863 年：氨碱法（索尔维）

1864 年：光电理论（克拉克-麦克斯韦）

1864 年：电影（迪科）

1864 年和 1875 年：汽油电动机驱动的汽车（S. 马库斯）

1865 年：葡萄酒的巴氏杀菌（巴斯德）

1866 年：实用直流发电机（西门子）

1867 年：炸药（诺贝尔）

1867 年：再生混凝土（莫尼耶）

1867 年：打字机（斯科尔斯）

1867 年：燃气发动机（奥托和朗根）

1867 年：两轮自行车（米肖）

1868 年：钨钢（马希特）

1869 年：元素周期表（门捷列夫和洛塔尔·迈尔）

1870 年：电气炼钢炉（西门子）

1870 年：赛璐珞（J. W. 海厄特和 I. S. 海厄特）

1870 年：在精神病理学中应用催眠术（沙尔科）

1870 年：人造茜草染料（珀金）

1871 年：用苯胺染料给细菌染色（魏格特）

1872 年：模型飞机（A. 佩诺）

1872 年：自动气闸（威斯汀豪斯）

1873 年：氨气压缩制冷机——卡尔·林德（慕尼黑）

1874 年：流线型机车

1875 年：电动汽车（西门子）

1875 年：标准时（美国铁路）

1876 年：巴黎的乐蓬马歇百货公司（布瓦洛和 G. 埃菲尔）

1876 年：毒素的发现

1876 年：四冲程燃气发动机（奥托）

1876 年：电话（贝尔）

1877 年：麦克风（爱迪生）

1877 年：确定了光的杀菌性能（唐斯和布伦特）

1877 年：压缩空气制冷机（J. J. 科尔曼）

1877 年：留声机（爱迪生）

1877 年：模型飞行器（克雷斯）

1878 年：离心乳脂分离器（德拉瓦尔）

1879 年：碳辉灯（爱迪生）

1879 年：电气铁路

1880 年：自行车的外圈和内圈滚珠轴承

1880 年：电动升降机（西门子）

1882 年：第一座中央发电站（爱迪生）

1882 年：电影摄像机（马利）

1882 年：汽轮机（德拉瓦尔）

1883 年：可操纵气球（蒂桑迪耶兄弟）

1883 年：高速汽油机（戴姆勒）

1884 年：钢架构摩天大楼（芝加哥）

1884 年：可卡因（辛格）

1884 年：莱诺铸排机（默根特勒）

1884 年：高落差涡轮机（佩尔顿）

1884 年：无烟火药（杜滕赫费尔）

1884 年：汽轮机（帕森）

1885 年：国际标准时间

1886 年：电解铝法（霍尔）

1886 年：手提摄影机（伊斯特曼）

1886 年：无菌外科手术（伯格曼）

1886 年：玻璃吹制机

1887 年：交流发电机（特斯拉）

1887 年：自动电话

1887 年：电磁波（赫兹）

1887 年：莫诺铸排机（莱维斯顿）

1888 年：可打字的加算机（伯勒斯）

1889 年：用棉花废料制造人造丝（沙尔多内）

1889 年：硬橡胶留声机唱片

1889 年：埃菲尔铁塔

1889 年：现代电影摄影机（爱迪生）

1890 年：探测器（布朗利）

1890 年：自行车充气轮胎

1892 年：碳化钙（威尔森和穆瓦桑）

1892 年：用木浆制造人造丝（克罗斯、贝文和比德尔）

1893—1898 年：柴油电动机

1893 年：电影（爱迪生）

1893 年：副产回收焦炉（霍夫曼）

1894 年：詹金斯的"万花筒"——第一部现代电影

1895 年：电影放映机（爱迪生）

1895 年：X 射线（伦琴）

1896 年：蒸汽驱动的本场飞行——未载乘客飞了 0.5 英里
（兰利）

1896 年：无线电报（马可尼）

1896 年：无线电活动（贝克勒耳）

1898 年：锇丝灯（韦耳斯拔）

1898 年：镭（居里夫人）

1898 年：花园城市（霍华德）

1899 年：长途电报和长途电话用的加感线圈（普平）

20 世纪

科学技术研究实验室普遍成立。

1900 年：高速工具钢（泰勒和怀特）

1900 年：能斯特灯

1900 年：量子理论（普朗克）

1901 年：美国国家标准局

1902 年：履带得到改善（见 1770 年）

1902 年：径向型飞机发动机（查尔斯·曼利）

1903 年：第一架载人飞机（奥维尔·莱特和威尔伯·莱特）

1903 年：电固氮法

1903 年：电弧固氮法（伯克兰和埃德）

1903 年：无线电话

1903 年：德意志博物馆（慕尼黑）

1903 年：燃油轮船

1903 年：钽丝灯（冯·博尔顿）

1904 年：穆尔灯

1905 年：旋转汞泵（盖德）

1905 年：氰胺固氮法（罗特）

1906 年：合成树脂（贝克兰）

1906 年：三极管（德福雷斯特）

1907 年：自动制瓶机（欧文）

1907 年：钨丝灯

1907 年：电视摄影（科恩）

1908 年：工商技术博物馆（维也纳）

1909 年：杜拉铝（维尔姆）

1910 年：陀螺罗盘（斯佩里）

1910 年：合成氨固氮法（哈伯）

1912 年：维生素（霍普金斯）

1913 年：钨丝灯（库利奇）

1920 年：无线电广播

1922 年：色光风琴的完善（威尔弗雷德）

1927 年：无线电视

1933 年：空气动力汽车（富勒）

参考文献

1. 概述

　　书籍无法代替亲见亲历，所以任何对技术的研究都应先调查一个地区的情况，从了解一个具体群体的实际生活到对机器的详细或笼统的研究。这个做法十分必要，因为我们的知识兴趣已经高度专门化，习惯于什么事都先考虑抽象因素和零碎信息，但用专门化的方法把那些碎片拼成整体如同把从墙上掉下来摔碎的 Humpty Dumpty（童谣中从墙上摔下跌得粉碎的蛋形矮胖子）拼凑完整一样困难。到田野中去观察，和工人一起积极参加我们周边的劳动生活，是克服专门主义造成的瘫痪的两个根本性方法。要更深入了解技术操作和设备，特别是对知识和经验有限的外行人来说，一个有用的办法是参观工业博物馆。最早创立的工业博物馆是巴黎的法国国立工艺学院，然而，若从教育角度来看，它只是个仓库。藏品最齐全的是慕尼黑的德意志博物馆，但它的收藏有点过于求多，让人只见树木不见森林。可能里面最出色的部分是对矿井生活的戏剧化再现。芝加哥的罗森瓦尔德博物馆模仿了这个特点。维也纳和伦敦的博物馆都具有教育价值，又不至于令人难以承受。小型博物馆中出类拔萃的一个是纽约的科学与工业博物馆。费城富兰克林研究所的新博物馆和华盛顿史密森学会的博物馆分别是美国最年轻和最古老的博物馆。宾夕法尼亚州多伊尔斯敦的巴克斯县历史学会博物馆里陈列着很多有趣的始技术遗物。

　　直到现在，唯一有价值的英文概述是斯图尔特·蔡斯的《人与机器》和哈罗德·鲁格的《伟大的技术》。这两部著作都失于对历史介绍不足，但蔡斯很好地描述了现代技术的改进，鲁格提出了各种宝贵的教育建议。英文文献中没有一部全面且充分的技术史，最接近这个标准的是厄舍的《机械发明史》（*A History of Mechanical Inventions*）。它虽然没有涵盖技术的每个方面，但对所涉及的方面做了详尽无遗的批评性评述，开头关于古代设备和时钟发展的几章总结得尤为精辟。该书也许是这方面的英文著作中最方便、最准确的。在德文著作中，弗朗茨·马利·费尔德豪斯撰写的系列著作，特别是《技术的光辉》（*Ruhmesblätter der Technik*），只是插图就弥足珍贵；那些书是每个历史图书馆的核心。厄舍和费尔德豪斯对他们的资料来源和参考书籍的评论都很有帮助。在这些著作中，最重要的是 20 世纪学术的扛鼎之作——维尔纳·桑巴特的《现代资本主义》（*Der Moderne Kapitalismus*）。10 世纪以来的西欧生活几乎没有一个方面逃过桑巴特鹰一般敏锐的眼光和鼹鼠般的勤劳。光是因为书中的注释书目，该书的出版就是值得的。J. A. 霍布森的《现代资本主义的演进》（*The Evolution of Modern Capitalism*）可与桑巴特的著作并驾齐驱。该书的初版主要靠英文资料来源，但后来的版本公开承认吸取了桑巴特的观点。在美国，索尔斯坦·凡勃伦的全部著作，包括《德意志帝国》（*Imperial Germany*）和《和平的性质》（*The Nature of Peace*）等不太受重视的著作，是对此题目独一无二的贡献。至于现代技术的资源，埃里希·齐默尔曼最近出版的《世界资源与世界工业》（*World Resources and World Industries*）填补了此前的一个严重空白。在某种程度上，H. G. 威尔斯在他的《人类的工作、财富及幸福》（*The Work, Wealth and Happiness of Mankind*）一书中对现代生活的实际进程有些啰唆的研究是对齐默尔曼著作的补充。

对有些比较重要的书籍的更多评论，见如下书单。方括号中的罗马数字指的是相关章节。

2. 书单

Ackerman, A.P., and Dana, R.T.: *The Human Machine in Industry*. New York: 1927.

Adams, Henry: *The Degradation of the Democratic Dogma*. New York: 1919.

亚当斯试图把相律应用于社会现象，这样做虽然不妥，但它导致了关于最后阶段

的一个很有意思的预言，恰好与我们的新技术时期相对应。[V]

Agricola, Georgius: *De Re Metallica*. First Edition: 1546. Translated from edition of 1556 by H.C. Hoover and Lou Henry Hoover, 1912.

> 伟大的技术经典著作之一。概述了 16 世纪早期的重工业先进技术工艺。对于任何对始技术时期成就的公正评价都非常重要。[II, III, IV]

Albion, R. G. *Introduction to Military History*. New York: 1929. [II]

Allport, Floyd A.: *Institutional Behavior*. Chapel Hill: 1933.

> 总的来说公平地对目前节约劳动力和强制休闲的信条做了批判性分析，比博尔索迪强得多，但也有一点中产阶级那种乏味的浪漫主义。[VI, VIII]

Andrade, E. N.: *The Mechanism of Nature*. London: 1930.

Annals of the American Academy of Political and Social Science: *National and World Planning*. Philadelphia: July 1932.

Appier, Jean, and Thybourel, F.: *Recueil de Plusieurs Machines Militaires et Feux Artificiels Pour la Guerre et Recreation*. Pont-a-Mousson: 1620. [II]

Ashton, Thomas S.: *Iron and Steel in the Industrial Revolution*. New York: 1924.

> 对这个题目的有用介绍，也许是英文著作中最好的。但请看路德维希·贝克。[II, IV, V]

Babbage, Charles: *On the Economy of Machinery and Manufactures*. Second Edition. London: 1832. [IV]

> 一位杰出的英国数学家所著的关于古技术思想的里程碑式作品之一。

Exposition of 1851; or, Views of the Industry, the Science and the Government of England. Second Edition. London: 1851.

Bacon, Francis: *Of the Advancement of Learning*. First Edition. London: 1605.

> 始技术知识的差距和成就的概要。关于科学方法的概念是前伽利略时代的，但仍极具启发性。[I, III]

Novum Organum. First Edition. London: 1620.

The New Atlantis. First Edition. London: 1660.

> 不完整的乌托邦，仅作为历史文献有用。要了解对当时的技术和新工业秩序的更详细的看法，见 J. V. 安德里亚的《基督城》。

Bacon, Roger: *Opus Majus.* Translated by Robert B. Burke. Two vols. Philadelphia: 1928. [I, III]

要和桑代克的著作一起读，有些人不知道中世纪科学的其他人物，只对培根大加赞扬。作为对这种观点的反弹，桑代克对培根也许有些过于贬抑。

Baker, Elizabeth: *Displacement of Men by Machines; Effects of Technological Change in Commercial Printing.* New York: 1933. [V, VIII]

对结合传统和稳定技术进步的单一行业的变化进行了很好的实证研究。

Banfield, T.C.: *Organization of Industry.* London: 1948.

Barclay, A.: *Handbook of the Collections Illustrating Industrial Chemistry.* Science Museum, South Kensington. London: 1929. [IV, V]

和科学博物馆推出的其他手册一样，这本手册的范围、方法和明晰性值得赞赏。它不仅是手册而已，里面所载的文章在任何关于现代技术的图书馆中都应占一席之地。

Barnett, George: *Chapters on Machinery and Labor.* Cambridge: 1926.

根据事实对自动机器取代工人这个问题进行了讨论。[V, VIII]

Bartels, Adolph: *Der Bauer in der Deutschen Vergangenheit.* Second Edition. Jena: 1924.

如同本系列的其他书一样，插图丰富。

Bavink, Bernhard: *The Anatomy of Modern Science.* Translated from German. Fourth Edition. New York: 1932.

无论是否接受巴文克的形而上学理论，这都是一本有用的情况介绍。[I]

Bayley, R.C.: *The Complete Photographer.* Ninth Edition. London: 1926.

关于现代摄影的历史与技术的最好的英文通识读本。[V, VII]

Beard, Charles A. (Editor): *Whither Mankind.* New York: 1928.

Toward Civilization. New York: 1930. [VII, VIII]

前一本书试图回答科学和机器在多大程度上，以何种方式影响了生活的各个方面。后一本书对现代技术做了自信的辩解，不过有些杂乱，但它的序言是由编辑撰写的一篇出色的评论文章。

Bechtel, Heinrich: *Wirtschaftsstil des Deutschen Spätmittelalters.* München: 1930. [III]

小心地沿着桑巴特开辟的道路前行，既讨论了工业和商业，也讨论了艺术和建筑。

关于采矿的那一节写得很好。

Beck, Ludwig: *Die Geschichte des Eisens in Technischer und Kulturgeschichtlicher Beziehung.* Five vols. Braunschweig: 1891-1903. [II, III, IV, V]

一流的不朽巨著。

Beck, Theodor: *Beiträge zur Geschichte des Machinenbaues.* Second Revised Edition. Berlin: 1900. [I, III, IV]

因为此书总结了早期意大利和德国工程师的成就和技术著作，所以对历史研究者来说特别宝贵。

Beckmann, J.: *Beiträge zur Geschichte der Erfindungen.* Five vols. Leipzig: 1783-1788. Translated: *A History of Inventions, Discoveries and Origins.* London: 1846.

关于现代技术史的第一部专著，即使在今天也不能忽视。它特别有趣，因为它和亚当·斯密的经典著作一样，显示了古技术革命之前的始技术思想倾向。

Bellamy, Edward: *Looking Backward.* First Edition. Boston: 1888. New Edition. Boston: 1931. [VIII]

有些缺乏人性的乌托邦，但在上一代的时间里没有受到冷落，而是大行其道。它沿袭的是卡贝的传统，而不是莫里斯的。

Bellet, Daniel: *La Machine et la Main-d'Œuvre Humaine.* Paris: 1912.

L'Evolution de l'Industrie. Paris: 1914.

Bennet and Elton: *History of Commercial Milling.* [III]

有用的书，但要看厄舍的批评。

Bennett, C.N.: *The Handbook of Kinematography.* Second Edition. London: 1913.

Bent, Silas: *Machine Made Man.* New York: 1930.

Berdrow, Wilhelm: *Alfred Krupp.* Two vols. Berlin: 1927. [IV]

对一位伟大的古技术时期人物的详尽描述，但奇怪的是，它没有提及他在住房方面的开拓性工作，因此不够全面。

Berle, Adolf A., Jr.: *The Modern Corporation and Private Property.* New York: 1933. [VIII]

以事实为依据，出色地分析了美国现代金融的集中和适用通常法律概念的困难。但其中提出的建议却谨慎到怯懦的程度。

Besson, Jacques: *Theatre des Instruments Mathématiques et Méchaniques.* Genève: 1626. [III]

作者是 16 世纪的一位数学家，也是出色的技术人员。

Biringucci, Vannuccio: *De la Pirotechnia*. Venic: 1540. Translated into German. Braunschweig: 1925. [III]

Blake, George G.: *History of Radiotelegraphy and Telephony*. London: 1926. [V]

Bodin, Charles: *Economie Dirigée, Economie Scientifique*. Paris: 1932.

保守的反对意见。

Boissonade, Prosper: *Life and Work in Mediaeval Europe: Fifth to Fifteenth Centuries*. New York: 1927. [III]

一套设想周密、编辑精心的丛书中的一本好书。

Booth, Charles: *Life and Labor in London*. Seventeen vols. Begun 1889. London: 1902. [IV]

对一个伟大的帝国大都会的生活水平做了大量全面的事实介绍。也见后来更精简的概述。

Borsodi, Ralph: *This Ugly Civilization*. New York: 1929. [VI]

此书试图表明，在电动机和现代机器的帮助下，家庭工业可以与大规模生产方法竞争。克鲁泡特金对此论题的陈述周密得多。

Böttcher, Alfred: *Das Scheinglück der Technik*. Weimar: 1932. [VI]

Bourdeau, Louis: *Les Forces de l'Industrie: Progrés de la Puissance Humaine*. Paris: 1884.

Bouthoul, Gaston: *L'Invention*. Paris. 1930. [I]

Bowden, Witt: *Industrial Society in England Toward the End of the Eighteenth Century*. New York: 1925. [IV]

应辅以芒图和阿累维的著作。

Boyle, Robert: *The Sceptical Chymist*. London: 1661.

Bragg, William: *Creative Knowledge: Old Trades and New Science*. New York: 1927.

Brandt, Paul: *Schaffende Arbeit und Bildende Kunst*. Vol. I: "Im Altertum und Mittelalter." [I, II, III] Vol. II: "Vom Mittelalter bis zur Gegenwart." Leipzig: 1927. [III, IV]

对始技术工业的介绍引用了施特拉丹乌斯、阿曼、范弗利特和卢伊肯的重要图示，但未能充分利用法文资源。

Branford, Benchara: *A New Chapter in the Science of Government*. London: 1919. [VIII]

Branford, Victor (Editor): *The Coal Crisis and the Future: A Study of Social Disorders and*

Their Treatment. London: 1926. [V]

Coal—Ways to Reconstruction. London: 1926

Branford, Victor, and Geddes, P.: *The Coming Polity.* London: 1917. [V]

将勒普累和孔德的理论应用于当时的情境。

Our Social Inheritance. London: 1919. [VIII]

Branford, Victor: *Interpretations and Forecasts: A Study of Survivals and Tendencies in Contemporary Society.* New York: 1914.

Science and Sanctity. London: 1923. [I, VI, VIII]

对布兰福德哲学的最全面阐述，有时隐晦，有时任性，然而，它仍然充满了深刻犀利的主张。

Brearley, Harry C.: *Time Telling Through the Ages.* New York: 1919. [I]

Brocklehurst, H.J., and Fleming, A.P.M.: *A History of Engineering.* London: 1925.

Browder, E.R.: *Is Planning Possible Under Capitalism?* New York: 1933.

Buch der Erfindungen, Gewerbe und Industrien. Ten vols. Ninth Edition. Leipzig: 1895-1901.

Bücher, Karl: *Arbeit und Rhythmus.* Leipzig: 1924. [I, II, VII]

对这个题目的独特贡献，历经多个版本得到了扩大和修改，是对美学和工业的根本性讨论。

Buckingham, James Silk: *National Evils and Practical Remedies.* London: 1849. [IV]

古技术改良主义的精髓。这个乌托邦的缺陷如同理查森设想的"海吉亚"（Hygeia），凸显了那个时期的特点。

Budgen, Norman F.: *Aluminum and Its Alloys.* London: 1933. [V]

Burr, William H.: *Ancient and Modern Engineering.* New York: 1907.

Butler, Samuel: *Erewhon, or Over the Range.* First Edition. London: 1872.

描述了一个假想的国家，那里的人弃用机器，携带手表是一种犯罪行为。此书在维多利亚时代仅仅被视为好玩和讽刺，但它表现出一种对机器下意识的恐惧。这种恐惧至今犹存，但并非全无道理。

Butt, I.N., and Harris, I.S.: *Scientific Research and Human Welfare.* New York: 1924.

通俗读物。

Buxton, L.H.D.: *Primitive Labor.* London: 1924. [II]

Byrn, Edward W.: *Progress of Invention in the Nineteenth Century.* New York: 1900. [IV]

　　对发明和方法的有用概括。

Campbell, Argyll, and Hill, Leonard: *Health and Environment.* London: 1925. [IV, V]

　　有很多关于古技术环境弊病的宝贵数据。

Capek, Karel: *R.U.R.* New York: 1923. [V]

　　这部戏剧的机器人比现代机器人特雷克斯先生出现得早。剧中的机械化机器人稍

　　具人性后开始反叛，但拖拉的结局拖了全剧的后腿。该剧是反抗过度机械化的标

　　志，如赖斯（Rice）的《加算机》（*The Adding Machine*）和奥尼尔的《毛猿》。

Carter, Thomas F.: *The Invention of Printing in China and Its Spread Westward.* New York:

　　1931. [III]

　　这部杰出的著作是对厄舍关于印刷术那一章的重要补充。它几乎确定了将印刷术

　　初次现身欧洲与之前印刷术以及金属活字在中国和朝鲜出现连在一起的链条中的

　　最后一环。

Casson, H.N.: *Kelvin: His Amazing Life and Worldwide Influence.* London: 1930. [V]

　　History of the Telephone. Chicago: 1910.

Chase, Stuart: *Men and Machines.* New York: 1929. [IV, V, VIII]

　　流于表面，但有启发性。

　　The Nemesis of American Business. New York: 1931. [V]

　　参见对 A. O. 史密斯工厂的研究。

　　The Promise of Power. New York: 1933. [V]

　　Technocracy; an Interpretation. New York: 1933.

　　The Tragedy of Waste. New York: 1925. [V, VIII]

　　也许是蔡斯迄今为止写得最好的书，有很多关于现代商业和工业弊病的有用资料。

Chittenden, N.W.: *Life of Sir Isaac Newton.* New York, 1848.

Clark, Victor S.: *History of Manufactures in the United States.* (1607-1928) Three vols. New

　　York: 1929. [III, IV]

　　即使在美国的先进地区，始技术时期也一直持续到 19 世纪已经过了 3/4 的时间，

　　因此这部著作是对晚期始技术做法，包括露天采矿的很有价值的研究。

Clay, Reginald S., and Court, Thomas H.: *The History of the Microscope.* London: 1932. [III]

Clegg, Samuel: *Architecture of Machinery: An Essay on Propriety of Form and Proportion.*
London: 1852. [VII]

Cole, G.D.H.: *Life of Robert Owen.* London: 1930.

对一位重要的工业家和乌托邦信徒的全面研究。欧文关于工业管理和城市建设的
开拓性主张至今仍在产生成果。

Modern Theories and Forms of Industrial Organisation. London: 1932. [VIII]

Cooke, R.W. Taylor: *Introduction to History of Factory System.* London: 1886.

很好的历史视角，但必须以桑巴特的数据为补充。[III, IV]

Coudenhove-Kalergi, R.N.: *Revolution Durch Technik.* Wien: 1932.

Coulton, G.G.: *Art and the Reformation.* New York: 1928. [I, III]

Court, Thomas H., and Clay, Reginald S.: *The History of the Microscope.* London: 1932. [III]

Crawford, M.D.C.: *The Heritage of Cotton.* New York: 1924. [IV]

Cressy, Edward: *Discoveries and Inventions of the Twentieth Century.* Third Edition. New
York: 1930. [V]

给外行人看的。

Dahlberg, Arthur: *Jobs, Machines and Capitalism.* New York: 1932. [V, VIII]

为解决技术进步导致劳动力被取代的问题所做的尝试。

Dampier, Sir William: *A History of Science and Its Relations with Philosophy and Religion.*
New York: 1932. [I]

Dana, R.T., and Ackerman, A.P.: *The Human Machine in Industry.* New York: 1927.

Daniels, Emil: *Geschichte des Kriegswesens.* Six vols. (Sammlung Goschen) Leipzig: 1910-
1913. [II, III, IV]

可能是对战争发展的最好的概述。

Darmstaedter, Ludwig, and others: *Handbuch zur Geschichte der Naturwissenschaften und
der Technik: In Chronologischer Darstellung.* Second Revised and Enlarged Edition.
Berlin: 1908. [I-VIII]

详尽无遗地汇编了各个日期，但讲得更多的是科学，而不是技术。

Demmin, Auguste Frédéric: *Weapons of War: Being a History of Arms and Armour from the
Earliest Period to the Present Time.* London: 1870.[II]

Descartes, René: *A Discourse on Method.* First Edition. Leyden: 1637.

17 世纪形而上学的基石之一，在马赫之前从未在科学上受到挑战，除了在克劳德·伯纳德这样的生理学家当中。

Dessauer, Friedrich: *Philosophie der Technik.* Bonn: 1927.

此书在德国享有盛名，但有点过于纠缠显而易见的东西。

Deutsches Museum: *Amtlicher Führer durch die Sammlungen.* München: 1928.

Diamond, Moses: *Evolutionary Development of Reconstructive Dentistry.* Reprinted from the *New York Medical Journal and Medical Record.* New York: August, 1923. [V]

Diels, Hermann: *Antike Technik.* First Edition. Berlin: 1914. Second Edition. 1919.

Dixon, Roland B.: *The Building of Cultures.* New York: 1928.

Dominian, L.: *The Frontiers of Language and Nationality in Europe.* New York: 1917. [VI]

Douglas, Clifford H.: *Social Credit.* Third Edition. London: 1933.

Dulac, A., and Renard, G.: *L'Evolution Industrielle et Agricole depuis Cent Cinquante Ans.* [IV, V]

过去一个半世纪发展的良好写照。

Dyer, Frank L., and Martin, T.C.: *Edison: His Life and Inventions.* New York: 1910.

Eckel, E.C.: *Coal, Iron and War: A Study in Industrialism, Past and Future.* New York: 1920.

部分地因第一次世界大战的压力而开展的有意思的研究。

Economic Significance of Technological Progress: A Report to the Society of Industrial Engineers. New York: 1933. [V, VIII]

波拉科夫主持的一个委员会的总结，见波拉科夫。

Eddington, A.S.: *The Nature of the Physical World.* New York: 1929. [VIII]

Egloff, Gustav: *Earth Oil.* New York: 1933. [V]

Ehrenberg, Richard: *Das Zeitalter der Fugger.* Jena: 1896. Translated. *Capital and Finance in the Age of the Renaissance.* New York: 1928. [I, II, III]

Elton, John, and Bennett, Richard: *History of Corn Milling.* Four vols. London: 1898-1904.

Encylocpédie (en folio) des Sciences, des Arts et des Métiers. Recueil de Planches. Paris: 1763. [III]

概述了 18 世纪中期欧洲的技术发展，特别提到了当时已超过荷兰站到前列的法国。书中对工艺做了详细解释，并提供了图示，因此特别重要。我使用的雕版画是书中的典型特点。德国技术史学家对《百科全书》嗤之以鼻。书中关于劳动分工的图示是对亚当·斯密理论的生动评论。

Engelhart, Viktor: *Weltanschauung und Technik*. Leipzig: 1922.

Engels, Friedrich: *The Condition of the Working Class in England in 1844*. Translated. London: 1892. [IV]

对古技术工业一场最大的危机期间的恐怖景象的第一手描述。其他记录资料丰富了恩格斯的描述，但丝毫不减它所描述的情形的严重性。见哈蒙德夫妇的著作。

Engels, Friedrich, and Marx, Karl: *Manifesto of the Communist Party*. New York: 1930. [IV]

Enock, C.R.: *Can We Set the World in Order? The Need for a Constructive World Culture; An Appeal for the Development and Practice of a Science of Corporate Life ... a New Science of Geography and Industry Planning*. London: 1916. [V, VIII]

此书虽有些奇谈怪论，但批评中肯，立意新奇，终是瑕不掩瑜。

Erhard, L.: *Der Weg des Geistes in der Technik*. Berlin: 1929.

Espinas, Alfred: *Les Origines de la Technologie*. Paris: 1899.

Ewing, J. Alfred: *An Engineer's Outlook*. London: 1933. [V, VIII]

严厉批评道德和政治落后于机器发展，提出了在克服困难之前放缓发明速度的建议。作者本人崇高的专业名声使得此书值得注意。

Eyth, Max: *Lebendige Krafte; Sieben Vortrage aus dem Gebiete der Technik*. First Edition. Berlin: 1904. Third Edition. Berlin: 1919.

Farnham, Dwight T., and others: *Profitable Science in Industry*. New York: 1925.

Feldhaus, Franz Maria: *Leonardo; der Techniker und Erfinder*. Jena: 1913. [III]

Die Technik der Vorzeit; der Geschichtlichen Zeit und der Naturvölker. Liepzig: 1914.

Ruhmesblätter der Technik von der Urerfindungen bis zur Gegenwart. Two vols. Second Editon. Leipzig: 1926. [I-VIII]

一部宝贵的著作。

Kulturgeschichte der Technik. Two vols. Berlin: 1928. [I-VIII]

Lexikon der Erfindungen und Entdeckungen auf den Gebieten der Naturwissenschaften und Technik. Heidelberg: 1904.

Technik der Antike und des Mittelalters. Potsdam: 1931. [III]

在此题目下，费尔德豪斯对德国或德文文献以外的材料并不总是列举得详尽无遗，但他的著作令研究技术发展史的人受益匪浅。

Ferrero, Gina Lombroso: *The Tragedies of Progress.* New York: 1931.

不能令人信服。此书过度夸大了过去的美德，也没有对目前提出足够严厉的批评，尽管它显然对目前的情况不以为然。[VI]

Field, J.A.: *Essays on Population.* Chicago: 1931. [V]

Flanders, Ralph: *Taming Our Machines: The Attainment of Human Values in a Mechanized Society.* New York: 1931. [V, VIII]

一位工程师认识到机器时代不是单纯的乌托邦后撰写的文章。

Fleming, A.P.M., and Brocklehurst, H.J.: *A History of Engineering.* London: 1925.

Fleming, A.P.M., and Pearce, J.G.: *Research in Industry.* London: 1917.

Föppl, Otto: *Die Weiterentwicklung der Menschheit mit Hilfe der Technik.* Berlin: 1932.

Ford, Henry: *Today and Tomorrow.* New York: 1926.

Moving Forward. New York: 1930.

My Life and Work. New York: 1926. [V, VIII]

此书之所以重要，是因为福特是工业巨擘，而且他几乎是本能地认识到对工业进行新技术重组的必要性。但书中的伪善说教给书减了分，特别是在福特必须为自己随心所欲的金融权力辩解的时候。美国人表达良好意愿时经常会做这种伪善的说教。

Form, Die. Fortnightly organ of the Deutscher Werkbund.

从 1925 年到 1933 年 1 月，这是关于手工艺和机械工艺中所有形式的艺术的最重要的期刊。虽然现在法国、比利时、荷兰和斯堪的纳维亚国家再次占据了领先地位，但它仍然是对德国真正具有创造性的那个简短的爆发期的不可或缺的记录。[VII]

Fournier, Edouard: *Curiosités des Inventions et Decouvertes.* Paris: 1855.

Fox, R.M.: *The Triumphant Machine.* London: 1928.

Frank, Waldo: *The Rediscovery of America.* New York: 1929. [VI]

对机械化产生的主观影响的一些有价值的评论。

Freemen, Richard A.: *Social Decay and Regeneration.* London: 1921. [VI]

上层阶级从机器导致人的堕落的角度对机器做出的批判。见奥尔波特更明智的著述。

Frémont, Charles: *Origines et Evolution des Outils*. Paris: 1913.

Frey, Dagobert: *Gotik und Renaissance als Grundlagen der Modernen Welanschauung*. Augsburg: 1929. [I, VII]

对一个困难、微妙和迷人的主题的杰出研究，插图也很出色。

Friedell, Egon: *A Cultural History of the Modern Age*. Three vols. New York: 1930-1932.

经常风趣幽默，有时不够准确，偶尔故弄玄虚。书中的事实不能全信，但和斯宾格勒一样，它偶尔会提出在学术上钻研更深的人想不到的宝贵的迂回见解。

Frost, Dr. Julius: *Die Hollandische Landwirtschaft; Ein Muster Moderner Rationalisierung*. Beilin: 1930.

Gage, S.H.: *The Microscope*. Revised Edition. Ithaca: 1932. [III]

Galilei, Galileo: *Dialogues Concerning Two New Sciences*. New York: 1914. [I, III]

经典。

Gantner, Joseph: *Revision der Kunstgeschichte*. Wien: 1932. [VII]

提出需要在新的兴趣和价值的基础上修改历史评判。作者是一份存在时间不长但非常出色的杂志《新城市》（*Die Neue Stadt*）的主编。

Gantt, H.L.: *Work, Wages and Profits*. New York: 1910.

一位与泰勒同时代的人撰写的关于效率运动的里程碑式著作之一。作者超越了泰勒这位大师原来的狭隘立场。

Garrett, Garret: *Ouroboros, or the Future of the Machine*. New York: 1926.

Gaskell, P.: *Artisans and machinery; The Moral and Physical Condition of the Manufacturing Population Considered with Reference to Mechanical Substitutes for Huma Labour*. London: 1836. [IV]

笃信确立秩序的加斯克尔描述了早期古技术工业的悲惨景象，那时的严重问题令他惊骇。

Gast, Paul: *Unsere Neue Lebensform*. München: 1932.

Geddes, Norman Bel: *Horizons*. Boston: 1932. [V, VII]

建议了机器和用具能够充分利用空气动力法则和现代材料的新形态。尽管此书的名气更多地来自宣传而不是学术内容，但它的图示还是很有用。

Geddes, Patrick: *An Analysis of the Principles of Economics*. Edinburgh: 1885. [VIII]

Geddes, Patrick: *The Classification of Statistics*. Edinburgh: 1881.

格迪斯早期的论文对有能力贯彻他的想法的人仍然有启发性。此书首次将现代能量概念应用于社会学。

An Indian Pioneer of Science; the Life and Work of Sir Jagadis Bose. London. 1920.

Cities in Evolution. London: 1915.

格迪斯把古技术时期与新技术时期区分开来的早期文章包含在此书中。

Geddes, Patrick, and Thomson, J.A.: *Life; Outlines of General Biology*. Two vols. New York: 1931.

Biology. New York: 1925.

这本较薄的书是较厚的那本的微缩版。《生命》（*Life*）第二卷后来的章节可能是对格迪斯当时思想的最好展示。他的《社会学》（*Sociology*）本来也能达到类似的高度，可惜他在有生之年未能完成。

Geddes, Patrick, and Slater, G.: *Ideas at War*. London: 1917. [II, IV]

对于格迪斯载于《社会学评论》期刊上关于战争与和平的文章的出色扩展与充实。

Geer, William C.: *The Reign of Rubber*. New York: 1922. [V]

此题目本应得到更广泛的学术研究，此书是现有的几部研究著作之一。

Geitel, Max (Editor): *Der Siegeslauf der Technik*. Three vols. Berlin: 1909.

George, Henry: *Progress and Poverty*. New York: 1879.

乔治过分强调私人获取土地租用权的作用，结果对现代工业主义的叙述非常片面，但他的著作和马克思的一样，是批评的里程碑之作。

Giese, Fritz: *Bildungsideale im Maschinenzeitalter*. Halle, a.S.: 1931.

Glanvill, Joseph: *Scepsis Scientifica; or Confessed Ignorance the Way to Science*. London: 1665. [I]

Glauner, Karl, Th.: *Industrial Engineering*. Des Moines: 1931.

Gloag, John: *Artifex, or The Future of Craftsmanship*. New York: 1927.

Glockmeier, Georg: *Von Naturalwirtschaft zum Millardentribut: Ein Langschnitt durch Technik, Wissenschaft und Wirtschaft zweier Jahrtausende*. Zurich: 1931.

Goodyear, Charles: *Gum Elastic and Its Varieties.* 1853. [V]

Gordon, G.F.C.: *Clockmaking, Past and Present; with which Is Incorporated the More Important Portions of "Clock, Watches and Bells" by the late Lord Grimthorpe.* London: 1925. [I, III]

Graham, J.J.: *Elementary History of the Progress of the Art of War.* London：1858. [II]

Gras, N.S.B.: *Industrial Evolution.* Cambridge: 1930. [I-V]

关于工业发展的一系列有用的具体案例研究。

An Introduction to Economic History. New York: 1922.

Green, A.H., and others: *Coal; Its History and Uses.* London: 1878. [IV]

Grossmann, Robert: *Die Technische Entwicklungen der Glasindustrie in ihrer Wirtschaftlichen Bedeutung.* Leipzig: 1908. [III]

Guerard, A.L.: *A Short History of the International Language Movement.* London: 1922. [VI]

出色地总结了设立国际语言的理由和 12 年前那场运动的情况。奥格登就基础英语所做的工作在逻辑和语法方面的建议固然宝贵，但从未为使用一种活的语言进行国际交流提出充分的辩护。

Hale, W.J.: *Chemistry Triumphant.* Baltimore: 1933. [V]

Halévy Elie: *The Growth of Philosophic Radicalism.* London: 1928. [IV]

最好的实用主义意识形态史。

Hammond, John Lawrence and Barbara: *The Rise of Modern Industry.* New York: 1926. [III, IV]

The Town Labourer. (1760-1832）

The Skilled Labourer. (1760-1832). New York: 1919. [IV]

The Village Labourer. London: 1911. [III, IV]

这套丛书，即使是讲述现代工业兴起的比较笼统的那本，也几乎都是基于英国的文献。在这个限制内，这套书是对于古技术制度的开端及其阔步进步的最生动、广泛、无可辩驳的介绍。它可与恩格斯、芒图的著作和持相反立场的尤尔的著作做对比。哈蒙德夫妇描述的模式适用于每个国家，仅有些微变化。

Hamor, William A., and Weidlein, E.R.: *Science in Action.* New York: 1931.

Harris, L.S., and Butt, I.N.: *Scientific Research and Human Welfare.* New York: 1924. [V]

Harrison, H.S.: *Post and Pans*. London: 1923. [II]

The Evolution of the Domestic Arts. Second Edition. London: 1925.

Travel and Transport. London: 1925. [II]

War and Chase. London: 1929. [II]

一系列杰出的介绍性著作，但要特别注意关于战争和追赶的那本。

Hatfield, H. Stafford: *The Inventor and His World*. New York: 1933.

Hauser, Henri: *La Modernité du XVIe Siècle*. Paris: 1930. [I]

Hausleiter, L.: *The Machine Unchained*. New York: 1933.

毫无价值。

Hart, Ivor B.: *The Mechanical Investigations of Leonardo da Vinci*. London: 1925. [III]

在费尔德豪斯关于达·芬奇的著作基础上出色地总结了达·芬奇的成就。也见厄舍著作中的相关章节。

The Great Engineers. London: 1928.

Havemeyer, Loomis: *Conservation of Our Natural Resources* (based on Van Hise). New York: 1930. [V]

一位工程师对 19 世纪 60 年代乔治·珀金斯·马什首次清楚指出的浪费和环境遭到破坏的认识。

Henderson, Fred: *Economic Consequences of Power Production*. London: 1931. [V, VIII]

对于新技术生产向自动化和遥控的发展趋势的清楚深入、说理充分的研究。

Henderson, Lawrence J.: *The Order of Nature*. Cambridge: 1925. [I]

The Fitness of the Environment; An Inquiry into the Biological Significance of the Properties of Matter. New York: 1927. [I, VIII]

杰出的原创性著作，扭转了对适应的通常看法。

Hendrick, B.J.: *The Life of Andrew Carnegie*. New York: 1932. [V]

Hill, Leonard, and Campbell, Argyll: *Health and Environment*. London: 1925. [IV, V]

有价值。

Hine, Lewis: *Men at Work*. New York. 1932. [V]

现代工人在工作中的照片。如果格迪斯的图像百科全书真的要做的话，就应该系统性地进行这种研究。

Hobson, John A.: *The Evolution of Modern Capitalism, a Study of Machine Production.* New Edition (Revised). London: 1926. [I-V]

Incentives in the New Industrial Order. London: 1922. [VIII]

Wealth and Life; a Study in Values. London: 1929. [VIII]

作者是最聪慧、思维最清晰、最注重人性的现代经济学家之一。这些书有效地纠正了 1925—1930 年在美国风靡一时的对"新资本主义"照单全收的梦想。

Hocart, A.M.: *The Progress of Man.* London: 1933.

对包括技术在内的人类学各个领域的简短的批判性概览。

Hoe, R.: *A Short History of the Printing Press.* New York: 1902.

Holland, Maurice, and Pringle, H.F.: *Industrial Explorers.* New York: 1928.

Hollandsche Molen: *Eerst Jaarboekje.* Amsterdam: 1927. [III]

维护荷兰老磨坊协会的报告。

Holsti, R.: *Relation of War to the Origin of the State.* Helsingfors: 1913. [II]

此书对过去把战争视为野蛮人特有属性的自满概念提出了挑战，展示了大多数原始战争的仪式性质。

Holzer, Martin: *Technik und Kapitalismus.* Jena: 1932. [VIII]

对于唯技术主义和现代大规模金融推动的伪效率的尖锐批评。

Hooke, Robert: *Micrographia.* London: 1655. [I]

Posthumous Works. London: 1705.

Hopkins, W.M.: *The Outlook for Research and Invention.* New York: 1919. [V]

Hough, Walter: *Fire as an Agent in Human Culture.* Smithsonian Institution, Bulletin 139. Washington: 1926. [II]

Howard, Ebenezer: *Tomorrow; A Peaceful Path to Reform.* London: 1898. Second Edition entitled: *Garden Cities of Tomorrow.* London: 1902. [V]

此书描述了最重要的新技术发明之一——花园城市。也见克鲁泡特金的著作和格迪斯的《城市的进化》(*Cities in Evolution*)。

Iles, George: *Inventors at Work.* New York: 1906.

Leading American Inventions. New York: 1912.

Jameson, Alexander (Editor): *A Dictionary of Mechanical Science, Arts, Manufactures and*

Miscellaneous Knowledge. London: 1827. [III, IV]

Jeffrey, E.C.: *Coal and Civilization.* New York: 1925. [IV, V]

Jevons, H. Stanley: *Economic Equality in the Cooperative Commonwealth.* London: 1933. [VIII]

就典型英国式有序进入共产主义的路径提出了详细建议。

Jevons, W. Stanley: *The Coal Question.* London: 1866. [IV]

此书指出了古技术经济的根基不牢。

Johannsen, Otto: *Louis de Geer.* Berlin: 1933. [III]

简短介绍了17世纪一位在瑞典做军火生意大发横财的比利时资本家。也见厄舍对克里斯托弗·普尔海姆的介绍。

Johnson, Philip: *Machine Art.* New York: 1934.

对机器形态的基本美学因素的研究。

Jones, Bassett: *Debt and Production.* New York: 1933. [VIII]

试图证明工业生产率会随着债务的结构性增加而下降。一篇重要的论文。

Kaempffert, Waldemar: *A Popular History of American Invention.* New York: 1924. [IV, V]

Kapp, Ernst: *Grundlinien einer Philosophie der Technik.* Braunschweig: 1877.

Keir, R.M.: *The Epic of Industry.* New York: 1926. [IV, V]

讨论美国工业的发展。插图精美。

Kessler, Count Harry: *Walter Rathenau: His Life and Work.* New York: 1930. [V]

对也许是新技术时期最重要的金融家和工业家的善意介绍，是对凡勃伦工业企业理论的传记性附录。凡勃伦的理论显示了同一个人身上金钱和技术标准之间的矛盾。

Kirby, Richard S., and Laurson, P.G.: *The Early Years of Modern Civil Engineering.* New Haven: 1932. [IV]

一些有趣的美国资料。

Klatt, Fritz: *Die Geistige Wendung des Maschinenzeitalters.* Postsdam: 1930.

Knight, Edward H.: *Knight's American Mechanical Dictionary.* New York: 1875. [V]

鉴于成书的时间和地点，这是一本非常可信的汇编，对古技术工业做了剖面式的介绍。

Koffka, Kurt: *The Growth of the Mind.* New York: 1925.

Kollmann, Franz: *Schönheit der Technik.* München: 1928. [VII]

不错的研究，有很多照片，但需要补充显示后来形式的照片。

Kraft, Max: *Das System der Technischen Arbeit.* Four vols. Leipzig: 1902.

Krannhals, Paul: *Das Organische Weltbild.* München: 1928.

Der Weltstinn der Technik. München: 1932. [I]

试图提出对技术的一套批评理论，并将其与生活的其他方面联系起来。

Kropotkin, P.: *Fields, Factories and Workshops; or Industry Combined with Agriculture and Brainwork with Manual Work.* First Edition, 1898. Revised Edition. London: 1919. [V, VIII]

试图辨识新技术经济影响的早期努力，因后来电力和工厂生产的发展而得到极大的加强。见霍华德。

Mutual Aid. London: 1904.

Kulischer, A.M., and Y.M.: *Kriegs und Wanderzüge;; Weltgeschichte als Völkerbewegung.* Berlin: 1932. [II, IV]

对战争与人口迁徙之间关系的明智分析。

Labarte: *Histoire des Arts Industrielles au Moyen Age et à L'Epoque de la Renaissance.* Three vols. Paris: 1872-1875.

没有达到它的标题给人的期望。见布瓦索纳德和雷纳德。

Lacroix, Paul: *Military and Religious Life in the Middle Ages and...the Renaissance.* London: 1874. [II]

Landauer, Carl: *Planwirtschaft und Verkehrswirtschaft.* München: 1931.

Langley, S.P.: *Langley Memoir on Mechanical Flight.* Part I. 1887-1896. Washington: 1911. [V]

Launay, Louis de: *La Technique Industrielle.* Paris. 1930.

Laurson, P.G., and Kirby, R.S.: *The Early Years of Modern Civil Engineering.* New Haven: 1932. [IV]

Le Corbusier: *L'Art Decoratif d'Aujourdui.* Paris. 1925.

Ver Une Architecture. Paris: 1922. Translated. London: 1927. [VII]

在沙利文、赖特和卢斯之后一代人以上的时间，勒·柯布西耶重新发现了机器。

他可能是为机器形式大声疾呼的主要倡导者。

Lee, Gerald Stanley: *The Voice of the Machines; An Introduction to the Twentieth Century*. Northampton: 1906.

一本伤感的书。

Leith, C.K.: *World Minerals and World Politics*. New York: 1931. [V]

Lenard, Philipp: *Great Men of Science; A History of Human Progress*. London: 1933.

Leonard, J.N.: *Loki; The Life of Charles P. Steinmetz*. New York: 1929. [V]

Le Play, Frederic: *Les Ouvriers Européens*. Six vols. Second Edition. Tours: 1879. [II]

现代社会学伟大的里程碑之一。未能对其进行跟进研究，这显示出主流经济学家和人类学家的局限性。缺乏对工作、工人和工作环境的具体研究，严重妨碍了技术史的撰写或对当前力量的评价。

Leplay House: *Coal: Ways to Reconstruction*. London: 1926: [V]

把新技术思想应用于一个落后的产业。

Levy, H.: *The Universe of Science*. London: 1932.

不错的介绍。[I, V]

Lewis, Gilbert Newton: *The Anatomy of Science*. New Haven: 1926. [I, V]

杰出地论述了当时对科学的态度。也见庞加莱、亨德森、利维和巴芬克。

Lewis, Wyndham: *Time and Western Man*. New York: 1928. [I]

一个注重视觉的空间艺术倡导者对守时和一切时间艺术的大肆批评。失之片面，但并非完全不值得一看。

Liehburg, Max Eduard: *Das Deue Weltbild*. Zurich: 1932.

Lilje, Hanns: *Das Technische Zeitalter*. Berlin: 1932.

Lindner, Werner, and Steinmetz, G.: *Die Ingenieurbauten in Ihrer Guten Gestaltung*. Berlin: 1923. [VII]

对过去的工业建筑形式与现代工程的联系的阐述尤其中肯。插图很多。见勒·柯布西耶和科尔曼。

Lombroso, Ferrero Gina: *The Tragedies of Progress*. New York: 1931.

见费列罗。

Lucke, Charles E.: *Power*. New York: 1911.

Lux, J.A.: *Ingenieur-Aesthetik.* München: 1910. [VII]

早期研究之一。见林德纳。

MacCurdy, G.G.: *Human Origins.* London: 1923. New York: 1924. [I, II]

根据事实很好地介绍了史前文化的工具和武器。

MacIver, R.M.: *Society: Its Structure and Changes.* New York: 1932.

平衡而深刻的介绍。

Mackaye, Benton: *The New Exploration.* New York: 1928. [V, VIII]

最先论述了地质技术和区域规划，可与马什和霍华德并驾齐驱。

Mackenzie, Catherine: *Alexander Graham Bell.* New York: 1928. [V]

Mâle, Emile: *Religious Art in France, XIII Century.* Translated from Third Edition. New York: 1913. [I]

Malthus, T.R.: *An Essay on Population.* Two vols. London: 1914. [IV]

Man, Henri de: *Joy in Work.* London: 1929. [VI]

对工作给人带来的心理满足做了实事求是的研究，然而其基础是非常有限的观察和为数不多的案例。关于这个题目的任何有用的意见都需要先像特彭宁研究村庄那样做出研究。见勒普累。

Manley, Charles M.: *Langley Memoir on Mechanical Flight.* Part II. Washington: 1911. [V]

Mannheim, Karl: *Ideologie und Utopie.* Bonn: 1929.

很有启发性的书，也许有些难懂。

Mantoux, Paul: *La Revolution Industrielle du XVIIIe Siecle.* Paris: 1906. Translated.

Industrial Revolution. First Edition. Paris: 1905. Translated. New York: 1928. [IV]

讲的是 18 世纪英国的技术与工业变化，也许是迄今为止关于该题目的最好的书。

Marey, Etienne Jules: *Animal Mechanism; A Treatise on Terrestrial and Aerial Locomotion.* New York: 1874. [V]

Movement. New York: 1895.

重要的生理研究，必然激起新一波对飞行的兴趣。见佩蒂格鲁。

Marot, Helen: *The Creative Impulse in Industry.* New York: 1918. [VIII]

对现代工业组织潜在教育价值的评估。其中的批评意见和建议至今依然中肯。

Martin, T. C., and Dyer, F. L.: *Edison: His Life and Inventions.* New York: 1910. [V]

Marx, Karl, and Engels, Friedrich: *Manifesto of the Communist Party.* New York.

Capital. Translated by Eden and Cedar Paul. Two vols. London: 1930.

经典之作。历史资料丰富，社会学见解卓越，激情发自内心。抽象经济分析虽有缺陷，但瑕不掩瑜。是第一部充分解读现代社会技术的著作。

Mason, Otis T.: *The Origins of Invention; A Study of Industry Among Primitive Peoples.* New York: 1895. [I, II]

当时的一本好书，现在亟需一本同样好的后继者。

Mataré, Franz: *Die Arbeitsmittel, Maschine, Apparat, Werkzeug.* Leipzig: 1913. [I, V]

一本重要的著作。强调了装置和用具的作用，显示了先进化学工业在科学组织、技术人员比例增加和工作自动化程度提高等方面的新技术趋势。

Matschoss, Conrad (Editor): *Männer der Technik.* Berlin: 1925.

传记丛书，因各种疏漏和错误而受到费尔德豪斯的批评。

Matschoss, Conrad: *Die Entwicklung der Dampfmaschine; eine Geschichte der Ortsfesten Dampfmaschine und der Lokomobile, der Schiffsmaschine und Lokomotive.* Two vols. Berlin: 1908. [IV]

对蒸汽机的详尽研究。较短的介绍，见瑟斯顿。

Technische Kulturdenkmäler. Berlin: 1927.

Mayhew, Charles: *London Labor and the London Poor.* Four vols. London: 1861.

Mayo, Elton: *The Human Problems of an Industrial Civilization.* New York: 1933. [V]

对效率与休息时间和工作兴趣的关系的有用研究。见亨利·德曼。

McCartney, Eugene S.: *Warfare by Land and Sea.* (Our Debt to Greece and Rome Series.) Boston: 1923. [II]

McCurdy, Edward: *Leonard da Vinci's Notebooks.* New York: 1923. [I, III]

The Mind of Leonardo da Vinci. New York: 1928. [I, III]

Meisner, Erich: *Weltanschauung Eines Technikers.* Berlin: 1927.

Meyer, Alfred Gotthold: *Eisenbauten—Ihre Geschichte und Esthetik.* Esslingen a.N.: 1907. [IV, V, VII]

非常重要，很好的批评和历史著作。

Middle West Utilities Company: *America's New Frontier.* Chicago: 1929. [V]

虽然出自公司，但它对电力与工业及城市疏散的关系的研究很有帮助。

Milham, Willis I.: *Time and Time-Keepers*. New York: 1923. [I, III, IV]

Moholy-Nagy, L.: *The New Vision* (translated by Daphne Hoffman). New York: (Undated.)
[VII]

Malerei Fotografie Film. München: 1927. [VII]

虽然后面的内容没有达到开头几章的高水平，但仍然最出色地介绍了德绍的包豪斯在格罗皮乌斯和莫霍利-纳吉领导下开始的对形状的现代实验。即使是那些实验中遭遇的失败和走的死胡同也很有趣，哪怕只是因为涉足此领域的新手一般都会重蹈覆辙。

Morgan, C. Lloyd: *Emergent Evolution*. New York: 1923.

Mory, L.V.H., and Redman, L.V.: *The Romance of Research*. Baltimore: 1933.

Mumford, Lewis: *The Story of Utopias*. New York: 1922. [VI, VIII]

对经典乌托邦作品的总结，那些乌托邦虽然经常只是表面文章，但有时也开辟了被人疏忽的道路。

Neuburger, Albert: *The Technical Arts and Sciences of the Ancients*. New York: 1930.

长篇大论。但请看费尔德豪斯。

Neudeck, G.: *Geschichte der Technik*. Stuttgart: 1923.

所载的历史事实有时有帮助。内容全面，但不算一流。

Nummenhoff, Ernst: *Der Handwerker in der Deutschen Vergangenheit*. Jena: 1924.

插图众多。

Nussbaum, Frederick L.: *A History of the Economic Institutions of Modern Europe*. New
York: 1933.

桑巴特著作的压缩本。

Obermeyer, Henry: *Stop That Smoke!* New York: 1933. [IV, V]

对古技术时期烟霾造成的代价和蔓延的程度做了通俗的介绍。即使在今天，我们的制造业中心仍然笼罩在烟霾之中。

Ogburn, W.F.: *Living with Machines*. New York: 1933. [VI, V]

Social Change. New York: 1922.

Ortega y Gasset, José: *The Revolt of the Masses*. New York: 1933. [VI]

Ostwald, Wilhelm: *Energetische Grundlagen der Kulturwissenschaften.* Leipzig: 1909.

见格迪斯在一代人的时间以前写的《统计学的分类》(*The Classification of Statistics*)。

Ozenfant, Amédée: *Foundations of Modern Art.* New York: 1931. [VII]

有些地方好，有些地方不好，但有时见解深刻。

Pacoret, Etienne: *Le Machinisme Universel; Ancien, Moderne et Contemporain.* Paris: 1925.

最好的法文介绍之一。

Parrish, Wayne William: *An Outline of Technocracy.* New York: 1933.

Pasdermadjian, H.: *L'Organisation Scientifique du Travail.* Geneva: 1932.

Pasquet, D.: *Londres et Les Ouvriers de Londres.* Paris: 1914.

Passmore, J.B., and Spencer, A.J.: *Agricultural Implements and Machinery.* [III, IV]. *A Handbook of the Collections in the Science Museum, London.* London: 1930.

有用。

Paulhan, Frédéric: *Psychologie de l'Invention.* Paris: 1901.

明智地不是把机械发明当作自然的特殊馈赠，而是视之为总的人类特质的一个具体表现，而这种人类特质是所有技艺共有的。

Peake, Harold J.E.: *Early Steps in Human Progress.* London: 1933. [I, II]

好书，但请见雷纳德。

Peake, Harold, and Fleure, H. J.: *The Corridors of Time.* Eight vols. Oxford: 1927.

Péligot, Eugène M.: *Le Verre; Son Histoire, sa Fabrication.* Paris: 1877 [III]

Penty, Arthur: *Post-Industrialism.* London: 1922. [VI]

对现代金融和机器的批评，预言了这一系统的崩溃，而当时这种立场远不如现在普及。

Petrie, W.F.: *The Arts and Crafts of Ancient Egypt.* Second Edition. London: 1910. [I, II]
  The Revolutions of Civilization. London: 1911. [III]

Pettigrew, J. Bell: *Animal Locomotion; or Walking, Swimming and Flying; with a Dissertation on Aeronautics.* New York: 1874. [V]

重要的贡献。见马雷。

Poincaré, Henri: *Science and Method.* London: 1914.

科学哲学的经典著作。

Polakov, Walter N.: *The Power Age; Its Quest and Challenge.* New York: 1933. [V, VIII]

出色地介绍了利用电力和现代工业的新组织形式可能产生的影响。关于使用能源是新技术工业的突出特点的假设却站不住脚。

Popp, Josef: *Die Technik Als Kultur Problem.* München: 1929.

Poppe, Johann H.M. von: *Geschichte Aller Erfindungen und Entdeckungen im Bereiche der Gewerbe, Künste und Wissenschaften.* Stuttgart: 1837. [iii]

贝克曼之后第一部与他的著作类似的书，包含了一些后来被忽视的事实。

Porta, Giovanni Battista della: *Natural Magick.* London: 1658. [III]

一部 16 世纪经典著作的英译本。

Porter, George R.: *Progress of the Nation.* Three vols. In one. London: 1836-1843. [IV]

有文献价值。

Pound, A.: *Iron Man in Industry.* Boston: 1922. [V]

讨论了工业自动化和为其做出补偿的必要性。

Pupin, Michael J.: *Romance of the Machine.* New York: 1930.

琐碎。

Rathenau, Walter: *The New Society.* New York: 1921. [V, VIII]

In Days to Come. London: 1921. [VIII]

Die Neue Wirtschaft. Berlin: 1919. [VIII]

拉特瑙意识到了僵硬严格的机械化的危险，撰写了一系列对当时秩序的合理批评，虽然有时措辞尖锐，几乎歇斯底里。他在《未来的日子》(*In Days to Come*) 和《新社会》(*The New Society*) 里概述了一个新的工业社会。与许多社会民主党人和共产党人不同的是，他认识到了新导向所涉及的道德和教育难题的关键重要性。

Read, T.T.: *Our Mineral Civilization.* New York: 1932.

Recent Social Trends in the United States. Two vols. New York: 1933.

Recent Economic Changes in the United States. Two vols. New York: 1929. [IV, V]

这项调查的数据依然有用，本来它可以更加重要，可惜它对事实的组织故意指向它达成的可疑的悲观结论。

Recueil de Planches, sur les Science, les Art Liberaux, et les Art Mechanique. (Supplement to

Diderot's *Encyclopedia*). Paris: 1763. [III]

见《百科全书》。

Redman, L. V., and Mory, L. V. H.: *The Romance of Research.* Baltimore: 1933.

Redzich, Constantin: *Das Grosse Buch der Erfindungen und deren Erfinder.* Two vols.
Leipzig: 1928.

Renard, George F.: *Guilds in the Middle Ages.* London: 1919. [III]

Life and Work in Primitive Times. New York: 1929. [II]

对这个题目深刻而有启发性的研究，相关材料稀少，需要活跃但又谨慎的想象力。

Renard, George F.,and Dulac, A.: *L'Evolution Industrielle et Agricole depuis Cent Cinquante
Ans.* Paris: 1912. [IV, V]

中规中矩。

Renard, George F., and Weulersse, G.: *Life and Work in Modern Europe; Fifteenth to
Eighteenth Centuries.* London: 1926. [III]

非常出色。

Reuleaux, Franz: *The Kinematics of Machinery; Outlines of a Theory of Machines.* London:
1876.

最重要的系统性机器形态学，如此杰出，以至于很少有人再试图撰写同类著作。

Richards, Charles R.: *The Industrial Museum.* New York: 1925.

对现有各类工业博物馆的批评性调查。

Rickard, Thomas A.: *Man and Metals; A History of Mining in Relation to the Development of
Civilization.* Two vols. New York: 1932. [II-V]

概括性著作，但相当详尽。

Riedler, A.: *Das Maschinen-Zeichnen.* Second Edition. Berlin: 1913.

在德国很有影响力。

Robertson, J. Drummond: *The Evolution of Clockwork; with a Special Section on the Clocks
of Japan.* London: 1931.

就一个早期历史满是陷阱的题目提出了最近的数据。见厄舍。

Roe, Joseph W.: *English and American Tool Builders.* New Haven: 1916. [IV]

有价值。见斯迈尔斯。

Rossman, Joseph: *The Psychology of the Inventor.* New York: 1932.

Routledge, Robert: *Discoveries and Inventions of the Nineteenth Century.* London: 1899.

[IV]

Rugg, Harold O.: *The Great Technology; Social Chaos and the Public Mind.* New York: 1933. [V, VIII]

关注在实现现代工业价值和控制机器方面的教育问题。

Russell, George W.: *The National Being.* New York: 1916.

Salter, Arthur: *Modern Mechanization.* New York: 1933.

Sarton, George: *Introduction to the History of Science.* Three vols. Baltimore: 1927-1931. [I]

一位献身学术的学者的毕生之作。

Sayce, R.U.: *Primitive Arts and Crafts; An Introduction to the Study of Material Culture.* New York: 1933. [II]

有启发性。

Schmidt, Robert: *Das Glas.* Berlin: 1922. [III]

Schmitthenner, Paul: *Krieg und Kriegführung im Wandel der Weltgeschichte.* Potsdam: 1930. [II, III, IV]

插图精美，参考文献出色。

Schneider, Hermann: *The History of World Civilization from Prehistoric Times to the Middle Ages.* Volume I. New York: 1931.

Schregardus, J., Visser, Door C., and Ten Bruggencate, A.: *Onze Hollandsche Molen.* Amsterdam: 1926.

插图精美。

Schulz, Hans: *Die Geschichte der Glaserzeugung.* Leipzig: 1928. [III]

Das Glas. München: 1923. [III]

Schumacher, Fritz: *Schöpferwille und Mechanisierung.* Hamburg: 1933.

Der Fluch der Technik. Hamburg: 1932.

短短几页胜过许多自命不凡的大部头。舒马赫仁慈理性的思想与斯宾格勒思想的对比恰似他在汉堡建立的令人钦佩的学校和社区与不来梅的扎桶匠街那种衰败的审美上故弄玄虚的对比。必须认识到，两者都是德国思想的特点，虽然此刻舒马赫所代表的特点式微。

Schuyler, Hamilton: *The Roeblings; A Century of Engineers, Bridge-Builders and Industrialists.* Princeton: 1931. [IV]

书的题目比作者发表的见解更重要。

Schwarz, Heinrich: *David Octavius Hill; Master of Photography.* New York: 1931. [V, VII]

好书。

Schwarz, Rudolph: *Wegweisung der Technik.* Postsdam. (No date.) [VII]

在吕贝克强烈的北方哥特形式和现代机器形式之间做了一些有趣的比较。要注意，法国南部的要塞小镇也是如此。

Science at the Crossroads. Papers presented to the International Congress of the History of Science and Technology by the delegates of U.S.S.R. London: 1931.

关于共产主义、马克思主义和现代科学的论文，有启发性，但常常意思含糊，令人颇费脑筋。

Scott, Howard: *Introduction to Technocracy.* New York: 1933.

此书在政治上幼稚，对历史无知，列举事实时粗心大意，使人难以相信它关于所谓技术官僚的合理结论。

Soule, George: *A Planned Society.* New York: 1932. [VIII]

Sheard, Charles: *Life-giving Light.* New York: 1933. [V]

《进步的世纪》这套质量参差不齐的丛书中较好的一本。

Singer, Charles: *From Magic to Science.* New York: 1928. [I]

A Short History of Medicine. New York: 1928.

Slosson, E.E.: *Creative Chemistry.* New York: 1920. [V]

Smiles, Samuel: *Industrial Biography; Iron Workers and Toolmakers.* London: 1863. [IV]

Lives of the Engineers. Four vols. London: 1862-1866. Five vols. London: 1874. New vols. London: 1895 [IV]

Men of Invention and Industry. 1885. [IV]

可能斯迈尔斯更出名的是他自鸣得意地宣扬自助和成功这种维多利亚式的道德说教，但他也是工业传记领域的开拓者。他贴近本源的研究是对技术史的重要贡献。他对莫兹利、布喇马和他们的追随者的介绍让人希望能有更多与他有同样爱好，和他一样勤奋的人。

Smith, Adam: *An Inquiry into the Nature and Causes of the Wealth of Nations.* Two vols.

London: 1776. [III]

始技术经济晚期的横截面，那时工艺的分工正在把工人降为机器上的区区齿轮。
见《百科全书》上的插图。

Smith, Preserved: *A History of Modern Culture.* Vol. I. New York: 1930. [III]

除了技术，对每个题目的讨论都非常出色。

Soddy, Frederick: *Wealth, Virtual Wealth and Debt.* London: 1926. Second Edition, Revised.

New York: 1933. [VIII]

把能量学应用于金融。

Sombart, Werner: *Gewerbewesen.* Two vols. Berlin: 1929.

The Quintessence of Capitalism. New York: 1915.

Krieg und Kapitalismus. München: 1913. [II, III, IV]

对战争与资本主义之间的社会、技术和金融关系的宝贵研究，特别强调了 16 世纪
和 17 世纪发生的重要变化。

Luxus und Kapitalismus. München: 1913. [II, III]

从社会和经济角度深刻论述了文艺复兴时期宫廷、交际花和奢侈品崇拜的作用。

Der Moderne Kapitalismus. Four vols. München: 1927. [I-V]

设想和篇幅都十分宏大的巨著。它相当于当代技术史，就像密西西比河可以说相
当于偶尔接近其河岸的铁路火车。我觉得桑巴特的泛论有时过于利落自信，如断
言从有机向无机的变化越来越成为现代技术的标志，但我只有在没有其他选择的
时候才会对他的重要学术观点提出异议。

Spencer, A.J., and Passmore, J.B.: *Agricultural Implements and Machinery.*

A Handbook of the Collections in the Science Museum, London. London: 1930.

Spengler, Oswald: *The Decline of the West.* Two vols. New York: 1928.

斯宾格勒对技术做过很多概括，但在这个领域，这位有时见解深刻、思想新颖
（但反复无常）的思想家尤其不可靠。他以典型的 19 世纪的做派对其他文化的技
术成就不屑一顾，把早期浮士德的发明说得好似独一无二，其实那些发明大量借
鉴了更先进的阿拉伯人和中国人的经验。斯宾格勒的错误部分地来自他的文化绝

对隔绝理论。奇怪的是，他这个理论与英国人关于从单一来源向外绝对散播的理论中下意识的帝国主义相呼应。

Man and Technics. New York: 1932.

书中充满了变质的神秘主义，可以追溯到瓦格纳和尼采思想的缺点。

Stenger, Erich: *Geschichte der Photographie.* Berlin: 1929.[V]

有用的总结。

Stevers, Martin: *Steel Trails; The Epic of the Railroads.* New York: 1933. [IV]

通俗读物，但有技术内容。

Strada, Jacobus de: *Kunstlicher Abriss Allerhand Wasser, Wind, Ross und Handmühlen.* Frankfurt: 1617. [III]

Survey Graphic: Regional Planning Number. May, 1925. [V]

预见了目前大都会经济的崩溃，勾勒了新技术区域主义的轮廓。

Sutherland, George: *Twentieth Century Inventions; A Forecast.* New York: 1901.

Taussig, F.E.: *Inventors and Moneymakers.* New York: 1915.

名不副实。

Tawney, R.H.: *Equality.* New York: 1931.

Religion and the Rise of Capitalism. New York: 1927. [I]

The Acquisitive Society. New York: 1920.

一位具有人道主义思想的干练的经济学家的著作。

Taylor, Frederic W.: *The Principles of Scientific Management.* New York: 1911. [V]

若是不直接认识作者本人，就无法理解这类经典著作为何享有盛名。

Taylor Society (Person, H.S., Editor): *Scientific Management in American Industry.* New York: 1929. [V]

概述了泰勒和甘特的原则的最近应用。

Thompson, Holland: *The Age of Invention.* New Haven: 1921. [IV, V]

技术在美国的故事。可读，但不详尽。见肯普弗特。

Thomson, J. A., and Geddes, Patrick: *Life; Outlines of General Biology.* New York: 1931.

Biology. New York: 1925.

见格迪斯。

Thorndike, Lynn: *A History of Magic and Experimental Science During the First Thirteen Centuries of Our Era.* Two vols. New York: 1923. [I, III]

Science and Thought in the Fifteenth Century. New York: 1929. [I, III]

两本书都非常宝贵。

Thorpe, T. E. (Editor), Green, Miall and others: *Coal; Its History and Uses.* London: 1878. [IV]

Thurston, R. H.: *A History of the Growth of the Steam Engine.* First Edition. 1878. Fourth Edition. 1903. [IV]

非常好。

Tilden, W. A.: *Chemical Discovery and Invention in the Twentieth Century.* London: 1916. [V]

Tilgher, Adriano: *Work; What It Has Meant to Men Through the Middle Ages.* New York: 1930.

令人失望。

Tomlinson's Encyclopedia of the Useful Arts. Two vols. London: 1854.

Traill, Henry D.: *Social England.* Six vols. London: 1909.

背景讲得很清楚。

Tryon, F.G., and Eckel, E.C.: *Mineral Economic.* New York: 1932. [V]

有用。

Tugwell, Rexford Guy: *Industry's Coming of Age.* New York: 1927.

有些肤浅，对于现行领导下工业改变的前景过于乐观。

Unwin, George: *Industrial Organization in the Sixteenth and Seventeenth Centuries.* Oxford: 1904.

Updike, D.B.: *Printing Types; Their History, Forms and Use.* Two vols. Cambridge: 1922. [III]

重要。

Ure, Andrew: *The Philosophy of Manufactures; or An Exposition of the Scientific, Moral and Commercial Economy of the Factory System of Great Britain.* First Edition. London: 1835. [IV]. Third Edition. London: 1861.

可能是为古技术辩护的首要人物，但作者下意识地自己否定了自己。

Dictionary of Art, Manufactures and Mines. Seventh Edition. Edited by Robert Hunt and F.W. Hudler. London: 1875.

Usher, Abbott Payson: *A History of Mechanical Inventions.* New York: 1929. [I-V]

见序言。

Van Loon, Hendrick: *Man the Miracle Maker.* New York: 1928.

The Fall of the Dutch Republic. New York: 1913. [III]

包含一些关于荷兰贸易和运输的有用数据。

Veblen, Thorstein: *The Instinct of Workmanship and the State of the Industrial Arts.* New York: 1914.

Imperial Germany and the Industrial Revolution. New York: 1915.

The Theory of Business Enterprise. New York: 1905.

The Theory of the Leisure Class. New York: 1899.

The Place of Science in Modern Civilization. New York: 1919.

The Engineers and the Price System. New York: 1921. [V, VIII]

An Inquiry into the Nature of Peace and the Terms of Its Perpetuation. New York: 1917.

在马克思之后，凡勃伦和桑巴特平分秋色，二人都是顶尖的社会经济学家。凡勃伦的各种著作共同构成了对现代技术理论的独特贡献。从技术角度来说，也许最重要的是《企业论》和《德意志帝国和工业革命》，但《有闲阶级论》和《工艺的本能》也有一些很有价值的章节。凡勃伦相信合理化的工业，但不认为适应是一个有机体被动地适应一个僵硬不变的实际机械环境的过程。

Vegetius, Renatus Flavius: *Military Institutions.* London: 1767. [II]

一部 15 世纪经典著作的 18 世纪译本。

Verantius, Faustus: *Machinae Novae.* Venice: 1595. [III]

Vierendeel, A.: *Esquisse d'une Histoire de la Technique.* Brussels: 1921.

Von Dyck, W.: *Wege und Ziele des Deutschen Museums.* Berlin: 1929.

Voskuil, Walter H.: *Minerals in Modern Industry.* New York: 1930. [V]

The Economics of Water Power Development. New York: 1928. [V]

很好的总结。

Vowles, Hugh P., and Margaret W.: *The Quest for Power; From Prehistoric Times to the Present Day.* London: 1931. [I-V]

对各种形式的原动机的宝贵研究。

Warshaw, H.T.: *Representative Industries in the United States.* New York: 1928.

Wasmuth, Ewald: *Kritik des Mechanisierten Weltbildes.* Hellerau: 1929.

Webb, Sidney, and Beatrice: *A History of Trades Unionism.* First Edition. London: 1894.

Industrial Democracy. Two vols. London: 1897.

经典介绍，特别介绍了英国的情况。

Weber, Max: *General Economic History.* New York: 1927.

The Protestant Ethic and the Spirit of Capitalism. London: 1930. [I]

Weinreich, Hermann: *Bildungswerte der Technik.* Berlin: 1928.

主要是参考文献有用。

Wells, David L.: *Recent Economic Changes.* New York: 1886.

与 1929 年出版的类似的书对照来读。

Wells, H.G.: *Anticipation of the Reaction of Mechanical and Scientific Progress.* London: 1902.

The Work, Wealth and Happiness of Mankind. Two vols. New York: 1931. [V]

Wendt, Ulrich: *Die Technik als Kulturmacht.* Berlin: 1906.

对技术最好的历史评注之一。

Westcott, G.F.: *Pumping Machinery. A Handbook of the Science Museum.* London: 1932. [III, IV]

Whitehead, Alfred North: *Science and the Modern World.* New York: 1925.

The Concept of Nature. Cambridge: 1926.

Adventures of Ideas. New York: 1933.

Whitney, Charles S.: *Bridges: A Study in Their Art, Science and Evolution.* New York: 1929.

World Economic Planning; The Necessity for Planned Adjustment of Productive Capacity and Standards of Living. The Hague: 1932. [V, VIII]

从几乎每一个可能的角度对此题目的详尽无遗的介绍。

Worringer, Wilhelm: *Form in Gothic.* London: 1927.

有意思，虽然并不总是有实例为证。影响到了形式的总概念。

Zimmer, George F.: *The Engineering of Antiquity*. London: 1913

Zimmerman, Erich W.: *World Resources and Industries; An Appraisal of Agricultural and Industrial Resources*. New York: 1933. [IV, V]

非常有用，参考文献也好。

Zimmern, Alfred: *The Greek Commonwealth*. Oxford: 1911. [II]

Nationality and Government. London: 1918. [VI]

Zonca, Vittorio: *Novo Teatro di Machine et Edifici*. Padua: 1607. [III]

Zschimmer, Eberhard: *Philosophie der Technik*. Jena: 1919.

致 谢

在撰写此书的过程中，对我帮助最大的是我已故的恩师帕特里克·格迪斯。他出版的著作仅仅揭开了他那宏大、浩瀚和新颖的思想的冰山一角，因为他不仅在英国，而且在全世界都是他那一代最杰出的思想家之一。从他最早的论文《统计学的分类》，到他最后与J. 阿瑟·汤姆森合著的两卷本《生命》，格迪斯对技术和经济学的兴趣始终不变，将其作为他为之奠基的思想体系以及生活和行动信条的要素。他尚未发表的论文现在正在爱丁堡的瞭望塔被收集和编辑。仅次于格迪斯令我受益巨大的是维克多·布兰福德和索尔斯坦·凡勃伦。我有幸与上述三人都有过私人接触。对于那些我不再有机会有私人接触的人，我在参考文献里相当完整地列举了他们的著作，包括一些与本书题目不直接相关的著作。

在撰写《技术与文明》的过程中，我得到了以下各位的关怀和帮助：托马斯·比尔先生、工程学博士沃尔特·库尔特·贝伦特、M. D. C. 克劳福德先生、奥斯卡·冯·米勒博士、R. M. 麦基弗教授、小亨利·A. 默里博士、查尔斯·R. 理查兹教授和H. W. 房龙博士。我要特别感谢 J. G. 弗莱彻先生、J. E. 斯平加恩先生和 C. L. 韦斯先生对本书手稿的一些章节给出的批评意见。凯瑟琳·K. 鲍尔小姐、杰洛伊德·坦克里·罗宾逊教授、詹姆斯·L. 亨德森先生和小约翰·塔克先生对本书的每一稿都认真审查，深入探寻。若非因为我和他们的友谊，我对他们简直无以为报。我特别感激威廉·M. 艾文斯先生和他在大都会艺术博物馆的助手帮我收集历史插图。最后，我必须衷心感谢约翰·西蒙·古根海姆基金会在 1932 年给我提供的部分奖学金，它使我得以在欧洲度过四个月沉浸于研究和思考的时间，特别是因为那成果丰富的四个月改变了全书的范围和规模。

刘易斯·芒福德